KB251720

네트워크
세상을 움직이는 5가지 연결

NETWORKS

네트워크
세상을 움직이는 5가지 연결

김일룡 지음

동아시아

우주의 본질은 무엇일까? 누구는 불과 물이라고 믿었고, 다른 이들은 공기와 흙이라고 주장했다. 고대 로마 시인 루크레티우스가 7,400줄이나 되는 『사물의 본성에 관하여』라는 시로 소개했을 정도로 고대 그리스 철학자들은 다양한 이론을 제시했지만, 그들이 놓친 게 하나 있었다. 그런 우주의 본성들이 서로 어떻게 연결되어 영향을 주고받는지 말이다. 『네트워크, 세상을 움직이는 5가지 연결』은 바로 그런 질문들을 던진다. 물리학, 화학, 생물학을 넘어 인간의 마음과 사회에서까지 우주의 모든 것은 연결되어 있고 연결을 통해 상호작용한다. 하나의 전문 분야를 넘어, 세상의 본질에 대한 질문을 던지는 매우 중요한 책이다.

— **김대식**, KAIST 전기및전자공학부 교수 · 『AGI, 천사인가 악마인가』 저자

우리나라에 이런 수준의 책을 쓸 수 있는 저자가 있다는 것이 놀랍고 기쁘다. 빅뱅부터 생명의 탄생까지를 다루는 연대기, 혹은 응집물질이나 생명계, 사회에서 다수가 만들어 내는 창발 현상에 대한 분석은 많이 들어보았지만, 이 책처럼 원자에서 시작해서 물질로, 물질에서 생명으로, 세포에서 뇌로, 뇌에서 사회로의 양질 변화에서 공통적인 요소를 찾아내 일관된 시각으로 분석하는 책은 국내외를 불문하고 들어보지 못했다. 물리부터 전자, 생물, 심리, 사회에 이르기까지 해박하고 전문적인 지식이 없으면 도저히 나올 수 없는 글이다.

이 책을 읽으면 세상이 달라 보인다. 저자의 모든 주장은 상당한 근거를 가지고 설득력 있게 제시되고 있지만, 설령 저자의 일반화에 일부 동의하지 못한다고 할지라도 최소한 새로운 통찰을 얻을 수 있다. 세상을 잘 알고 있다고 생각한다면, 혹은 더 잘 이해하고 싶다면 이 책을 읽을 일이다.

— **이순칠**, KAIST 물리학과 명예교수 · 『퀀텀의 세계』 저자

우주를 뜻하는 영어 단어로는 'space', 'universe', 'cosmos' 세 가지가 있다. 'space'는 접근 가능한 우주를 의미한다. 인류가 탐험해 왔거나 가까운 미래에 이용할 대기권 밖 영역을 이야기할 때 주로 사용한다. 'universe'는 빅뱅을 시작점으로 가지는 물리적 우주를 표현한다. 여기에는 물리학의 대상인 시간과 공간, 은하와 항성 등이 포함된다. 'cosmos'는 이보다 더 포괄적인 실체를 뜻한다. 굳이 우리말로 번역하자면 '삼라만상' 정도가 어울릴 듯한데, 이는 우리 주변에서 일어나는 모든 사건과 생물, 심리, 역사, 철학의 대상까지, 말 그대로 존재하는 모든 것을 나타낸다.

칼 세이건Carl Sagan의 『코스모스Cosmos』라는 책을 처음 읽은 중학생

때부터 사회에 나설 때까지 나의 관심사는 줄곧 코스모스, 즉 존재하는 모든 것이었다. 모든 것의 근본은 단연코 물리학이라고 생각했고, 물리학만으로 세계를 이해할 수 있다고 믿었다. 그러다 철학과 경제학을 접하면서 점차 흔들리기 시작했다. 철학과 경제학을 물리학이 포괄하기에는 그 사이의 간격이 너무 멀었다.

물리학으로 복잡다단한 사회를 현상을 설명할 수 있느냐는 물음은 '라플라스 악마Laplace's demon'라는 문제와 관련 있다. 이에 대해 과학은 두 가지 답을 한다. 첫째는 원리적으로 가능하다는 것이고, 둘째는 현실적으로 불가능하다는 것이다. 전체론holism을 지지하는 철학적 입장이나 원리적으로도 불가능하다는 과학적 입장도 있기는 하지만, 나는 오랜 시간 이러한 두 가지 답을 믿었다. 궁극적으로 모든 것은 물리학으로 설명 가능하다는 신념을 가진 채. 하지만 여기서 한 걸음도 더 나아가지 못했다는 좌절감과 함께 학창 시절도 끝이 났다.

그렇게 시간이 흐르다 우연히 스튜어트 카우프만Stuart Kauffman의 『혼돈의 가장자리At Home in the Universe』를 접하게 되었다. 이 책은 나의 꿈을 다시 떠올리게 했고, 물리학과 철학을 연결하는 방법에 관한 실마리를 주었다. (이 책에서 다룰 내용도 그에게 많은 부분 빚지고 있음을 밝힌다.) 특히 그 개념을 충분히 이해하고 있다고 생각한 양질 전환quantity-quality transition을 제대로 이해하고 있지 못하다는 깨달음을 얻었다. 이제 막 $F=ma$를 배운 학생이 뉴턴의 물리학을 모두 이해했다고 착각하는 것과 비슷하게, 자기 과신에 빠져 착각한 것이었다. 물리학에서 생물학으로, 심리학으로, 사회학으로 나아가기 위해서는 양질 전환에 대한 더 깊은 이해가 필요했다.

양질 전환에서 가장 중요한 것은 대상의 본질을 나타내는 변수(나는 이를 '오메가$^\omega$'라고 부른다)가 존재하며, 이것이 양질 전환 과정에서 완전히 바뀐다는 것이다. 그 변수를 결정하는 원리도 바뀐다. 생물학의 원리와 물리학의 원리가 근본적으로 다르다면, 물리학으로 생명의 오메가를 기술할 수 없고 기술할 필요도 없다. 사회 현상의 오메가도 마찬가지다. 경제학 교과서 어디에도 어떤 원자가 어디에서 어떤 작용을 하는지 묻지 않는다. 우리에게 필요한 것은 단지 생명의 원리와 물리학의 원리가 어떤 관계에 있는지 이해하는 것뿐이다. 서로 다른 계층의 원리를 연결해 주는 원리, 이에 관한 지식만으로 충분하다는 것을 깨닫는 데 수십 년이 걸렸다.

BASIC 언어를 사용하는 프로그래머는 CPU라는 하드웨어의 작동 원리나 CPU가 이해하는 기계어를 배울 필요가 없다. BASIC과 기계어는 다른 계층의 언어다. 하지만 이 둘을 연결하는 번역기가 존재한다. 번역기가 두 계층을 이어주는 원리인 셈이다. 세포를 세포의 언어로 이해하면 그것으로 충분하다. 그것을 물리학으로 이해할 필요는 없다. 다만 둘을 연결해 주는 원리는 존재할 것이다. 우리에게 필요한 것은 양질 전환에 대한 조금 더 깊은 이해뿐이다.

이러한 이해는 자연스레 결정론과 예측 가능성에 관한 물음으로 이어진다. 우리는 물질 세계부터 사회에 이르는 계층마다 '결정되어 있는가', '예측 가능한가' 하는 질문을 던지고, 이를 둘러싼 다양한 연구들을 살펴볼 것이다. 사실 결정론에 관한 질문은 매우 현학적인 형이상학적 질문이다. 결정되어 있는지와 상관없이 우리가 알 수 있는 것이 거의 없기 때문이다. 하지만 이 책은 '과학'을 표방한다. 우리가 뉴턴의 동역학을 결정론적이라고 말하듯이, 양질 전환을 거친 대상을 기술하는 변수들이 결정되어 있는지, 그 변화를 예측할 수 있는지 계층마다 동일한 질문을 반복해 던질 것이다.

이 질문은 결국 피해 갈 수 없는 결정적 질문, '인간에게는 자유의지가 있는가'에 도달한다. 인간에게 자유의지가 있다면, 인간을 포함하는 모든 분석 대상도 결정되어 있지 않다는 결론이 따른다. 이 책에서 나는 세상이 인과율을 따르는 구간과 라플라스의 악마조차 예측할 수 없는 확률적 변곡점이 연속적으로 나타난다는 것을 증명할 것이다. 이는 결정론적 세상에서도 예측 가능성과 예측 불가능성이 연속적으로 나타난다는 일리야 프리고진Ilya Prigogine의 비선형 통계역학의 결과와 유사한 이론적 구조를 가진다. 그럼에도 나는 자유의지가 환상에 불과하다고 믿는다. 적어도 이에 관해서는 내가 존경해 마지않는 대니얼 데닛Daniel Dennett과 달리 자유의지와 결정론이 양립 가능하다는 절충을 받아들이지 않는다.

물론 과학의 언어로 자유의지의 존재 유무를 확실히 증명할 방법은 없다. 하지만 어떠한 외부 입력이나 내부 상태 변화와도 관련 없는 출력은 과학의 대상이 아니다. 이것이 상식이지만, 인간 세계는 상식이 항상 통하는 곳은 아니다. 근래까지도 지구가 태양을 돈다고 주장했다는 이유로 법정에 세우는 곳이 바로 인간 사회다. 그러나 절충이 답은 아니다.

특성상 이 책이 다루는 범위는 상당히 넓다. 나는 이 모든 분야의 전문가가 아니다. 이 책이 다루는 모든 영역에서 전문가가 된다는 것은 요즘에는 거의 불가능한 이야기다. 그럼에도 우리는 학문 전반에 관한 통합적인 관점을 가질 수 있다. 에드워드 월슨 Edward Wilson 은 『통섭 Consilience 』이라는 훌륭한 지침서를 통해 학문들의 융복합을 말한다. 그가 말하는 통섭은 심지어 과학을 넘어선다. 윤리학과 사회학, 종교를 포함한 모든 학문을 통합해야 한다는 그의 글을 읽을 때마다 가끔 스스로 너무 편협한 것은 아닌지 되돌아보기도 하지만, 나는 여전히 윤리학이 과학의 범주 밖에 있으며 둘을 통합하는 것이 불가능하다는 이원론적 입장에 있다. 물론 진화가 빚어낸 도덕성이나 메타윤리학은 과학의 대상이 될 수 있다. 그러나 이런 경우 윤리의 당위성은 다시 무심한 우주의 진화 원리에 포함되고 만다. 이렇게 보면 과학이 매력적인 학문이 아닌 것은 분명하다. 과학은 사람들에게서 사랑과 아름다움, 열정과 목적, 의지와 자유를 빼앗는다. 나는 '논리는 시를 이길 수는 없다'는 생각과 '자유는 필연에 대한 인식'이라는 상반된 두 주장 사이에서 여전히 흔들리고 있지만, 그럼에도 이 책에서는 과학을 붙들고 융합을 이야기할 것이다.

C O N T E N T S

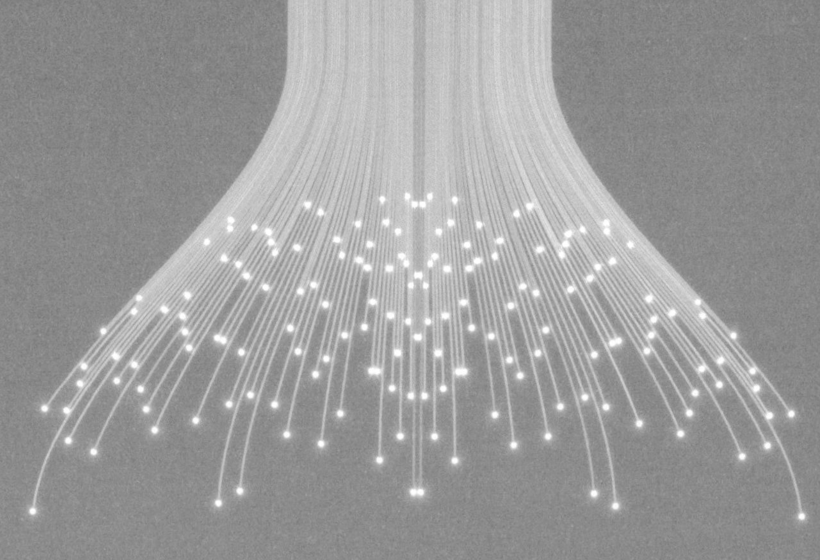

세 가지 생각 도구:
원인, 전환, 예측

이 책이 다루는 주제 중 하나는 예측이다. 이보다 매력적인 주제가 있을까. 예측이라면 100억 년 후 우주의 미래를 내다보는 거창한 것에서부터 1,000년 후 인류의 미래, 100년 후 한반도의 미래, 10년 후 반도체 산업의 미래, 그리고 가깝게는 내일의 날씨나 주가 변동까지 그 범위는 그야말로 광범위하다.

안타깝게도 이 책은 이런 질문에는 거의 답하지 않는다. 답하지 못하는 것이 더 맞는 표현이겠다. 이 책이 답하고자 하는 질문은 그보다 덜 매력적이지만 더 기초적인 물음이다. 바로 '무엇이 예측 가능한가'다. 무언가를 예측하려면, 먼저 그것을 둘러싼 환경이나 우주의 원리가 존재해야 하며 그 원리를 알고 있어야 한다. 그리고 그 원리를 적용해 주어진 문제를 풀 수 있어야 한다. 원리 없이 예측하는 것은 신의 계시를 기다리는 것과 다르지 않다.

원리라고 다 같은 계층에 있지는 않다. 가장 근본이 되는 원리는 동역학적 원리다. 앞으로 이를 '1종 원리 first-order principle'라 부르고, 이를 바탕으로 하는 예측을 '1종 예측 first-order prediction'이라 부르자. 1,000년 후 은하계 내 태양의 위치나 지구의 위치를 결정하는 원리가 대표적이다. 비슷하게 공기가 들어 있는 병 속의 특정 산소 분자의 위치를 결정하는 원리도 있고, 사자에게 쫓기는 얼룩말이 방향을 왼쪽으로 틀지 오른쪽으로 틀지를 결정하는 원리도 있으며, CEO가 비즈니스에 관한 의사 결정을 내리는 원리도 있을 것이다. 이들을 모두 1종 원리로 예측할 수 있는 것은 아니며, 불행히도 예측 불가능한 것이 대부분이다. 하지만 다음 층으로 올라가면 이야기가 달라진다.

한쪽에는 산소만 있고 다른 쪽에는 질소만 있는 방을 상상해 보자. 기체들이 제한 없이 움직인다고 가정했을 때, 특정 산소의 위치를 예측한다는 것은 불가능하다. 하지만 예측할 수 있는 것이 전혀 없는 것은 아니다. 충분한 시간이 지나면 특정 영역에 산소가 50% 있을 것이라는 통계적 예측이 가능하기 때문이다. 동역학의 집단적 결과에 대한 이러한 통계적 예측을 '2종 예측 second-order prediction'이라 부르고, 이러한 예측을 가능하게 하는 원리를 '2종 원리 second-order principle'라고 부르자.

그렇다면 2종 예측을 가능하게 하는 2종 원리는 무엇인지 궁금해진다. 생명체의 진화를 이야기할 때 빠지지 않고 등장하는 찰스 다윈 Charles Darwin의 자연선택 natural selection은 1종 원리라고 말할 수 있다. 뒤에서 더 자세히 살펴보겠지만, 거칠게 말해 적합도가 높은 종으로의 진화가 생명체 진화의 1종 원리라면, 더 복잡한 생명체로의 점진적 진화는 2종 원리로부터 나오는 주장일 것이다. 이것의 진위는 뒤에서 다룰 것이다.

인간 사회로 눈을 돌려보자. 호모 사피엔스의 행동을 결정짓는 1종 원리가 무엇인지 찾기는 대단히 어려울 것이다. 하지만 "인류 역사는 생산력 발전의 역사다"라는 주장을 보자. 왠지 그럴듯해 보인다. "과학 기술은 점점 발전한다", "인류 역사는 대중의 지위가 점점 높아지는 방향으로 움직인다" 같은 비슷한 다른 주장도 많다. 지하철에서 우연히 만난 사람이 저녁때 무엇을 먹을지 예측할 도리는 없지만, 앞선 문장들처럼 꽤 그럴듯한 경험적 주장을 할 수 있다. 그 밖에도 2종 예측과 관련한, 참인지 거짓인지가 궁금한 수많은 질문들을 만들어 낼 수 있다. "진화가 계속되어 호모 사피엔스를 대체할 종은 무엇인가?", "인간은 영화 〈엑스맨$^{X\text{-}Men}$〉에 등장하는 돌연변이처럼 진화할 것인가?", "자본주의 체제 아래에서는 기후 재난을 막을 수 없는가?", "한국은 출생률 저하로 소멸할 것인가?" 등등.

1종 원리가 존재한다고 해도, 그것으로 예측할 수 있다는 것은 다른 이야기다. 심지어 결정론적 우주라고 해도 언제나 예측 가능한 것은 아니다. 예측 불가능한 경우로는 보통 두 가지를 말한다. 현실적이거나 기술적인 어려움으로 예측 불가능한 경우와 원리적으로도 예측 불가능한 경우다. 카지노 룰렛 위 공의 움직임은 그것의 초기 조건을 무한히 정확하게 측정할 수 없기에 현실적으로 예측 불가능한 경우이며, 전자 하나의 위치와 운동량을 동시에 정확하게 예측하는 것은 양자역학에 따라 근본적으로 불가능한 경우다. 하지만 대상이 고전적으로 결정되어 있음에도 근본적으로 예측 불가능한 계^{system}도 있다. 이는 뒤에서 자세히 알아볼 것이다.

하지만 앞서 이야기한 바와 같이, 1종 원리로 예측할 수 없다고 아무것도 예측할 수 없는 것은 아니다. 2종 원리로 예측 가능한 대표적인 사례가 무질서도다. 관측 가능한 우주가 점점 무질서해지리라고 말하는 열역학 제2법칙 혹은 엔트로피 증가 법칙은 그 어떤 물리 법칙보다 오래 살아남을 것으로 예상된다. 2종 원리로도 미래를 예측하지 못할 수도 있는데, 이때는 3종 원리를 찾아 나설 수도 있다. 이렇게 원리와 예측에는 다양한 계층이 있다.

이 책의 특별한 관심 대상 중 하나는 다름 아닌 생명체다. 어림잡아 계산해 보면, 우주에서 생명체가 차지하는 질량은 해운대 모래사장에서 모래알 하나가 차지하는 양이다. 우리의 관점을 우주의 규모로 넓혀 생각해 보면 생명체는 그야말로 티끌만 한, 변방의 작은 괴상한 물질에 지나지 않는다. 그러므로 생명체를 뺀 나머지 99.99999⋯%의 미래를 예측하는 것이 우선적으로 요구된다. 여기에는 빅뱅으로부터 약 10^{-43}초인 플랑크 시간$^{\text{Planck time}}$까지의 우주와 급팽창 이후로 137억 8,000만 년이라는 긴 시간 동안 공간 팽창과 온도 감소를 거친 우주뿐만 아니라, 무한히 팽창하거나 팽창을 멈추고 점차 수축할 미래의 우주까지 포함된다. 하지만 이는 물리학이나 천문학의 영역으로서, 이를 다루는 훌륭한 책들은 이미 여럿 있으며 우리의 주된 관심은 이러한 물리학이나 천문학의 각론이 아니다.

생명체가 없는 우주를 한번 생각해 보자. 이러한 우주를 예측하는 데는 물리학과 화학이 동원된다. 하지만 1종 원리와 2종 원리를 따라

진화해 가던 우주에서 어느 순간 하나의 모래알이 생겨나면, 알 수 없는 일이 일어난다. 지금까지 알려진 1종 원리나 2종 원리로는 말끔하게 설명되지 않는 일들이 발생하는 것이다. 하지만 겨우 모래알 하나를 설명하지 못한다고 물리학이나 화학의 1종 원리와 2종 원리가 틀렸다고는 감히 말할 수 없을 것이다. 나머지 99.99999…% 우주가 여전히 물리학 이론으로 설명 가능하기 때문이다.

그러나 나머지 물질과는 조금 달라 보이는 이 모래알이 어떤 외부의 힘에 의해 진화한 것은 아니다. 우주의 진화 과정에서 물리학과 화학의 1종 원리와 2종 원리를 위배하지 않으면서도 자발적으로 생겨난 것이다. 이 지점은 다윈의 자연선택과 스튜어트 카우프만의 자기 조직화에 의한 질서가 맞서는 곳이기도 하다. 하지만 나는 두 주장이 근사 방법의 차이일 뿐 근본적으로 같은 주장임을 보일 것이다. 그리고 생명체를 기술하는 원리는 물리학과 화학의 원리를 위배하지 않지만, 생명체만을 위한 새로운 원리가 필요하며 이 원리가 물리학과 화학의 원리와 어떻게 연결되는지 설명할 것이다.

생명에 관한 연구와 나머지 다른 연구들은 오랜 시간 서로 독립적으로 진행되어 왔다. 그러다 생명 현상을 나머지 우주와 연결해 보고자 하는 시도들이 나타났는데, 바로 '빅 사이언스 Big Science'라는 이름으로 진행되었던 일련의 연구 흐름이었다. 빅 사이언스는 물리학자들의 주도하에 시작되어, 우주와 태양이나 지구의 관계, 그리고 지구 생명체와의 관계를 종합적으로 보여주는 데 크나큰 공헌을 했다. 하지만 이러한 연구 흐름은 현상을 설명하는 데서 한 걸음 더 나아가지 못하는 한계를 보였다. 지구의 생명체를 구성하는 대부분의 원자들이 태양이 생겨나기도 전에 초신성 폭발로부터 만들어졌으며 지구상의 거의 모든 생명체가 태양으로부터 에너지를 얻는다는 사실 등을 바탕으로 우주에서 생명이 차지하는 자리를 큰 규모에서 조명한 것은 틀림없지만, 생명 자체나 그 복잡성에 관한 설명은 상당 부분 간과되었다. 이 책에서 나는 이러한 부분을 다른 연구들에 기반해 메워보고자 한다.

근본 원리에서 시작해 계층을 오르다 보면 인간 사회를 결정하는 원리도 찾아낼 수 있을까? 또한 이것이 가능하면, 도대체 얼마나 올라야 그 복잡성을 모두 파악할 수 있을까? 이것이 이 책이 답하고자 하는 가장 중요한 질문이다. 완벽하지 않을지라도 이제 이에 관한 답을 하나둘 찾아보자. 먼저 이 책을 따라가는 데 필요한 몇 가지 기본 지식을 짚어보자. 이는 본문 전반에 걸쳐 일관되게 쓰이는 개념들로서 이 책의 핵심이라고 해도 과언이 아니다.

원인과 결과

단순한 주제로 보이지만, 원인과 결과는 방대한 철학적, 과학적 논쟁의 대상이다. 이를 모두 살피는 것은 이 책의 범위를 넘어서기에, 과학의 범주에 속하면서도 본문에 필요한 내용만을 간단히 알아보자.

원인−결과 연쇄

아이는 중학생 때 수학과 과학을 잘했다. 하지만 국어가 문제였다. 아내가 아이의 국어 점수를 올려보려고 집 근처 학원에 아이를 데려갔다가 사전 테스트를 한번 받아보고는 기분이 상해 돌아왔다. 시험 결과가 좋지 않으리라 예상했기에 낮은 점수는 별다른 문제가 아니었는데, 학원 원장이 "국어를 잘하는 아이가 수학도 잘하는 법"이라고 말해 자존심이 상했다는 것이다. 그런데 원장에게 그 말의 근거가 무엇인지 물었다면 어떻게 답했을까? 한번 상상해 보자.

원장이 질문을 듣고 그래프를 하나 보여준다. 가로축이 국어 점수, 세로축이 수학 점수인 평면 위에 학원 학생마다 국어 점수와 수학 점수가 하나의 점으로 나타나 있다. 국어 점수와 수학 점수가 전반적으로 비례한다는 것을 보여주는 이러한 통계 그래프(이를 '상관 그래프'라고 부르자)를 근거로, 원장은 국어를 잘하는 아이가 수학도 잘하는 법이라고 다시 한번 강조한다. 통계 이론을 사용해 여기에 평균적인 선을 더하고 얼마나 직선에 가까운지를 표시하는 값까지 더하면 원장의 주장

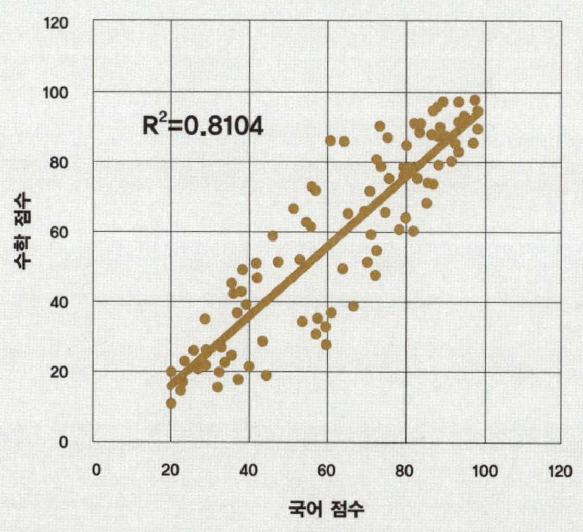

그림 1　국어 점수와 수학 점수의 상관 그래프.

이 꽤나 그럴듯해 보일 것이다. 하지만 이는 명백한 사이비 과학이다. 나는 아내에게 원장을 다시 만나거든 이렇게 말하라고 한다. "수학을 잘하는 아이가 국어도 잘하는 법이에요." 원장의 말처럼 x축이 원인이라면, 단순히 x축을 수학 점수로, y축을 국어 점수로 다시 표시해 원인과 결과를 뒤집을 수 있기 때문이다.

그러면 무엇이 원인이고 무엇이 결과일까? 앞의 그래프에는 높은 수학 점수나 국어 점수의 원인과 관련해 어떠한 암시도 담겨 있지 않다. 영어 학원 원장은 영어 점수를 추가해 영어 점수가 좋으면 수학 점수와 국어 점수가 좋은 법이라고 주장할지도 모를 일이다. 그래프에서 수학 점수와 국어 점수는 어느 하나가 다른 것의 원인이 아니다. 단지 둘 사이에 상관관계가 있을 뿐이다. 그렇다면 이러한 상관관계를 보이는 진짜 원인은 무엇일까? 예컨대 그 원인이 IQ라고 해보자. 두 점수의 원인이 IQ라면, 수학 점수와 국어 점수는 IQ에 따라 그래프에서처럼 양의 상관관계를 보일 것이다.

이를 도식화해 이해해 보자. 그림 2의 왼쪽에서, a는 A에 영향을 주는 인자다. 즉, a는 A의 원인이다. 한편 b는 A와 B에 모두 영향을 준다. 예를 들어, b의 값이 커지면 A와 B 모두 커진다고 해보자. A와 B가 서로 인과관계에 있지는 않지만, b에 따라 상관관계를 가질 수 있다. 앞선 예에서 b는 IQ이고, A는 국어 점수, B는 수학 점수다.

한편 A와 C 사이에는 어떠한 인과관계도 없다. 하지만 그림 2의 오른쪽과 같이 더 낮은 레벨에서 α가 a와 d에 영향을 준다면, A와 C는 상관관계를 가질 수 있다. 이를 통해 알 수 있는 것은 상관관계란 공통의 원인이 존재할 때 발생한다는 것이다.* 심지어 서로 같은 레벨에 있지

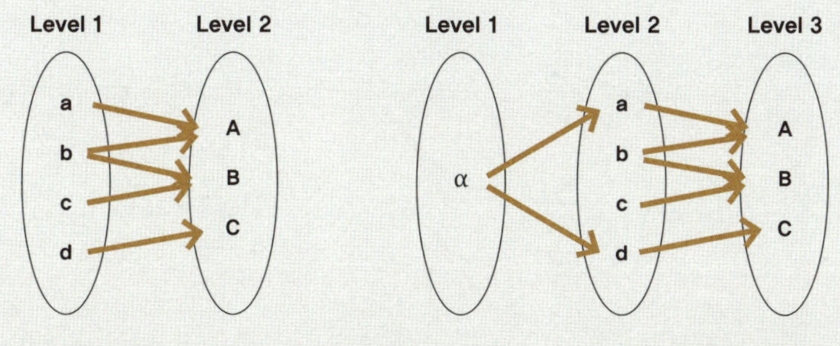

그림 2   인과관계 모식도. 화살표가 인과관계를 나타낸다.

않더라도 상관관계에 놓일 수 있다. a와 C는 공통의 원인인 α에 의해 상관관계를 갖는다.

조금 더 복잡한 경우를 보자. 그림 3에서 X_4와 Y_1이 어떤 관계인지 질문해 보자. X_4와 Y_1을 직접 연결하는 화살표가 없기에 인과관계는 아니다. 다른 색 화살표로 연결된 경로를 보면 W_4가 X_4와 Y_1의 공통의 원인임을 확인할 수 있다. 즉, W_4에 의해 Y_1과 X_4는 상관관계에 있다. 상관관계에 있는 것들은 어느 하나의 값을 바꾼다고 다른 하나의 값이 바뀌지는 않는다. 예컨대 국어를 열심히 공부해 점수를 올린다고 수학 점수가 따라 오르지는 않는다. 그림 3에서 W_4의 값이 바뀌어야 X_4와 Y_1도 상관 그래프를 따라 움직인다.

이론적으로는 당연하고 쉬워 보이지만, 현실을 직면하면 그렇지 않다. 특히 대상이 생물이나 사회 현상일 경우, 무엇이 원인이고 무엇이 결과인지 알아내기란 여간 어려운 일이 아니다. 노화를 예로 들어보자.

● 여기서는 생략했지만, 공통의 원인 없이도 상관관계를 보이는 경우도 있다.

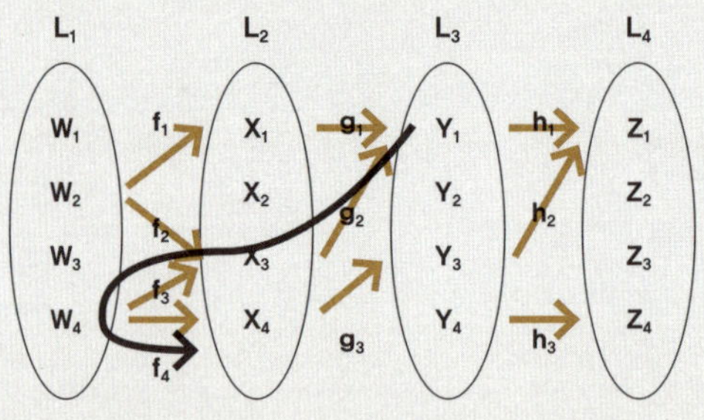

그림 3 　복잡한 인과관계 모식도.

한때 노화의 원인으로 텔로미어 telomere가 크게 주목받았고, 그에 관한 연구는 지금도 활발하게 진행 중이다. 텔로미어는 염색체 말단을 보호하는 DNA 조각으로서, 그것의 길이는 세포의 분열 가능 횟수와 관련 있다. 요컨대 텔로미어가 노화와 관련 있는 것이다. 하지만 곧바로 질문할 수 있다. 늙어서 텔로미어가 짧아지는 것일까, 아니면 텔로미어가 짧아지니까 늙는 것일까? 혹은 그저 상관관계에 불과할까? 셋 중 어느 것이 맞는지에 따라 결과는 많이 달라진다.

그림 4 왼쪽과 같이 텔로미어 길이가 노화의 직접적 원인이라면, 텔로미어 길이에 영향을 주는 x를 조절해 노화를 방지할 수 있다. 하지만 텔로미어 길이가 노화의 결과라면, 텔로미어 길이를 유지해 노화를 방지하겠다는 목표 자체가 터무니없는 것이다. 가운데 그림의 B를 조절해 텔로미어 길이를 조절한다 해도, 노화에는 어떠한 영향도 미치지 않는다. 이때 노화의 원인은 텔로미어 길이가 아니라, 텔로미어 길이의 원인이기도 한 A가 노화의 원인이다. 마지막으로 노화와 텔로미어 길이가 단순히 상관관계에 있다고 해보자. 그림 4의 오른쪽과 같이, 공통

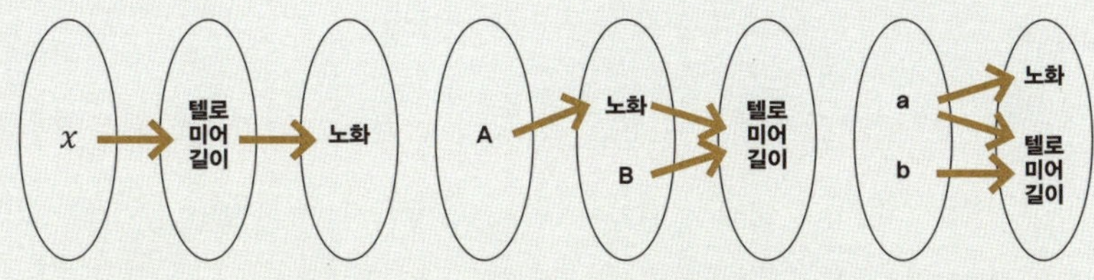

그림 4　텔로미어 길이와 노화 간의 가능한 세 가지 관계.

원인 a가 존재하는 경우다. b를 노화의 원인으로 생각하고 그 값을 바꾼다면, 텔로미어 길이는 짧아지겠지만 노화는 계속될 것이다. 현재 우리는 노화와 텔로미어가 상관관계를 보인다는 것을 알고 있지만, 둘의 관계가 어떤 것인지 알지 못한다.

노화 연구에는 막대한 자본이 유입되고 있다. 텔로미어 길이가 노화와 단순한 상관관계에 있을 뿐 그 원인이 아니라면, 텔로미어 길이를 바꾸는 기술이 개발되어도 투자금은 모두 증발할 수 있다. 텔로미어 길이를 노화 원인으로 여기는 연구자도 적지 않은 듯하지만, 아직은 추측일 뿐이다. 이토록 간단한 질문조차 답하기 어려울 정도로 복잡한 것이 생명체다. 하물며 이러한 생명체가 모여 구성된 사회는 어떨까.

경제 위기가 닥치면 뱅크 런^{bank run}이 발생할 가능성이 높다. 상식이다. 미국 연방준비제도 이사회 의장이었던 벤 버냉키^{Ben Bernanke}는 반대로 뱅크 런이 경제 위기의 주범일 수 있음을 1930년대 대공황 연구를 통해 밝혀내 2022년 노벨 경제학상을 수상했다. 수많은 뇌로 이루어진 네트워크인 사회는 그 복잡성으로 인해 이렇게 간단한 상식조차도 통하지 않는 경우가 흔하다.

피드백

다음으로는 인과관계에서의 피드백 효과를 알아보자. 앞에서는 원인과 결과가 확실하게 나뉘어 있는 단순한 경우를 살펴보았다. 그런데 결과가 다시 원인에 영향을 준다면 어떤 일이 일어날까?

간단한 논리 회로, NOT 게이트를 생각해 보자. 그림 5에서처럼, 이는 0이 입력되면 1을 출력하고 1이 입력되면 0을 출력한다. 출력이 1이라면 원인은 0이라는 입력이다. (만일 입력에 아무것도 들어오지 않는다면 출력은 예측할 수 없다.) 이제 NOT 게이트 2개를 연결해 보자. 그러면 0을 입력하면 0이 출력된다. 중간 노드는 1이다. 이런 상황에서 출력을 다시 입력에 연결해 보자. 왼쪽 노드의 초기 값이 0 이라면, 왼쪽 노드는 안정적으로 0을 유지하며 가운데 노드는 1을 안정적으로 유지한다. 하지만 원인과 결과가 헷갈리기 시작한다. 이렇게 보면 왼쪽 노드가 0인 이유는 가운데 노드가 1이기 때문이고, 가운데 노드가 1인 이유는 왼쪽 노드가 0이기 때문이다. 원인과 결과가 뚜렷하게 구별되지 않

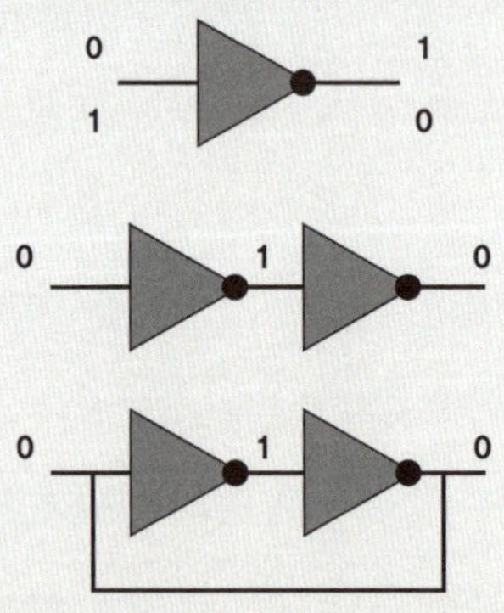

그림 5   원인과 결과의 상호작용.

는 완결된 구조다. 물론 초기 값이 0이 아니라면, 즉 초기 값이 1이라면, 왼쪽 노드의 값은 1, 가운데 값은 0일 것이다.

이제 이러한 피드백이 존재하는 시스템의 원인과 결과를 진지하게 들여다보자. 여기에는 두 가지 해석이 있다. 하지만 어느 하나가 전적으로 옳거나 틀리지는 않고, 상호 보완적이다. 첫 번째 해석은 이미 이야기한 대로 특정 노드에 집중하는 것이다. 노드 값이 왜 1인지 물으면 그 앞 노드 값이 0이기 때문이라고 대답하는 것이다. 분명 맞는 답이다. 하지만 무언가 허전하다. 두 번째 해석을 알아보자. NOT 게이트 2개로 만들어진 피드백 시스템은 두 가지 가능한 상태를 갖는다. 왼쪽 노드부터 오른쪽 노드까지의 상태를 이어서 쓰면 010이거나 101이다. 000이거나 111 같은 상태는 허용되지 않는다. 따라서 가운데 노드 값이 1인 원인을 물으면, 두 가지 안정적인 상태들 가운데 010이 있기 때문이라고 답할 수 있다. 그리고 010과 101 가운데 하필 010인 이유는 노드들을 이어 붙이기 전에 왼쪽 노드의 초기 값이 0이었기 때문이다. 정리하면, 여기서 원인은 NOT 게이트 2개로 이루어진 피드백 시스템의 특성과 초기 조건이다.

이러한 서로 다른 두 가지 해석은 2개의 NOT 게이트로 이루어진 피드백 시스템을 환원주의적으로 바라보는지, 아니면 전체론적으로 바라보는지에 따른 것이다. 이에 대해서는 뒤에서 양질 전환을 알아보고 다시 한번 더 깊이 알아볼 것이다.

NOT 게이트를 3개 연결하면 어떨까? 맨 왼쪽 노드 값이 1이라면, 두 번째 노드 값은 0, 세 번째 노드 값은 다시 1, 네 번째 노드 값은 0이다. 네 번째 노드 값이 0이기에, 이들을 이어 붙이면 첫 번째 노드 값은

1에서 0으로 바뀌며 두 번째 노드 값도 0에서 1로 바뀐다. 모든 노드의 값이 1에서 0으로, 다시 0에서 1로 바뀌며 끊임없이 진동하는 것이다. 여기서도 무엇이 원인이고 결과인지는 뚜렷하지 않으며, 모든 노드 값이 진동하는 전체 시스템이 있을 뿐이다. 그리고 이에 대해서도 두 가지 층위에서 해석할 수 있다. 이러한 시스템의 대표적인 예가 일대일 전략 게임이나 공진화*coevolution*에서의 상황이다. 여기서 한 노드의 상태는 시간에 따라 변한다.

단순한 진동은 아니지만 비슷한 예를 들어보자. 인간이 생존하는 데 필요한 조건은 수없이 많은데, 장내 세균도 그 가운데 하나다. 1킬로그램이나 되는 장내 세균을 한 번에 모조리 제거하면 인간은 살 수 없다. 하지만 장내 세균 역시 인간이 살아 있어야 생존할 수 있다. 같이 진화해 온 인간과 세균은 함께 살아가는 전체일 뿐, 어느 하나가 다른 것의 원인이라고 할 수 없다. 그림 6은 이를 간단하게 나타낸 것이다.

여기서 $t=0$은 오늘이고 $t=1$은 내일, $t=-1$은 어제를 나타낸다. 이 시스템에는 인간과 장내 세균 둘만 있다. 예컨대 나라고 해보자. 내일의 나를 결정짓는 가장 중요한 원인은 바로 오늘의 나다. 오늘의 내가 없

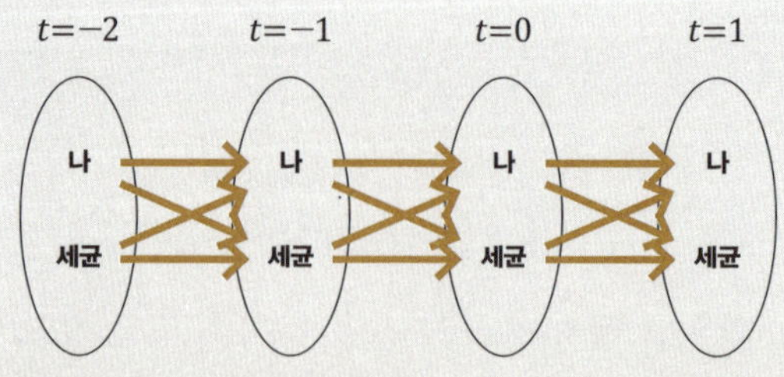

그림 6 인간과 세균의 공진화 모식도.

다면 내일의 나도 없다. 그리고 내일의 나는 오늘의 장내 세균으로부터 영향을 받는다. 인과관계는 명확하다. 이전의 나는 현재 나의 원인이지만, 그림 6에서처럼 나로부터 시작해 세균으로, 다시 나로 돌아오는 경로도 존재한다. 이러한 경로는 NOT 게이트를 몇 개 묶어 피드백 루프를 만든 것과 동일하다. 앞서 NOT 게이트 3개의 연결은 그 상태를 계속 바꾸어 가는 하나의 시스템이라고 말했는데, 이를 시간에 따라 펼쳐놓으면 그림 6과 동일한 모식도로 나타낼 수 있다. 마찬가지로 피드백 경로가 있기에, 나의 상태는 시간에 따라 안정적인 어떤 값으로 수렴할 수도 있고 계속 진동할 수도 있다. 인간-세균 시스템에서의 원인도 같은 방식으로 생각할 수 있다.

짚고 넘어가야 하는 내용이 하나 더 있다. 앞으로 중요한 역할을 할 마르코비언 시스템에 대한 이해다. 내일의 나는 오늘의 나와 오늘의 세균 상태에 영향을 받고 오직 오늘의 상태로부터만 영향을 받는다. 평범한 인간이 내일 갑자기 뉴턴 같은 천재로 변할 수 없으며, 세균으로 바뀔 수는 더더욱 없다. 한편 내일의 나는 어제의 나와 직접적인 관련이 없다. 어제의 나는 이미 오늘의 나와 오늘의 세균에 반영되어 있다. 물론 어제의 나는 내일의 나에게 영향을 미치겠지만, 반드시 오늘의 나와 세균을 통해서만 그럴 수 있다. 이러한 시스템을 '마르코비언 시스템 Markovian system'이라고 한다. 예컨대 700만 년 전에 아프리카 동부에 살았던 인간과 침팬지의 공통 조상을 생각해 보자. 공통 조상은 점점 인간으로 진화하겠지만, 그것이 과거의 무엇으로부터 진화했든 공동 조상의 다음 진화 과정에는 영향을 주지 않는다.

반면 비마르코비언 시스템 non-Markovian system 은 과거가 현재와 별개로 미래에 영향을 줄 수 있는 시스템이다. 인간의 과학기술이 대표적인 예다. 미래의 과학기술은 현재의 과학기술로부터 영향을 받는다. 하지만 과거의 과학기술도 내일의 과학기술에 영향을 미친다. 과거의 과학기술은 어딘가에 저장되어 있다. 그렇기에 기술자는 과거의 기록을 기반으로 이미 실패한 시도를 반복하지 않을 수 있다. 미래의 과학기술은 과학기술의 전 역사의 결과인 것이다. 인간의 역사와 다른 동물의 역사 사이에 놓인 큰 차이가 여기에 있다.

네트워크

이제 피드백이 복잡하게 얽힌 네트워크 하나를 생각해 보자. 그림 7 (a)에서 각각의 동그라미는 노드를 나타내고, 동그라미 안의 숫자는 노드 번호를 나타낸다. 총 13개의 노드가 있으며, 각각의 노드는 0 또는 1을 값으로 가질 수 있다. 한 가지 예로 초기 조건(t=1)이 그림 7 (b)와 같이 주어진다고 가정하자. t=2에는 노드의 값이 그것에 연결된 노드들이 갖는 값들의 평균으로 바뀐다. 예를 들어, 노드 7의 값은 노드 1, 2, 8, 12, 13이 갖는 값들의 평균이다. 이때 평균값이 1/2 이상이면 1, 1/2 미

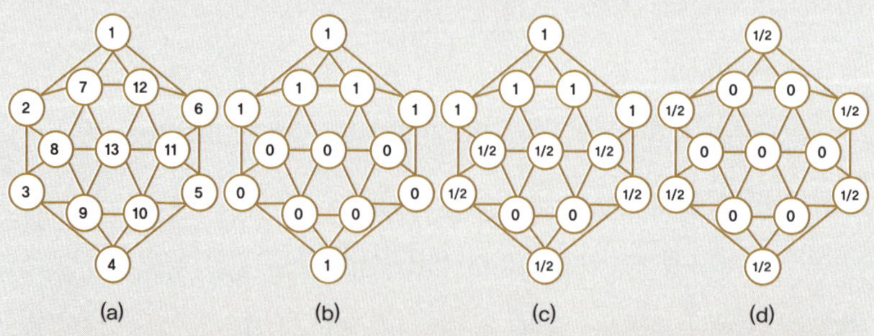

그림 7　네트워크. (a) 노드의 번호, (b) 노드의 초기 조건, (c) 노드의 최종 값, (d) 다른 초기 조건에서의 최종 값.

노드	시간									
	1	2	3	4	5	6	7	8	9	10
1	1	1	1	1	1	1	1	1	1	1
2	1	1	1	1	1	1	1	1	1	1
3	0	1	0	1	0	1	0	1	0	1
4	1	0	1	0	1	0	1	0	1	0
5	0	1	0	1	0	1	0	1	0	1
6	1	1	1	1	1	1	1	1	1	1
7	1	1	1	1	1	1	1	1	1	1
8	0	0	1	0	1	0	1	0	1	0
9	0	0	0	0	0	0	0	0	0	0
10	0	0	0	0	0	0	0	0	0	0
11	0	0	1	0	1	0	1	0	1	0
12	1	1	1	1	1	1	1	1	1	1
13	0	0	0	1	0	1	0	1	0	1

표 1   시간에 따른 네트워크의 변화.

만이면 0을 가지며, 계산은 노드 번호에 따라 순서대로 진행된다.

시간 변화에 따른 계산 결과를 표로 정리했다. t=1에서의 노드 값들이 초기 조건이다. 이제 t 값에 따라 노드의 값은 그것에 연결된 노드들 값의 평균으로 바뀐다. 시간에 따라 노드의 값이 어떻게 변하는지 확인해 보자. 노드 1과 2는 계속 1의 값을 유지한다. 노드 3은 0과 1 사이를 진동한다. 편의상 이런 진동은 1/2 값을 갖는다고 하자. 그러면 모든 노드는 하나의 값으로 수렴하거나 1/2을 갖는다. 이를 그림 7 (c)로 나타냈다. 사실 세 차례의 계산만으로도 모든 노드는 안정적인 숫자에 이른다.

NOT 게이트 2개로 이루어진 피드백 시스템은 (0, 1) 혹은 (1, 0)이라는 2개의 안정적인 상태를 갖고, 3개로 이루어진 시스템은 모든 노드가 진동하는 단 하나의 안정적인 상태를 가진다. 반면 평균이라는 연결 규칙을 갖는, 노드 13개로 이루어진 복잡한 네트워크는 초기 조건에 따라 안정적인 상태를 여러 개 가질 수 있다. 하지만 이러한 안정 상태는 초기 조건에 매우 민감할 수 있다. 예를 들어, 그림 7 (b)의 초기 조건에서 노드 1의 값을 0으로 바꾸기만 해도 안정적인 상태는 (d)와 같아지는데, 이는 그림 (c)와는 매우 다른 모습이다. (b)는 안정 상태가 아니고, (c)와 (d)는 안정 상태다.

시스템의 가능한 상태 수는 노드가 13개이므로 2^{13}, 즉 8,192다. 이들 중에는 안정적인 상태도 있고 안정적이지 않은 상태도 있다. 그러나 안정적이지 않은 상태는 시간이 지나면 안정적인 상태들 가운데 하나가 된다. 예컨대 $t=10$에서의 상태는 안정 상태이기에, 초기 조건이 이 상태와 같이 주어진다면 계속 같은 상태를 유지한다. 반면 $t=1$에서의 상태는 안정 상태가 아니다. 시간이 지나면 $t=10$과 같은 안정 상태에 이른다. $t=2$에서의 상태도 안정 상태가 아니며 역시 $t=10$에서 안정 상태로 떨어진다.

자연스럽게 이런 궁금증이 생긴다. 얼마나 많은 상태가 $t=10$의 상태에 도달할까? 그리고 얼마나 많은 상태가 다른 안정 상태인 그림 7 (d)의 상태에 도달할까? 8,192가지 가운데 몇 개나 안정적인 상태일까? 우리는 카오스 이론chaos theory의 용어를 빌려 이러한 안정적인 상태를 '끌개attractor'라고 부를 수 있다. 끌개의 크기도 정의할 수 있다. 예를 들어, 10개의 불안정 상태가 어떤 끌개 하나로 수렴한다면, 이 끌개의 크기는 10이다. 이는 나중에 세포 분화를 다룰 때 다시 등장할 것이다.

이제 네트워크의 원인과 결과를 종합적으로 생각해 보자. 그림 7의 네트워크가 안정 상태인 그림 7 (c)에 있다고 해보자. 이때 노드 9의 값은 0인데, 0인 원인이 무엇인지 묻는다면, 노드 9에 영향을 주는 노드 3, 4, 8, 10, 13의 값을 원인으로 제시할 수도 있을 것이다. 이는 동역학적이고 환원주의적인 해석이다. 하지만 노드 9가 노드 3, 4, 8, 10, 13에 다시 영향을 주기도 한다. 다시 말해, 이들은 서로 영향을 미치는 관계로서 어느 노드가 어떤 노드의 원인이라고 말하기 어렵다. 그저 안정 상태 (c)가 전체로서 주어지는 것이다. 요컨대 노드 13개와 노드가 작동하는 방식, 즉 네트워크 자체가 원인이라고 해석할 수 있다. 이는 전체론적인 해석이다. 이때 왜 하필 여러 안정적인 상태들 가운데 그림 7 (c)인지에 대한 답은 초기 조건이 끝개 (c)로 떨어지는 상태였기 때문이라고 말할 수 있다. NOT 게이트와 동일한 결론이다.

만약 노드 9에 외부로부터 연결된 선이 하나 더 있다고 해보자. 그리고 네트워크가 노드 9의 값을 외부로부터 주어지는 값으로 바꾼다고 해보자. 외부 신호가 1이라면, 노드 9의 값은 1로 바뀌어 네트워크 전체가 다른 안정 상태에 이른다. 모든 노드 값이 1로 바뀐다. 이 경우에도 원인은 네트워크 자체 특성과 초기 조건이라고 말할 수 있다. 다만 초기 조건이 외부로부터 이식된 경우다. 이제 이러한 전체론적인 해석에서 네트워크 특성과 외부로부터 주어지는 초기 조건 가운데 어느 쪽이 본질적 원인인지 한번 알아보자.

내적 원인과 외적 원인

어느 여름날 연못가에 한 동자승이 놀고 있다. 바람이 불어 연못에 물결이 인다. 스님이 동자승에게 묻는다.

스님: 물결이 생긴 이유가 무어라 생각하느냐?
동승: 바람이 불었기 때문입니다.

다음 날도 동자승은 연못가에서 놀고 있다. 이번에는 나뭇잎이 떨어져 물결이 인다. 스님이 동자승에게 다가가 묻는다.

스님:　물결이 생긴 이유가 무엇이냐?
동승:　나뭇잎이 떨어졌기 때문입니다.

시간이 흘러 겨울이 되었다. 연못은 얼어붙었다. 동자승은 여전히 놀고 있다. 바람이 불고 낙엽이 연못 위로 떨어진다. 스님이 묻는다.

스님:　왜 물결이 일지 않느냐?
동승:　얼음에는 원래 물결이 일지 않습니다.

일상적인 대화라면 이상할 것이 하나도 없다. 하지만 스님이 되고자 했던 동자승이라면, 마지막 질문에서 어떤 깨달음을 얻지 않았을까? 얼음은 원래 물결이 일지 않는 것이라면, 물은 본디 물결이 이는 것이다. 나뭇잎이 떨어지고 바람이 부는 것은 그저 우연적인 외부 요인일 뿐, 물결이라는 속성을 물이 가지고 있기에 물결이 이는 것이다. 다시 말해, 여름날 스님의 질문에 동자승은 '물'이기 때문이라고 답해야 하지 않았을까?

외부 요인이 내부를 바꿀 수 없다고 말하고자 하는 것은 아니다. 앞서 소개한 네트워크를 예로 들어보자. 노드 9에 외부 신호로 1이 입력되면, 모든 노드가 1로 바뀐다. 하지만 모든 노드가 1인 상태가 네트워크의 안정 상태 가운데 하나가 아니라면, 모든 노드가 1로 바뀌지는 않는다. 그렇다면 어느 것이 모든 노드가 1인 상태의 본질적인 원인일까? 네트워크의 특성일까, 아니면 외부 신호일까? 답은 네트워크의 특성이다. 예를 들어, 외부 신호가 노드 9가 아니라 노드 10에 주어지더라도 모든 노드가 1로 바뀐다. 바람과 나뭇잎은 외부 요인일 뿐, 물결이 이는 것은 물이기 때문이다.

이번에는 관점을 달리해 생각해 보자. A의 본질적인 원인이 A 안의 a에 있다고 해보자. a는 A의 원인이면서도 다른 본질적 원인의 결과일 것이다. 이를 b라고 하면, b는 다시 a 안에 있을 것이다. 그러면 b는 A의 본질적인 원인이기도 하다. 하지만 원인이 외부에 있다면, b는 a의 원인일 수는 있어도 A의 원인은 아닐 수 있다. 예를 들어보자.

손님:　짜장면 주문했잖아요. 짬뽕을 주시면 어떡해요.
사장:　죄송합니다. 직원들 간에 소통이 잘 안되었나 봅니다.
손님:　왜 소통도 제대로 안 되나요?
사장:　미처 예상하지 못한 저의 불찰입니다.
손님:　아니, 어떻게 이런 것 하나 예상 못 할 수가 있지?
사장:　개업한 지 얼마 되지 않아 미숙했습니다. 죄송합니다.

직원이 짜장면이 아닌 짬뽕을 내놓은 첫 번째 원인은 소통이 제대로 이루어지지 않았기 때문이다. 그리고 소통 미숙의 원인은 사장이 이런 일을 예상하지 못했다는 데 있고, 다시 그 원인은 사장의 운영 경험의 부족에 있다. 사장의 말이 맞다면, 사장의 경험 부족은 직원이 짬뽕을 내놓은 근본 원인이다. 그럴듯한가? 하지만 다음의 경우를 보자.

손님: 짜장면 주문했잖아요. 짬뽕을 주시면 어떡해요.

사장: 죄송합니다. 주방장이 잘못 알아들었답니다.

손님: 주방장은 왜 주문 하나 제대로 못 받지요?

사장: 지금 심적으로 조금 불안정한 듯합니다.

손님: 무슨 일 있었나요?

사장: 조금 전 아내랑 또 한바탕했거든요.

이제 원인은 주방장이 잘못 알아들은 것일 수 있다. 주방장이 잘못 알아들은 것은 그가 흥분한 탓일 수 있고, 그것은 다시 부부 싸움 때문일 수 있다. 하지만 근본 원인이 아닌 것들을 연결하면, 더 이상 원인과 결과의 관계라고 할 수 없다. 부부 싸움이 짬뽕 서빙의 근본 원인이라는 말은 아무래도 이상하기 때문이다. 외부 요인은 우연한 부차적인 원인으로서, 이를 따라 몇 차례 거슬러 올라가다 보면 더 이상 인과관계라고 말할 수 없게 된다.

이에 관한 두 가지 다른 예를 보고, 내적 원인과 외적 원인의 관계를 스스로 고민해 보기를 바란다.

바람이 불면 눈에 모래가 들어가 눈병이 유행하고 맹인이 많아진다. 맹인은 돈을 벌기 위해 샤미센이라는 악기를 사고, 샤미센은 고양이 가죽으로 만들기에 고양이들이 줄어든다. 고양이 수가 줄어들면 쥐가 번식하고, 쥐가 번식하면 더 많은 쌀통을 갉아 먹고, 이로써 쌀통이 잘 팔린다. 그러니 바람이 불면 쌀통 장사가 호황을 누린다.

—일본 속담

작은 일에도 최선을 다해야 한다. 최선을 다하면 정성스럽게 된다. 정성스럽게 되면 겉에 배어 나오고, 겉에 배어 나오면 겉으로 드러나고, 겉으로 드러나면 이내 밝아지고, 밝아지면 남을 감동시키고, 남을 감동시키면 이내 변하게 되고, 변하면 생육된다. 그러니 오직 세상에서 지극히 정성을 다하는 사람만이 나와 세상을 변하게 할 수 있는 것이다.

—『중용』23장

통계적 원인

인과관계와 관련해 마지막으로 알아볼 것은 통계적 원인이다. 항아리에 빨간 공 5개와 파란 공 5개가 들어 있다고 하자. 항아리를 뒤집었을 때 첫 번째로 나오는 공의 색깔을 확인한다. 빨간 공이 나올 경우 그 원인을 생각해 보자. 여기에는 동역학이 필요하다. 항아리 모양, 공의 크기, 공들의 초기 위치, 항아리가 움직이는 속도와 궤적, 공과 항아리의 탄성 계수 등을 고려해 뉴턴의 운동 방정식을 풀어야 한다.

한번 항아리에 빨간 공 1억 개, 파란 공 1개가 들어 있는 경우를 생각해 보자. 역시 첫 번째 공은 빨간 공이었다고 하자. 이때도 원인을 찾는 데 동역학이 필요하다. 하지만 다른 방식으로도 답할 수 있다. 확률과 통계를 마음에 둔다면, 빨간 공이 나온 이유가 파란 공이 나올 확률이 거의 0이기 때문이라고 말할 수도 있다. 근사적인 답이라고 해도, 이런 경우에는 굳이 답을 동역학에서 찾을 필요가 없다. 1억 개로는 부족하고 생각할지도 모르겠다. 그러면 1억에 다시 1억을 곱한 개수의 빨간 공이 있다면 어떨까? 이것으로도 부족하다면 아예 1억을 다시 곱하자. 요점은 어떤 사건이 일어날 확률이 거의 0이거나 거의 1일 경우 우리는 그 원인을 복잡한 동역학이 아닌 확률과 통계에서 찾을 수 있다는 것이다.

앞으로 살펴보겠지만, 뉴턴 역학은 인과적이고 볼츠만 역학은 확률적, 통계적이다. 그리고 볼츠만 통계 Boltzmann statistics 는 아보가드로 수(약 10^{23}) 규모의 계에서 아주 작은 오차를 무시하는 근사적 방법이다. 파란 공이 나올 확률이 이 정도라면, 우주의 나이에 해당하는 시간 동안 항아리를 끊임없이 뒤집어도 파란 공이 나올 가능성은 거의 0이다. 이런 상황에서는 원인을 확률과 통계에서 찾을 수 있다.

양질 전환

양질 전환은 게오르크 헤겔 Georg W. F. Hegel 과 프리드리히 엥겔스 Friedrich Engels 가 처음 도입한 개념이다. 이는 물질을 운동과 관계 속에서 파악하는 변증법의 핵심 운동 법칙이다. 양질 전환은 앞으로 다룰 이야기를 관통하는 핵심 아이디어로서, 우리는 이 개념을 과학의 관점에서 들여다보고, 이를 바탕으로 어떻게 원자들이 모여 세포를 이루고, 세포로부터 인간의 뇌가 만들어지고, 인간의 뇌가 모여 사회가 구성되는지를 설명할 것이다.

양질 전환은 한마디로 여럿이 모이면 다른 일이 생긴다는 것이다. 양적인 변화가 질적인 변화로 이어진다는 것인데, 자주 드는 예로 온도가 높아지면 물이 기화된다는 것이다. 환원주의 reductionism 와 전체론 holism 의 논쟁과도 밀접한 매우 포괄적인 개념이라, 양질 전환은 다시 여러 유형의 개념들로 분류된다. 우리는 이들 가운데 우리에게 필요한 세 가지 유형만을 살펴볼 것이다. 첫 번째는 물리적 양질 전환, 두 번째는 정보의 양질 전환, 마지막 세 번째는 새로운 것으로 대체되는 양질 전환이다. 하나씩 알아보자.

물리적 창발

시공간의 한 위치를 점유하는 매우 작은 입자 하나를 생각해 보자. 이 입자는 질량이라는 특성을 가지고 있다. 이제 이를 기술하는 데 필요한 것은 $x(t)$와 m이다. $x(t)$는 시간 t에 입자의 위치 x를 나타낸다. 이는 상식 선에서 어렵지 않게 이해할 수 있다. 문제는 질량 m이다. 질량 m에는 관성 질량inertial mass과 중력 질량gravitational mass이 있는데, 여기서는 중력 질량을 중심으로 설명하고자 한다. 질량 m이 무엇인지는 사실 쉽게 이해할 수 있는 것은 아니다. 일상적으로 쓰이는 '무겁다'는 개념에 대응하는 것이 질량이 아니라 힘이라는 것을 $F=ma$를 배운 이들이라면 모두 알 것이다. 중력 질량의 관점에서 m은 두 입자를 연결하는 특성이다. 중력이란 두 물체가 서로 잡아당기는 힘으로, 질량이 있어야 작용한다. 달리 말해, 질량 m은 곧 물질 간의 상호작용을 결정하는 특성 중 하나다.

상호작용하지 않는 입자들만으로 구성된 우주를 한번 생각해 보자. 이런 우주에서는 양질 전환이 일어나지 않는다. 질량이 있어야 중력이라는 상호작용으로 별과 행성, 은하와 블랙홀이 만들어지는 양질 전환이 일어난다. 상호작용하는 입자들의 양적 변화가 지속되면 개별적인 입자에서는 볼 수 없었던 집단적 성질을 띤다. 상호작용하는 입자들로부터 집단적 성질이 '창발emergence'했다고도 말할 수 있다. 즉, 창발은 개별 요소에서는 보이지 않으나 그것들이 상호작용함으로써 새로운 속성이 나타나는 현상을 일컫는다. 그런데 과학자들은 기본적으로 환원주의자가 아니던가?

과학의 역사를 보면, 과학의 성공은 곧 환원주의의 성공이었다. 다시 말해, 과학은 복잡한 현상을 잘게 쪼개 더 단순하고 기본적인 구성 요소와 법칙으로 세상을 설명하고자 노력해 왔고, 그로부터 막대한 성과를 거두었다. 원소와 주기율표를 찾아냈고, 원자, 양성자, 전자, 쿼크와 렙톤을 발견했다. 하지만 환원주의를 향한 비판도 만만치 않다. 집단으로서의 특성은 그 구성 요소의 특성과 다르다는 것이다. "전체는 부분의 합 이상"이라는 것이다. 비판자들은 태양의 특성이 수소의 특성과 다르다는 것, 세포의 성질은 원자의 성질로 설명할 수 없다는 것, 인간의 뇌가 단순 세포의 조합이 아니라는 것 등을 근거로 내세운다. 언뜻 그럴듯해 보이지만, 이는 전체가 구성 요소의 단순 합이 아니라는 말일 뿐이다. 일반적으로 전체는 부분의 단순 합이 아니지만, 서로 연결된 부분들의 합 이상도 아니다. 다음의 예를 보자.

그림 8의 왼쪽은 누가 보아도 '!'다. 하지만 과학자들이 현미경을 발명해 현미경으로 들여다보고 '!'가 '?'의 모임임을 발견했다고 해보자. 이제 우리는 이것을 단순히 '!'라고 말하기에는 부족하다는 것을 안다. 환원론자들은 '?'라고 말할지도 모른다. 환원론자들에 반대하는 이들은 기회를 놓치지 않고 '?'에는 '!'의 어떠한 성질도 포함하지 않는다며 '!'가 새로운 창발적 속성이라고 주장한다. 하지만 진실은 매우 단순하다. 이 그림은 '?'의 연결로 이루어졌으며 '!'는 그 연결에서 창발한 것이다. 사실 '!'를 다음과 같은 방식으로도 표현할 수 있다.

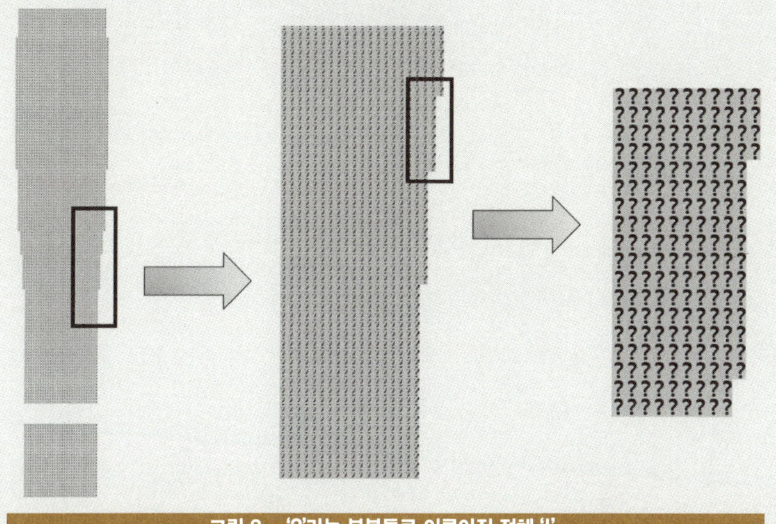

1, 0, 8? / 2, 0, 8? / 3, 1, 6? / 4, 1, 6? / 5, 1.5, 5? / 6, 1.5, 5? / 7, 1.5, 5? /

8, 2, 4? / 9, 2, 4? / 10 ,2, 4? / 11, 0, 0? / 12, 2, 4? / 13, 2, 4? / 14, 2, 4?

첫 번째 숫자는 몇 번째 줄인지를 뜻하고, 두 번째 숫자는 맨 앞의 빈칸이 몇 개인지, 세 번째 숫자는 '?'가 몇 개인지를 뜻한다. 예를 들어, '9, 2, 4?'는 9번째 줄에는 2개의 빈칸 다음에 4개의 '?'가 줄 이어 있다는 의미다. 이러한 표기법은 '?'로 이루어진 '!'의 모든 정보를 빠짐없이 표현한다. 단지 표기법을 바꾸었을 뿐인데, 갑자기 환원주의와 전체론 가운데 어느 것이 맞는지 논쟁하는 것이 무의미해 보인다. 조금 더 자세히 살펴보자. '?'는 표기법에도 나타나 있다. 반면 '!'는 표기법에서 '?'가 아닌 나머지 숫자들에 담겨 있다. 모든 '?'를 다른 기호, 예컨대 '#'으로 바꾼다고 하더라도 전체 모양은 '!'일 것이다. '!'가 저장되어 있는 숫자들은 바뀌지 않았기 때문이다. 즉, '!'는 '?'의 연결 특성이다. 반대로 '?'는 그대로 두고 연결 특성을 나타내는 숫자들을 바꿈으로써 '!'가 아닌 '?' 자신을 나타낼 수도 있다.

원소뿐만 아니라 원소의 연결은 전체론적 관점에서 다른 대상을 만들어 낸다. 다이아몬드와 흑연의 차이는 구성 원자가 아니라 그 연결 방식에 있다. 환원주의와 전체론은 원소와 연결을 바라보는 관점의 차이일 뿐이다. 당연히 둘 다 중요하다. 앞의 예를 다시 살펴보자. 만일 '?'가 몇 개밖에 없다면, 그 연결은 아무것도 말하지 못한다. 그러나 연결 수가 많아지면, 어느 순간 '!'가 나타나기 시작한다. 물론 다른 것을 나타낼 수도 있다. "많아지면 달라진다 More is different"라는 표현에서 많아지는 것은 연결이다. 연결이 많아지고 복잡해지면 그 연결 특성에서 새로운 것이 창발하는 것이다.

한편, 원소는 연결 방식에 어느 정도 영향을 미칠 수 있다. 예를 들어, 산소로는 다이아몬드를 만들 방법이 없다. 원소는 내적으로 가능한 연결 방식을 규정한다. 물론 가능한 연결 방식이 아주 많을 수도 있지만, 어쨌든 그 방식을 규정하는 것은 원소다. 앞의 표기법에서 '?'를 다른 문자로 바꾸어도 전체 모양이 '!'임은 바뀌지 않았는데, 이는 우리가 암묵적으로 임의의 기호가 '?'와 동일한 연결 관계를 가질 수 있다고 가정했기 때문이다. 하지만 실제 자연에서는 모든 원소가 모든 종류의 연결을 가질 수는 없다. 정리하자면, 원소는 연결 방식을 정하고 연결에서 새로운 것이 창발한다. 이러한 창발은 원소가 아니라 연결에 존재하는 것이다.

우리는 인간의 뇌가 세포 덩어리에 불과하지 않다는 주장을 자주 접한다. 그러나 뇌세포, 즉 뉴런의 모든 연결과 작동 방식을 아직 다 알지는 못하지만, 세포의 연결 방식만 모두 안다면 우리는 뇌를 세포와 그 연결로 표현할 수 있다. 뉴런의 연결을 모사하는 수학적 도구는 이미 개발되어 있다. 전달 함수transfer function라는 것인데, 이 함수를 아직 속속들이 모를 뿐이다. 전달 함수의 완성은 뇌 연구의 새로운 시작을 알릴 것이다. 어쩌면 이런 의문을 가질지 모르겠다. '정말 함수를 알면 인간 뇌의 모든 특성을 알 수 있을까?' 물론 그렇지는 않다. 전달 함수에 뇌의 모든 것이 담겨 있다는 것이지, 그로부터 뇌의 모든 특성을 곧바로 알아낼 수 있다는 것은 아니다. 우리가 DNA의 모든 염기 서열을 알아냈다고 DNA에 담긴 모든 유전적 성질을 알지는 못하는 것과 마찬가지다.

수소 원자 하나를 아무리 연구한들 블랙홀을 이해할 수는 없을 것이다. 하지만 수소 원자와 그 연결 방식을 이해하면, 우리는 그로부터 블랙홀을 이해할 수 있다. 개미 한 마리는 아무것도 모르지만, 개미 집단은 아주 복잡한 개미굴을 설계하고 건축한다. 그러한 복잡성은 개미 한 마리의 세포에 저장되어 있지 않다. 개미와 개미의 연결에 저장되어 있을 뿐이다. 나는 뒤에서 이를 '슈퍼프로그램superprogram'이라 부를 것이다. 우리의 세포 하나는 우리가 아는 어떠한 것도 모르지만, 세포의 연결에는 과학과 철학, 예술과 도덕이 자리 잡을 수 있다.

정보의 창발

"나 보기가 역겨워 가실 때에는 말없이 고이 보내 드리오리다." 김소월

시인이 쓴「진달래꽃」의 아름다운 첫 구절이다. 그러나 이 문장을 하나하나 뜯어 자음과 모음으로 분리하면 문장이 담고 있던 정보는 사라진다. 즉, 자음과 모음이 연결되어 창발이 일어난다. 비슷한 예로 LED 광고판을 들 수도 있다. 광고판이 전달하고자 하는 정보는 LED가 모여 만들어 내는 집합적 특성에 있지, LED 하나하나의 깜박임에 있지 않다. 이러한 창발은 앞서 다룬 물리적 창발과 한 가지 면에서 크게 다르다. 이를 설명하기 위해 우리는 먼저 정보의 정의를 살펴보고자 하는데, 이 책에서 쓰이는 정보의 의미가 과학에서 통상적으로 쓰이는 협의의 정의보다 포괄적이기 때문이다.

과학, 특히 통신 기술에서 다루는 정보의 정의, 그리고 정보의 양을 기술하는 방법은 주로 클로드 섀넌 Claude Shannon의 제안을 따른다. 예를 들어, 'AXo♣y5'라는 기호 열이 있다고 하자. 이를 컴퓨터가 이해하는 언어로 변환한다. 예컨대 그것이 '110011'이라면, 섀넌은 이 수를 정보라고 하고, 그 자릿수에 해당하는 6을 정보의 양으로 정의한다. 이것만으로도 통신 기술이 필요로 하는 많은 문제들이 해결된다. 하지만 이러한 정의는 다소 협소한데, 섀넌의 정의에 따르면 정보는 의미를 포함하지 않기 때문이다. 보통 '사과'에는 어떤 정보가 포함되어 있다는 데 동의할 것이다. 한편 낙서처럼 보이는 'Axo♣y5'가 정보를 가지는지에 관해서는 의견이 갈릴 것이다. 이러한 이유로 섀넌의 정보 정의에 의미까지 포함시키고자 하는 시도가 줄곧 있었지만, 아직까지 뚜렷한 성과는 없었다. 그럼에도 이 책에서는 '정보'를 형식 체계뿐 아니라 의미까지 포함하는 더 넓은 두 번째 의미로 사용하겠다.

이제 다시 정보의 창발을 보자. 글자 '사과'를 구성하는 'ㅅ', 'ㅏ',

'ㄱ', 'ㅗ', 'ㅏ'는 그 자체로 정보를 갖지 않지만, 그것들이 적절하게 배치되면 글자 '사과'는 사물 사과를 의미하는 정보를 갖는다. 이는 엄밀하게 두 단계로 구분된다. 첫 번째 단계는 자음과 모임이 연결되어 글자 '사과'가 되는 단계이고, 두 번째는 글자 '사과'와 사물 사과가 연결되어 글자 '사과'에 의미가 부여되는 단계다. 여기서 창발이 어느 단계에서 발생하는지 질문할 수 있다. 창발이 첫 번째 단계에서 발생한다면, 이는 물리적 창발과 차이가 없다. 글자 '사과'는 창발의 결과물이다. 하지만 한글을 모르는 이에게 글자 '사과'는 앞서 예로 든 'AXo♣y5'와 다를 바가 없기에 이러한 해석은 곤란하다. 물리적 창발과 달리,「진달래꽃」에는 사실상 어떠한 창발도 없다. 창발은 오로지 시를 읽는 이들의 머릿속에서만 발생한다. 요컨대 정보의 창발은 의미를 포함할 만큼 복잡한 형식 체계를 필요로 하지만, 창발 자체는 의미를 부여하는 머릿속에서만 일어난다.

이러한 예는 우리의 여정에서 자주 등장할 것이다. 뒤에서 살펴보겠지만, 컴퓨터는 처음부터 끝까지 정보의 창발을 이용한다. 트랜지스터는 단순히 꺼지고 켜지기를 반복할 뿐이고, 그것에 의미를 부여하는 것은 인간이다. 예컨대 켜진 스위치에 1을 대응시키는 식이다. 그러나 이러한 대응은 순전히 임의적이다. 우리가 외계인이 쓰는 컴퓨터를 손에 넣었다고 해보자. 컴퓨터를 뜯어보고 분석함으로써 어떻게 작동하는지는 이해할 수 있을지 모른다. 하지만 그것이 토해 낸 결과물이 무엇을 의미하는지 알아내기까지는 훨씬 긴 시간이 필요하다. 이는 암호와 비슷하다. 2차 세계대전 당시 독일군의 통신을 감청하는 것은 어렵지 않았으나, 그 암호를 풀기 전까지 감청된 내용은 듣는 이에게 아무런 의미도 없었다. 이것이 컴퓨터가 아직 의식을 가지고 있지 않다는 직접적인 증거다. 컴퓨터는 아직 형식 체계를 벗어나지 못하고 있고, 의미는 사람의 머릿속에서만 창발한다. 이는 뒤에서 조금 더 자세히 다룰 것이다.

소멸과 대체

마지막은 새로운 것으로 대체되는 양질 전환이다. 이는 부분들의 연결 과는 전혀 다른 유형이다. 이와 유사한 개념들은 여럿 있다. 토머스 쿤 Thomas Kuhn의 패러다임 이동paradigm shift, 산업과 기술에서의 파괴적 혁 신, 물리화학이나 조직 이론에서의 상전이가 대표적이다. 말이 다르고 뉘앙스도 다르고 적용하는 분야도 다르지만, 넓게 보면 모두 양질 전환 의 예들이다. 세상 만물의 변화 패턴 가운데 하나다.

　이 가운데 과학기술 분야에서 자주 나타나는 새로운 양질 전환이 있는데, 양적 발전이 한계에 이르렀을 때 새로운 것이 나타나 기존 것 을 몰아내는 방식이다. 대표적인 것이 진공관에서 트랜지스터로, 다시 집적회로로 진화한 사례다. 뒤에서 다시 알아보겠지만, 스위치 동작이 얼마나 빠른지, 에너지를 얼마나 소모하는지, 크기가 얼마나 작은지, 얼마나 싸게 제작할 수 있는지 등이 양에 해당한다. 진공관은 이러한 양을 개선하며 진화했다. 더 작게, 더 빠르게. 진공관 등장 초기에는 이 러한 양적 변화가 빠르게 이루어졌으나, 이는 곧 한계에 다다랐다. 그 효용 가치가 끝나갈 즈음, 그것과 전혀 다른 트랜지스터라는 것이 나타 나 진공관을 대체함으로써 그 양을 다시 증가시켰다. 유명한 S 커브가 나타났다. 하나의 양이 빠르게 증가하다가 한계에 도달하고 다시 빠르게 증가하기를 반복하는 패턴이다.

　지금까지 원인과 결과, 양질 전환을 알아보았다. 둘을 종합해 네트워크 시스템을 어떻게 이해해야 하는지 살펴보고 다음 장으로 넘어가고자 한다. 어떤 이들은 네트워크가 환원 불가능하다고 말한다. 하지만 이러한 주장은 네트워크가 노드와 그 연결의 합이라는 것을 간과한 것이다. 환원 불가능하다고 말하는 창발적인 특성 또한 여전히 노드의 연결 특성일 뿐이다. 노드의 연결 특성을 환원주의적으로 분석하는 것이 매번 쉽지는 않지만 불가능하지는 않다. 어려운 것과 불가능한 것은 다르다. 나는 앞으로 수많은 예를 보일 것이다. 물론 전체론이 틀린 것도 아니다. 두 가지는 다른 층위에서의 분석일 뿐, 서로 대립하는 것이 아니다.

　네트워크는 본질적으로 노드와 그 연결('링크'라고도 한다)로 구성된다. 이는 환원주의적인 시각이다. 네트워크가 노드와 그 연결로 환원 가능하다고 주장하는 것이다. 노드와 노드는 연결을 통해 서로 영향을 주고받으며 원인과 결과의 사슬을 형성한다. 만약 특정 노드에만 주목하고 있다고 해보자. 이때 원인과 결과는 명확하다. 그 노드의 현재 상태의 원인은 그 노드의 과거 상태, 그리고 그것과 연결 관계에 있는 다른 노드들의 과거 상태이며, 원인에 해당하는 노드들의 시간에 따른 변화가 우리가 주목하는 노드의 시간에 따른 변화를 야기한다. 이러한 분석은 동역학적인, 1종 원리에 해당한다. 인버터 3개로 이루어진 오실레이터를 다시 보자. 하나의 노드에만 주목하면 인과관계는 명확하다. 혼동은 없다. 이러한 분석을 모든 노드로 확장할 수 있고, 전체론적인 창발 특성을 추출할 수 있다. 이것이 네트워크를 환원주의적인 방식으로 이해하는 것이다.

하지만 창발적 특성에 주목하는 높은 층위에서의 분석도 가능하다. 인버터 2개를 연결한 단순한 예를 다시 떠올려 보자. 이 네트워크는 두 가지 서로 다른 상태를 갖는다. 노드의 값을 활용해 두 가지 허용되는 상태를 ‘101’과 ‘010’이라고 말할 수도 있지만, 그냥 ‘A’와 ‘B’라는 서로 다른 두 가지 내부 상태를 갖는다고 말할 수도 있다. 우리는 A와 B에 특정한 의미를 부여할 수도 있다. 이는 양질 전환이 일어났다는 가정에, 한 단계 높은 층위에서 분석하는 방법이다. 우리는 개별 노드에는 관심이 없을 수 있다. A와 B를 양질 전환이 일어난 네트워크의 상태를 나타내는 환원 불가능한 특성이라고 말할 수도 있다. 생물학자들이 세포를 연구하는 동안 그 세포를 이루는 특정 원자나 분자가 어떤 상태에 놓여 있는지에 관심 가지지 않을 수 있다. 단지 어떤 상태에서 세포가 어떤 특성을 보이는지에만 관심 가질 수 있다. 이것이 전체주의적인 분석 방법이며, A와 B의 특성을 규정하는 원리가 바로 2종 원리, 2종 예측이다.

결국 1종 원리와 2종 원리는 서로 완전히 구분되는 것이 아니다. 2종 원리는 1종 원리로부터 나올 수밖에 없다. A와 B는 결국 환원주의의 관점에서 101과 010에 해당한다. 이러한 관계가 전체론과 환원주의를 연결하며, 거시와 미시를 연결하고, 1종 원리와 2종 원리를 연결한다. 네트워크를 환원 불가능한 시스템이라며 2종 원리만을 주목하더라도, 1종 원리가 사라지는 것은 아니다. 둘을 연결해 주는 원리는 반드시 존재한다. 원자에서 세포로, 세포에서 뇌로, 뇌에서 사회로 양질 전환이 일어날 때, 그 둘을 연결하는 원리가 존재한다. 세포를 이해하는 데 반드시 특정 원자나 분자를 이해할 필요는 없지만, 둘의 연결 원리를 이해해야 우리는 비로소 세포를 이해했다고 말할 수 있을 것이다. 네트워크가 환원 가능한지 불가능한지는 불필요한 논쟁이다. 둘은 동일한 것을 바라보는 서로 다른 관점일 뿐이다.

예측

이 장의 마지막 주제는 예측이다. 우리가 다룰 주요한 물음은 두 가지다. '미래는 결정되어 있는가?', '미래는 예측 가능한가?' 결정된 미래를 알 수만 있다면 누군가는 당장 복권을 사겠다고 할지도 모르지만, 애당초 복권이라는 상품은 미래를 알 수 없다는 것을 전제한다. 미래를 알 수 있다면 복권이나 보험 상품은 생겨나지도 않았을 것이다. 세상이 무미건조해질지 모른다.

물론 두 가지 물음에 대한 결론을 여기서 모두 다루지는 않는다. 주제를 깊이 다루려면 사전에 준비해야 할 것들이 많다. 따라서 물질 세계와 컴퓨터, 생물 세계를 모두 다루고 나서 3장 마지막에서 다시 살펴보고자 한다. 여기서는 앎이 무엇인지에 대한 기초적인 정의를 바탕으로, (1) 우주가 유한하고, (2) 결정되어 있으며, (3) 관찰자의 행위가 대상에 영향을 미치지 않는다는 가정하에 두 가지 물음에 답하고자 한다. 이러한 조건 아래에서, 우리는 중요한 결론 하나를 이끌어 낼 것이다. 하지만 그에 앞서 질문을 구체화해야 한다. 미래가 예측 가능하다는 것은 과학의 언어라고 하기에는 다소 부족하다. 여기서는 보다 과학적으로 다음과 같이 고쳐 물을 것이다. '시뮬레이션할 수 있는가?' 미래를 예측할 수 있으려면, 시뮬레이션 가능해야 한다.

　해석역학의 창시자인 피에르시몽 라플라스^{Pierre-Simon Laplace}의 주장을 떠올려 보자. 그는 우주의 초기 조건만 주어지면 동역학의 원리와 수학이라는 도구를 사용해 우주의 미래를 예측할 수 있다고 말했다. 예컨대 지구에서 자유낙하 하는 물체의 미래를 생각해 보자. 초기 위치와 속도만 알면, 그 물체의 시간에 따른 위치, 속도 등을 식으로 쓸 수 있다. 100m 상공에 있는 속도가 0인 물체의 위치 $x(t)$와 속도 $v(t)$는 다음과 같이 주어진다.

$$x(t)=100-4.9t^2, \quad v(t)=-9.8t$$

　물체의 위치와 속도를 알고 싶다면, 주어진 식에 시간만 대입하면 된다. 하지만 우주에 존재하는 입자는 하나가 아니다. 중력으로 상호작용하는 입자가 고작 3개만 되어도 이러한 식을 만들 수 없다. 이때는 컴퓨터가 동원된다. 입자가 여러 개라고 해보자. 첫 번째 입자는 나머지 모든 입자로부터 힘을 받는다. 두 번째 입자도 마찬가지다. 첫 번째 입자는 짧은 시간 힘을 받아 위치와 속도가 바뀐다. 두 번째 입자도 마찬가지다. 시간에 따라 입자들의 위치와 속도가 모두 바뀌기에 상호작용하는 힘도 바뀐다. 이러한 상황에 맞추어, 힘을 고려해 모든 입자의 위치와 속도를 다시 계산한다. 이렇게 짧은 시간을 단위로 입자들의 위치와 속도를 단계별로 반복적으로 계산하면, 우리가 원하는 특정 미래의 상황을 알 수 있다. 이를 '시뮬레이션^{simulation}'이라고 말한다. 시뮬레이션을 하려면 장치가 필요하다. 종이와 연필일 수도 있고, 컴퓨터일 수도 있다. 라플라스는 시뮬레이션 장치에 대해서는 언급하지 않았다. 앞의 식과 같은 것을 만들 수 있다고 판단했거나, 시뮬레이션에 대한 깊은 고민 없이 가능하다고 판단한 듯하다.

물론 누구도 라플라스의 꿈이 실현되리라고 생각지 않을 것이다. 하지만 대부분은 그 이유가 모든 입자의 초기 조건을 알 수 없기 때문이라고 여길 것이다. 아니면 양자역학을 들먹일 것이다. 물론 이러한 두 가지 이유들로 불가능한 것은 사실이다. 하지만 우리가 다루고자 하는 것은 '우주는 시뮬레이션 가능한가'다. 따라서 우리는 우주가 고전역학적인 계이고, 초기 조건이 주어져 있다고 가정할 것이다. 이는 다름 아닌 라플라스의 가정인데, 그럼에도 불구하고 시뮬레이션이 불가능함을 보일 것이다. 단순히 현재 불가능한 것이 아니라, 영원히 불가능하다는 것이다.

시뮬레이션에는 상호작용하는 법칙이 필요한데, 여기서는 뉴턴 역학이다. 하지만 뉴턴 역학이 제아무리 막강한 도구라고 하더라도, 이것만으로는 시뮬레이션 가능하다는 것을 보장하지 못한다. 라플라스가 간과한 것이 바로 이 부분이다. 간단한 예로, 물리량을 가진 입자 10개로 이루어진 계를 상상해 보자. 물론 이들의 물리량은 나머지 입자들과 상호작용하면서 변한다. 그런데 한번 입자들이 움직이지 않고, 나머지 입자들이 갖는 물리량에 선형적으로 반응하는 아주 간단한 작동 원리를 따른다고 가정해 보자. 이는 중력에 의해 상호작용하는 계에 비하면 훨씬 간단한 시스템이다. 이 시스템의 현재 상태, 즉 10개의 물리량을 10차원 벡터 X로 표시한다면, 시간에 따른 X는 다음과 같이 주어진다.

$$X(t+\Delta t)=X(t)+ A * X(t) * \Delta t$$

여기서 Δt는 시뮬레이션하는 시간 단위인데, 짧으면 짧을수록 오차가 줄어든다. 그리고 A는 행렬로서, 계의 상호작용을 기술한다. 특정 시간 t에서의 X를 알면 $t+\Delta t$에서의 X를 앞의 식으로 계산할 수 있으며, 동일한 계산을 반복함으로써 임의의 시간에서의 X 값을 알 수 있다.[*]

앞의 식을 계산하려면 컴퓨터 사양이 어느 정도나 되어야 하는지 생각해 보자. 먼저 초기 조건, 즉 10개의 상태를 저장할 메모리가 필요하다. 둘째, A도 저장해야 하는데 A는 10×10 행렬이므로, 100개의 저장 공간이 필요하다. 즉, 입자의 개수가 N이라면, 필요한 저장 공간은 N^2+N이다. 물론 상호작용 계수인 A가 꼭 저장되어야 하는 것은 아니다. A는 계의 작동 원리로서 아주 간단한 식으로 주어질 수도 있기 때문이다. 뉴턴 역학에서는 이것이 중력 방정식이다. 예를 들어, i번째 입자에 미치는 j번째 입자의 영향이 단순히 j번째 입자가 갖는 수치만큼 더하는 것이라면 행렬의 모든 값이 1일 수 있다. 이런 경우에는 굳이 N^2만큼의 저장 공간이 필요하지 않다. 결국 입자 N개로 이루어진 계를 시뮬레이션하는 데 필요한 최소한의 저장 공간은 N이라고 할 수 있다.

다음으로 컴퓨터의 연산 속도를 생각해 보자. 앞선 식을 계산하는 데는 100번의 곱셈이 필요하다.[**] 시뮬레이션하는 단위 Δt가 1msec라면, 1msec 후를 예측하기 위해서는 100번의 곱셈을 1msec 안에 끝내

---

[*] 선형 방정식이기에 해를 구할 수 있지만, 여기서는 수치 해석의 방법을 통한 시뮬레이션만 논하기로 하자.

[**] 덧셈은 곱셈에 비해 훨씬 빠르게 처리할 수 있기에, 여기서는 곱셈만 고려하자.

야 한다. 1msec 후를 예측하는 데 1초가 걸린다면 더 이상 예측이라고 할 수 없기 때문이다. 즉, N개의 입자로 이루어진 계를 시뮬레이션하려면 한 번의 곱셈에 필요한 시간이 $\Delta t/N^2$보다 짧아야 한다. 요컨대 시뮬레이션 장치는 입자의 수보다 많은 저장 장치를 가져야 하며, 최소한의 연산 속도가 보장되어야 한다.

이제 앞의 배경지식을 바탕으로 우주를 시뮬레이션해 보자. 먼저 '1'을 저장하는 저장 공간의 크기를 생각해 보자. 종이에 1을 쓴다면, 숫자 하나당 필요한 저장 공간이 너무 커진다. 한편 최첨단 메모리를 동원하더라도 1비트를 저장하는 데는 트랜지스터가 적어도 하나는 필요하다. 1,000만 개 정도의 원자가 동원되는 것이다. 그러면 원리적으로 원자 하나에 담긴 모든 정보를 저장하는 데 필요한 가장 작은 저장 장치는 무엇일까? 원자 하나에도 매우 많은 정보가 있다. 그 안에 담긴 모든 전자의 위치, 속도, 스핀 정보에다가, 핵에 관한 정보까지 포함하면 꽤나 많은 정보를 갖고 있다. 이를 온전히 저장하는 가장 작은 저장 장치는 원자 하나다. 원자의 모든 정보를 온전하게 담으려면, 적어도 그것과 모든 것이 동일한 쌍둥이 원자 하나를 만들어야 하는 것이다.

이는 우주를 완전히 시뮬레이션하려면 적어도 우주 하나가 더 필요하다는 이야기이기도 하다. 우리는 우주 밖의 우주에 접근할 방법이 없기에 시뮬레이션은 불가능하다. 공상과학적 상상력을 동원해 접근 가능하다고 가정하더라도 시뮬레이션은 불가능하다. 연산 속도 때문이다. 우리 우주를 똑같이 복사한 우주가 있다면, 쌍둥이 우주에서의 시간은 우리 우주와 동일할 것이다. 쌍둥이 우주로 일정 시간 이후의 우주를 시뮬레이션한다면 우리 우주도 그만큼의 시간이 지났을 것이기에, 우리가 전달받는 시뮬레이션 결과는 과거에 대한 해석이지 더 이상 미래에 대한 예측이 아닐 것이다.[*]

결론은 간단하다. 우주가 결정되어 있든 그렇지 않든, 우리는 미래를 정확하게 예측할 방법이 없다. 물론 이것이 라플라스의 악마가 존재하지 않는다는 증명은 아니다. 하지만 우리의 결론은 우리 우주의 미래를 예측하는 라플라스의 악마가 있어도 우주 바깥에 존재해야 한다고 말한다. 양자역학이나 카오스 이론을 동원하지 않더라도 우주의 미래를 예측할 수 있는 라플라스의 악마는 우주 안에 존재할 수 없으며, 이를 과학적으로 다시 말하자면, 어떤 시스템이든 자신의 미래를 정확하게 예측하는 시스템을 자기 안에 포함할 수 없다는 것이다. 인간은 우주의 부분 집합이므로, 우리는 우주의 미래가 결정되어 있든 그렇지 않든 미래를 정확하게 예측할 수 없다. 이러한 결론은 3장에서 다시 중요하게 등장할 것이다.

하지만 이러한 결론이 모든 종류의 예측이 불가능하다는 것을 뜻하지 않는다. 앞뒤가 동일한 동전 하나를 던지면 앞이 나올지 뒤가 나올지 예측할 수 없지만, 100만 번 던지면 앞이나 뒤나 50만 번쯤 나오리라는 것은 예측할 수 있다. 수소 분자 100개와 산소 분자 100개가 들어 있는 방을 가만히 두면 두 분자가 골고루 섞이리라는 점도 예측 가능하다. 정확하게 예측할 수 없는 것은 동역학적 법칙을 따르는 시스템이다.

우리는 양자역학에 따라 전자의 위치와 운동량을 동시에 정확히 알 수 없지만, 앞에서 보았듯이 지구 중력장에서 움직이는 물체의 거시적 운동은 예측할 수 있다. 따라서 이 책의 핵심 주제 가운데 하나가 '예측'이라고 말할 때, 그것은 상위 계층에서의 집단적 예측, 통계적 예측을 뜻한다. 결정론과 예측의 관계는 이어지는 장들에서 더욱 자세하게 들여다볼 것이다.

지금까지 이 책을 따라가는 데 필요한 세 가지 기본 지식을 알아보았다. 원인과 결과, 양질 전환, 환원론과 전체론의 관계를 살펴보았고, 미래가 결정되어 있든 그렇지 않든 동역학적 계는 그 시스템 안에서 정확하게 예측할 수 없다는 것을 알아보았다. 이제 우리가 배운 세 가지 기본 지식을 바탕으로, 더 넓고 깊은 우주로 들어가 보자.

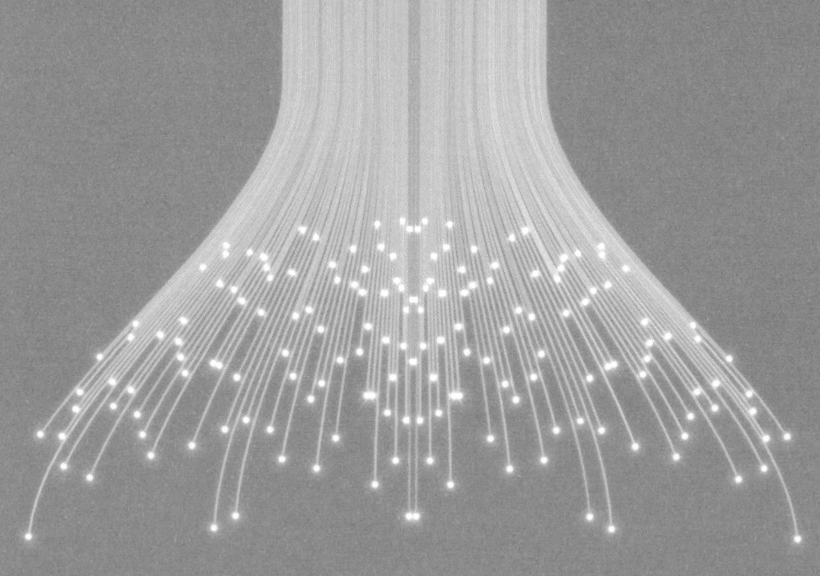

1장

물질:
기본 블록과 그 연결 원리

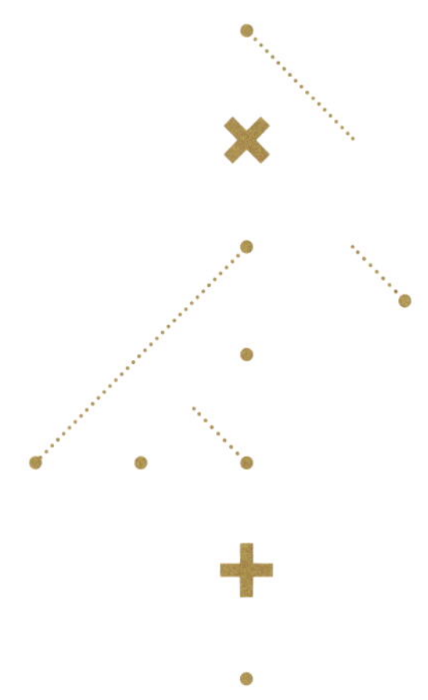

세상을 이해한다는 것은 어려운 일이다. 밤하늘을 올려다보며 우주는 무엇이고 자신은 누구인가를 고민한 어느 먼 옛날 누구에게만 어려웠던 것은 아니다. 슈퍼컴퓨터로 무장한 오늘날의 과학자들에게도 어렵기는 마찬가지다. 세상을 이해하려면 어디서부터 시작해야 할까?

먼저 물질 세계를 보자. 137억 년 전의 빅뱅부터 지금의 우주를 포함하는 물리학과 화학의 영역이다. 그림 9에서 ①번으로 나타낸 접근으로 우주의 상당 부분을 이해할 수 있다. 그리고 이러한 이해에 기반해 우주의 미래를 예측할 수 있다. 우주가 시작되고 약 100억 년이 지나면, 우주의 진화 과정에서 매우 특이한 물질이 나타난다. 생명체의 기본 단위라고 할 수 있는 유기물, 세포다. 여기에는 양질 전환이 있었

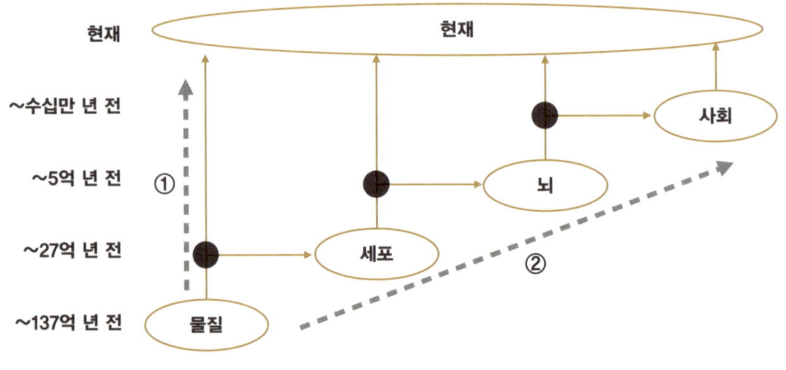

그림 9   세상을 이해하는 여러 경로들.

을 것이다. (양질 전환은 별것 아니다. 여럿이 모이면 다른 일이 생긴다는 것이다. 자세한 내용은 0장을 보라.) 그림 9에서 검정 동그라미로 표시한 영역이다.

앞으로 더 설명하겠지만, 세포는 물리학과 화학의 원리를 위배하지는 않지만 그것만으로 설명하기 어려운 여러 현상을 보여준다. 그에 맞는 다른 계층의 원리를 찾아야 하는 것이다. 이는 생물학의 영역으로서, 세포에서 시작해 생태계까지 포괄한다. 여기서 양질 전환이 한 차례 더 발생했는데, 이로써 등장한 것이 바로 뇌다. 이때 '뇌'는 단순히 중추신경계라는 물질만이 아니라 의식과 지능의 탄생까지 의미한다. 짐작하겠지만, 의식과 지능의 원리를 세포의 작동 원리만으로 설명하기는 힘들다. 이를 이해하는 데 다른 계층의 원리가 필요해 보인다. 이는 생물학과 뇌과학뿐 아니라, 의식을 다루는 철학과 심리학의 영역이기도 하다. 그리고 수많은 생물학적 뇌가 상호작용해 사회가 등장하는 데도 양질 전환이 개입했을 것이다.

물질, 세포, 뇌, 사회 각각에 관해서는 이미 많은 연구가 이루어졌다. 이 책에서는 이들에 관한 특정 이론을 바탕으로 세상을 보기보다는 (예컨대 ①번 접근), 그림 9의 ②번 경로를 따라가고자 한다. 계층마다 어떤 양질 전환을 거치는지 확인하는 것이다. 상층의 원리는 결코 하층의 원리를 위배할 수 없다. 예를 들어, 세포를 설명하는 원리는 결코 뉴턴의 동역학이나 열역학을 위배할 수 없다.

이러한 접근은 우리에게 세상을 바라보는 새로운 관점을 준다. 물론 이를 두고 환원주의라고 비판하는 이들도 있을 것이다. 그러나 0장에서 자세히 보였듯이, 전체는 부분과 그것들의 연결에 지나지 않는다. 물론 아직까지도 세포에는 물질과 그 연결로도 설명할 수 없는, 그이상의 신비한 무언가가 담겨 있다고 주장하는 이들이 있다. '지적 설계론' 같은 것들인데, 과학과 양립할 수 없는 힘을 가정하는 반과학^{anti-science}일 뿐이다. 현대 물리학에 따르면, 우주에는 오직 네 종류의 힘, 중력, 전자기력, 약력, 강력밖에 없다. 비과학 지지자들은 의식과 지능의 출현을 과학으로부터 떼어 내고자 하겠지만, 그러한 노력은 실패할 것이다.

과학은 신비주의와의 싸움에서 패한 적이 없다. 첫 번째 대규모 전쟁은 천동설과 지동설을 둘러싼 싸움이었는데, 모두가 알다시피 지동설의 승리로 막을 내렸다. (전쟁이 끝났다는 소식을 제대로 전달받지 못한 극소수만이 있을 뿐이다.) 지동설의 이론적 근거는 뉴턴의 역학 법칙과 중력 법칙이었다. 지금은 어느 누구도 태양과 달이 신의 영역이라고 믿지 않는다. 어떤 과학자도 뉴턴 역학, 상대성이론, 양자역학이 아닌 신의 마음에서 시작해 우주를 연구하지 않는다. 두 번째 대규모 전장은 이제야 그 끝이 보이기 시작하는 진화론이다. 이는 그림 9에서 첫 번째 나타나는 양질 전환과 관련 있다. 20세기 초까지도 진화론을 거부하던 가톨릭도 이제는 진화론을 부정하지 않는다. 물론 성경과 양립 가능한지를 두고 여러 스펙트럼으로 나뉘기는 하지만, 과학적 증거들을 거부할 방법은 없다. 전쟁은 이미 끝났다. (전쟁이 끝났다는 소식을 듣지 못한 이들이 여전히 남아 있지만.)

당연하게도, 세 번째 전쟁은 두 번째 양질 전환이 일어나는 의식과 지능에서 벌어질 것이다. 사실 지금도 한창 싸우는 중이다. 하지만 인간의 의식과 지능은 어느 쪽도 쉽사리 물러나기 어려운 핵심적인 전장이다. 특히나 일부 종교는 그 존재 의의가 부정될 수 있기에, 이 전쟁은 꽤나 오랜 시간 지속될 것이다. 하지만 답은 이미 주어져 있다. 신경과학자나 심리학자 중에서도 종교를 믿는 이들이 있다. 그러나 이들도 뇌, 그리고 의식을 연구할 때는 유물론자가 된다. 또한 fMRI나 뇌파 측정기 같은 과학 장비들을 사용해 의식과 꿈을 연구하며, 그것과 뇌라는 물질의 연관성을 탐구한다. 우리 역시 진화생물학이나 컴퓨터과학과 같은 과학의 관점에서 뇌라는 하드웨어가 어떻게 작동하고 어떻게 의식과 지능을 가질 수 있는지, 마음의 갖가지 모듈이 어떻게 계산되는지에 관해 알아볼 것이다.

뉴턴의 세계관

이제 그림 9의 맨 아래, 물리학에서 시작해 한 단계씩 올라가 보자. 아이작 뉴턴 Isaac Newton 이 등장하기 전, 그러니까 근대 이전에 물리학을 대표하는 인물은 아리스토텔레스 Aristotle 였다. 아리스토텔레스 물리학에서는 운동을 '자연적인 운동'과 '인위적인 운동'으로 나눈다. 지상에서는 직선 운동이, 하늘에서는 원운동이 자연적인 운동이다. 지상에서 가벼운 물체는 위로 솟고 무거운 물체는 아래로 떨어지는 것이 자연적이며, 그 밖의 모든 운동은 인위적이다.

오늘날의 물리학 교재 어디에도 이러한 아리스토텔레스 물리학은 없다. 그 대신 케플러 Johannes Kepler, 갈릴레오 Galileo Galilei, 뉴턴이 자리한다. 아리스토텔레스 물리학은 더 이상 과학으로 인정받지 못하거나, 약간의 실험만으로도 반증할 수 있는 틀린 가설로 여겨진다. 갈릴레오가 피사의 사탑에서 수행한 것으로 알려진 실험 같은 것들이다. (사실 갈릴레오의 실험은 사고실험이었을 것으로 추정된다.) 그토록 기나긴 중세 동안 이것을 제대로 검증하거나 반증하고자 하지 않았다는 사실이 불가사의일 뿐이다.

그러면 도대체 무엇이 아리스토텔레스 물리학과 뉴턴 물리학을 구분 짓는지 살펴보자. 과학이 무엇이며, 과학이 갖추어야 하는 것은 무엇인지를 엄밀하게 논의하려는 것이 아니다. 과학이 어떠한 전제도 없이 관찰과 실험만으로 이루어진다는 프랜시스 베이컨 Francis Bacon 의 주장은 과학 활동과 부합하지 않은 지 오래이며, 현대 과학철학은 과학의 객관성을 논증하기가 어렵다고 이야기하기 때문이다. 하지만 일반적으로 동의하는 선에서 거칠게 정의하자면, 과학은 경험적 발견에 기반한 제한된 규칙성에 대한 기술이다. 조금 부연하자면, 어떤 주장이 과학적 주장으로 인정받으려면, 적어도 그것이 문제 삼는 영역이 명확하고 그러한 영역 안에서 관찰과 실험 내용을 적당한 오차 내에서 기술해야 한다는 것이다. 그 주장에 명시적인 인과관계까지 포함되어 있다면 과학으로 인정받아 마땅할 것이다.

한 가지 예로, 그림 10을 보자. 실측 데이터를 나타내는 그래프 m이 있다. 엄격하게 통제된 조건에서 수행한, 충분한 객관성을 확보한 데이터라고 하자. 이제 데이터를 설명하는 첫 번째 이론이 등장한다. X가 증가하면 Y도 증가한다는 이론이다. 이것은 근본적으로 정확한 이론일

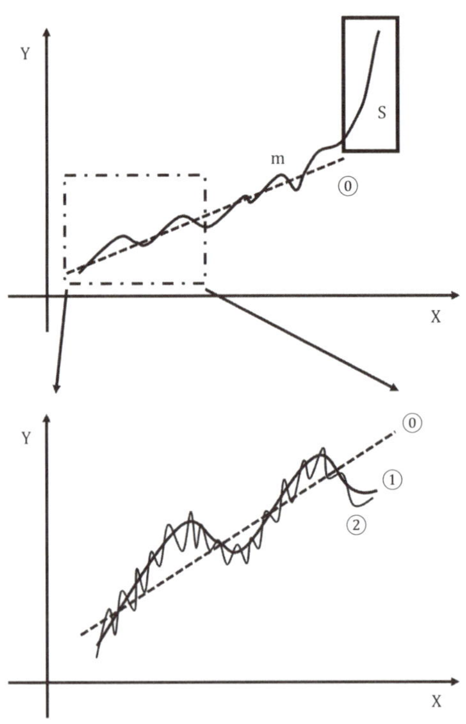

그림 10 데이터를 기술하는 여러 근사 이론들.

수도, 몇 가지 가정에 근거한 근사적 이론일 수도 있다. 하지만 데이터 m을 설명하는 첫 번째 과학 이론임은 분명하다. 이러한 이론들에 (조금은 과장스럽지만) '계몽'이라는 수식어를 붙이자. 근대 과학의 문을 열어젖힌 케플러와 뉴턴의 이론들이 이에 해당하기 때문이다.

튀코 브라헤 Tycho Brahe는 일생을 바쳐 실측치 m을 얻었고, 그의 제자인 케플러는 행성의 운동이라는 제한된 영역에서 데이터를 설명하는 세 가지 규칙을 발표했다. 타원 궤도의 법칙, 면적 속도 일정의 법칙, 조화의 법칙이 바로 그것이다. 그의 이론은 제한된 영역에서 천체 운동을 아주 잘 기술했다. 공전 궤도의 반지름과 공전 주기에 관한 관계를 표현하는 조화의 법칙은 뉴턴에 의해 살짝 수정되기는 했지만, 첫 번째 근사 이론이 되기에는 충분하다. 뉴턴 역학이 케플러의 세 가지 규칙을 포함하고, 이에 더해 현상에 가려진 숨은 규칙들까지 드러내면서 비로소 고전역학이 완성되었다.

그림 10 아래는 위 그림에서 점선으로 표시한 영역을 확대한 것이다. 확대하고 보니, 실제 값은 ②번 그래프와 같이 심하게 요동친다고 하자. 그렇다고 첫 번째 근사 이론의 효용성이 사라지는 것은 아니다. 어떤 새로운 이론이 나타나 ①번 그래프와 같이 예측한다면, 계몽 이론보다 실제 값을 더욱 정확하게 기술한다고 말할 수 있다. 우리는 이 같은 이론을 '1차 근사 이론'이라고 부를 수 있으며, 실제 값의 수많은 요동까지 더 잘 기술하는 이론은 '2차 근사 이론', 그보다 더 정확한 이론은 '3차 근사 이론' 등으로 부를 수 있다. 하지만 계몽 이론 혹은 0차 근사 이론은 인간의 무지를 일깨우고 자연의 비밀을 처음으로 드러냈다는 점에서 계몽 이론으로서의 지위를 잃지 않을 것이다.

이번에는 관찰 영역이 확장되어 실선으로 표시한 영역 S 안의 데이터까지 얻었다고 해보자. S 안의 값은 기존의 근사 이론들로는 예측하는 것이 불가능해 보인다. 이것이 근본적인 예측 불가능성이 아니라 근사 이론의 한계 때문이라면, 단순히 기존의 근사 이론을 다듬어 데이터 m을 더욱 정밀하게 예측하는 것으로 문제를 해결할 수는 없다. S 안의 데이터는 새로운 과학 이론을 요구한다. 이른바 토머스 쿤 Thomas Kuhn 의 '과학 혁명'이 일어나는 시점이기도 하다. 하지만 다시 한번 강조하지만, S 안의 값을 설명하는 새로운 이론이 등장하거나, S를 포함하는 새로운 영역의 데이터를 설명하는 더 거대한 이론이 등장하는 것과 관련 없이 0차 근사 이론, 계몽 이론이 가지는 지위는 사라지지 않는다. 이것이 뉴턴 역학이 여전히 과학의 역사에서 최고의 지위를 차지하는 이유다.

계몽 이론은 계층마다 존재한다. 뉴턴 동역학, 신다윈주의, 진화심리학, 신고전학파 경제학 등이 이러한 지위를 차지한다. 각각의 이론에 대한 1차 근사 이론도 있다. 예컨대 상대성이론이나 양자역학은 뉴턴 역학의 확장이다. 물론 이들을 단순한 1차 근사 이론이 아닌 새로운 계몽 이론의 등장 혹은 패러다임 이동으로 볼 수도 있다.* 하지만 여기서는 '1차 근사 이론'으로 부르고자 한다. 물질 세계에 관한 0차 근사 이론이 있고, 1차, 2차 근사 이론도 있으며, 다른 계층으로 옮기더라도 0차 근사 이론, 1차, 2차 근사 이론이 있다.

과학의 다른 필요조건으로 객관성, 반복성, 재현성 같은 특성들을

언급할 수도 있겠지만, 여기서는 추후 논의를 위해 한 가지만 더 소개하고자 한다. 바로 3인칭이다. 과학은 3인칭적 관점을 취해야 한다. 자신만 알고, 다른 사람은 알 수 없는 것은 과학의 대상이 아니다. 예컨대 신에 대한 개인적 경험이나 문학적 취향을 근거로 전개하는 설명은 과학이 아니다. 이러한 주제는 의식을 다룰 때 상세하게 논의할 것이다.

이 책의 큰 얼개를 설명했다. 남은 것은 하나하나 자세히 살펴보는 것이다. 자세한 설명을 따라가는 데는 인내가 필요하겠지만, 그에 걸맞은 이해도 따를 것이다.

뉴턴 역학

뉴턴의 동역학은 일생 동안 행성의 움직임을 정밀하게 관찰하고 데이터로 남겨둔 튀코 브라헤로부터 시작된다. 브라헤와 케플러, 갈릴레이가 활동한 시절은 16~17세기로, 지금으로부터 기껏해야 500년 전이다. 수십만 년의 호모 사피엔스 역사에 비추어 보면 극히 최근의 일이다. 이때만 하더라도 어떤 과학 이론도 지배적이지 않았다. 모든 것의 원리나 원인을 '보편자', '부동의 원동자' 같은 그럴듯한 이름으로 포장해 신의 의지나 다를 바 없는 것이 물질 세계를 지배한다고 생각한 시절이다. 그러다 인류는 수십만 년간 군림한 신의 권위가 과학에 의해 한발 물러나는 순간을 처음 맞는다. 물론 혁명의 불을 지핀 것은 브라헤보다 100년 앞선 코페르니쿠스Nicolaus Copernicus였으며, 브라헤의 관찰 자료로부터 세 가지 규칙을 이끌어 낸 케플러가 그 불꽃에 기름을 부었다. 갈릴레오는 그의 망원경으로 목성의 위성이 지구가 아닌 목성 주변을 돌고 있음을 보여줌으로써, 세상이 지구를 중심으로 돌고 있다는 천동설이 틀렸음을 과학적으로 입증했다. 마침내 뉴턴은 앞선 거인들의 불을 한데 모아 세상을 밝혔다. 그의 세 가지 역학 법칙과 중력 이론으로, 달이 움직이는 하늘의 운동과 사과가 떨어지는 지상의 운동이 서로 다르지 않다는 것을, 신의 영역이 인간의 영역과 동일하다는 것을 드러낸 것이다. 뉴턴은 이로써 신을 지상으로 끌어내린 인류 역사 최고의 과학자로 자리매김하게 되었다. 앞으로도 이만한 업적을 세우는 과학자가 등장하기는 어려울 텐데, 최초의 계몽 이론을 만든 이가 바로 뉴턴이기 때문이다.

어느 누군가가 갑자기 나타나 신의 존재를 실험적으로 보여준다고 한번 가정해 보자. 우주 한구석으로 거대한 망원경을 돌려, 신이 세상을 움직이고 있는 모습을 보여준다고 상상해 보자. 그러면 사회는 엄청난 혼란에 빠질 것이다. 코페르니쿠스, 브라헤, 케플러, 갈릴레오, 뉴턴이 바로 이런 일을 한 사람들이다. 비록 그 결론은 반대였지만, 그들의 연구가 아직도 손에 땀을 쥘 정도로 위대한 일이었음을 어느 누구도 부정하지 못할 것이다. 우리는 곧 뉴턴의 세 가지 법칙과 이것의 몇 가지 중요한 결론들을 알아볼 것이다. 그러나 그에 앞서 오메가가 무엇인지부터 알아보자.

오메가

오메가는 한마디로 어떤 대상의 핵심을 표현하는 인자다. 뉴턴 법칙이 지배하는 물질뿐 아니라, 세포, 뇌, 사회의 단계마다 오메가가 있다. 구체적인 예를 들면 이해하기 쉬울 것이다. 뉴턴 역학은 점입자에서 시작한다. 점입자란 길이와 부피가 없고, 오로지 시간과 공간에서의 위치와 질량만 있는 가상의 입자를 말한다. 질량은 주어진 것으로서, 측정을 통해 알 수 있다. 이를 제외하고는 점입자에 대해 우리가 궁금한 것이라고는 특정 시간에서의 위치, 즉 $x(t)$밖에 없다. 속도와 가속도 같은 다른 특성들은 $x(t)$를 미분하면 얻을 수 있는 부차적인 특성일 뿐이다. 요컨대 뉴턴 역학에서 오메가는 질량과 $x(t)$다. 이것이 점입자의 모든 것이다.

결정론

뉴턴 역학은 크게 $F=ma$, 작용-반작용 법칙, 중력 법칙으로 구성된다. 먼저 $F=ma$를 보자. 이는 질량 m을 갖는 점입자에 외부로부터 힘 F가 가해질 때 $x(t)$가 어떻게 주어지는지를 알려주는 법칙이다. 공식에는 가속도 a가 있는데, 이를 두 번 적분하면 $x(t)$가 되기에 이제 $x(t)$를 찾는 일은 수학 문제가 된다. 하지만 이것만으로는 아직 무언가 부족해 보인다. 외부로부터 가해지는 힘이 무엇인가 하는 물음이 남기 때문이다. 이는 뒤에서 살펴보고, 여기서는 힘 F가 주어져 있다고 해보자. 가장 간단한 문제는 하늘에서 자유낙하 하는 물체에 관한 문제다. 시간이 0sec일 때 위치가 100m이고 속도는 3m/s였다고 해보자. 점입자에 가해지는 힘이 $-mg$일 때(여기서 g=9.8m/sec^2), 점입자의 속도와 위치는 뉴턴 방정식에 의해 다음과 같이 주어진다.

$$a(t)=-g \text{ [m/s}^2\text{]}, \quad v(t)=-gt+3 \text{ [m/s]}, \quad x(t)=100+3t-0.5gt^2 \text{ [m]}$$

식의 의미를 살펴보자. 마지막 $x(t)$에는 초기 조건에 해당하는

100m라는 초기 위치와 3m/s라는 초기 속도가 사용되고, 힘과 관련 있는 중력 가속도 g가 사용된다. 즉, 초기 조건과 힘을 알면 $x(t)$는 주어진다. 여기서 말하는 '주어진다'에는 엄청난 의미가 있다. 앞선 식에 $t=0$을 대입하면 현재 위치를 알 수가 있다. 1을 대입하면 1초 후의 위치를, 2를 대입하면 2초 후의 위치를 알 수 있다. 미래를 예측할 수 있다는 것이며, 미래가 결정되어 있다는 것이다. 설사 우리가 초기 조건을 모른다고 하더라도 결정되어 있다는 것에는 변화가 없다. 이는 뉴턴 역학에서 모든 입자의 특정 시간에서의 위치, 즉 오메가가 이미 결정되어 있음을 의미한다. 심지어 −1을 대입해 1초 전의 위치도 알 수 있다. 요컨대 앞선 식은 특정 점입자의 과거와 미래를 모두 기술한다. 한마디로, 뉴턴의 세계관은 결정론적 세계관이다.

다음으로는 작용-반작용 법칙, $F_{12}=-F_{21}$을 보자. $F=ma$에서 F는 외부에서 주어진 힘이었다. 하지만 힘은 하나가 아닐 수도 있다. (이럴 때 F는 그 모든 힘의 벡터합이다.) 작용-반작용 법칙은 바로 이러한 힘들의 관계를 이야기해 준다. 예를 들어, 9개의 점입자가 있다고 해보자. 1번 입자는 2번부터 9번 입자에 힘을 가하고, 2번 입자는 1번과 3번부터 9번 입자에 힘을 가한다고 해보자. 이때 1번 입자가 2번 입자에 가하는 힘을 F_{12}라고 표현하고 2번 입자가 1번 입자에 가하는 힘을 F_{21}이라고 표현하면, 작용-반작용 법칙은 이 두 힘이 서로 크기가 같고 방향은 반대라고 말한다. 외부로부터 별개의 힘이 주어지지 않더라도 여러 입자들끼리 서로 힘을 주고받는다는 것이다.

첫 번째와 두 번째 입자의 미래를 예측하고자 한다면 식을 다음과 같이 만들 수 있다.

$$F_{21}+F_{31}+F_{31}+\cdots+F_{91}=ma_1 \quad (1)$$

$$F_{12}+F_{32}+F_{32}+\cdots+F_{92}=ma_2 \quad (2)$$

(1)에서 첫 번째 입자에 가해지는 힘 가운데 F_{21}이 있다. F_{21}은 첫 번째 입자와 두 번째 입자의 위치에 의존할 수 있기에, (2)를 풀어 두 번째 입자의 위치 $x_2(t)$를 알아야 첫 번째 입자의 위치 $x_1(t)$를 알 수 있다. 하지만 그 역도 마찬가지다. 즉, 앞선 식은 9번 입자의 방정식까지 전부 늘어놓고 한꺼번에 풀어야 하는 방정식이다.

$F=ma$만 놓고 보면 간단해 보이지만, 작용-반작용 법칙에 따라 실제 물리계를 뉴턴 역학으로 예측한다는 것은 매우 어려운 일이다. 입자가 3개만 되어도 간단히 풀 수 없다는 것은 20세기 초반 앙리 푸앙카레Henri Poincaré가 증명했다. 물론 풀기 어렵다는 것을 의미할 뿐 컴퓨터로도 예측하고자 하는 특정 시간, 주어진 오차 내에서 풀 수 없다는 것을 뜻하지는 않는다. 여기서 강조하고자 하는 바는 $F=ma$에서 F가 외부로부터 주어지면 식이 간단해지지만, 작용-반작용 법칙에 의해 상호작용하는 힘일 경우에는 복잡해질 수 있다는 것이다. 그런데 $F_{12}+F_{32}+F_{32}+\cdots+F_{92}=ma_2$을 어떻게든 근사적으로 다룰 방법이 있다면 실제 문제를 푸는 데 매우 도움이 된다.

이는 비단 역학에만 해당하는 것이 아니다. 자세히 살펴보겠지만, 생명체의 진화와 관련해서도 동일한 문제가 나타난다. 어느 유전자에 돌연변이가 나타났다고 해보자. 이 유전자는 다른 유전자와 생존 경쟁을 벌인다. 유전자를 점입자로 비유하자면, 서로 다른 입자들이 힘을 주고받는 것이다. 돌연변이 유전자는 도태할 수도 있고, 지배적인 유전자로

군림할 수도 있다. 다윈은 한 유전자에 미치는 모든 힘을 (점입자에 가해지는 힘들의 벡터합에 해당하는) 자연선택이라는 개념으로 근사했다. 한편 질서의 자발적 창발을 주장하는 생물학자들은 유전자가 선택되는 원리가 자연선택과 같은 외부의 힘이 아니라 수많은 점입자들의 상호작용에서 나타나는 자기 조직화라고 주장한다. 이러한 두 주장은 $F=ma$와 작용-반작용 법칙을 생물학에서 표현했을 뿐이다. 다윈은 F를 하나의 자연선택으로 보고, 자기 조직화 이론은 F를 $F_{21}+F_{31}+F_{31}+\cdots+F_{91}$으로 이해한 것이다. 여기서 자기 조직화 이론은 0차 근사 이론인 다윈 이론의 1차 근사 이론으로서, 완전히 새로운 이론은 아니다.

다음은 '만유인력의 법칙'으로도 불리는 중력 법칙, $F=G(m_1m_2/r^2)$다. 이제 힘이라는 것의 실체를 이야기해 보자. 입자들에 작용하는 힘에는 중력도 있다. 뉴턴의 중력 법칙은 중력이 두 입자의 질량 m_1과 m_2의 곱에 비례하고 두 입자 사이의 거리 r의 제곱에 반비례하는 힘이라고 말한다. 뉴턴이 사과나무에서 사과가 떨어지는 것을 보고 만유인력을 떠올렸다는 설이 있으나, 실제로는 케플러의 결론을 만족하는 힘을 역으로 추정하는 과정에서 발견했을 것이다. 달리 말해, 뉴턴은 거리의 제곱에 반비례하는 힘이 타원 궤도를 만들어 낼 수 있음을 증명한 다음 이를 일반화하는 과정을 밟았을 것이다. 진상이 무엇이든, 이로써 우주에 존재하는 첫 번째 힘이 발견되었다.

뉴턴 이전까지 태양과 행성과 달을 움직이는 힘을 설명하는 유일한 방법은 신을 언급하는 것이었다. 어찌 달리 생각할 수 있었겠는가. 그러나 뉴턴은 겨우 몇 개의 식으로 이를 설명했다. 행성과 달의 움직임을 관장하는 법칙을 앉은 자리에서 종이에 쓸 수 있다는 것이 당대 사람들에게 어떻게 비쳤을지 상상하기도 어렵다. 이러한 뉴턴 역학이 제시하는 신 없는 세계관은 결정론적이다. 그러나 이것이 곧 미래를 시뮬레이션할 수 있다는 것은 아니다. 그럼에도 뉴턴의 운동 법칙들과 중력 법칙은 수많은 실험과 관찰 데이터를 성공적으로 예측하고 설명함으로써, 아인슈타인 Albert Einstein 의 상대성이론이 나타날 때까지 200여 년간 서구 세계의 세계관으로 확고하게 자리 잡았다.

물리계의 진화

지금부터 뉴턴 역학을 시스템 진화의 관점에서 바라보고자 한다. 시스템 하나가 있는데, 이것이 $F=ma$와 작용–반작용을 바탕으로 시간에 따라 진화한다고 해보자. 하지만 이렇게 말하고 나면 시스템의 진화에 관해 더 이상 할 말이 없다. 우리의 관심은 시스템의 진화에 어떤 방향성이 있는가 하는 것이다. 충분한 시간이 지나 한 시스템에 어떤 차이가 생기는지, 이를 나타낼 수 있는 파라미터는 무엇인지가 우리의 관심사다.

이러한 관점에서 $F=ma$를 다시 보자. $F=ma$는 개념적으로 매우 단순하다. 외부로부터 F라는 힘이 가해지면, 물질의 오메가인 $x(t)$가 $ma=F$에 따라 반응한다는 것이다. 그런데 왜 하필 $ma=F$인인가? 입자의 궤적은 왜 하필 $ma=F$라는 방정식에 의해 주어지는 것인가? 18세기 최고의 수학자 레온하르트 오일러 Leonhard Euler 의 통찰을 시작으로, 이러한 물음에 답이 주어지기 시작했다. 오일러는 mv를 운동 거리에 따라 적분한 값이 $ma=F$로 주어지는 궤적을 따를 때 최솟값을 갖는다는 것을 확인했다. 이러한 관찰은 라그랑주 Joseph-Louis Lagrange 와 야코비 Carl G. J. Jacobi 에 의해 수학적으로 형식화되었고, 해밀턴 William R. Hamilton 에 의해 완성되었다. 이에 따르면 $F=ma$는 다음과 같이 조금 더 복잡한 식으로 다시 쓰인다.

$$\frac{d}{dt}\left(\frac{\partial T}{\partial u}\right) - \left(\frac{\partial T}{\partial x}\right) = F \qquad (3)$$

여기서 T는 운동 에너지, 즉 $T=1/2mv^2$으로서, 오메가의 다른 표현이다. x는 일반화된 좌표계에서의 위치, u는 x를 시간에 따라 미분한 값이다. 여기서 유도하지는 않겠지만 $F=ma$와 정확히 동일하다. 이제 식의 의미를 알아보고자 하는데, 이를 이해하는 데는 변분법^{calculus of variations}이라는 수학이 필요하다. 수학과 물리학 바깥에서는 그다지 사용되지 않기에, 간단히 개념만 알아보자.

함수 $y=y(x)$가 두 점 (x_1, y_1)과 (x_2, y_2)를 지난다고 가정해 보자. 이때 $I=\int G(dy/dx, y)dx$라고 정의하면, I는 $y(x)$가 어떤 함수인지에 따라 다른 값을 갖는다. 이때 I가 극한값, 즉 최솟값 또는 최댓값을 가지려면 $y(x)$가 어떤 함수여야 하는지는 물리학에서 자주 나타나는 물음인데, 이는 다음과 같은 오일러의 공식으로 해결된다. 이를 '변분법'이라고 한다. 여기서 $y'=dy/dx$다.

$$\frac{d}{dx}\left(\frac{\partial G}{\partial y'}\right) - \left(\frac{\partial G}{\partial y}\right) = 0 \qquad (4)$$

한번 다음과 같은 문제를 보자.

문제: 2차원 유클리드 평면에서 두 점이 주어질 경우, 두 점을 연결

하는 임의의 연결 선을 그린다. 이때 그 선의 길이가 최소가 되게 하는 선은 무엇인가?

우리는 직관적으로 답이 직선이라는 것을 안다. 하지만 증명해 보라고 하면, 순간 멍해진다.

답: 2차원 유클리드 공간에서 미소 길이 dL은 피타고라스 정리에 의해 $dL=(dy^2+dx^2)^{1/2}$과 같다. 결국 $L=\int (dy^2+dx^2)^{1/2}=\int ((dy/dx)^2+1)^{1/2}\,dx$다. 앞의 식과 비교하면 $G=((dy/dx)^2+1)^{1/2}$ 이 되고, $I=L$인 L이 극한값을 가지려면 식 (4)를 풀어야 한다. 간단히 말해, 상수 C에 대해 $dy/dx=C$가 방정식의 해이고, 이는 $y=ax+b$와 같은 직선이 된다.

사실 변분법에 관한 의미 있는 질문은 이미 17세기에 처음 제기되었다. 어느 지점에서 어느 지점으로 자유낙하 할 때 시간이 가장 적게 걸리는 궤적은 무엇인가 하는 베르누이^{Johann Bernoulli} 의 질문이었는데, 이 역시 뉴턴이 변분법의 개념을 사용해 사이클로이드 곡선이라는 답을 구해냈다.

식 (3)으로 돌아가 보자. 식의 좌변이 바로 변분법에서 나오는 식과 일치한다. 힘이 보전력^{conservative force} 의 형식을 띤다면 $F=-dU(x)/dx$로 적을 수 있는데, 그러면 식 (3)은 다음과 같이 쓸 수 있다. 여기서 $L=T-U$다.

$$\frac{d}{dt}\left(\frac{\partial L}{\partial x\prime}\right) - \left(\frac{\partial L}{\partial x}\right) = 0 \qquad (5)$$

$F=ma$의 새로운 표현인 식 (5)는 식 (4)와 동일하다. 이제 정말 식의 의미를 알아보자. 1차적인 해석은 '점입자로 이루어진 계의 운동은 힘이 주어지면 $I=\int Ldt$를 최소화하는 방향으로 진행된다'는 것이다. L은 주어진 힘(F 또는 U)과 그에 대한 반응 T를 모두 포함한다. $ma=F$는 환경에 대한 반응을 직접적으로 표현하지만, 식 (5)는 계가 외부 환경과 오메가가 통합된 파라미터 I가 최소화하는 방식으로 진화한다고 말한다. $F=ma$에서는 진화의 방향에 관한 정보를 얻을 수 없지만, 식 (5)는 이러한 방향성을 보여준다. 우리는 뒤에서 이러한 해석을 가장 단순한 점입자의 운동을 넘어서 인간 사회로까지 확장하는 것이 과연 가능한지 알아볼 것이다.

가톨릭과의 싸움에서 패한 갈릴레오와 달리, 뉴턴의 세계관은 강력한 수학과 관측을 바탕으로 인간 이성의 비가역적인 승리를 쟁취했다. 도망 다니기에 급급했던 데카르트와 달리, 뉴턴은 그럴 필요가 없었다. 그의 이론에는 부정할 수 없는 막강한 힘이 있었다. 물체에 가해지는 힘을 알면 유일하게 결정된 미래를 예측할 수 있었다. 온갖 신화의 대상이었던 태양, 지구, 달의 움직임을 끌어내려 지상의 운동에 관한 원리들로 설명해 냈다. 뉴턴 역학은 물리학을 철학에서 분리했을 뿐만 아니라, 철학을 신학에서 분리해 내는 데도 막대한 기여를 했다. 물리학의 도움이 없었다면 근대 계몽주의가 종교를 상대로 승리하는 데 훨씬 더 오랜 시간이 걸렸을 것이다. 하지만 과학과 물리학은 이제 시작이었다. 뉴턴의 역학 체계도 신성불가침의 영역은 아니었고 끝없이 진화하는 학문의 일부분이었을 뿐이다.

단번에 물리학와 철학을 흔들어 놓은 뉴턴의 세계관은 19세기까지 그 지위가 흔들린 적이 없었다. 여기서는 볼츠만의 물리학을 다루어 보면서, 뉴턴의 물리학과 무엇이 같고 무엇이 다른지 살펴보고자 한다. 이 둘의 차이는 원자에서 시작해 사회로 이어지는 우리의 긴 여행에서 핵심 개념인 양질 전환이 어떻게 나타나는지, 그리고 2종 예측이 무엇인지를 자세히 알려줄 것이다.

뉴턴 이래로 물리학은 크게 역학, 전자기학, 열역학 이렇게 세 가지로 구분되어 끊임없이 약진하고 있었다. 역학은 뉴턴에 의해, 전자기학은 제임스 맥스웰James C. Maxwell에 의해 기본 원리부터 방정식까지 완성된 형태로 제시되었다. 역학은 시공간을 배경으로 운동하는 물체의 $x(t)$를 다루었고, 전자기학은 공간의 특성을 장으로 간주하고 전기장과 자기장, 즉 $E(x, t)$와 $B(x, t)$를 구할 수 있는 방정식을 제공했다. 열역학이라는 분야도 급속도로 발전했다. 열역학에는 뉴턴과 맥스웰의 전자기학에는 나타나지 않는 온도와 열, 엔트로피entropy라는 개념이 등장한다. 이 물리량들은 거시적 시스템의 특성으로서, 현상을 설명하기 위해 도입한 물리량일 뿐 그 미시적 구조는 밝혀져 있지 않았다. 루트비히 볼츠만Ludwig Boltzmann은 이러한 물리량들이 전혀 새로운 것이 아니라 뉴턴 역학의 통계적 해석에 해당한다는 것을 점입자 수준에서 증명하고 통합한 인물이다.

볼츠만 이전의 열역학

열역학에도 뉴턴의 세 가지 법칙과 비슷한 세 가지 법칙이 있다. 이를 '물리학의 공리'라고 부르겠다. 물리학의 공리란 연역 체계의 도움을 받아 증명된 명제가 아니라 귀납적으로 충분한 근거가 있다고 판단되어 과학자들로부터 근본 원리라고 합의된 법칙들을 뜻한다. 뉴턴의 세 가지 법칙은 뉴턴 역학의 공리이며, 역학적 에너지 보존 법칙이나 운동량 보존 법칙은 뉴턴의 공리로부터 연역적으로 유도된다. 예를 들어, 1차원에서의 역학적 에너지 보존 법칙은 다음과 같이 $F=ma$에서 바로 유도된다. 여기서 $U=-\int Fdx$다.

$$F = m\frac{dv}{dt} = m\frac{dv}{dx}\frac{dx}{dt} = mv\frac{dv}{dx} \Rightarrow \int mvdv - \int Fdx = C$$

$$\Rightarrow 1/2mv^2 - \int Fdx = C \Rightarrow T + U = C = E$$

뉴턴 역학에서 에너지 E는 이미 이렇게 정의되었지만, 그 개념은 열역학의 초기 발전 과정에서 그 중요성이 비로소 확인되었고, 19세기에 이르러 헬름홀츠 Hermann von Helmholtz가 열이 에너지의 다른 형태임을 규명함에 따라 더 포괄적인 에너지 보존 법칙이 만들어졌다.

열역학은 말 그대로 열을 포함한 역학 체계다. 열을 역학 체계에 집어넣자는 것이 요점이었는데, 열의 정체를 밝히는 것이 무엇보다도 어려웠다. 불꽃에서 나는 열과 몸에서 나는 열이 같은 것인지, 화학 물질이 섞일 때 발생하는 열은 다른 것인지, 쌓여가는 현실적인 문제와 물음에도 열의 실체와 원리는 좀처럼 손에 잡히지 않았다. 모든 것이 분명해지기까지는 물질의 원자 모델과 통계역학의 등장을 기다려야 했다. 그런 만큼 역학과 달리 열역학의 역사에는 많은 인물이 등장한다. 약방의 감초처럼 어디든 빠지지 않는 아리스토텔레스와 갈릴레오부터, 줄James P. Joule과 마이어Julius von Mayer, 클라우지우스Rudolf Clausius까지 여러 이름들이 주욱 이어진다. 그러다 마침내 열역학을 통계역학으로 통합한 인물이 바로 볼츠만이다.

먼저 열역학적 계의 오메가를 정의해 보자. 열역학은 점입자가 아닌 거시적 시스템을 대상으로 한다. 어떤 박스 안에 어떤 기체나 액체가 들어 있다고 해보자. 이를 가두는 박스는 실체일 수도, 가상일 수도 있다. 열역학이 태동하던 시기에는 아직 원자 이론이 정립되어 있지 않았다. 물체는 공간을 연속적으로 점유하는 어떤 실체로만 인식되었을 뿐이다. 각설하고, 열역학적 시스템의 오메가는 P(압력), V(부피), T(온도), M(질량)이다. 점입자의 $x(t)$와 마찬가지로, 열역학적 계는 P, V, T, M을 알면 그것으로 충분하다. 물론 통계역학이 등장하면서 시스템의 종류에 따라 몇 가지 추가할 수 있다는 것이 밝혀졌지만, 여기서는 $PVTM$을 오메가로 가정하겠다.

여기서 주목할 것은 온도라는 새로운 물리량이 등장했다는 점이다. 압력은 단위 면적당 힘이기에 뉴턴 역학적 개념이고, 부피와 질량 또한 새로운 것이 아니다. 하지만 온도라는 것은 뉴턴 역학으로 설명하지 못하는 새로운 개념이다. 새로운 물리량에는 그에 맞는 정확한 정의가 필요한데, 통계역학이 등장하기 전까지 온도가 정확히 무엇인지 이해하는 데 한계가 있었다. 그럼에도 피상적으로나마 정의하는 것은 가능하다. 예컨대 물이 1기압에서 얼음으로 변하는 온도를 0도, 수증기로 변하는 온도를 100도로 정의할 수 있다. 이것이 섭씨 온도의 정의다.

한 걸음 더 나아가, 절대 온도를 정의할 수도 있다. 절대 온도라는 개념은 샤를의 법칙인 $V_1/T_1=V_2/T_2$로부터 주어진다. 온도를 낮추어 기체의 부피가 0이 되는 외삽 온도를 절대 온도 0도라고 하면, 섭씨 0도는 약 절대 온도 273도가 된다. 오늘날에는 물의 삼중점을 0.1℃라 하고, 이것의 절대 온도를 273.16K로 정의한다. 하지만 이는 현상적 정의일 뿐, 온도가 무엇인지에 관한 근본적인 정의는 아니다. 아무튼 한동안 열역학은 온도의 이러한 정의를 받아들일 수밖에 없었다.

열역학적 계의 외부 환경에 해당하는 것은 무엇일까? 뉴턴 역학에서는 힘이었다. 열역학에서는 외부의 압력과 온도도 외부 환경을 구성하지만, 한 가지가 더 있다. 열역학에서 두 번째 어려운 개념인 열heat이다. 고대 그리스인들에게 열은 도무지 알 수 없는 대상이었다. 아리스토텔레스는 불꽃이 자신의 고향인 하늘로 돌아가고자 위로 치솟는다는, 지금으로써는 황당한 물리 이론을 제시했다. 열의 실체를 알아내고 그 특성들을 종합하기에는 열이 보여주는 현상은 매우 다양했다. 그러다 줄과 마이어에 의해 첫 번째 도약이 이루어졌다. 열이 전달되는 에너지라는 개념을 확립하고 실험으로 정량화한 것이다.

먼저 마이어는 수소를 채운 피스톤에 추를 올려놓고 열을 가해 온도가 올라가는 것으로부터 열이 내부에너지를 증가시킨다는 것을 보여주고, 부피가 증가하는 것으로부터 일을 할 수 있다는 것을 보여주었다. 한편 줄은 일이 열과 같은 역할을 하여 내부에너지를 증가시킬 수 있음을 보여주었다. 줄은 무거운 추를 떨어뜨려 일을 하는 실험 장치를 만들었다. 추는 도르래를 통해 물속의 회전체를 회전시키는데, 이때 추의 위치에너지가 회전체의 운동에너지로 바뀌고 이 운동에너지가 다시 물의 온도를 높이는 열과 같은 역할을 할 수 있음을 보여준 것이다. 이제 물의 온도를 섭씨 1도 높이는 데 필요한 열을 일 또는 에너지로 바꾸어 말할 수 있게 된 것이다. 클라우지우스는 이를 열역학 제1법칙으로 다음과 같이 종합했다.

$$\Delta Q = \Delta E + P\Delta V$$

여기서 Q는 열, E는 계의 내부에너지, P는 압력, V는 부피다. 시스템에 전달된 에너지(ΔQ)가 내부에너지 증가분(ΔE)과 시스템이 외부에 하는 일($P\Delta V$)의 합과 같다는 것이다.[•] ΔQ는 외부로부터 전달된 열이고, $\Delta E + P\Delta V$는 시스템의 변화다. 역시 외부 환경이 주어지면, 내부 시스템이 변한다고 말한다. E는 시스템의 내부에너지이므로 P, V, T, M의 함수이며,[••] $P\Delta V$는 시스템의 부피 변화에 비례해 외부에 한 일이다. 이는 뉴턴의 역학적 에너지 보존 법칙을 열을 포함하는 시스템 수준으로 확장한 것이다.

한편 뉴턴 역학에 작용-반작용 법칙이 있듯이, 열역학에도 서로 작용하는 시스템 간의 운동 법칙이 있다. 우리는 뉴턴 역학에서 처음에는 F를 외부로부터 주어진 것으로 해석했지만, 이 힘 또한 입자들 간의 상호작용이라는 해석으로 나아갔다. 그리고 물체의 수에 따라 2체 문제, 3체 문제로 확장해 생각했다. 비슷한 논리가 열역학에도 적용된다. 외

● 압력이 단위 면적당 힘이라는 정의를 사용하면, $\Delta W = F\Delta x = (P\Delta y\Delta z)\Delta x = P\Delta V$.

●● 이상기체의 경우, $E = 3/2mkT$다. n이 기체의 개수이므로 M에 해당한다. 즉, T와 M만의 함수다.

부에서 열(ΔQ)을 전달하는 무언가도 결국 하나의 시스템이다. 시스템 1과 시스템 2를 생각해 보자. 시스템 1의 오메가를 $P_1V_1T_1M_1$, 시스템 2의 오메가를 $P_2V_2T_2M_2$라 하고, 각 시스템의 에너지를 E_1, E_2로 정의하자. 두 시스템의 질량은 고정되어 있고, 서로 열만 주고받는다.

문제를 조금 더 단순화하기 위해, 두 시스템 모두에 분자들이 서로 상호작용하지 않는 이상기체 ideal gas가 들어 있다고 하자. $V_1{=}V_2$, $M_1{=}M_2$를 가정하자. 시스템 1의 온도는 100K, 시스템 2의 온도는 200K다. 두 시스템의 질량이 같기에, 이상기체의 내부에너지는 온도만의 함수다. 따라서 내부에너지의 비율도 1:2이고, 이상기체의 상태 방정식($PV{=}nkT$)에 의해 압력의 비율도 1:2다. 이제 열역학 1법칙을 적용해 보자. 시스템 1에서 ΔQ만큼의 에너지가 시스템 2로 이동한다고 해보자. 10J만큼 이동한다면(여기서 J은 에너지의 단위다), 시스템 1의 온도는 90K가 되고 내부에너지도 90J이 된다. 시스템 2의 온도는 210K가 되고 내부에너지도 210J이 된다. 요컨대 에너지 보존 법칙은 양적으로 성립한다.

하지만 열역학 제1법칙은 총 에너지가 보존된다는 의미만 가질 뿐, 어떤 시스템에서 어떤 시스템으로 얼마만큼의 에너지가 전달된다고 말하지는 않는다. 우리는 경험적으로 충분한 시간이 흐르면 시스템 1과 시스템 2가 150K의 온도, 150J의 내부에너지를 가지리는 것을 안다. 즉, 열역학적 평형 상태 thermodynamic equilibrium state에 도달하리라는 것을 안다. 전체 에너지가 변하지 않아도 열은 온도가 높은 시스템에서 낮은 시스템으로 두 시스템의 온도가 같아질 때까지 이동한다. 이러한 경험 법칙은 뉴턴 역학으로 포착할 수 없다. 그렇다면 이동하는 열의 양과 방향을 결정하는 법칙은 무엇일까?

바로 그 유명한 열역학 제2법칙이다. 여기서 열역학의 가장 어려운 개념인 엔트로피가 등장한다. '무질서도'로도 번역되는 엔트로피가 왜 어려운가 하면, 온도와 달리 경험에 비추어 직관적으로 이해되지 않기 때문이다. 에너지와 달리, 뉴턴 역학으로 이해되지도 않는 개념이다. 하지만 잘 들여다보면, 엔트로피는 우리가 이미 가진 상식, 즉 '열은 온도가 높은 곳에서 낮은 곳으로 두 곳의 온도가 같아질 때까지 이동한다'는 말을 수식으로 표현하는 과정에서 도입되는 물리량일 뿐이다. 엔트로피 S 역시 열역학적 계의 오메가인 $PVTM$의 함수로서, 다음와 같이 정의된다.

$$\Delta S = \Delta Q / T$$

먼저 S는 시스템이 가지는 특성이지만 절대적인 값은 정의되어 있지 않고, 변화량만 정의된다. 앞의 식으로부터, 열이 나가거나 흘러 들어오면 내부 엔트로피가 얼마나 변하는지를 알 수 있다. 변화량만 정의되어 있기에, 기본 값을 무엇으로 설정하든 상관없다. 이제 열의 양과 이동 방향은 엔트로피를 사용해 다음과 같이 말할 수 있다.

두 시스템의 열역학적 평형 상태는 두 시스템의 엔트로피의 합이 최대인 상태다.

이것이 어떻게 유도되는지 알아보기 위해, 시스템 1과 시스템 2를 다시 생각해 보자. 시스템 2의 온도가 높기에, 열은 시스템 2에서 시스템 1로만 가도록 해야 한다. 아주 적은 열 dq가 시스템 1에서 시스템 2로 흘러 들었다고 하자. 에너지 보존 법칙에 따라, 시스템 1에서 $\Delta Q = -dq$이고, 시스템 2에서는 $\Delta Q = dq$다. 이때 전체 엔트로피 변화량은 $\Delta S = \Delta S_1 + \Delta S_2 = -dq/100 + dq/200$이다. 시스템 1에서는 dq만큼 빠져나갔기에 음의 기호가 붙고, 시스템 2로는 dq만큼의 열이 들어갔기에 시스템 2의 엔트로피는 $dq/200$만큼 증가한다. dq가 양수이므로, 계산 결과에서 ΔS는 음의 값이다. 즉, 전체 시스템의 S가 감소한다. 반대로 시스템 2에서 열이 시스템 1으로 옮겨 갔다면, 전체 시스템의 S는 증가한다. 이제 열은 전체 엔트로피를 증가시키는 방향으로 이동한다. 이는 열이 온도가 높은 곳에서 낮은 곳으로 이동한다는 것과 동일한 이야기다. 엔트로피에 붙은 거장한 이름에도 불구하고, $\Delta Q/T$는 열 전달의 방향을 다른 두 변수의 비율로 수학적으로 표현하는 요령일 뿐이다. 이제 방향을 알았으니, 얼마만큼의 열이 정량적으로 이동하는지를 결정해야 한다. 상식은 또 한번 우리에게 실마리를 준다. 열은 $T_1 = T_2$에 이를 때까지 이동해야 한다. 같은 말을 엔트로피를 사용해 표현하면 다음과 같다.

열은 전체 엔트로피가 최댓값에 이를 때까지 이동한다.

이로써 우리는 열의 이동 방향과 양을 모두 엔트로피로 표현할 수 있다. 열이 1만큼 움직이면 온도도 1만큼 변하는 앞의 시스템에서, 온도가 ΔT만큼 변해 열평형 상태에 도달한 경우는 다음과 같이 기술할 수 있다.

$$\Delta S = \int_0^{\Delta T} \frac{dQ}{100 + Q} - \int_0^{\Delta T} \frac{dQ}{200 - Q} = ln \frac{(100 + \Delta T)(200 - \Delta T)}{100 * 200}$$

S가 최대가 되기 위한 ΔT는 쉽게 구할 수 있다. 결국 $(100+\Delta T)$ $(200-\Delta T)$가 최대인 ΔT를 구하면 된다. 그러면 위로 볼록한 2차 함수이므로 ΔT=50K일 때 S가 최대라는 것을 확인할 수 있다. 즉, 시스템 1은 50K가 올라 150K가 되고 시스템 2는 50K가 낮아져 150K가 된다.

한번 정리해 보자. 우리가 아는 열의 이동 방향과 양에 관한 상식은 다음과 같다. '두 시스템이 열을 자유롭게 주고받을 경우, 열은 온도가 높은 곳에서 낮은 곳으로 이동하며 온도가 같아질 때까지 이동한다.' 우리는 ΔS=$\Delta Q/T$로 정의하고, 이를 바탕으로 'S가 최대가 되는 방향으로 열이 이동한다'로 상식을 수식으로 바꾸어 표현했다. 이것이 열역학 제2법칙이다.

이런 방법으로 직관과 수학을 연결할 수 있는데, 여기서 ΔS=$\Delta Q/T$는 단순한 수학적 요령이다. 그런데 이런 방법이 아니라 '엔트로피'라는 거창한 이름이 시스템의 무질서도를 표현한다고 말하면 이를 처음 듣는 이들에게는 딴 세상의 이야기가 되어버린다. 나도 그랬다. 무질서도를 아무리 현란하게 설명하고 그림을 동원한들 도무지 무엇인지 이해되지 않았다. 볼츠만의 통계역학을 배우고 나서야 겨우 명확해졌다. 우리가 뒤에서 무질서를 자세히 들여다보기에 앞서 조금은 낯설 수 있는 수학으로 먼저 이를 설명한 이유다.

지금까지는 두 시스템이 열을 주고받는 경우를 생각해 보았다. 뉴턴 역학에서의 2체 문제에 대응한다. 그런데 시스템 진화의 관점에서 바라보면, 이들의 구조는 놀랍도록 유사하다. 한번 보자. 열역학의 2체 문제에서 첫 번째 시스템 1이 매우 크다고 가정하면, 시스템 1을 두 번째 시스템 2의 외부 환경이라고 보고, 시스템 2를 외부 환경에서 진화하는 관찰 대상으로 간주할 수 있다. 이때 거대한 시스템 1의 온도가 변하지 않고 시스템 2의 온도가 엔트로피 최대화 과정을 거치고 나면, 시스템 2의 온도는 시스템 1의 온도와 같아진다. 즉, 외부 환경에 맞추어 진화하게 된다. 이제 열역학을 정리해 보자.

(1) 열역학적 계의 오메가는 $PVTM$이다. 새로운 물리량인 온도(T)가 등장했고, 이는 현상적으로 정의되었다. 그 실체가 무엇인지는 열역학 안에서는 정확히 이야기하기 어렵다.

(2) 오메가로부터 시스템의 또 다른 특성인 내부에너지와 엔트로피가 결정된다. 뉴턴 역학에서 $x(t)$가 결정되면 운동에너지가 정해지는 것과 같다.

(3) 뉴턴 역학의 F에 해당하는 열역학의 외부 변수는 시스템에 주어지는 열이며, 이는 에너지 보존 법칙에 해당하는 열역학 제1법칙을 따른다.

(4) 열의 이동 방향과 양을 결정하기 위해 엔트로피가 정의되며, 이는 엔트로피 최대화라는 열역학 제2법칙을 따른다.

(5) 시스템은 에너지 보존 법칙을 만족하면서 엔트로피를 최대화하는 방향으로 진화한다.

(6) 역학에서 L이 모든 입자의 L을 합한 값이듯이, 엔트로피 역시 각 시스템의 엔트로피의 합이다. 전체 L의 적분 값이 최소화되는

것이 역학적 계의 진화 방향이듯이, 전체 엔트로피가 최대화되는 것이 열역학적 계의 진화 방향이다.

열역학은 19세기 중반에 완성되었다. 그러나 현상을 기술하는 데 그칠 수밖에 없었다. 당시까지 열역학적 시스템이라는 것이 도대체 무엇인지, 물질의 내부 구조가 무엇인지 알지 못했기 때문이다. 원자가 발견되기까지는 아직 한참을 더 기다려야 했다. 이러한 상황에서 물질이 연속적이지 않고 독립적인 아주 작은 요소들로 구성된다는 원자론을 기반으로 열역학을 새로운 관점에서 해석한 인물이 있었으니, 바로 볼츠만이다. 그리스 시대의 원자론 주창자인 데모크리토스Democritus의 후계자라고 할 만하다. 수학 천재이자 집합론의 창시자인 게오르크 칸토어Georg Cantor와 비슷하게, 볼츠만 역시 그의 이론이 당대 물리학자들에게 폄하되어 신경쇠약과 대인 기피증을 앓다 생을 마감했다.

볼츠만의 원자론은 이후 막스 플랑크Max Planck로 이어져 양자역학의 르네상스를 열어젖혔다. 볼츠만의 이론은 열역학을 뉴턴 역학으로 설명한다. 추가한 것은 단지 통계라는 개념일 뿐이다. 이제부터 볼츠만의 세계관을 들여다보고 그의 통계역학이 어떻게 뉴턴 역학과 열역학을 포괄하는지, 열역학에서 등장한 온도와 엔트로피라는 새로운 개념이 어떻게 뉴턴 역학과 통계로 환원되는지를 알아볼 것이다. 여기서 양질 전환에 관한 첫 번째 주요한 통찰이 주어질 것이다.

확률과 통계

여기 동전이 있다. 앞이 나올 확률이 1/2, 뒤가 나올 확률이 1/2이다. 이때 동전을 던져 앞이 나올지 뒤가 나올지 예측한다고 해보자. 여기에는 동역학이 필요하다. 동전의 무게, 초기 회전 속도, 탄성계수도 알아야 한다. 사실 동역학으로 예측한다는 것은 거의 불가능하다. 그렇다고 모든 것이 예측 불가능한 것은 아니다. "앞이 나올 확률이 1/2, 뒤가 나올 확률이 1/2"이라는 것도 예측이다. 하지만 던질 기회가 한 번밖에 없다면 이러한 예측은 무용지물이다. 이런 관점에서 확률은 통계와 다르며, 이는 뒤에서 이야기할 결정론에 관한 결론에 큰 영향을 준다. 다른 동전을 하나 더 보자. 이번에는 앞이 나올 확률이 0.0001%다. 이때 동전을 던지면 뒤가 나올 것이라고 과감히 예측한다면, 이 예측은 올바른 예측일까?

물론 뒤가 나오리라는 예측은 동전을 계속 던지다 보면 틀린 결과를 얻을 수도 있다. 그런데 만일 '99' 다음 소수점 뒤에 '9'가 100개 붙는다고 해보자. 그러면 동전을 1초에 한 번씩 던지더라도 우주의 나이가 우스울 정도로 앞을 보기가 어려워진다. 이 정도라면 뒤가 나온다고 단언할 수 있는 것 아닐까? 0장에서 소개했듯이, 볼츠만의 통계역학은 이렇게 극단적인 확률이 주어질 경우 오차는 무시하고 예측한다. 뉴턴 역학에서 드러나지 않았던 물리계의 방향성은 이러한 통계적 예측에서 비로소 모습을 드러낸다. 이제 그 내용을 자세히 살펴보자.

윷놀이에는 4개의 윷이 필요하다. 한쪽 면에는 0이, 다른 면에는 1이 쓰여 있다. 윷을 던졌을 때 나오는 1의 개수에 따라 차례대로 '모', '도', '개', '걸', '윷'이라 부르며, 그 확률은 다음과 같이 계산할 수 있다. 경우의 수가 2^4=16이기에, 확률은 P(모)=$_4C_0$/16=1/16, P(도)=$_4C_1$/16=1/4, P(개)=$_4C_2$/16=3/8, P(걸)=$_4C_3$/16=1/4, P(윷)=$_4C_4$/16=1/16

이다. 당연하게도, 개가 나올 확률이 가장 높고 모와 윷의 확률이 가장 낮다. 하지만 모나 윷도 적당히 나올 만한 확률이기에 놀이로 즐길 수 있다.

이제 9개의 윷으로 하는 윷놀이를 생각해 보자. 이때는 1의 개수가 0개나 1개면 모, 2개나 3개면 도, 4개나 5개라면 개, 6개나 7개라면 걸, 8개나 9개라면 윷이다. 이때 확률은 다음과 같이 주어진다. P(모)=$(_9C_0+_9C_1)$/512, P(도)=$(_9C_2+_9C_3)$/512, P(개)=$(_9C_2+_9C_3)$/512, P(걸)=$(_9C_2+_9C_3)$/512, P(윷)=$(_9C_2+_9C_3)$/512.

그림 11의 그래프에는 윷의 개수가 4개, 9개, 29개, 99개일 때 주어지는 모, 도, 개, 걸, 윷의 확률을 표시한 것이다. 윷이 적을 때는 물론 개가 나올 확률이 가장 높기는 하지만 압도적으로 높지는 않다. 하지만 99개의 윷으로 하는 윷놀이에서는 모나 윷의 확률은 거의 0이고, 도와

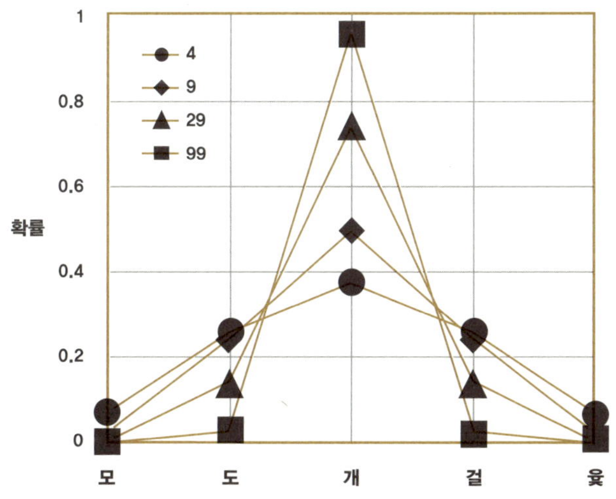

그림 11 **변형 윷놀이에서의 눈의 확률.**

걸의 확률이 2%, 개의 확률이 96%다. 1,000개의 윷, 아니 1억 개의 윷으로 하는 윷놀이는 거의 무조건 개가 나올 것이기에 매우 지루할 것이다.

이제 시스템 1에 점입자가 4개, 시스템 2에도 4개가 있다고 해보자. 입자들은 저마다 0 또는 1만큼의 에너지를 가질 수 있다. 그리고 두 시스템은 입자를 교환하지는 않지만 열전달로 에너지를 주고받을 수 있다. 이제 시스템 1의 입자 4개가 모두 에너지를 1만큼 가지고 있다고 하자. 시스템 1의 총 에너지는 4다. 시스템 2의 에너지는 0이라고 하자. 그러면 시스템 1과 시스템 2의 전체 에너지는 4다. 시스템이 에너지를 주고받더라도, 이들의 총 에너지는 보존되어야 한다. 시스템 1의 입자 4개 가운데 어느 하나가 에너지가 0이라면, 시스템 2의 입자 4개 가운데 어느 하나는 1을 갖는다. 에너지 보존 법칙에 따라 입자 8개 중 4개는 1을 갖고 4개는 0을 갖는다. 하지만 에너지 보존 법칙으로는 딱 여기까지만 말할 수 있다. 그런데 여기에 한번 앞서 이야기한 것과 비슷한 확률 개념을 적용해 보자.

통계역학에는 뉴턴 역학에는 없는 하나의 가정이 들어간다. 에너지 보존 법칙을 위반하지 않는 한, 시스템은 어떠한 상태에도 놓일 수 있으며 그 확률은 모두 동일하다는 것이다. 예컨대 방금 소개한 것처럼 8개의 입자가 4의 에너지를 갖는다면, 시스템이 놓일 수 있는 $_8C_4=70$가지 가능한 상태의 확률이 모두 같다는 것이다. 동전의 앞면이나 뒷면의 확률이 0.5로 동일하다는 가정과 다르지 않다. 통계역학은 여기서 시작한다. 사실 이것이 통계역학의 전부이기도 하다. 앞의 예제를 한번 같이 풀어보자.

먼저 시스템 1의 에너지가 N일 때 시스템 2의 에너지는 $4-N$이며 N은 0부터 4까지 변한다. 이제 시스템 1과 시스템 2의 에너지 값을 $(N, 4-N)$으로 표현하고, 가능한 경우의 수를 따져보자. (0, 4): $_4C_0 \times _4C_4 = 1$, (1, 3): $_4C_1 \times _4C_3 = 16$, (2, 2): $_4C_2 \times _4C_2 = 36$, (3, 1): $_4C_3 \times _4C_1 = 16$, (4, 0): $_4C_4 \times _4C_0 = 1$. 초기 에너지 상태는 (4, 0)이라고 했는데, 70가지 가능한 상태 가운데 (4, 0)은 오직 한 가지 상태뿐이다.

이제 시스템이 서로 에너지를 주고받으면서 진화한다고 가정해 보자. 경우의 수가 가장 많은 에너지 상태는 (2, 2)로, 70가지 가능한 상태 중에서 50%도 넘는다. 물론 (1, 3)이나 (0, 4)의 값을 가질 수도 있다. 하지만 시스템이 시간에 따라 상태를 이리저리 움직인다면, 절반이 넘는 시간 동안 (2, 2)라는 에너지 상태를 가질 것이다. 한번 윷놀이에서와 마찬가지로 점입자 수를 늘려보자. 입자의 수는 98개이고, 시스템마다 49개씩 있다. 총 에너지는 49다. (0, 49)부터 (9, 40)인 에너지 상태를 가질 확률은 거의 0이고, (10, 39)부터 (19, 30)일 확률은 2%, (20, 29)부터 (29, 20)일 확률은 96%이다. 이는 입자의 수가 겨우 98개여도 초기 상태가 무엇이든 시스템 1과 시스템 2가 비슷한 에너지를 가질 확률이 96%라는 것이다.

한번 현실에 가깝게 입자 수를 더 늘려보자. 시스템 1과 시스템 2가 기체로 가득하다면 각각 아보가드로 수에 해당하는 약 10^{23}개의 원자가 있다. 그러면 시스템 1과 시스템 2가 에너지를 절반씩 나누어 가질 확률은 그냥 1이라고 보아도 무방하다. 이것이 두 시스템의 에너지와 온도가 동일해지는 통계물리학적 이유다.

이제 우리는 엔트로피를 통계적으로 정의할 수 있는 단계에 와 있다. 앞선 예에서 시스템 1이 에너지 0, 시스템 2가 에너지 49일 수 있는 총 경우의 수는 $_{49}C_0 \times _{49}C_{49}$=1에 불과하다. 반면 시스템1이 에너지 24, 시스템 2가 25로 나누어 가지는 경우의 수는 $_{49}C_{24} \times _{49}C_{25}$로, 약 4×10^{27}에 달한다. 에너지 보존 법칙이 성립하는 가능한 상태들 가운데 에너지를 반반씩 나누어 가지는 경우가 한쪽에 에너지가 몰려 있는 경우보다 어마어마하게 크다고 보면 된다. 초기 조건에 에너지가 한쪽에 몰려 있었다면, 시간에 따라 저절로 경우의 수가 많은 쪽으로 이동한다. 이것이 다름 아닌 열역학 제2법칙을 의미한다. 어떤 상태의 경우의 수를 W라고 하면, 통계역학에서는 엔트로피를 다음과 같이 정의하는데, 이것이 유명한 볼츠만의 엔트로피 정의다. 여기서 k는 볼츠만 상수다.

$$S=klnW$$

이 정의에 따르면 에너지가 한쪽에 몰려 있을 때 엔트로피는 W=1이기에 S=0이다. 그리고 W가 증가할수록 엔트로피도 증가한다. 즉, 에너지를 균등하게 나누어 가질 경우 엔트로피는 훨씬 커진다. 엔트로피 증가 법칙은 따지고 보면 앞면이 나올 확률이 99.9999999999999%인 동전을 던지면 앞면이 나온다는 상식과 다르지 않다. 이를 물리학의 용어로 엔트로피가 증가한다거나 온도가 동일해진다고 표현하며 '법칙'이라고 부른 것뿐이다.

자, 힘겨운 준비운동이 끝났다. 이제 지금까지 설명한 열역학과 통계역학을 볼츠만의 세계관이라고 정의하고 이를 뉴턴의 세계관과 비교해 보자. 볼츠만의 세계관은 결정론적 세계관이라는 점에서 뉴턴의 세계관과 다르지 않다. 어찌 보면 뉴턴 세계관의 정점을 찍은 라플라스의 부르짖음과 정확히 동일하다. 거시적인 계를 환원주의적 관점에서 원자들로 구성된 계로 보고 여기에 뉴턴 역학과 통계를 적용한 것이 바로 볼츠만의 세계관이기 때문이다. 동일한 에너지의 상태들이 동일한 확률로 시스템의 상태가 된다는 가정만 추가되었을 뿐이다. 그럼에도 볼츠만의 세계관에는 새로운 파라미터인 온도와 엔트로피가 등장한다.* 우리는 여기에 주목해야 한다.

여기 학교 교장이 있다. 학교 학생이 10명밖에 되지 않아 모두 한 교실에서 수업을 받는다. 교장은 학생들의 중간고사 수학 성적을 모두 기억한다. 이 학교의 라플라스 악마인 셈이다. 그런데 학생들 수가 늘기 시작한다. 20명의 수학 성적까지 기억하는 것이 고작이라, 교장은 학생마다 그의 성적에 맞추어 도움을 주기가 점점 어려워진다. 학생이 20명을 넘어서자 교장은 학급을 둘로 쪼갠다. 하나는 그가 직접 교육하고, 다른 학급에는 다른 교사를 붙인다. 학생들 수가 계속 늘어나 400명이 되었다. 한 반에 20명, 20개 반이다. 교장은 전략을 바꾼다. 선생님 20명이 한 학급씩 관리하고, 교장은 선생님 20명을 관리한다. 교장은 학생 400명의 중간고사 수학 성적을 모두 기억하지는 못하지만, 반 평균 점수를 외울 만큼은 똑똑하다. 학생 한 명 한 명에게 도움을 주던 옛 추억을 가지고, 교장은 평균 점수가 낮은 반의 교사에게 도움을 준다.

시시한 이야기처럼 보이지만, 여기에는 뉴턴의 세계관과 볼츠만의

* 온도는 엔트로피를 에너지로 미분한 값의 역수인데, 여기서는 간단히 시스템의 평균 에너지라고 생각하는 것으로도 충분하다.

세계관을 구분하는 핵심적인 차이가 담겨 있다. 점입자 수가 많으면, 우리는 점입자의 오메가를 일일이 계산하기 어렵다. 그 수가 천문학적으로 늘어나면 현실적으로 계산 불가능한 것은 물론이고, 설령 계산 가능하다고 하더라도 그 의미에 크게 관심을 두기가 어렵다. 태양계 행성들의 움직임에는 관심 있어도 우리은하에 있는 수천억 개에 달하는 모든 별의 움직임 하나하나에 관심 갖기는 어려운 것과 마찬가지다. 우리는 그저 평균적인 움직임에 관심을 가질 뿐이다. 혹은 평균값과 같이 집단적 특성을 나타내는 대표적인 수에 관심 있을 뿐이다. 우리는 방금 그러한 수들을 배웠다. 온도 T와 엔트로피 S다.

뉴턴 세계관의 오메가와 볼츠만 세계관의 오메가는 다르다. 우리는 특정 시스템에 대해 말할 때 원자 하나하나에는 관심이 없다. 알 수도 없겠지만, 중요한 것은 알 필요가 없다는 것이다. 그럼에도 뉴턴의 세계관에서 볼츠만의 세계관으로 넘어가면서, 우리는 전체 에너지가 변하지 않더라도 열이 온도가 높은 시스템에서 낮은 시스템으로 두 시스템의 온도가 같아질 때까지 이동한다는, 뉴턴 역학만으로는 내릴 수 없는 결론에 이르렀다. 이러한 관점에서 보면, 뉴턴의 세계와 볼츠만의 세계가 전혀 다른 세상으로 보이기까지 한다. 이제는 현상을 설명하는 새로운 개념들이 등장하고, 그에 대응하는 새로운 오메가가 존재하며, 그 오메가를 결정하는 고유한 법칙이 있다.

그러나 단지 두 세계가 다르다는 허무한 결론을 내리려는 것은 아니다. 열역학에서는 온도와 엔트로피의 실체가 명확하지 않았다. 환원주의적 관점으로 이를 알아낸 것이 볼츠만이다. 미시 세계의 파라미터인 W와 거시 세계의 파라미터인 온도와 엔트로피가 어떻게 연결되는지를 명확하게 밝히고, 원자 세계의 물리학과 거시적인 현실 세계의 물리학을 통합한 것이다. 양질 전환이 새로운 세계로의 도약이면서도 아닌 이유가 여기에 있다. 볼츠만의 공식이 두 세계를 연결해 한 세계의 언어를 다른 세계의 언어로 번역해 주기 때문이다.

양질 전환을 보이는 수많은 시스템들이 있다. 양과 질의 관계에 관해 잘 알지 못하는 경우가 대부분이다. 하지만 이는 양과 질을 연결하는 새로운 볼츠만이 아직 등장하지 않았기 때문이다. 예컨대 뇌와 지능의 관계가 대표적이다. 뒤에서 다시 알아보겠지만, 해파리나 벌 같은 생명체에서 인간으로 이어지는 어느 단계에서 지능은 폭발한다. 그러나 이러한 지능을 신경세포 하나로 설명할 수는 없다. 양질 전환의 한 가지 예다. 정확한 연결 고리는 아직 확실하게 밝혀지지 않았다. 하지만 이는 아직 모르는 것일 뿐 뉴런과 지능을 이어주는, 미시 세계와 거시 세계를 연결해 주는 식은 존재한다.

중요한 결론 하나가 더 있다. 앞서 말했듯이, 뉴턴 역학만 가지고는 두 시스템의 에너지가 같아진다고 결론 내릴 수 없다. 하지만 시스템의 집합적 특성을 분석하면, 우리는 다음과 같이 미래를 예측할 수 있다.

우주의 엔트로피는 증가할 것이다.

통계적 파라미터인 엔트로피는 뉴턴 역학으로 파악할 수 없었던 진화의 방향을 예측하게 해준다. 물론 이 예측이 갖는 정보의 양은 매우 적다. 이렇게 양질 전환을 거친 오메가 또는 파라미터는 미시적 변수들의 평균이나 분산과 같은 통계적 값들로서, 원래의 미시적 정보들을 대부분 잃는다. 교장이 반 평균 점수만을 취하고 학생 한 명 한 명의 점수를 잊어버리는 것과 같다. 그러나 거시적 변수와 미시적 변수 간의 관계식은 존재한다. 그리고 그러한 관계식에 양질 전환에 관한 모든 것이 들어 있다.

입자 하나하나 $x(t)$를 예측하는 것을 1종 예측이라고 한다면, 거시적이고 통계적인 예측이 2종 예측이다. 물론 다음 양질 전환에서 2종 예측이 모여 3종 예측으로 나아갈 수도 있다. 다시 말해, 라플라스의 꿈이었던 1종 예측은 불가능하지만 우주의 미래와 같은 2종 예측은 가능하다. 모든 세포의 동역학은 알지 못하더라도, 뇌에 관해 예측할 수 있는 것들이 있다. 또한 경제학이나 사회학의 관점에서도 예측할 수 있는 것들이 있다.

여기까지가 근대 물리학에 관한 내용이다. 뉴턴의 세계관과 볼츠만의 세계관 모두 외부 환경에 적응해 가는 시스템 진화의 과정을 다룬다는 공통점을 알아보았고, 어떻게 질적 도약을 거치면서도 뉴턴의 세계관이 보존되는 방식으로 볼츠만의 세계관에 이를 수 있는지도 이야기했다. 볼츠만의 세계관은 뉴턴의 세계관을 그대로 이어받는다. 확률에 관한 가정이 하나 들어갈 뿐, 뉴턴 역학은 볼츠만의 세계관에서도 숨 쉬고 있다.

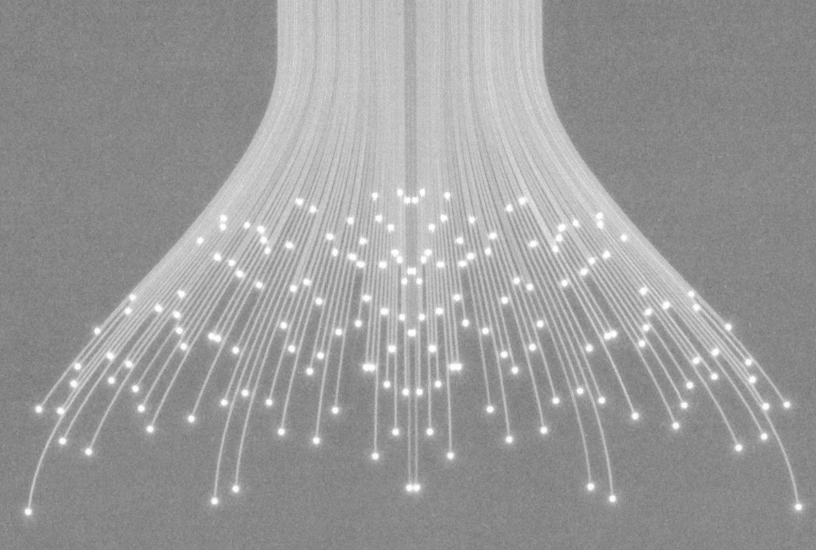

컴퓨터:
트랜지스터로 짜인 작은 우주

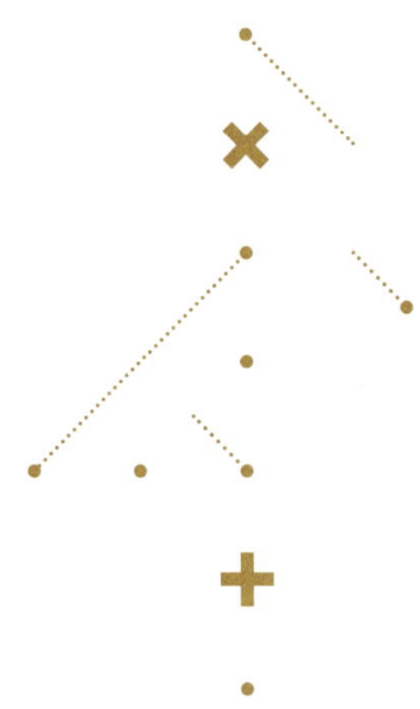

지금까지 물질 세계를 알아보았으니, 다음 단계에서는 물질로부터 어떠한 양질 전환을 거쳐 유기물과 세포의 세계가 만들어지는지를 설명할 법하다. 하지만 길을 조금 돌아가려고 한다. 이미 작은 규모에서 양질 전환이 어떻게 나타나는지, 1종 예측 이론과 2종 예측 이론이 어떻게 만들어지는지를 설명하기는 했지만, 이를 곧바로 세포와 의식에 적용하기는 쉽지 않다. 하지만 다행히도 이러한 적용이 어떻게 가능한지를 보여주는 아주 좋은 예가 있다. 바로 컴퓨터다.

어떻게 실리콘이라는 돌덩어리에서 인공지능artificial intelligence, AI이 탄생하는지, 그 과정을 따라가다 보면 수많은 양질 전환을 경험하게 된다. 그리고 이는 뒤에서 세포와 뇌, 사회를 이해하는 데 크나큰 도움이 된다. 우리는 이 과정을 따라가며 단순한 물질에서 어떻게 지능이 탄생하고 인간 사회까지 만들어질 수 있는지 확인할 것이다. 컴퓨터는 한마디로 세계를 이해하는 작은 모형이다. 그러나 그저 하나의 작은 모형에 불과한 것은 아닌데, 컴퓨터 분야에서는 원자부터 인공지능까지, 그 모든 구성 단계들이 속속들이 연구되어 있기 때문이다.

이는 모든 단계가 환원주의적 관점에서 완전히 이해 가능하다는 뜻이다. 다시 말해, 인공지능의 결정을 실리콘 수준까지 내려가 분석할 수 있음을 의미한다. 이것은 원자에서 인간의 뇌로 이어지는 단계를 아직 모두 이해하고 있지 못함에도 우리 뇌가 어떤 결론에 이르렀을 때 이를 뉴런, 심지어 원자의 수준에서 해석하지 못할 이유가 없음을 깨닫게 해준다. 적어도 원리적으로는 말이다. 세포를 공부하기에 앞서 반도체와 컴퓨터를 먼저 살피고자 하는 이유다.

실리콘에서 트랜지스터, 트랜지스터에서 셀, 셀에서 기능 블록, CPU에서 소프트웨어에 이르는 도약들이 있다. 여기에는 아날로그에서 디지털로, 전류에서 시간으로, 시간에서 기능으로, 기능에서 지능으로, 다양한 양질 전환이 개입한다. 실리콘에서 인공지능으로 이어지는 전체 지도 가운데 먼저 실리콘에서 트랜지스터로 나아가는 길목을 알아볼 텐데, 여기서는 우리의 핵심 개념이 출현하지는 않기에 간략하게만 알아보자.

실리콘^{Si}은 지구상에 매우 흔한 원소 가운데 하나다. 해변의 모래알들이 다름 아닌 실리콘이다. 물론 반도체에 쓰이는 순수한 결정 상태로 실리콘을 가공하기는 어렵지만, 가장 흔한 원소 가운데 하나라는 점은 분명하다. 그리고 실리콘은 반도체다. 반도체란 전류를 잘 통과시키는, 저항이 매우 작은 도체와 전류를 통과시키지 않는 부도체 사이의 물질을 말한다. 이 물질은 크게 두 가지 특성을 갖는다. 반도체는 기본적으로 저항이 크다. 하지만 붕소, 인, 비소와 같은 불순물을 섞어주면 저항이 크게 바뀐다. 예컨대 불순물을 실리콘 100개 중 1개 정도로 넣어주면 거의 부도체인 것을 도체 수준으로 저항을 떨어뜨릴 수 있다. 전형적인 트랜지스터는 저항이 작은 경우를 1Ω이라고 하면 저항이 1,000,000Ω까지도 올라간다. 전기장 안에서도 저항값이 크게 바뀌는데, 역시 부도체에서 도체에 가깝게 저항을 떨어뜨릴 수 있다.

트랜지스터로 가장 자주 사용되는 MOSFET^{metal-oxide semiconductor field-effect transistor}이라는 구조는 다음과 같이 만들어진다. 먼저 실리콘 양쪽(한쪽은 소스^{source}, 다른 한쪽은 드레인^{drain}이라고 한다)에는 불순물을 많이 넣고 채널^{channel}이라는 가운데 부분은 불순물을 살짝 넣거나 넣지 않는다. 그러면 소스와 드레인의 저항은 매우 작아지고, 채널 영역은 아주 커진다. 소스와 드레인에 각각 1V, 0V의 전압을 가해도 채널의 높은 저항으로 인해 전류가 흐르지 않는데, 이때 채널에 전기장을 가함으로써 채널 저항을 바꿀 수 있다.

그림 12의 오른쪽을 보면, 채널 위쪽을 절연체^{insulator}로 덮고 그 위

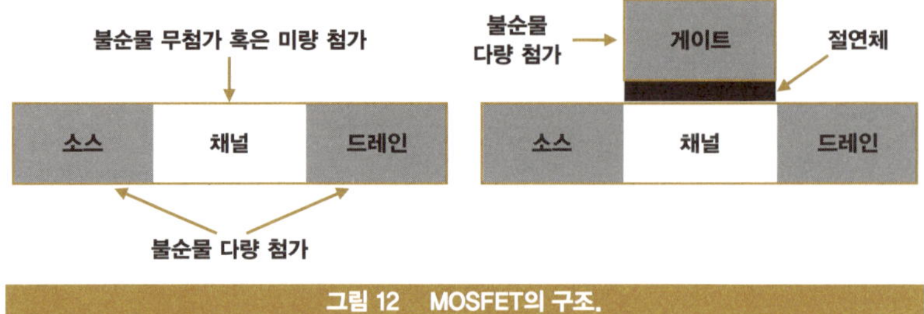

그림 12　MOSFET의 구조.

에 고농도의 불순물을 주입한 게이트[gate]라는 실리콘을 놓는다. 이 구조에서 게이트에 전압을 가하면 채널에 전기장을 형성할 수 있다. 예컨대 게이트에 0V를 가하면 채널 저항이 매우 높아지는 탓에 전류가 흐르지 않지만, 게이트에 1V를 가하면 채널 저항이 극적으로 낮아져 소스와 드레인 사이에 전류가 흐른다. 이것이 MOSFET의 작동 원리다. 다시 말해, MOSFET은 그림 13과 같이 게이트에 가해지는 전압으로 인해 저항값이 거의 100만 배가 변하는 가변 저항으로서, 디지털 회로에서 스위치와 같은 역할을 한다.

MOSFET에는 두 종류가 있다. 하나는 NMOS, 다른 하나는 PMOS다. 모든 전압은 소스를 기준으로 이야기하는데, NMOS는 게이트 전압이

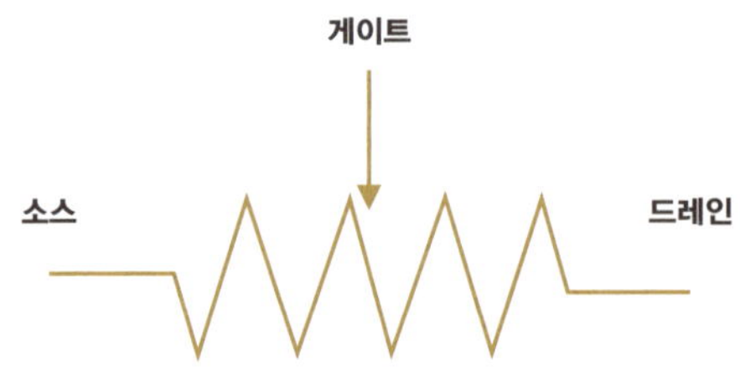

그림 13　디지털 회로에서의 MOSFET 구조.

소스 전압보다 높으면 가변 저항값이 줄어든다. 반대로 PMOS는 게이트 전압이 소스 전압보다 낮으면 저항값이 줄어든다.

그림 14의 NMOS를 보자. 소스에 전압이 0V, 드레인에 1V가 걸려 있다. 게이트에 0V가 걸리면 채널 저항이 매우 높아 전류가 거의 흐르지 않는다. 이때 게이트의 전압이 올라가기 시작하면, 채널 저항이 급속도로 줄어들면서 드레인으로부터 소스로 전류가 흐른다. PMOS는 게이트의 전압이 소스보다 낮을 때 전류가 흐르기에 소스에 1V, 드레인에 0V, 게이트에 1V가 걸려 있으면 전류가 흐르지 않고, 게이트 전압이 1V에서 낮아지면 채널 저항도 낮아지면서 전류가 소스로부터 드레인으로 흐른다.

NMOS에만 집중해 보자. 소스에 걸린 전압을 0V라고 하면, NMOS의 모든 정보는 게이트와 드레인 전압에 따른 전류 $I=I(V_g, V_d)$에 포함된다. 이것이 바로 트랜지스터의 오메가다. 그림 15를 보자. 게이트 전압 V_g가 커지면 특정 값(여기서는 약 0.3V) 이상에서 유의미한 전류 I_d가

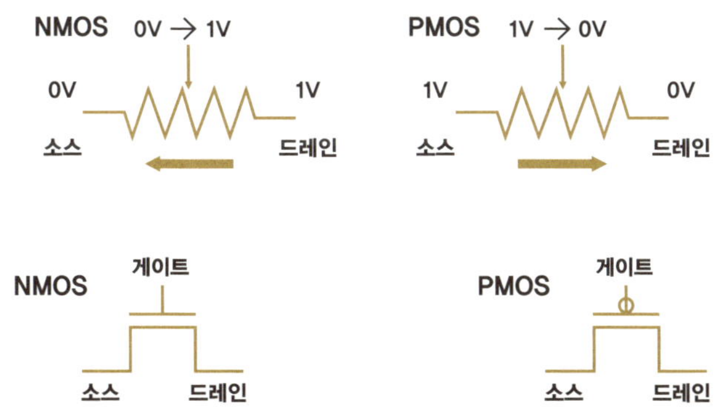

그림 14 　 NMOS와 PMOS의 구조.

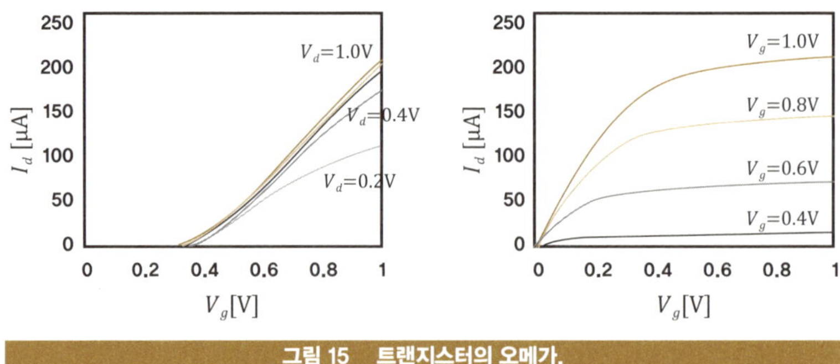

그림 15　트랜지스터의 오메가.

흐르기 시작한다. 한편 오른쪽과 같이 드레인 전압 V_d가 커지면 전류도 같이 커지다가 특정 값 이상에서는 거의 비슷하게 유지된다. 왼쪽과 오른쪽 그래프는 동일한 그래프를 다른 각도에서 본 것일 뿐이다. 이것이 트랜지스터의 오메가다.[•] 이것이 트랜지스터의 모든 것을 나타내고, 우리는 이것 말고는 관심이 없다.

트랜지스터에서 셀로

이제 트랜지스터에서 인공지능으로 이어지는 양질 전환을 하나씩 알아보자. 그 첫 번째는 트랜지스터에서 셀로의 도약이다. 셀은 세포를 뜻하는 것으로서, 세포가 생명체의 기본이듯이 디지털 회로에서 가장 기본이 되는 단위 역시 '셀 cell' 혹은 '스탠더드 셀 standard cell'이라고 불린다. 또

● 엄밀하게는 정전용량capacitance도 포함되어야 하는데, 우리의 관심사는 아니다.

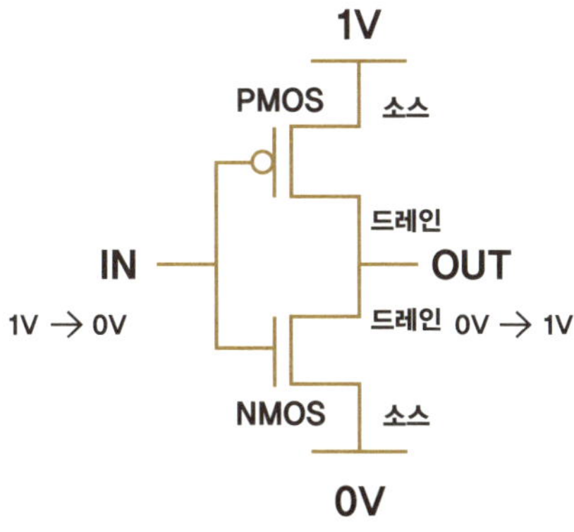

그림 16   인버터 셀.

한 세포에 여러 종류가 있듯이(인간에게는 200여 가지, 혹은 분류 방식에 따라 300여 가지 세포가 있다), 스탠더드 셀에도 여러 가지가 존재한다. 가장 간단한 경우가 NMOS와 PMOS를 그림 16과 같이 이어 붙인 구조다. 이를 '인버터inverter'라고 한다. 먼저 인버터가 어떻게 작동하는지 살펴보자.

먼저 PMOS의 소스에는 V_{dd}(여기서는 1V라고 하자)라는 전원이 연결되어 있고, NMOS의 소스는 접지 GND(여기서는 0V라고 하자)되어 있다. 드레인끼리는 연결되어 있고, 이는 출력 노드이기도 하다. NMOS와 PMOS의 게이트는 서로 연결되어 있고, 여기에 입력 신호가 들어간다.

입력에 0V가 가해진다고 해보자. 그러면 PMOS의 저항이 크게 줄어 V_{dd}와 출력 노드가 연결된다. 반면 NMOS의 저항은 매우 커지며 출력이 GND와 단절된다. 즉, 출력 노드는 V_{dd}, 즉 1V가 된다. 반면 입력에 1V가 가해지면, NMOS의 저항이 낮아지고 PMOS의 저항은 높아지며 출력이 GND와 연결되어 0V가 된다. 요컨대 입력 신호가 1V에서 0V로 서서히

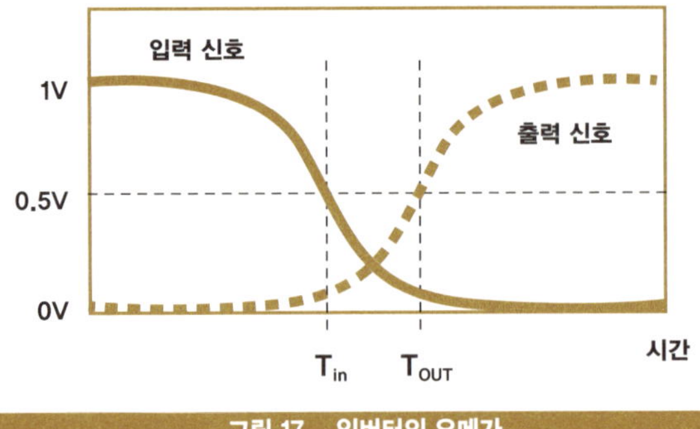

그림 17   인버터의 오메가.

바뀌면 출력 신호는 0V에서 1V로 변한다. 반대도 마찬가지다.

인버터라는 스탠더드 셀에서 우리가 관심 있는 것은 입력 신호가 주어질 때의 출력 신호 변화다. V_{dd}와 GND는 셀이 작동하도록 전원을 공급해 주는 에너지 소스이기에 상수로 취급된다. 입력과 출력 신호의 그래프는 그림 17과 같다. 이 그래프가 인버터의 모든 것을 나타낸다. 즉, 인버터 셀의 오메가다. 이제 우리는 여기서 한 차례 양질 전환을 거친다. 바로 아날로그에서 디지털로의 전환이다.

아날로그에서 디지털로

현대 고성능 칩들은 수십억 개의 스탠더드 셀을 포함한다. 이것들이 한데 어우러져 어떤 기능을 수행한다. 제대로 작동하는지 확인하려면 시뮬레이션을 해야 하는데, 그러려면 앞의 그래프를 수십억 개 이어 붙여야 한다. 그러나 현존하는 가장 빠른 슈퍼컴퓨터로도 이런 형태의 시뮬레이션은 불가능하다. 하지만 디지털로 전환하면 가능해진다. 10℃ 구리 1g과 20℃ 구리 2g을 뭉쳤을 때 온도가 어떻게 변하는지를 시뮬레이

선하는 데 구리의 모든 원자적 특성을 알 필요가 없는 것과 마찬가지다.

이제 무한히 많은 정보를 담은 아날로그 데이터가 어떻게 인버터를 통해 압축되어 아날로그 신호에서 디지털 신호로 변환되는지 알아보자. 입력 전압 또는 출력 전압이 1V에서 0.5V 사이일 때를 단순히 A라고 정의하고, 0.5V에서 0V 사이일 때를 B라고 정의하자. 그러면 그림 17에서 시간 0부터 T_{in} 지점까지 입력은 A를 표현하고(1V~0.5V), 출력은 B(0.5V~0V)를 나타낸다. T_{in}에서 입력은 A에서 B로 바뀐다. 하지만 출력은 여전히 B다. T_{out} 시점에서야 출력은 A가 된다. 요컨대 인버터는 입력이 A이면 B를 출력하고, B를 입력하면 A를 출력하는 것이다. 물론 출력 변환은 즉각적이지 않다. 시간이 걸리는데, 앞의 그래프에서는 T_{out}부터 T_{in}까지의 시간이 지연된다.

우리가 인버터를 이처럼 바라보면, 인버터를 아날로그가 아닌 디지털 소자로 이해할 수 있다. 그러면 인버터의 오메가 역시 무한히 많은 정보를 담은 그림 17이 아니라 표 2와 같은 아주 간단한 표로 대체된다. 표 2는 인버터가 A를 입력하면 시간 T_1 이후 B를 출력하고, B를 넣으면 T_2 이후 A를 출력한다는 것을 의미한다. 모든 스탠더드 셀이 이

입력	출력	지연시간
A	B	T_1
B	A	T_2

표 2 인버터의 디지털 오메가.

같은 간단한 표를 가지기에, 이제는 CPU 정도의 커다란 칩도 시뮬레이션이 가능해진다. (참고로 입력과 출력을 두 가지 상태, 즉 A와 B로 나타냈는데, 여기서 'A'와 'B'가 어떤 의미를 갖지는 않는다. 다만 서로 다른 두 상태를 표시하기 위한 문자일 뿐이다. 이 문자들은 T/F를 표시하기도 하고, ON/OFF를 표시하기도 한다.)

아날로그에서 디지털로 전환하는 과정에서는 많은 정보가 소실되는데(우리는 앞서 뉴턴 역학에서 볼츠만 역학으로 넘어갈 때도 이러한 정보 소실이 나타난다는 것을 알아보았다), 왜 굳이 디지털로 전환하고자 하는 것일까? 그 답은 간단하지만 역설적인데, 바로 정확한 정보 전달을 위해서다. 예컨대 인간의 문자는 기본적으로 디지털이다. 그림 18의 글자들은 모두 알파벳 A를 가라킨다. 모양은 전부 다르지만, 우리는 이들을 모두 알파벳 A로 해석한다. 만약 글자가 아날로그였다면, 아무리 주의를 기울여 쓰더라도 A를 전달할 방법이 없을 것이다. 디지털은 아날로그에서 상당히 많은 정보를 걸어 내지만, 그럼으로써 정확도를 한층 높인다.

생명체는 서로 다른 두 가지 정보 저장 장치를 가지고 있다. 하나는 유전 정보를 저장하는 DNA이고, 다른 하나는 뇌다. 그런데 DNA는 디

그림 18   여러 형태로 쓰인 알파벳 A.

지털 저장 장치이고, 뇌는 기본적으로 아날로그 저장 장치다. 유전 정보가 아날로그였다면 어떤 세상이 펼쳐질까? 인간과 침팬지는 DNA가 1.2% 다르다. 남자와 여자는 1.0% 다르다. DNA의 차이는 작지만, 우리는 침팬지와 인간을 구분한다. 하지만 유전 정보가 아날로그였다면, 인간과 침팬지 사이에도 무수히 많은 새로운 종이 있었을지 모른다. 종이라는 개념이 없었을지도 모른다. 또한 아날로그 유전자는 돌연변이에도 취약할 것이다. 디지털 저장 장치는 환경의 변동에도 상대적으로 안정적인 데 반해, 아날로그 저장 장치는 복제할 때마다 이러한 변동을 그대로 흡수할 것이다.

물론 아날로그 저장 장치에도 자연선택이 작동할 수 있다. 하지만 이러한 선택의 결과가 무엇일지는 상상하기조차 쉽지 않다. 한번 질문해 보사. 니지털 저장 장치가 아날로그 저장 장치와의 싸움에서 승리한 것일까, 아니면 아날로그 저장 장치가 아직 탐색되지 않은 것일까? 아날로그 저장 장치가 진화하기 위한 조건이나 디지털 저장 장치와 아날로그 저장 장치의 투쟁을 시뮬레이션해 앞선 질문에 답할 수 있을지 모른다. 나는 그 답을 모르지만, 흥미로운 연구 주제로 보인다. 몇 가지 반사실적 가정을 놓고 상상의 나래를 더 펼칠 수도 있겠지만, 여기서 중요한 것은 실제 자연이 아주 오래전부터 디지털 저장 장치로 채워졌다는 사실이다. 사람들의 인식과 달리, 디지털은 인간이 그 개념을 이해하기 훨씬 전부터 자연의 작동 원리였고 생명의 원천이었다.

한편, 뇌는 아날로그다. 우리 뇌가 디지털이라면 어떤 세상이 펼쳐질까? 짐작건대, 무언가를 외우는 데 훨씬 적은 노력이 필요할 것이다. 한 번 접한 것을 정확히, 아주 오랜 시간 저장하는 것이 가능할 것이다.

하지만 우리는 이렇게 진화하지 않았는데, 여기에는 그만한 이유가 있다. 디지털은 정확한 정보 전달을 가능하게 한다는 장점이 있지만, 큰 에너지를 소모한다. 뇌가 디지털이었다면 온종일 열량을 섭취해야 할지 모른다. 진화는 디지털이 필요한 곳에는 디지털을, 아날로그가 필요한 곳에는 아날로그를 빚어냈다. 진화, 그리고 뇌에 대해서는 뒤에서 자세히 알아볼 것이다.

다시 셀로 돌아가 보자. 그림 17과 표 2를 다시 보자. 여기에는 두 가지 전환이 있다. 첫 번째는 이미 설명한 디지털에서 아날로그로의 변환이다. 트랜지스터의 아날로그 특성인 V_g, V_d가 셀의 디지털 오메가인 A, B로 변환된다. 다시 한번 강조하지만, A와 B는 어떤 의미를 갖지 않는다. 두 번째는 I_d가 지연 시간으로 변환되는 것이다. 입력이 출력에 영향을 미치는 시간은 트랜지스터에 얼마나 큰 전류가 흐르는지에 따라 변한다. 큰 전류가 흐르면 출력 신호가 빠르게 변한다. 그런데 그림 15에서처럼 V_g, V_d가 변하면 전류 값이 달라진다. 전류 모양은 그다지 중요하지 않다. 근사적이기는 하지만, 전류의 평균은 시간의 역수에 비

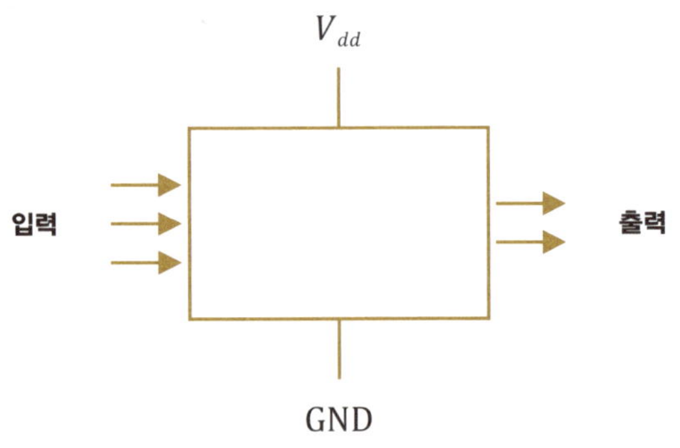

입력	셀 A	셀 B	셀 C	셀 D
0	0	0	1	1
1	0	1	0	1

례한다. 기체 운동에너지의 평균이 온도인 것과 상당히 비슷하다.

스탠더드 셀을 조금 일반화해 보자. 그림 19를 보면, 셀이 있다. 셀이 동작하려면 에너지가 필요하다. 에너지를 공급하는 노드를 'V_{dd}'와 'GND'로 나타냈다. 셀은 어떤 동작을 하는지에 따라 구분되는데, 그림 19의 셀 같은 경우는 세 가지 입력을 받아 두 가지 출력을 한다.

가장 간단한 셀은 입력이 하나, 출력이 하나인 셀이다. 여기서 입력과 출력의 종류는 0과 1이다. 이러한 셀은 표 3과 같이 네 가지가 있으며 인버터가 이 네 가지 중 하나다. 셀 A는 입력이 무엇이든 0을 출력한다. 셀 B는 입력을 그대로 출력하는 셀이고, 셀 C는 입력을 뒤바꾸어 출력하고, 셀 D는 입력과 무관하게 1을 출력한다. 이러한 셀들은 그림 20과 같이 만들 수 있는데, 셀 C를 제외하면 트랜지스터가 필요 없다. 예를 들어, 입력과 상관없이 0을 출력하는 셀 A는 그림 20의 첫 번째와 같이 출력을 GND와 연결하기만 하면 된다. 이 가운데 유일하게 트랜지스터를 필요로 하는 셀이 바로 인버터다. 앞서 보았듯이, NMOS와 PMOS를 연결하면 되는데, 그림 20에서는 이를 삼각형으로 표시했다. 이를 '인버터 셀'이라고 부르고, 'NOT 게이트'라고도 부른다.

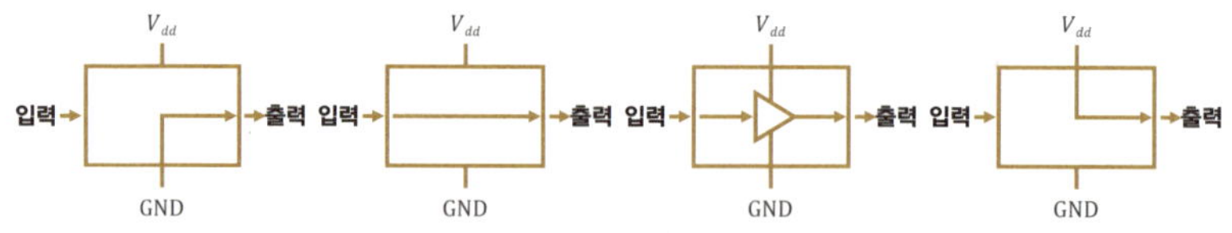

그림 20 네 가지 셀의 모식도.

조금 더 복잡한 경우를 보자. 입력을 2개 받아 1개를 출력하는 셀이다. 이러한 셀로는 대표적으로 AND 게이트와 OR 게이트가 있는데, 이론적으로는 16가지 존재할 수 있다.

하나씩 보자. In 1과 In 2는 두 가지 입력 신호를 뜻하고, A부터 P까지는 셀의 종류를 나타낸다. 먼저 트랜지스터가 필요 없는 간단한 경우부터 보자.

셀 A: 입력과 상관없이 출력은 항상 0. 즉, Out=0.

셀 P: 입력과 상관없이 출력은 항상 1. 즉, Out=0.

셀 D: 출력은 입력 1과 동일. 즉, Out=In 1.

셀 F: 출력은 입력 2와 동일. 즉, Out=In 2.

In 1	In 2	A	B	C	D	E	F	G	H	I	J	K	L	M	N	O	P
0	0	0	0	0	0	0	0	0	0	1	1	1	1	1	1	1	1
0	1	0	0	0	0	1	1	1	1	0	0	0	0	1	1	1	1
1	0	0	0	1	1	0	0	1	1	0	0	1	1	0	0	1	1
1	1	0	1	0	1	0	1	0	1	0	1	0	1	0	1	0	1

표 4 입력 둘, 출력 하나 셀.

다음으로는 인버터 하나로 만들 수 있는 셀을 알아보자. 여기서 ~A
는 A에 NOT 게이트를 적용하는 것을 의미한다.

셀 M: 입력 1에 NOT 게이트를 적용하고 출력. 즉, Out= ~In 1.

셀 K: 입력 2에 NOT 게이트를 적용하고 출력. 즉, Out= ~In 2.

나머지 10개는 입력 1과 입력 2의 조합으로 표현된다.

셀 B: 입력과 출력 모두 1인 경우에만 1을 출력하는 셀로서, 'AND
게이트'라고 부르며 '*'로 나타낸다. 즉, Out=In 1*In 2.

셀 O: 셀 B에 NOT을 한 번 더 적용하는 셀로서, 'NAND 게이트'라고
도 부른다. 즉, Out-~(In 1*In 2).

셀 H: 입력 신호 가운데 하나만 1이면 1을 출력하는 셀로서, 'OR 게
이트'라고 부르며 '+'로 나타낸다. 즉, Out=In 1+In 2.

셀 I: H에 NOT을 적용하는 셀이다. 'NOR 게이트'라고도 부른다. 즉,
Out=~(In 1+In 2).

셀 G: 두 입력 신호가 같으면 0, 다르면 1을 출력하는 셀로서, 이를
'XOR 게이트'라고 부르며 '⊕'로 나타낸다. 즉, Out=In 1⊕In 2.

셀 J: G에 NOT을 적용하는 셀이다. 즉, Out=~(In 1⊕In 2).

셀 N: 입력 1에 NOT을 적용한 뒤, 입력 2와 OR을 적용한다. 즉,
Out=(~In 1)+In 2.이며, Out=In 1→In 2로 표시하기도 한다.

셀 C: 셀 N에 NOT을 적용한다. Out=~(In 1→In 2)=~((~In 1)+In 2).
드모르간 법칙을 적용하면 이는 다음과 같다. Out=In 1*~In 2.

셀 L: 입력 2에 NOT을 적용하고, 입력 1과 OR을 적용한다. 즉, Out=(~In 2)+In 1=In 2→In 1.

셀 E: 셀 L에 NOT을 적용한다. 즉, Out=~(In 2→In 1)=(~In 1)*In 2.

지금까지 알아본 것처럼, 입력 2개와 출력 1개로 이루어진 셀은 기본적으로 NOT, AND, OR, XOR, 이렇게 네 가지 셀로 구성된다. 입력이 2개, 출력이 2개인 셀은 간단하다. 각각의 출력이 어차피 입력 2개의 조합으로 표현되기에, 앞의 네 가지 셀만으로도 충분하다. 입력이 3개인 경우도 마찬가지다. 사실 임의의 셀은 입력이 1개인 NOT과 입력이 2개인 AND, OR, XOR의 조합으로 표현할 수 있다. 그런데 이 네 가지 셀은 다시 NAND 하나로 표현할 수 있다.

먼저 ~A는 A↑A와 같다(여기서 '↑'은 'NAND 게이트'를 나타낸다). 다음으로 AND는 NAND에 NOT을 적용하면 된다. 즉, A*B= ~(A↑B)=(A↑B)↑(A↑B)다. OR는 드모르간 법칙을 사용해 NAND로 표현할 수 있다. A+B=~(~A+~B)=(~A*~B)↑(~A*~B)=((A↑A)*(B↑B))↑((A↑A)*(B↑B))이고, 여기서 A*B는 앞의 식을 사용해 다시 NAND만으로 표현할 수 있다. A⊕B= ((A+B)*~(A*B))로 나타낼 수 있으며, OR와 AND는 모두 NAND로 나타낼 수 있기에, XOR 역시 NAND만으로 나타낼 수 있다.

결국 16개의 연산은 NAND 셀 하나만으로 모두 수행할 수 있다. 이를 범용 게이트universal gate라고 한다. NOR과 XOR도 범용 게이트다. 다시 말해, NMOS와 PMOS로 NAND를 만들 수 있다면, n개의 입력과 m개의 출력을 가진 모든 종류의 셀을 만들 수 있다. 물론 NOR를 NAND

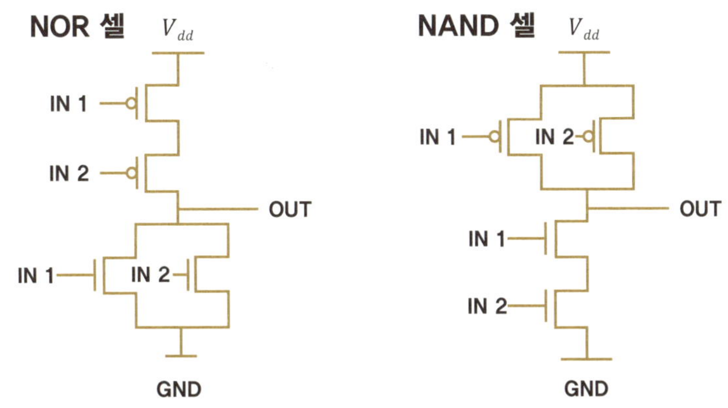

그림 21   NAND와 NOR의 회로 구조.

로 만들 수도 있지만, 매우 복잡해질 수 있다. 16가지 셀 가운데 NMOS 와 PMOS로 쉽게 만들 수 있는 셀이 많으면, 논리 회로 구성도 그만큼 간단해질 것이다.

NOT, NAND, NOR 셀은 NMOS와 PMOS로 간단하게 구현된다. NOT 은 앞서 보았고, NAND와 NOR는 그림 21과 같이 구성할 수 있다. 여기 서 직렬연결은 입력이 모두 1일 때 ON이 되는 특성을, 병렬연결은 입력 이 하나만 1이어도 ON이 되는 특성을 이용한다.

이제 셀의 오메가로 돌아가 보자. 예컨대 표 5와 같이 2개의 입력에 대해 3개의 출력을 갖는 셀이 있다고 하자. 이때 표가 바로 오메가다. 물론 각각의 출력에 표시하지는 않았지만 여기에는 지연 시간도 포함 된다. 이렇게 셀의 오메가를 모아둔 것을 반도체에서 룩업 테이블^{look-up table}이라고 한다. 공정 엔지니어가 트랜지스터를 만들면, 모델링 엔 지니어는 트랜지스터의 오메가, 즉 $I(V_g, V_d)$를 측정해 여러 가지 셀의

입력 1	입력 2	출력 1	출력 2	출력 3
0	0	0	1	1
0	1	1	0	1
1	0	1	0	1
1	1	1	0	0

표 5   입력 둘, 출력 셋 셀의 오메가.

오메가, 즉 룩업 테이블을 만든다. 이들은 룩업 테이블을 설계 엔지니어에게 전달한다. 설계 엔지니어는 아날로그 특성을 알 필요가 없다. 앞선 테이블만 보고 설계하며, 그럼으로써 수십억 개에 달하는 셀을 시뮬레이션한다.

공정 엔지니어와 설계 엔지니어는 서로 완전히 다른 세계에 산다. 사용하는 용어도 다르다. 공정 엔지니어들은 아날로그 세상에서 전압과 전류에 대해 이야기하지만, 설계 엔지니어들은 디지털 세상에서 셀의 디지털 특성과 지연 시간을 이야기한다. 모델링 엔지니어들은 이들을 연결해 준다. 뉴턴의 세계는 위치와 속도로 이루어지지만, 볼츠만의 세계는 열, 내부에너지, 엔트로피, 온도로 이루어진다. 하지만 둘을 연결해 주는 원리가 존재하며, 우리는 이를 아주 잘 이해하고 있다. 바로 볼츠만 공식이다. 말하자면, 반도체 분야에서 볼츠만 공식에 해당하는 것이 바로 룩업 테이블이다. 물질 세계나 반도체 세계나 모두 양질 전환이 나타나 둘로 분리된다. 하지만 우리는 이들을 환원주의적으로 서로 연결하는 데 아무런 어려움이 없다.

이제 다음 전환으로 넘어가자. 앞서 2개의 입력과 1개의 출력을 가진 셀은 모두 16가지라고 말했다. 16가지가 전부이고, 다른 형태는 없다. 이들은 모두 스위치의 직렬연결과 병렬연결의 기계적인 조합으로서, 그 자체로는 어떤 의미를 포함하지 않는다. 우리는 이것에 어떻게 의미와 기능이 부여되는지 살필 것이다. 이것이 이번 절에서 소개할 전환이다. 이는 어쩌면 아날로그에서 디지털로 넘어가는 전환보다 훨씬 큰 도약을 수반한다.

간단한 예로 시작하자. 2개의 입력 A, B, 그리고 2개의 출력 C, S를 가진 셀이다. 표 6을 보면, C는 A*B에, S는 A⊕B에 해당한다는 것을 알 수 있다. 이는 그림 22로도 나타낼 수 있다.

이제 여기에 의미를 부여해 보자. 우리는 이것을 '더하기'로 해석할 것이다. 먼저 표 6에서 디지털 상태를 나타내는 '0'과 '1'을 수 0과 1로 해석한다. 즉, 의미를 부여한다. 그러면 앞의 셀이 두 수의 더하기를 2

A	B	C=A*B	S=A⊕B
0	0	0	0
0	1	0	1
1	0	0	1
1	1	1	0

표 6 A*B와 A⊕B를 출력하는 셀.

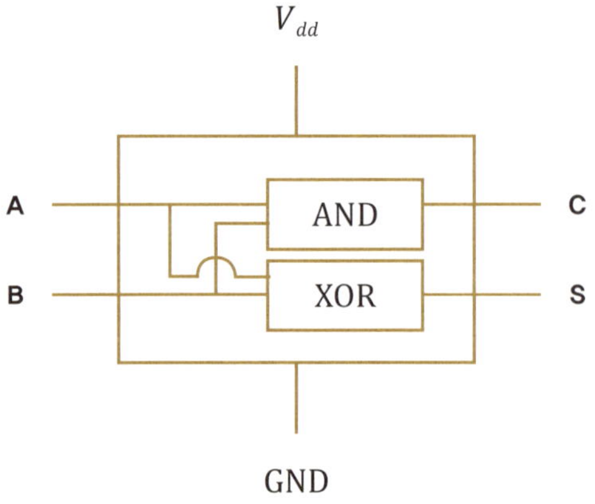

진법으로 출력한다는 것을 알 수 있다. 즉, 0+0=00, 0+1=01, 1+0=01, 1+1=10. 이제 이 셀은 숫자를 2개를 받아 그 합을 출력하는 의미를 갖는다.

왜 쓸데없이 장황하게 설명하는지 물을 수 있지만, 더하기에는 인간의 고차원적 지능이 반영되어 있다. 1+1=2라는 것이 너무나 당연하다고 여길 수 있지만, 왜인지 물으면 대다수는 이유를 설명하지 않고 그냥 그런 것이라고 답할 것이다. 더 간단하게, 1이 무엇인지 생각해보자. 1이 무엇인지도 답하기 쉽지 않다. 우리는 어떤 사과, 어떤 자동차, 어떤 사람은 보지만, 1을 보거나 경험한 적은 없다. 옆집 아이 철수를 만난 적은 있어도 사람 자체를 만난 적이 없는 것과 마찬가지다. 이와 동일하게 아주 먼 옛날 사람들은 1이 무엇인지 알지 못했을 것이다. 1이 무엇인지 아는 것이 생존에도 별다른 도움이 되지 않았을 것이다. 하지만 어느 순간 사과 하나, 자동차 하나, 사람 하나라는 구체적인 대상으로부터 공통적인 특성이 있음을 깨닫고 그때부터 사과 1개, 자동차 1개, 사람 1개를 생각하기 시작했을 것이다. 다시 말해, 1은 구체적 개체들이 포함하는 추상적이며 일반적인 속성이고, 그렇기에 독립적으로 존재할 수 없고 개체에 기대어 존재한다. 1을 이렇게 정의하고 나면, 더 나아가 2와 3을 정의하는 것도 그리 어렵지 않다.

다시 더하기를 보자. 1이 무엇인지 아는 원시적인 인간이 바나나 1개를 들고 있다. 그는 길을 가다가 바나나 1개를 줍고, 이제는 바나나가 2개 있다는 것을 안다. 바나나 1개를 가진 또 다른 이가 길을 가다가 바나나 2개를 가진 이로부터 바나나 1개를 빼앗아 바나나 2개를 갖는다. 물론 이들은 처음부터 줍거나 빼앗는 행위에 공통점이 있음을 알지 못했을 것이다. 그러나 어느 시점에는 이러한 행위들에 공통점이 있음을 깨닫고, 그것을 더하기라는 추상적 개념으로 인식하기 시작했을 것이다. 요컨대 자연수와 더하기는 고도로 추상적인 개념으로, 구체적인 대상이나 행위로부터 인간이 정의하고 이름 붙인 것이다. 더하기가 정의되면 빼기나 곱하기도 어렵지 않게 정의된다.

정리해 보자. 추상적이고 일반적인 속성은 그 자체로 존재하는 것이 아니며 개체를 통해 존재한다. 구체적 대상에서 공통의 속성을 인식하고 그에 대한 정의를 내리는 것은 인간의 몫이다. 다시 더하기 셀로 돌아가 보면, 더하기 셀은 단순히 트랜지스터의 조합일 뿐이다. 트랜지스터는 입력 전압에 따라 이리저리 전류를 흘려보낼 뿐이다. 그냥 기계일 뿐이다. 그런데 인간은 이것에 의미를 부여한다. 수 0과 1을 부여하고, 더하기라는 연산을 의미로 부여한다. 이러한 의미 부여는 기계가 우리에게 가르쳐 주는 것이 아니라 우리 머릿속에서 발생하는 것이다.

앞서 공부한 정보의 창발이다.

더하기 셀과 같이 스탠더드 셀들을 연결해 의미를 부여할 수 있는 조금 더 큰 단위를 '기능 블록function block'이라고 한다. 예컨대 더하기 셀은 이러한 관점에서 더 이상 셀이 아니라 작은 기능 블록 중 하나가 되며, 이 블록을 확장해 네 자리 2진수를 더하는 그림 23과 같은 더 큰 블록을 만들 수도 있다.

보통 더하기는 수 3개를 더한다. 더하는 수 2개와 더불어 올림수가 있기 때문이다. 그림 23의 왼쪽은 A와 B, 그리고 올림수인 C_{in}을 더하는 셀로, '전가산기full adder'라고 부른다. 이제 네 자리 2진수 $A_3A_2A_1A_0$와 $B_3B_2B_1B_0$를 더하는 셀 혹은 블록은 그림 23의 오른쪽과 같이 구성할 수 있다. 이를 활용하면 곱하기도 쉽게 만들 수 있다. 이렇게 계산을 전문으로 하는 큰 블록을 '연산기ALU'라고 한다.

추가로 MUX와 DEMUX라는 셀을 알아보자. 이들은 뒤에서 생명체를 다룰 때 다시 등장하는 중요한 셀들이다. 먼저 그림 24 왼쪽의 MUX를 생각해 보자. 입력은 S_1S_0라는 두 자리 2진수와 X_0부터 X_3까지의 네 가지 한 자리 2진수다. S_1S_0라는 두 자리 2진수는 00, 01, 10, 11 이렇게 네 가지 수를 표현할 수 있다. MUX는 S_1S_0에 00이 입력되면 출력 Y는 X_0

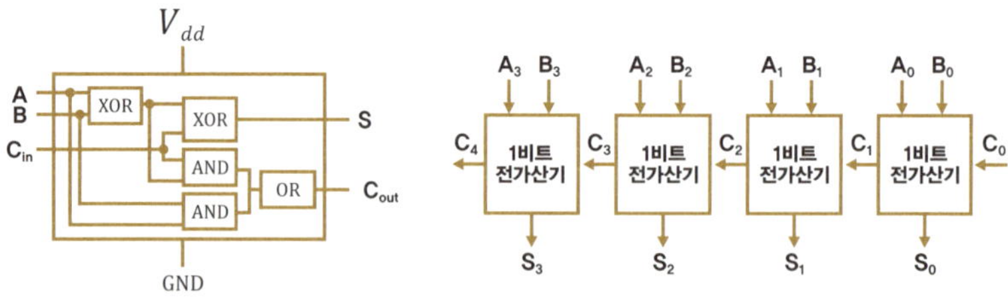

그림 23 1비트 전가산기와 네 자리 2진수 더하기 블록.

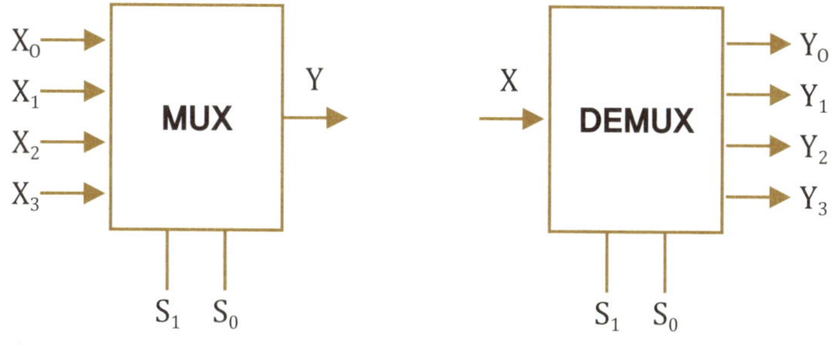

그림 24   MUX와 DEMUX의 모식도.

가 되고, 01이 입력되면 X_1, 10이 입력되면 X_2, 그리고 11이 입력되면 X_3 가 출력된다. 쉽게 말해, MUX는 입력에 따라 X_0부터 X_3까지를 Y와 이리저리 연결하는 스위치다. DEMUX는 반대로 입력은 하나이고, S_1S_0에 따라 출력 Y_0부터 Y_3까지를 입력 X와 이리저리 연결하는 스위치다. 이러한 MUX와 DEMUX 또한 16가지 기본 로직 셀^{logic cell}로 표현 가능하다.

이제 의미를 부여해 보자. 바로 조건이라는 의미다. 예컨대 'IF $(S_1S_0=01)$ THEN $(Y=X_1)$'으로 이해할 수 있다. 조건을 구현하는 방식으로 MUX와 DEMUX만 있는 것은 아니지만, 이들이 CPU에서 조건을 나타내는 대표적인 셀들이다. 하지만 뒤에서 살펴보겠지만, 단순한 조건을 뛰어넘어 매우 중요한 의미를 갖는다. 이것들로 데카르트의 이원론을 반박하고, 하드웨어와 소프트웨어를 연결하며, 생명체의 기본 단위인 세포의 슈퍼프로그램을 표현한다는 것은 뒤에서 설명할 것이다.

자, 셀에서 기능으로의 전환을 다시 한번 정리해 보자. 먼저 T/F, ON/OFF 등이 입력과 출력의 단위인 수 1, 0으로 변환된다. 인간 지능의 결과물과 단순한 로직 셀이 연결되는 순간이다. 이러한 셀들을 연결한 블록은 수십, 수백, 수천 개의 입력에 대해 수많은 출력을 가지는 더 큰 셀 또는 블록을 구성할 수 있다. 그리고 여기에는 더하기, 곱하기, 복사, 찾기, 정렬, 조건과 같은 다양한 의미를 부여할 수 있다.

기능 블록의 오메가는 셀의 오메가와 크게 다르지 않다. 실행하는 내용만 고유 기능으로 대체되었기 때문이다. 즉, (1) 고유 기능, (2) 지연 시간(지연 시간의 역수를 성능이라 한다), (3) 소모되는 에너지로 구성된다. 예를 들어, 4비트 더하기 블록은 2개의 4비트 숫자가 주어질 때 얼마만큼 에너지를 소모해 얼마나 빠르게 더하기를 수행하는지를 오메가로 갖는다. 셀과 마찬가지로 성능과 에너지라는 하위 레벨의 오메가를 포함하지만, 인간의 고차원적 인식의 결과물인 기능도 반영된다. 하지만 이미 이야기했듯이, 기능 블록에 투영한 더하기라는 의미는 로직 셀에 담긴 것이 아니라 뇌가 기호를 해석한 데서 창발한 것이다.

여러 로직 셀을 조합해 '더하기'를 만들 수 있는 이유는 기능 블록이 더하기를 수행하는 뇌의 구조와 유사한 구조를 갖기 때문이다. 그래서 더하기로 해석할 수 있는 대상은 비단 블록뿐만 아니라 동일한 형식적 구조를 갖는 모든 물리적 기계를 포함한다. 인간의 뇌도 그러한 구조를 포함할 것이다. 우리는 이러한 구조를 셀을 이용해 만들었을 뿐이다. 이러한 맥락에서 이번 절에서 다룬 전환은 물리적 기계와 더하기라는 의미의 연결이다. 물론 간단한 예로 더하기를 들었을 뿐, 수억 개에 달하는 셀을 포함하는 기능 블록에도 의미를 부여할 수 있다.

다시 한번 말하자면, 더하기 블록은 더하기가 포함해야 하는 최소한의 형식을 가지고 있어야 한다. 그 형식이라는 것은 트랜지스터 자체가 아니라 트랜지스터의 연결에 있다. 트랜지스터는 단순 스위치일 뿐이다. 하지만 트랜지스터를 그림 22와 같이 연결하면 그 연결은 더하기의 형식을 표현할 수 있다. 즉, 우리는 더하기라는 의미를 트랜지스터가 아니라 트랜지스터의 연결 구조에 부여하는 것이다. 이것이 0장에서 공부한 창발의 과정이다.

이렇게 하면 반도체 설계는 한층 쉬워진다. 아주 다양한 기능 블록들이 설계되고 이것이 시중에 제공되면, 이것들은 레고 블록이 조립되듯이 적절한 기능을 구현하기 위해 조립된다. 이렇게 기능 블록을 설계하는 것과 설계된 블록들을 조립하는 것은 서로 어느 정도 독립적이다. 반도체 칩을 설계할 때, 다시 말해 기능 블록을 조립할 때, 그 기능 블록들의 내부 사정을 알 필요는 없다. 기능 블록의 오메가만 알면 그것으로 충분한 것이다. 하지만 기능 블록을 설계하는 이들은 내부의 모든 세부 사항을 알아야 한다. 이렇듯 여기서도 양질 전환이 작동한다.

다음으로는 하드웨어에서 일어나는 마지막 전환을 설명하고자 한다. 하드웨어에서의 마지막 단계이자 소프트웨어의 시작이다.

CPU

우리에게 다양한 기능 블록이 있다고 해보자. 이제 우리는 블록을 조립하기만 하면 된다. 계산기를 만들 수도 있고, 디지털 시계를 만들 수도 있다. 목적에 맞는 기능 블록을 배치하기만 하면 된다. 예컨대 애니악ENIAC은 '세계 최초'라는 타이틀을 가진 컴퓨터 가운데 하나인데, 이 컴퓨터의 목적은 탄도 계산이었다. 이렇게 특정한 목적을 지닌 컴퓨터는 기능 블록을 확장한 것이나 다름없다. 하지만 우리는 확장된 기능 블록보다는 범용 컴퓨터, 다시 말해 계산도 되고 게임도 되고 검색도 되는, 다양한 기능을 수행하는 범용 칩 또는 기계에 더 관심 있다.

'다양한' 기능이지 '모든' 기능은 아니다. 예를 들어, 범용 기계는 여러 숫자들 가운데 5보다 큰 숫자를 고를 수는 있다. 하지만 여러 사진들 가운데 아름다운 사진을 고를 수는 없다. '아름답다'는 말에는 정확한 정의가 없고 그 기준도 사람마다 다를 것이다. 그렇다면 명확한 정의와 명제로 표현 가능한 기능으로 제한하기만 한다면, 임의의 기능을 수행하는 컴퓨터를 만들 수 있을까? 만들 수 있다면, 어떻게 만들 수 있을까? 이에 답하는 것에서 시작해 보자.

BASIC이라는 프로그래밍 언어를 생각해 보자. BASIC에서 지원하는 핵심 명령어들을 정리해 보면 다음과 같다.

(1) 변수들을 정의하고, 변수에 숫자 입력. 문자도 상관없다.
(2) 사칙 연산과 몇 가지 논리 연산.
(3) IF … THEN ….
(4) FOR.
(5) GOTO, GOSUB.

이 정도다. 사실 BASIC뿐 아니라 다른 프로그래밍 언어들도 마찬가지다. 우리는 경험적으로 우리가 만들고자 하는 어떤 프로그램이 있을 때, 앞의 다섯 가지 명령어로 구현할 수 없는 프로그램은 없다는 것을 알고 있다. 프로그래밍 언어마다 문법만 조금씩 다를 뿐, 앞의 다섯 가지 명령어를 지원한다. 추가 명령어들은 편리함만 더할 뿐이다. 한 걸음 더 나아가, 우리는 이를 다음과 같이 일반화해 주장할 수도 있다. '이 다섯 가지 명령어만으로, 계산 가능한 모든 기능을 구현할 수 있다.' 대충 표현하기는 했지만, 이것이 다름 아닌 처치-튜링 논제Church–Turing thesis다. 수학적 정리는 아니고, 증명 가능한지도 확실하지 않다. 하지만 칼 포퍼Karl Popper의 표현을 빌리자면 반증된 적은 단 한 차례도 없다.

다섯 가지를 더 줄일 수 있을까? 16가지 논리 게이트들 가운데 범용 게이트를 찾아내는 것과 유사하다. 이 가운데 가장 쉽게 제거되는 것이 'FOR'로 표현한 반복문이다. 프로그램을 조금이라도 작성해 본 경험이 있다면, 'FOR'가 'IF … THEN …'과 'GOTO'로 대체된다는 것을 알 것이다. 다음으로, 사칙 연산은 더하기 하나만으로 구현 가능하다. 또한 'IF … THEN …' 역시 저장 상치에 섭근하는 것과 너하기만 있으면 구현 가능하다. 다음의 예를 보자.

IF A >B THEN C=A ELSE C=B

이 명령문은 A와 B 중에서 큰 숫자를 C에 저장하는 기능을 수행한다. 이는 다음와 같이 바꿀 수 있다.

C={1−Sign(A−B)}*A+Sign(A−B)*B

'A−B'는 먼저 A와 B에 저장된 숫자를 불러온다. 즉, A와 B에 할당된 메모리로부터 숫자를 읽어 들인다. 그다음 두 수의 차를 계산한다.

차는 더하기로 바꿀 수 있다. 'Sign(X)'는 X가 양수이면 0, 음수이면 1을 반환하는 함수다. 이 함수는 단순히 X의 첫 번째 비트 값을 읽기만 하면 된다. 예컨대 8비트 컴퓨터는 8개의 비트를 이용해 0부터 255까지를 나타낼 수 있는데, 실제로는 −128부터 +127까지를 나타내며 맨 앞자리가 1인 경우가 음수를 나타낸다. 다시 말해, X의 부호를 알고 싶다면 X의 첫 번째 비트 값이 저장된 메모리에 접근해 그 값을 읽기만 하면 된다. C에는 A−B의 부호에 따라 어떤 값이 저장되며, 그 값은 'IF … THEN …'으로 구현한 결과 값과 같다는 것을 확인할 수 있다. 예컨대 A−B가 음수라면 C에는 B가 저장된다. 이 계산에는 곱하기와 더하기만 있으므로 역시 더하기 하나로 구현 가능하다. 결국 'IF … THEN …' 또한 반드시 필요한 명령어는 아니고 프로그램의 효율을 높여줄 뿐이다. 결국 (1) 메모리에 접근해 읽고 쓰기, (2) 더하기, (3) 진행 순서 변경, 이 세 가지만 있으면 모든 계산이 가능하다.

처치-튜링 논제의 앨런 튜링 Alan Turing은 영국의 수학자로, 영화 〈이미테이션 게임 The Imitation Game〉의 주인공이기도 하다. 그는 2차 세계 대전 당시 독일의 암호를 해독한 것으로도 유명하지만, 그 전에도 이미 수리논리학 분야에서 세계적으로 이름을 알리고 있었다. 흔히 컴퓨터 개념을 처음으로 내놓은 이로 튜링과 폰 노이만 John von Neumann이 언급된다. 튜링은 실제 컴퓨터의 하드웨어 구조보다는 기계적인 계산 가능성을 연구했으며, 앞서 소개한 일반적인 기능을 계산하는 범용 기계를 이론적으로 제시했다. 반면 20세기 최고의 천재로서 방대한 분야에 이름을 날린 노이만은 현대식 컴퓨터의 구조, 즉 입력 장치, 출력 장치, CPU, 기억 장치, 연산 장치로 이루어진 구조를 처음으로 제안했다.

모든 현대 컴퓨터는 노이만이 제안한 구조를 따른다. 우리는 이 가운데 튜링을 주요하게 살필 것이다.

튜링의 가장 중요한 업적은 단연코 튜링 기계^{Turing machine}를 고안했다는 것과 임의의 계산이 멈출지를 결정할 수 있는 튜링 기계는 존재하지 않음을 증명한 것이다.* 먼저 튜링 기계가 무엇인지 간단히 알아보자. 튜링 기계는 구획으로 나뉜 무한히 긴 테이프를 가지고 있다. 이는 컴퓨터의 메모리에 해당한다. 그리고 테이프에 저장된 값을 읽거나 쓰는 헤드가 있다. 그리고 이 기계에는 알고리즘, 달리 말해 프로그램이 입력된다. 알고리즘은 다음과 같은 다섯 가지로 이루어진 유한 개의 명령문이다. (1) 현재 기계의 상태가 무엇이고, (2) 현재 읽은 값이 무엇이며, (3) 현재 값을 같거나 다른 어떤 값으로 바꾸고, (4) 왼쪽 혹은 오른쪽으로 한 칸 움직이거나 움직이지 않고, (5) 기계의 상내를 유지하거나 바꾼다. 여기에 어떤 조건하에서 계산 종료가 추가된다.

어찌 보면 매우 간단한 구조인데, 튜링은 이러한 튜링 기계로 계산 가능한 문제와 계산 불가능한 문제가 무엇인지, 계산 불가능한 문제가 있다면 튜링 기계보다 더 강력한 기계를 만들어 해결할 수 있는지에 관심을 가졌다. 튜링의 결론은 단순하다. 튜링 기계보다 강력한 기계는 없으며, 명확히 정의되었음에도 튜링 기계로도 풀지 못하는 문제가 있다는 것이다. 먼저 튜링 기계보다 강력한 기계가 없다는 것은 우리가 앞서 다룬 컴퓨터의 세 가지 기능, 즉 저장 장치 접근, 더하기, 진행 순

<hr>

● 문제가 무엇인지 명확하게 정의되었음에도 그것을 해결하는 알고리즘이 없는 경우가 존재함을 증명한 것인데, 이는 괴델의 불완전성 정리와 동치다.

서 변경이 범용성을 가진다는 말과 동일한데, 이것이 참인지는 증명되지 않았다. 앞서 이야기힌 것처럼, 여기에 'IF … THEN …'을 추가하거나 'FOR'를 추가한다고 더 강력해지지는 않는다. 여기서 강력해진다는 것은 풀 수 있는 문제 수가 늘어난다는 의미다. 요컨대 아무리 복잡한 컴퓨터를 개발하더라도, 튜링 기계가 풀 수 없는 문제는 풀 수는 없다. 모든 계산 가능한 알고리즘은 튜링 기계로 계산 가능하다.

'알고리즘'이라는 말을 쓰기는 했지만, 사실 직관적인 말은 아니다. 알고리즘이 존재한다는 것은 문제를 해결하는 명확한 과정이 있다는 것이고, 튜링 기계가 모든 알고리즘을 표현한다는 것은 튜링 기계가 풀지 못하는 문제는 문제를 푸는 알고리즘이 없다는 것이다. 정의가 명확하고 답이 있다는 것도 확실하지만 문제를 푸는 알고리즘이 없다면, 기계가 아닌 인간도 이 문제를 풀 수 없다. 반대로 알고리즘이 알려져 있다면 인간도, 그리고 컴퓨터로도 계산 가능하다는 결론에 이르는데, 이것이 처치-튜링 논제다. 한편 튜링이 증명한 한 가지는 잘 정의되었음에도 그것을 푸는 알고리즘이 없는 문제가 있다는 것이다. 바로 멈춤 문제halting problem다.

간단한 한 가지 예만 알아보자. 일반적으로 다항식으로 이루어진 방정식을 우리는 '디오판토스 방정식'이라고 부른다. 임의의 디오판토스 방정식이 정수 혹은 유리수의 해를 가질 것인지 가지지 않을 것인지를 판단하는 프로그램은 만들지 못한다. 단순히 어려워서 만들지 못하는 것이 아니라 문제를 푸는 알고리즘이 존재하지 않기에 만들 수 없는 것이다.* 알고리즘이 존재한다면, 이를 인간도 계산할 수 있고 컴퓨터도 계산할 수 있다.

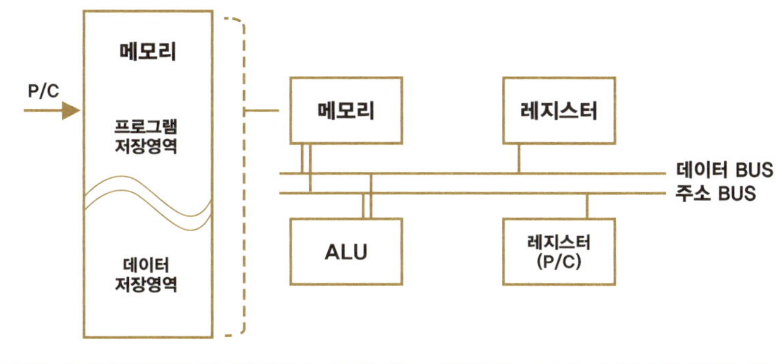

그림 25   간단한 CPU 모식도.

이제 범용 컴퓨터를 만드는 것은 간단하다. 앞서 이야기한 세 가지 기능만 있으면 된다. 이러한 기능을 가진 대표적인 기계가 튜링 기계인데, 현대식 범용 CPU의 구조도 크게 다르지 않다. 그 핵심이 그림 25에 담겨 있다. 기억 장치로 메모리가 주어지며, 메모리는 크게 두 영역으로 나뉜다. 하나는 소프트웨어로, 프로그램이 저장되는 영역이다. 나머지 영역에는 각종 데이터가 저장된다. 프로그램이든 데이터든 정보들은 BUS라 불리우는 금속 배선으로 불려 나온다. BUS에도 데이터를 전달하는 BUS가 있고, BUS에 연결된 블록을 선택하는 데 필요한 BUS가 있다. 그리고 BUS에는 또 다른 기억 장치인 레지스터와 더하기를 계산하는 연산 장치가 연결되어 있다. 레지스터는 주소 없이 단위 숫자 하나만 저장할 수 있는 고속 저장 장치로서 셀의 일종이다. P/C 레지스터는 다음에 실행할 명령어가 저장되어 있는 메모리 주소를 저장한다. 하나의 명령어를 실행하면 P/C 레지스터는 다음 명령어가 저장되어 있는

● 힐베르트의 23가지 문제 가운데 하나로서, 1970년에 그러한 알고리즘이 존재하지 않는다는 것이 증명되었다.

주소로 자동 변경되거나, 임의로 바꿀 수 있다. 즉, 실행 순서를 바꾸는 기능을 한다.

이제 아주 간단한 4비트 CPU를 생각해 보자. 4비트이므로 명령어는 총 16가지 존재할 수 있지만, 간단히 다음 7개의 명령어 집합만을 고려하자.

0000: 레지스터에 숫자를 저장한다.

0001: 메모리의 데이터를 레지스터에 저장한다.

0010: 메모리에 숫자를 저장한다.

0011: 레지스터의 데이터를 메모리에 저장한다.

0100: 메모리의 데이터와 레지스터의 데이터를 합하고 다시 레지스터에 저장한다.

0101: 메모리 데이터를 P/C 레지스터에 저장한다.

0110: 프로그램을 끝낸다.

예를 들어, 다음과 같은 프로그램을 만들 수 있다.

0010 xxxx 0010

0010 yyyy 0100

0001 xxxx

0100 yyyy

0011 zzzz

0110

여기서 xxxx, yyyy, zzzz는 역시 2진법이고 메모리의 주소를 의미한다. 앞서 2진법으로 구성된 명령어들은 메모리의 프로그램 영역에 저장되어 있다. 이 프로그램은 먼저 'xxxx'라는 메모리 주소에 (10진법으로는 '2'인) '0010'를 저장하고, 'yyyy' 주소에 (10진법으로는 '4'인) '0100'를 저장한다. 그다음 'xxxx'에 저장된 값을 읽어 레지스터에 저장하고, 그다음 'yyyy'에 저장된 값과 레지스터에 저장된 값을 더해 'zzzz'에 저장한다. 각 명령어가 끝날 때마다 P/C 레지스터는 다음 명령어가 저장된 메모리 주소로 값이 바뀐다. 마지막으로 '0110'을 만나면 프로그램을 종료한다.

여기서 '0001 xxxx'라는 명령어를 생각해 보자. '0001'은 메모리에서 데이터를 불러와 BUS에 올려놓고, 그다음 BUS에 있는 데이터를 레지스터에 저장하는 두 단계로 이루어져 있다. 물론 P/C 레지스터 값을 증가시키는 명령까지 포함한다면 세 단계라고 할 수 있다. 이런 구체적인 내용을 '마이크로 아키텍처'라 부르는데, 여기서는 그냥 단순화해 보자. 한번 '0001'이 BUS에 있는 데이터를 레지스터에 저장한다고 해 보자. '0001'이라는 명령어와 '0001'이 의미하는 동작을 연결해 주어야 하는데, 이 코드와 동작은 어디에 저장되어 있을까?

CPU 구조를 나타낸 그림 25를 다시 보자. BUS에는 레지스터, 메모리 등이 연결되어 있다. 이제 BUS에 MUX나 DEMUX를 연결한다. 예를 들어, BUS에 연결된 DEMUX에 명령어인 '0001'을 S_0, S_1, S_2, S_3에 연결한다. 명령어가 '0001'인 경우에는 BUS와 레지스터를 연결하고, '0010'인 경우에는 BUS와 메모리를 연결한다. 즉, DEMUX의 구조에 따라 '0001', '0010'의 명령어를 그 동작과 연결할 수 있다.

프로그램 관점에서 보자면 이는 'IF 명령어=0001 THEN BUS→레지스터'인데, 이 명령어가 실행되도록, 즉 의미와 기계의 동작을 연결하는 곳은 하드웨어 자체에 있다. 소프트웨어의 시작은 기계어인데, 기계가 이해하는 기계어의 의미(예컨대 '0001'의 의미는 메모리 데이터를 레지스터에 저장하는 것이다)는 다른 곳에 독립적으로 저장되는 것이 아니라 하드웨어 자체에, 예컨대 앞의 경우에서처럼 DEMUX의 기계적, 전기적 구조나 트랜지스터의 연결에 저장된다.

계산기 역할만 하는 칩을 생각해 보자. 이 칩은 범용 칩은 아니고 오로지 계산기 역할만 한다. 이러한 하드웨어는 소프트웨어와 구분되지 않는다. 하드웨어이면서 소프트웨어다. 여기서 소프트웨어가 저장된 실체가 무엇인지 물을 수 있는데, 이에 대한 답은 트랜지스터의 연결이다. 트랜지스터는 NMOS와 PMOS 두 종류밖에 없으며, 둘 모두 스위치 기능을 가지고 있을 뿐이다. 모든 기능 블록이나 CPU 또한 결국 두 종류의 트랜지스터를 이리저리 연결했을 뿐이다. 연결하는 방식에 따라 칩은 계산기도, 게임기도 된다. 그리고 트랜지스터는 주로 구리선으로 연결된다. 따라서 이제 다음과 같이 결론 내릴 수 있다. 프로그램은 트랜지스터를 연결하는 구리선의 배치에 저장되어 있다.

이제 CPU를 정리해 보자. CPU가 범용 계산기가 아닌 경우에는 하드웨어이면서도 알고리즘을 구현한 소프트웨어이기도 하다. 범용 계산기인 경우, 명령어 기능만 하드웨어로 구현되어 있고, 나머지는 모두 독립적인 소프트웨어 형식으로 명령어 집합이라는 정보의 형태로 존재한다. 하나의 큰 블록이라고 볼 수도 있지만, CPU는 여러 블록의 기능이 결합되어 모든 종류의 알고리즘을 소화하는 기계 혹은 반도체 칩이다. 여기서 양질 전환은 바로 알고리즘 수행이 가능해진다는 것이다.

CPU의 오메가는 먼저 세 가지 기능의 종합적인 속도와 필요한 에너지의 측면에서 블록의 오메가와 비슷하다. 하지만 CPU의 오메가에는 한 가지가 추가된다. 바로 '가격'이다. CPU는 시장에서 독립적으로 팔리는 상품이기에 얼마의 가격을 지불하고, 얼마의 에너지를 들여 얼마나 빠르게 그 기능을 수행하는지가 그 모든 것을 결정한다. 이는 뒤에서 하드웨어의 진화를 다룰 때 중요하게 등장할 것이다.

소프트웨어

현대 컴퓨터의 소프트웨어는 크게 세 단계로 나뉜다. 가장 밑에 펌웨어 firmware가 있고, 그 위에 운영체제 operating system, OS, 맨 위에 응용 소프트웨어가 있다. 여기서 펌웨어는 하드웨어를 직접 제어하는 소프트웨어로서, OS나 응용 프로그램이 실행되도록 각종 하드웨어를 세팅하는 역할을 한다. 인텔 CPU를 사용하는 데스크톱에서는 전통적으로 'BIOS'라고 불리는데, 읽기 전용 메모리 read-only memory, ROM에 주로 저장되며 대부분 하드웨어가 시장에 나오기 전에 이미 제작사에 의해 내장되기에 일반 유저들이 변경할 수 있는 부분은 매우 제한적이다.

OS는 모두가 아는 윈도우나 리눅스 같은 소프트웨어다. 이 프로그램도 하드웨어를 직접 제어하기도 하고, 응용 프로그램 제작자들을 위한 각종 라이브러리를 제공하기도 한다. OS는 기본적으로 응용 프로그램을 실행하기 위한 배경 프로그램이다. 예컨대 '1번 조건이 만족되면 1

번 응용 프로그램을 실행하라'와 같은 프로그램의 프로그램인 셈이다. 나는 뒤에서 세포를 분석하며 이러한 프로그램을 '슈퍼프로그램'이라고 부르며, 이러한 슈퍼프로그램이 세포 어디에 저장되어 있는지를 이야기할 것이다.

마지막으로 응용 프로그램은 특정한 목적을 갖는 가장 작은 단위의 소프트웨어다. 예컨대 1부터 100까지의 합을 계산하는 프로그램이나 〈배틀그라운드〉 같은 게임이 여기에 속한다. 펌웨어나 OS의 의미는 뒤에서 세포를 분석할 때 중요하게 다시 등장할 것이다. 이번 장의 나머지 부분에서는 소프트웨어의 특성에 대해 조금 더 알아보고, 마지막으로 인공지능에 대해 아주 간단히 살펴보는 것으로 마무리하고자 한다.

두 수를 더하는 프로그램을 다시 생각해 보자. 우리는 기계어의 몇 가지 예를 앞서 알아보았는데, 실제로 프로그램을 기계어로 작성하는 경우는 거의 없다. 기계어와 일대일 대응되는 언어로는 어셈블리어assembly language가 있는데, 기계어와 어셈블리어를 한데 묶어 '하위 수준 언어low-level language'라고 부른다. 반면 다른 언어들, 예컨대 BASIC, FORTRAN, PYTHON 등은 '상위 수준 언어high-level language'라고 부른다. 앞서 다룬 프로그램을 BASIC으로 작성해 보자.

    A=2
    B=4
    C=A+B

매우 단순하고 직관적이다. 이런 상위 수준 언어를 하위 수준 언어로 변환해 주는 프로그램도 있는데, 크게 컴파일러 compiler와 인터프리터 interpreter가 있다. 여기서는 둘을 구분하지 말고 '컴파일러'라고 부르자. 이는 영어를 한국어로 바꾸어 주는 언어 번역기와 거의 같은 역할을 한다. 한번 다음과 같은 명령어를 갖는 상위 수준 언어를 생각해 보자.

A에 2를 저장하라

B에 4를 저장하라

A와 B를 합하여 C에 저장하라

이 같은 언어가 실제 존재하는 것은 아니지만 만들기가 어려운 것도 아니다. BASIC으로 프로그램을 작성하는 이를 생각해 보자. 그에게는 하드웨어에 대한 지식이 그다지 필요하지 않다. 알고리즘 세계에 대한 지식만 있으면 어떤 문제든 컴퓨터로 해결할 수 있기 때문이다. 앞서 블록 설계자들이 트랜지스터의 아날로그 특성을 알 필요가 없는 것과 마찬가지다. 양질 전환이 이루어지고 오메가가 바뀌는 순간, 새로운 수준의 시스템에서는 하위 수준의 오메가를 이해할 필요가 없다.

'A에 2를 저장하라'라는 명령어를 갖는 상위 수준 언어는 BASIC과 기본적으로 동일하다. 컴파일러가 다를 뿐인데, 이를 이해하지 못하더라도 문제없다. 우리에게 조금 더 직관적일 뿐이다. 이러한 관점에서, 인간의 언어는 컴퓨터 언어와 크게 다를 바가 없다. 물론 여기서 말하는 '인간의 언어'라는 것은 인간의 모든 언어가 아니라, 처치-튜링 논제의 틀 안에서 작동하는 과학적 명제를 다루는 언어에 한정되지만 말이다.

소프트웨어의 세계는 크게 저장과 읽기, 더하기, 그리고 명령어 순서 변경이라는 세 가지 기본 연산으로 구성되는 알고리즘 세계다. 이 세계에서 알고리즘은 외부로부터 입력을 받을 수 있다. 그리고 출력을 내놓는다. 외부 입력, 내부 상태, 그리고 고정된 방식에 따른 출력이라는 관점에서, 그 작동 방식은 튜링 기계의 개념에서 한 치도 벗어나지 않는다.

예를 들어, 우리 앞에 사진 한 장이 있다고 해보자. 그 사진에는 숲이 울창한 공원에서 어린아이가 줄넘기를 한다. 옆에는 강아지가 놀고 있고, 하늘에는 새 몇 마리와 저 멀리 비행기가 날고 있다. 이제 알고리즘 혹은 소프트웨어가 이 사진을 입력으로 받아 분석을 거쳐 출력을 낸다고 해보자. 어떤 소프트웨어는 '아이가 있다'를 출력으로 내놓는다. 어떤 소프트웨어는 '아이가 줄넘기를 한다'를 출력한다. 또 어떤 소프트웨어는 조금 더 구체적으로 '강아지 옆에서 아이가 줄넘기를 하고, 새가 날고 있다'를 출력한다. 이러한 소프트웨어들은 그 알고리즘이 훨씬 복잡할 뿐, 본질적으로 2와 4를 합하는 프로그램과 다를 바가 없다. 입력, 내부 상태에 따라 출력이 따를 뿐이다.

AI는 이러한 결정론적 알고리즘이다. 과거에는 컴퓨터 성능의 한계로 주어진 시간 안에 이를 해결할 만한 알고리즘을 구현하기가 어려웠지만, 컴퓨터 계산 속도가 크게 향상되고, 여기에 딥러닝 deep learning 이라는 강력한 알고리즘이 더해지면서, 앞서 이야기한 작업들을 처리할 수 있는 단계에 도달했다. 사실 딥러닝 자체는 이미 오래전에 제안된 것으로, 컴퓨터 계산 속도와 용량이 충분히 커지기를 기다려 온 것이 실제 AI의 역사다.

알고리즘에 따라 계산 속도가 어떻게 달라지는지 잠시 살펴보자.

두 학생이 있다. 학생 1은 등차수열의 원리와 공식을 모르고, 학생 2는 안다. 두 사람에게 1부터 100까지의 합을 구해보라고 하면, 학생 1은 1+2=3, 3+3=6, 6+4=10, 이런 식으로 하나씩 더해 5050이라는 답을 구할 것이다. 긴 계산 과정에서 실수하지 않는다면 말이다. 반면 학생 2는 공식을 사용해 100*101/2=5050이라고 곧바로 계산할 것이다. 이번에는 이들이 모두 BASIC을 다룰 줄 안다고 해보자. 같은 문제를 컴퓨터 프로그램으로 해결해 보라고 하면, 학생 1은 다음과 같은 프로그램을 만들 것이다.

```
SUM=0
FOR I=1 TO 100
SUM=SUM+I
NEXT I
PRINT SUM
```

반면 학생 2는 다음과 같이 작성할 것이다.

```
PRINT 100*101/2
```

두 번째 프로그램 작동 속도가 첫 번째 것보다 빠르리라는 점은 분명하다. 동일한 하드웨어에서도 알고리즘에 따라 계산 속도는 천차만별일 수 있다. 현대 AI는 빠른 하드웨어, 그리고 예전에는 불가능해 보였던 패턴 인식을 가능하게 한 딥러닝이라는 알고리즘이 결합된 결과다. 최근에는 트랜스포머라는 알고리즘으로 인해 생성형 AI가 각광받고 있다. 이는 AI를 거꾸로 활용하는 것이다. 예컨대 사진을 해석하는 것이 아니라, '숲속 공원에서 아이가 줄넘기를 하고 하늘에는 새가 날고 있다'를 입력으로 주면 그림을 출력하는 것이다. 하지만 이 역시 입력, 더하기, 순서 변경이라는 명령어 집합의 조합이 바뀐 것일 뿐이다. 현대 AI는 계산 알고리즘의 관점에서 처치-튜링 논제를 벗어나지 못한다.

다만 처치-튜링 논제를 벗어나는 방법이 논의되기도 한다. 그리고 이 방법은 출력을 예상할 수 없게 만들 수 있다. 예컨대 외부 입력과 내부 상태에 더해, 무작위 입력을 하나 더 가정해 보자. 내부 입력에 이렇게 무작위적인 수가 주어지면, 그 출력은 예측할 수 없다. 그렇다면 이러한 난수random number는 어떻게 만들 수 있을까? 먼저 알고리즘만으로 만들 수 있는지 생각해 보자. 난수를 만들기 위해 난수 자체를 가정할 수는 없으니, 튜링 기계만으로는 난수를 만들 수 없다는 결론에 이를 것이다. 결정론적인 기계로 그다음 어떤 숫자가 나올지 알 수 없는 무작위 숫자를 만들 수는 없다. 이는 실제로도 증명되어 있다. 대다수 프로그램에는 난수를 만들어 내는 명령어가 포함되지만, 사실 이는 완벽한 무작위가 아니라 매우 긴 주기를 가진 수열을 반복시켜 무작위로 느끼게 만드는 것뿐이다.

그렇다고 난수를 만들어 내는 방법이 아예 없는 것은 아니다. 양자역학을 이용해 확률 50%인 어떤 사건을 관측하고 이를 0 혹은 1에 대응시키기만 하면 된다. 사실 이것이 완벽한 난수를 만들어 내는 거의 유일한 방법이다. 현대 컴퓨터는 보안과 관련된 영역에서 이러한 난수가 필요하기에 하드웨어에 난수 생성 기능을 내장하고 있다. 물론 양자역학을 이용하지 않고도 트랜지스터의 노이즈와 같은 물리적 특성을 활용할 수도 있다. 이러한 난수는 자유의지를 논할 때 다시 한번 나올 것이다.

이제 소프트웨어를 정리해 보자. 가장 하위 수준 언어, 즉 기계가 직접 이해할 수 있는 기계어의 명령어 집합은 하드웨어에 저장된다. 이 명령어 집합은 튜링 기계와 동일하게, 기본적으로 메모리 접근, 더하기, 그리고 순서 변경으로 구성된다. 이 세 가지 명령어를 조합해 어떤 문제를 푸는 과정을 '알고리즘'이라고 부르며, 처치-튜링 논제에 따르면 이러한 기본 연산들만으로 컴퓨터는 인간이 풀 수 있는 모든 문제를 풀 수 있으며 그 역도 마찬가지다. 딥러닝 알고리즘 또한 본질적으로 여기서 한 걸음도 벗어나지 못한, 튜링 계산 가능한 결정론적 알고리즘 일 뿐이다.

지금까지 트랜지스터에서 시작해 몇 단계의 양질 전환을 거치면 AI 가 된다는 것을 설명했다. 이러한 몇 가지 양질 전환만으로, 겨우 손톱 만 한 돌덩어리들이 이세돌을 이기는 지능을 구현하는 것이다. 그리고 우리는 이 모든 과정을 환원주의의 관점에서 빠짐없이 이해한다. 그렇 다면 인간의 뇌라고 특별한 것이 있을까?

반도체 환원주의

지난 이야기를 잠시 복기해 보자. 우리가 알아보고자 한 것은 '전환'의 속성이다. 양적 변화로 질적 도약이 일어나면 그 과정에 오메가가 바뀐다. 이를 '창발'이라고 부른다. 여기서 가장 중요한 질문은 다음과 같다. 상위 계층의 오메가를 하위 계층의 오메가로 설명할 수 있는가? 흔히 많은 이들이 창발을 거치면 더 이상 환원주의적으로 설명할 수 없는, 완전히 새로운 무언가가 생겨난다고 주장한다. 하지만 복잡해서 이해하기 어려운 것과 설명 불가능한 것은 다르다. 우리는 지금까지 실리콘에서 시작해 복잡한 CPU와 소프트웨어가 작동하는 원리까지 달려왔다. 이제 방향을 바꾸어, 소프트웨어에서 시작해 환원주의적으로 트랜지스터까지 다시 내려갈 수 있음을 간단한 예로 보여주고자 한다.

새로운 반도체 공정으로 CPU를 개발하는 경우를 생각해 보자. 새로운 공정으로 제작한 CPU에는 수많은 오작동 요소들이 있다. CPU가 만들어지면 여기에 펌웨어와 OS를 올려 작동해 본다. 그런데 어떤 불량이 발생했다고 해보자. 예컨대 OS가 실행되지 않는다고 하자. 이때 트랜지스터 100억 개 가운데 어느 하나에서 불량이 발생한 것이라면 역추적해 그 트랜지스터를 찾아낼 수 있을까? 찾을 수 있다.

프로그램을 메모리에 로딩하는 과정에서 메모리 주소 할당이 비정상적이었거나, 데이터 하나를 저장하고 그다음 명령어 주소로 이동하는 과정에서 문제가 생겼을 수도 있다. 더하기 연산이 잘못되었을 수도 있다. 이때 어느 블록, 어느 셀이 문제인지 추적하는 과정이 있다. 이를 'EFA electrical failure analysis'라고 한다. 특정 셀이 문제라는 것이 확인되면 그 셀을 물리적으로 트랜지스터 단위에서 조사할 수 있고, TEM transmission electron microscope 같은 전자현미경으로 그 단면 사진을 관찰할 수도 있다. 단순히 게이트와 소스에 이물질이 끼어 단선이 발생했을 수도 있고, 더 근본적으로는 채널 영역의 실리콘 격자가 틀어졌을 수도 있다. 이유가 무엇이든, 소프트웨어가 돌아가지 않을 때 그 원인이 소프트웨어가 아닌 트랜지스터의 결함에 있더라도 우리는 역추적으로 원인을 찾아낼 수 있다. 물론 그 과정이 쉽지 않지만 불가능한 것은 아니다. 지금 이 순간에도 엔지니어들이 이를 처리하고 있는데, 이러한 일이 가능한 이유는 우리에게 전체 설계도가 있고, 하위 오메가와 상위 오메가를 이어주는 관계식이 있기 때문이다.

BASIC을 사용하는 프로그래머는 자신이 만든 프로그램이 작동할 때 CPU에 어떤 일이 일어나는지 알지 못하지만, 컴파일러에는 상위 수준의 프로그램이 어떻게 하위 수준의 프로그램으로 번역되는지에 관한 모든 정보가 들어 있다. 기계어가 주어지면 어떤 블록이 어떻게 작동하는지는 CPU의 설계도와 아키텍처에 명시되어 있고, 어떤 메모리와 레지스터, 블록이 상호작용하는지에 관한 정보도 기록되어 있다. 각각의 블록이 동작할 때 각각의 로직 셀과 메모리가 어떻게 작동하는지 역시 설계 키트 design kit 라는 곳에 저장되어 있고, 각각의 셀이 작동할 때 트랜지스터가 어떻게 작동하는지는 셀 설계도와 SPICE 모델을 분석해 알 수 있다. 한 가지 유의할 점은 이러한 설계도가 CPU 내부가 아니라 CPU 외부에 보관된다는 것이다. 따라서 일반 사용자는 역추적할 방법이 없지만 개발자는 따로 보관해 둔 설계도를 이용해 역추적할 수 있으며, 양질 전환으로 발생하는 모든 특성을 환원주의적으로 파악할 수 있다.

결론은 다음과 같다. 하위 수준의 오메가에서 상위 수준의 오메가로 이동하는 과정에서 정보 손실이 발생한다. 상위 수준의 오메가로부터 하위 수준의 오메가를 추적할 방법은 없으며, 오메가들끼리는 마치 전혀 독립적인 것으로 보인다. 하지만 설계도가 존재하고 그것을 이용

분야		오메가	시스템 진화
물리	뉴턴 역학	$x(t), m$	역학적 에너지 보존, 작용 최소화
	볼츠만 역학	$PVTM$	열에너지 보존, 엔트로피 최대화
컴퓨터	트랜지스터	$I(V_g, V_d)$	CPR 최대화
	로직 셀	룩업 테이블	
	블록	기능, 성능, 에너지	
	CPU	CPR	

표 7 오메가와 시스템 진화.

할 수 있다면, 상위 오메가와 하위 오메가의 관계를 파악할 수 있다. 어려운 것과 불가능한 것은 다르다. 컴퓨터 엔지니어들에게 전체론과 환원주의의 구분은 엉뚱한 이야기다. 이들은 오늘도 트랜지스터의 불량을 잡아내는 일을 하고 있다. 마찬가지로 세포를 물리적으로 분석하는 것이 원리적으로 불가능할 이유는 없다. 뇌를 세포의 작동으로 이해하는 것도 원리적으로 불가능할 이유가 없다. 지금까지 이야기한 시스템들의 오메가와 시스템 진화에 대해 표 7에 정리해 두었으니 참고하기를 바란다.

하드웨어의 진화

지금까지 우리는 실리콘에서 시작해 소프트웨어까지 알아보았다. 설명의 대부분은 양질 전환에 관한 것이었다. 하지만 여기에는 책의 핵심 내용 한 가지가 빠져 있다. 바로 진화 원리다. 우리에게는 오메가가 무엇인지에 대한 내용뿐 아니라, 시간에 따라 오메가가 어떻게 진화하는지에 대한 원리가 필요하다. 다음 장으로 넘어가기에 앞서, 하드웨어의 진화 원리를 살피며 진화 원리가 무엇인지 알아볼 것이다. 이는 뒤에서 생명체와 사회 진화의 원리를 이야기할 때도 중요한 통찰을 제공할 것이다.

하드웨어의 진화를 설명하기 전에 계산기의 특수성부터 짚어보자. 먼저 하드웨어는 그 자체만 놓고 보면 진화할 이유가 없다. 생명 없는 물질의 조합일 뿐이다. 하지만 매우 목적 지향적인데, 인간의 목적과 필요가 반영되어 있기 때문이다. 이를 대니얼 데닛은 "상의하달식 기계top-down machine"라고 불렀다.[•] CPU는 처치-튜링 논제를 이해한 인간이 목적을 가지고 만들어 낸, 세 가지 명령어를 빠르게 수행하는 기계다. 반면 생명체에는 이러한 집중 구조가 없다. 뇌에는 세 가지 명령어를 빠르게 수행하는 영역이 따로 존재하지 않는다. 어떤 기계보다도 패턴을 효율적으로 인식하는 기계이지만, 목적에 따라 의식적으로 만들어진 것이 아니라 단순히 만들어지고 선택되기를 반복해 현재에 이른

<hr>

● 대니얼 데닛, 『박테리아에서 바흐까지, 그리고 다시 박테리아로From Bacteria to Bach and Back』, 바다출판사, 2022.

"하의상달식 기계 bottom-up machine"일 뿐이다. 그렇기에 둘의 진화 방식은 다르다.

CPU는 인간의 필요에 따라 만들어졌고, 그 필요의 변화에 따라 진화했다. 달리 말해, 기계의 진화보다는 인간 목표의 변화에 따른 결과물이다. 그렇다고 하드웨어의 진화가 인간 목표에 완전히 종속적이지는 않다. 아무리 인간이 필요하다고 하더라도, 하루 아침에 1,000배나 더 빠른 CPU가 만들어지지는 않는다. 과학과 기술은 그 나름의 진화, 발전 메커니즘이 존재한다. 하지만 그 발전을 추동하는 힘은 인간의 목표나 필요로부터 나온다. 하드웨어를 기차라고 한다면 과학기술의 발전 경로는 기찻길이다. 기찻길은 중간에 여러 개로 갈라진다. 여기서 기차를 움직이는 엔진과 방향 설정은 인간의 목표와 필요에 해당한다. 인간의 필요는 기차를 움직이고 기찻길을 선택하지만, 과학기술이 가지는 고유한 발전 경로, 즉 기찻길을 벗어나기는 어렵다.

그럼 CPU 진화의 추동력인 인간의 필요와 목표가 무엇인지 논의해 보자. 인간이 CPU를 만든 이유는 간단하다. 인간보다 빠르게 계산하는 기계가 필요했기 때문이다. 인간의 계산 능력은 처참할 정도다. 인간의 부동소수점 연산 능력은 대략 1초에 한 번이다. 이를 '1FLOPS'라고 한다. 책상에 놓이는 데스크톱은 수백 기가 FLOPS 수준이며, 최신 슈퍼컴퓨터는 10^{18}FLOPS 수준이니, 비교 자체가 무의미하다. 인간의 계산 능력이 왜 이토록 처참한지는 뒤에서 살펴볼 것이다.

그렇다면 빠른 CPU는 왜 필요한 것일까? 과거에 어떠했든, 현 상황을 살펴보자. CPU는 기술 기업이 만든다. 그들이 더 빠른 CPU를 만들기 위해 끊임없이 연구하고 개발하는 이유는 당연히도 더 많은 이익을 얻기 위함이다. 기업과 비즈니스의 진화는 그 자체로 큰 연구 분야이지만, 이익의 극대화라는 간단한 원리에 따라 움직이는 분야이기도 하다. CPU도 마찬가지다. CPU 기업이 이익을 극대화하는 방법은 시장의 요구가 무엇인지 살펴보면 알 수 있다. 시장은 끊임없이 빠른 CPU를 요구한다. 여기에 한 가지를 더하자면, 가격이 싸면서 빠른 CPU를 원한다. 이러한 시장의 요구를 충족하면서도 이익을 극대화하려면, CPU 기업은 빠른 CPU를 낮은 원가로 만들어 내야 한다. CPU 기업은 성능/비용, 즉 CPR^{cost-performance ratio}을 높이기 위해 모든 자원을 동원한다. 이러한 인간의 목적 지향적 행위와 과학기술의 고유한 발전 방향이 맞물려 CPU의 진화가 결정된다. 정리하면, 반도체 칩의 진화는 시장의 요구와 과학기술의 궤도라는 주어진 환경에서 CPR을 최대화하는 과정이다. 그리고 이 CPR은 앞서 이야기한 CPU의 오메가 바로 그것이다.•

반도체의 진화를 이야기하면 빠지지 않고 등장하는 법칙이 있는데 바로 무어의 법칙^{Moore's law}이다. 인텔의 창립자이기도 한 고든 무어^{Gordon Moore}는 1975년에 반도체의 집적도, 즉 단위 면적당 트랜지스터 수가 2년마다 2배씩 증가한다는 패턴을 이야기했다.•• 이 '법칙'은 과거뿐 아니라 앞으로도 그럴 것이라는 예측이었다. 그 후로 50여 년이 가까운 시간이 흘렀고, 적어도 초기 30년간은 그의 예측이 잘 들어맞

왔다. 컴퓨터의 계산 능력은 그사이 대략 5,000배 증가했다.[*] 이러한 계산 능력의 지수적 증가 법칙은 기술 낙관론자들이 가장 좋아하는 근거가 되었으며, 여전히 큰 비판 없이 기술의 밝은 미래를 뒷받침하는 논거로 쓰이고 있다.

무어의 법칙은 진화의 원리에 대한 설명이 아니라 진화의 결과, 그 중에서도 트랜지스터 집적도의 증가 추세에 대한 기술이다. 진화의 추진력은 CPR의 최소화이며, 무어의 법칙은 CPR 최소화 과정에서 나타난 결과일 뿐이다. 그러나 무어의 법칙은 20년 전부터 점점 달성하기가 어려워졌고, 지금은 현장에서 거의 누구도 이를 이야기하지 않는다. 이 사실은 기술 낙관론자들도 잘 알고 있으며, 머지않아 한계에 이를 것이라는 점도 잊지 않고 언급한다. 하지만 미래를 예측하는 지점에서는 무어의 예측을 가정해야 성립하는 주장들이 여전히 반복적으로 나타난다. 이 부분에 대해서는 잠시 뒤, 이들의 낙관과 다른 우울한 전망을 내놓으려고 한다.

반도체의 진화와 관련해 두 번째로 자주 언급되는 '법칙'은 데너드 스케일링Dennard scaling이다. 무어의 법칙만큼 잘 알려지지는 않았지만, 거의 그것과 동급으로 중요한 법칙이다. '데너드 스케일링'은 표현이 조금 어려운데, 간단히 말하자면 계산 능력이 해마다 대략 20% 증가한다는 것이다. 무어의 법칙과 결합해 예측하면, 반도체 크기는 매년 약 30%씩 줄어들고 성능은 약 20%씩 증가한다. 무어의 법칙만큼은 아니

<hr>

[*] J. L. Hennessy and D. A. Patterson, *Computer Architecture: A Quantitative Approach*, 6th ed. San Francisco, CA: Morgan Kaufmann, 2017, p. 3.

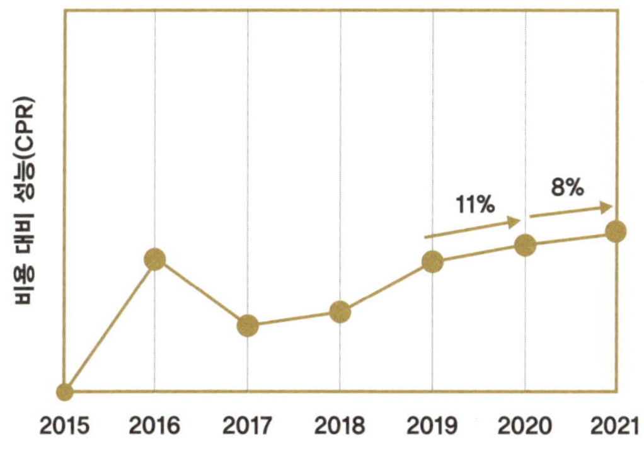

그림 26   반도체 CPR 추세.

지만, 데너드 스케일링 역시 오랜 시간 잘 들어맞았다. 하지만 이제는 누구도 이야기하지 않는다.

CPR은 성능과 가격의 비율인데, 성능은 데너드 스케일링과 관련 있고, 가격은 무어의 법칙과 관련 있다. 이에 대한 통계 자료들도 여럿인데, 신뢰할 만한 것은 많지 않다. 가장 많이 인용되는 믿을 만한 통계는 컴퓨터 아키텍처의 고전인 헤네시John Hennessy와 패터슨David Patterson의 교재에 수록되어 있으니 참고하기를 바란다. 실제로 컴퓨터의 성능이 빠르게 오르지 않고 있음을 체감하고 있을 것이다. 인텔 CPU의 클럭 속도가 3GHz를 넘어선 지 20년이 넘었는데, 아직도 5GHz 수준에 머물러 있다. 핸드폰에 들어가는 AP application processor를 기준으로 최신의 CPR 추세는 그림 26과 같다.**

●● I. Kang, "The art of scaling: Distributed and connected to sustain the golden age of computation," in *Proc. 2022 IEEE Int. Solid-State Circuits Conf. (ISSCC)*, San Francisco, CA, USA, Feb. 2022, pp. 25–31.

그리고 CPR은 다음과 같이 조금 더 구체적으로 나타낼 수 있다.

$$CPR \propto S_a \times S_i/a \times Y/W\$$$

여기서 S_a는 설계자들의 몫으로, 같은 수의 트랜지스터가 주어졌을 때 설계 방법에 따른 속도를 나타낸다. 가운데 항인 S_i/a는 바로 데너드 스케일과 무어의 법칙의 비율이다. 반도체 공정 개발이 폭발적으로 진행되던 시절 매년 70%씩 증가한 값이다. 마지막 항은 칩이 만들어지는 웨이퍼 가격 $W\$$과 양품 칩이 만들어지는 비율, 즉 수율 Y의 값이다. 여기서 CPR의 핵심은 S_i/a의 비율인데, 그림 26에서 보이는 바와 같이 이제 거의 한계에 다다랐다. CPR 값이 더 이상 향상되지 않는다는 것은 곧 1원으로 살 수 있는 계산 능력이 더 이상 늘지 않는다는 의미다.

이는 구매자들에게 엄청난 변화를 의미한다. 예를 들어, 매우 빠른 최신 CPU가 출시되었다고 하자. 하지만 보통 최신 기계는 비싸다. 가격에 민감한 이들은 1, 2년간 가격이 떨어지기를 기다린다. 이렇게 1, 2년을 기다리면 동일 CPU 가격이 떨어진다. 아니면 같은 가격으로 더 좋은 CPU를 구매할 수 있다. 하지만 CPR이 동일하다는 것은 아무리 기다려도 가격이 떨어지지 않는다는 뜻이다. 더 좋은 성능의 컴퓨터를 원하면, 무조건 돈을 더 많이 지불해야 한다는 뜻이다. 이는 곧 현실이 될 것이다.

그 이유는 기술이 아니라 경제에 있다. 더 작고 빠른 CPU를 만드는 것은 여전히 기술적으로는 어느 정도 가능하다. 문제는 이 기술을 적용하는 데 드는 비용이 천문학적으로 증가하고 있다는 점이다. 2년 뒤 2배 빠른 컴퓨터를 만들 수 있다고 하더라도 가격이 10배라면, 과연 기

업이 컴퓨터를 팔아 이익을 낼 수 있을까? 기술만이 아니라 CPU의 오메가인 CPR의 관점, 즉 경제적 요소를 함께 본다면 미래가 그리 밝지 않다.

물론 CPR은 일부 시장만을 고려한 것일 수 있다. 예컨대 퀄컴 Qualcomm이나 미디어텍 MediaTek처럼 칩을 만들어 파는 기업들은 CPR로 잘 이해된다. 하지만 애플 Apple이나 엔비디아 NVIDIA처럼 칩 판매가 주된 수입원이 아닌 기업들은 퀄컴이나 미디어텍보다 가격에 덜 민감할 수 있고, 그들에게는 오히려 성능 향상이 더 중요한 요인으로 작용할 수 있다. 하지만 이것도 한계가 명확하며, 기껏해야 조금 더 오래 버틸 수 있는 것뿐이다.

기술 낙관론

기술이 모든 걸 집어삼킬 것이라는 낙관론을 설파한 유명한 책들이 꽤 있다. 레이 커즈와일 Raymond Kurzweil의 『특이점이 온다 The Singularity is Near』, 맥스 테그마크 Max Tegmark의 『라이프 3.0 Life 3.0』이 대표적이다. 이들이 지닌 낙관론은 앞서 이야기한 무어의 법칙과 데너드 스케일링에 뿌리를 두고 있다. 즉, 반도체뿐이다. 과거 50년간 보여준 반도체의 엄청난 성과에 도취된 나머지 상황을 파악하지 못한다. 반도체 말고 다른 기술 중에서 지수적인 증가 현상을 보이는 것이 있는가? 반도체 기술 분야조차 이미 데너드 스케일링을 잊었는데, 이들은 미래에도 이 법칙이 유효할 것이라고 예언한다. 물론 기술 발전이 끝났다는 추측에도 주의가 필요하며, 미래의 가능성에 언제나 열려 있어야 한다는 것도 사실이다. 하지만 몇 가지 근거로 놓고 볼 때, 오늘날의 기술 낙관론은 희망적이지 않다. 왜 그런지 자세히 들여다보자.

(1) 무어의 법칙은 끝났다. 기술 낙관론자들은 아직도 무어의 법칙을 이야기하지만, 그것이 '법칙'이었던 시기는 막을 내렸다. 현재 실리콘의 게이트 길이는 대략 15nm다. 실리콘 원자로 치면, 약 30개 정도다. 더 줄이면 양자역학 효과가 나타나기 시작한다. 게이트 길이를 유지하면서도 트랜지스터 전체 사이즈를 줄이는 방법도 있지만, 이것에도 한계가 있다. 기술적인 문제보다 더 심각한 문제는 트랜지스터 크기 감소에 따른 원가 감소보다 작고 빠른 트랜지스터를 만드는 데 필요한 돈이 더 빠르게 늘어나고 있다는 점이다. 배보다 배꼽이 커지는 것이다. 즉, 무어의 법칙은 기술이 아니라 경제적 이유로 끝이 났다. 수많은 낙관론자들은 경제를 간과하거나 아예 고려하지 않는다.

(2) 실리콘을 대체할 기술은 아직 보이지 않는다. 기술 낙관론자들은 실리콘 기술을 대체할 만한 기술을 기다린다. 이는 실리콘 기술의 한계가 눈에 보인다는 점을 인정하면서도, 진공관에서 트랜지스터로, 트랜지스터에서 집적회로로 전환되었듯이 완전히 새로운 기술의 등장으로 한 번 더 도약이 일어날 것이라는 희망 섞인 예측이다. 하지만 이것 역시 어려워 보인다. 무언가가 실현되려면 먼저 가능성이 있어야 한다. 후보 기술이 있어야 한다는 의미다. 문제는 실리콘을 대체할 만한 기술이 보이지 않는다는 점이다. 실리콘을 대체하려면 더 싼 가격에, 더 빠른 트랜지스터를 만들어야 한다.

물론 아예 길이 막힌 것은 아니다. 탄소 나노튜브라든가, 양자컴퓨터 같은 것들을 기대해 볼 수도 있다. 하지만 이들은 실리콘을 대체하는 기술들이 아니다. 실리콘을 대체하더라도 실리콘이 맡은 영역 중 아주 작은 일부만을 대체하는 것이지, 범용 계산기로서의 실리콘을 대체하는 것이 아니다. 예컨대 양자컴퓨터는 소인수 분해나 양자 시뮬레이션에 특화되어 있는데, 이러한 양자컴퓨터로 일반 범용 계산기를 만들면 실리콘으로 만드는 칩보다 비싸고 느리다. 다른 대안들도 마찬가지다.

(3) 실리콘 기반 기술을 제외한 어떤 기술도 과거 30년간 5,000배의 성능 향상을 보이지 않았다. 건전지는 30년 전에도 "100만 스물하나, 100만 스물둘"을 외쳤는데 지금도 그렇다. 자동차 연료 효율, 자동차 최대 스피드, 로켓의 속도, 그 어떤 것도 그만큼 성능이 좋아진 것은 없다. 달에 도착한 인류는 60년간 제자리다. 30년 전과 비교해 놀라울 만큼 발전한 것은 컴퓨터의 계산 속도, 반도체의 속도와 용량뿐이다. 하지만 이마저 그 끝이 보이기 시작했다. 경제적인 문제이기에 이를 해결하기도 어려워 보인다. 예컨대 태양에서 에너지를 수집하는 다이슨 구^{Dyson sphere}를 들먹이기도 하는데, 이는 뜬구름 잡는 이야기일 뿐이다. 다이슨 구 같은 기술이 가능한지가 문제가 아니라, 다이슨 구를 만드는 데 전 인류가 굶어 죽을 만큼 돈이 든다는 것이 문제다.

우리는 이제 기술 발전 속도가 둔화되는 시대에 대비해야 한다. 하지만 오해하면 안 된다. 기술 발전이 느려지더라도, 기술의 다양성은 획기적으로 증가할 것이다. 다양한 기술의 등장으로 기술의 발전이 빨라진 것으로 오해할 수 있는데, 기술의 다양성은 기술 발전이 느려질 때 그에 따라 나타나는 현상 중 하나다. 더 이상 반도체 스케일링을 지속해 나가기 어려워지자, 생태계에서 비어 있는 공간을 공략하는 방식으로 기술의 진화 방식이 바뀌는 것이다. 예컨대 GPU나 NPU의 등장도 마찬가지다. CPU를 계속해서 빠르고 싸게 만들 수 있다면, GPU나 NPU

는 등장하지 않았을 수 있다. CPU의 발전 속도가 느려지면서 특정 목적의 칩을 만들어 CPU를 보조하는 방식으로 바뀐 것이다. 이러한 현상은 크게 보면 기술 발전이 느려지고 있음을 보여준다. 기술 발전과 기술 다양성 증가는 다른 의미를 갖는다. 예를 들어, 일론 머스크^{Elon Musk}의 화성 이주는 결코 기술 다양성 증가만으로 달성할 수 있는 것이 아니다. 기술 발전이 필요하지만 이제 그 한계가 다가오고 있다.

(4) 수확 체증의 법칙은 성립하지 않는다. '수확 체증의 법칙^{law of increasing returns}'은 경제학 용어로, 기술의 지수적 발전을 이야기할 때 자주 언급된다. 그런데 반도체 분야에서 이 법칙이 더 이상 유효하지 않은 또 다른 이유가 있다. 컴퓨터를 설계하는 데 컴퓨터가 필요하다는 피드백 효과 때문이다. 수천억 개에 달하는 트랜지스터를 인간이 직접 설계할 수는 없다. 수천억 개의 트랜지스터, 수십억 개의 셀을 효과적으로 배치하고 기능에 따라 연결해야 한다. 결국 CPU를 설계하는 데 CPU가 필요하다.

CPU 설계에도 여러 단계가 있는데, 한 가지만 예로, 필요한 로직 셀을 선택하고 이 셀을 격자에 배치하는 과정이 있다. 격자의 개수, 즉 배치해야 하는 셀의 개수가 N개라면 배치 방법은 N!가지 존재한다. 배치 방법에 따라 성능 차이가 크기 때문에 최적의 배치 방법을 찾아야 한다. 가장 원시적 방법은 N!만큼 시도해 보고, 그중 가장 좋은 것을 고르는 것이다. 이 계산을 현존하는 가장 빠른 컴퓨터로 한다고 가정해 보자. 현 세대를 M이라고 하면, M세대의 컴퓨터를 이용해 M+1세대 컴퓨터를 설계하는 것이다.

앞서 언급했듯이, 무어의 법칙과 데너드 스케일링이 성립하던 시절에는 컴퓨터의 속도가 매년 20%씩 빨라졌다. 하지만 하나의 로직 면적은 매년 30%씩 줄어들었다. CPU의 총 면적은 수십 년간 거의 변하지 않았으므로, CPU 안에 들어 있는 셀의 개수가 매년 약 30%씩 늘어났다는 의미다. 이제 이 작업을 반복해 보자. 매년 스피드가 20% 빨라지고, 그러한 컴퓨터로 매년 30%씩 늘어나는 셀을 배치하는 문제다. 문제를 푸는 데 시간이 얼마나 걸릴까?

특정 시점부터 이 작업을 5년간 반복했다고 하자. 그러면 CPU의 계산 속도는 1.2^5배가 되고, 배치해야 하는 셀의 개수는 1.3^6배가 된다. 이때 경우의 수는 $(1.3^6)!$이며, 결국 최적의 CPU를 만드는 데 드는 시간은 $(1.3^6)!/1.2^5$다. 5년이 6년, 7년 될수록 이 수치는 지수적 증가를 넘어서 초지수적 증가 양상을 보인다. 이유는 모든 시도, 즉 $N!$만큼의 시도를 다 해보겠다는 멍청한 가정 때문이다. 실제로는 연관된 셀들은 서로 가깝게 배치하는 것이 유리하다. 이렇게 저렇게 갖가지 알고리즘을 적용하면 $N!$의 계산량을 획기적으로 줄일 수 있다.

문제는 획기적으로 줄인다 하더라도 지수적이라는 점이다. $N!$이 아니라 대략 e^N이 현존 최고의 알고리즘이다. 이를 적용하면 $\exp(1.3^N)/1.2^N$ 정도로 계산 시간이 증가하는데, 여전히 초지수적이다. 현재는 최고의 알고리즘으로 설계를 한 번 돌려보는 데 거의 1주일이 걸리고, 문제점을 찾아 해결한 뒤 다시 시도한다. 이러한 방법을 대략 5~10회 정도 반복해 나름 최적의 셀 배치를 찾아낸다. 이런 방식을 지속한다면, 1주일이라는 시간은 곧 폭발적으로 늘어날 것이다.

이에 대한 대안으로 블록을 더 작은 블록으로 나누어 N을 줄여 배치하고, 나머지는 그냥 이어 붙이는 것이다. 즉, 효율성을 위해 성능의 일부를 포기하는 것이다. 최근에는 인공지능을 이용해 셀을 효율적으로 배치하는 논문이 발표되고는 하지만, 그렇다고 앞의 한계를 넘어설 수는 없다. N!이 그냥 선형적으로 N이 되어도 계산 시간은 초지수적에서 지수적으로 바뀔 뿐이기 때문이다. 따라서 수확 체증의 법칙, 특히 반도체에 작동하는 지수적 발전 속도의 법칙은 경제적 요소뿐 아니라 이러한 기술적 되먹임에 의해서도 한계에 부딪힌다.

지금까지 하드웨어의 진화 법칙을 살펴보았다. 하드웨어의 오메가가 무엇이며, 그것이 왜 오메가인지, 그리고 그 오메가가 어떻게 변해 왔는지를 설명했다. 또한 기술 진화의 관점에서 기술 발전이 한계를 맞고 있고, 바로 그 한계로 인해 다양성이 증가하고 있음을 알아보았다. 하지만 기술 다양성에도 한계가 있다. 그 한계를 넘어서는 대안적인 기술이 필요하나, 아직 뚜렷한 후보는 없다. 현재 기술이 이미 원자 수준을 제어하는 단계에 이르렀고, 그에 따라 비용이 천문학적으로 증가하고 있기 때문이다. 이러한 상황에서 실리콘 기술을 완전 대체할 만큼 질적으로 다른, 싸고 빠른 기술이 나타나 전 지구적 재산업화를 이끌 수 있을지는 현재로서는 상당히 회의적이다.

한편 AI와 관련한 미래 예측은 조금 다른 측면을 가진다. 나 또한 가까운 미래에 AI가 사회적, 경제적 구조와 우리의 삶을 크게 바꾸어 놓을 것이라고 믿는다. 적어도 이 분야에 대해서는 기술 낙관론자들의 주장에 상당 부분 동의한다. 하지만 이는 기술이 극적으로 발전했기 때문이 아니라, 단순히 기술이 티핑 포인트를 넘어설 것이기 때문이다. 현대 AI는 엄청난 자본과 에너지를 소모한다. 이미 감당하기 어려운 수준이며, 앞으로는 그 부담이 더욱 커질 것이다. 무어의 법칙이 성립하던 시절이라면 시간이 갈수록 동일 성능을 위해 투자되어야 하는 자본과 에너지가 줄어들었을 것이다. 하지만 실리콘 기술의 한계로 CPR은 1 이하로 떨어질 것이고, 더 좋은 AI에는 더 많은 자본과 더 많은 에너지가 필요할 것이다. 이는 기술 발전이 한계에 다다랐음을 보여준다.

그럼에도 AI 기술이 결국 티핑 포인트를 넘어설 가능성이 높다. 티핑 포인트란 인간보다 뛰어난 AI가 등장하는 순간을 말한다. 인간보다 조금이라도 뛰어난 AI가 나타난다면, 더 이상 인간을 고용할 이유가 없어지고, 그에 따라 AI가 폭발적으로 확산되기 시작할 것이다. 다만 이렇게 강력한 AI가 개개인의 컴퓨터 안으로 들어올 수 있을지에 대해서는 회의적이다. 최소한 가까운 미래에는 불가능하다. 엄청난 자본을 가진 몇몇 기업과 국가만이 이를 소유할 것이다.

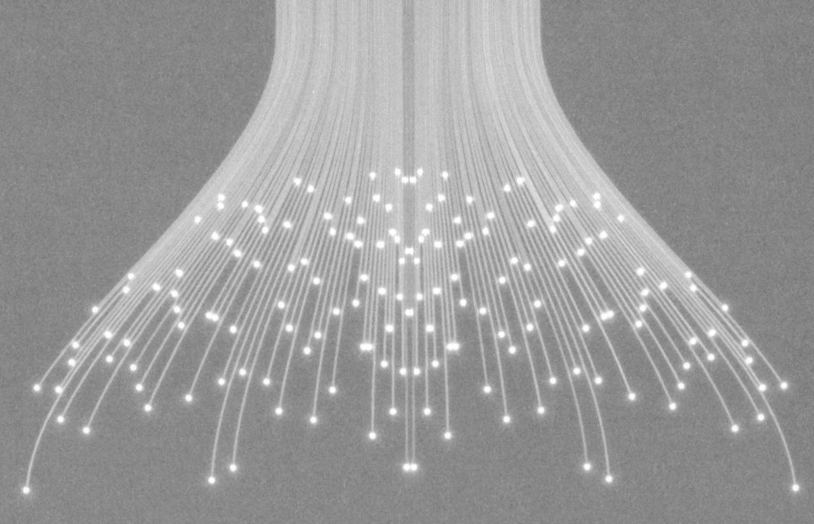

생명:
자기 조직화 네트워크

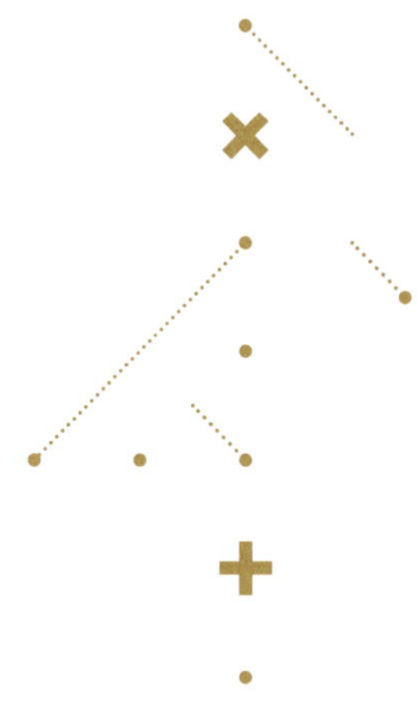

우주는 참으로 무심하다. 한밤중 옥상에 올라 밤하늘을 본 적이 있는 가? 나에게는 두 번의 경험이 있다. 첫 번째는 고등학생 때인데, 당시 시골에 있는 기숙사 딸린 고등학교를 다녔었다. 친구와 함께 옥상에 올라 나란히 누워 별을 바라보았다. 별이 쏟아진다는 것이 무엇인지 경험한 적 없는 이라면, 그 장관을 이해할 수 없을 것이다. 친구와 별을 바라보며 물리학, 특히 외계 생명체에 대해 이야기했다. 주된 내용은 이토록 많은 별들 가운데 생명체가 살 만한 다른 행성이 없을 리가 없다는 것이었다. 두 번째는 40대 후반, 아내와 산골에 잠시 머물렀을 때다. 나란히 누워 하늘을 바라보았는데, 고등학생 때와 달리 날이 좋지 않아 별이 군데군데 몇 개밖에 보이지 않았다. 고요함 가운데 나는 우주의 소리를 들었다. 환청이었을 것이다. 우주가 내는 소리에는 공허함에 약간의 공포가 섞여 있었다. 내가 있든 없든 멈추지 않고 돌아가는 거대한 우주의 법칙, 결국 죽어 사라질 나의 운명, 그리고 너무나도 알고 싶은 이 모든 것의 이유를 생각했다.

우주는 물리학이 지배한다. 현대 물리학으로 그에 관해 상당히 많은 것이 밝혀져 있다. 적어도 빅뱅으로부터 아주 짧은 시간이 지난 뒤에 일어난 일들에 대해서는 설명이 충분히 가능하다. 하지만 우주는 137억 년간 진화하며 전에 없던 특별한 물질을 만들어 냈는데 바로 생명이다. 여기서 중요한 것은 우주가 스스로 만들어 냈다는 것이다. 우리는 우주의 법칙인 뉴턴 역학, 상대성이론, 양자역학, 열역학에서 생명의 발생 가능성을 발견할 수 있을까? 생명의 탄생이 우주의 진화에서 필연적이었을까? 아니, 최소한 설명이라도 가능한가? 생명 진화의 법칙으로 여겨지는 신다윈주의가 뉴턴 역학과 열역학보다 상위 계층의 이론이라면, 이에 대한 환원주의적 설명이 가능할까? 이것이 이 장에서 답하고자 하는 질문들이다.

탄생 메커니즘

이미 간단하게 설명했지만, 생명체라는 것이 우주에서 얼마나 희귀한 것인지 잠시 생각해 보자. 지구의 질량은 약 $6 \times 10^{24} \text{kg}$이다. 지표면은 생명체로 득실거린다. 어디를 가든 어디를 보든 찾을 수 있다. 일단 사람만 하더라도 80억 명에 달하는데, 평균 70kg라고 가정하면 그 질량만도 약 5×10^{11}kg이다. 하지만 사실 지구상에 가장 흔한 생명체는 식물로서, 전체의 약 80%를 차지한다. 그다음이 박테리아로 알려져 있다. 정확한 수는 알 수 없지만, 인간이 차지하는 비율은 0.01% 정도로 예상된다. 다시 말해, 지구상에는 $5 \times 10^{11} * 10,000kg=5 \times 10^{15}$kg에 달하는 생명체가 존재한다. 하지만 이는 지구 전체 질량의 고작 $1/10^9$에 불과하다. 태양의 질량이 약 2×10^{30}kg이기에, 태양계 전체로 보면 대략 $1/10^{15}$ 정도에 불과하다. 말 그대로 티끌인 것이다.

우주로 범위를 넓혀보자. 우주의 모든 별이 지구처럼 생명체로 득실거리는 행성을 하나씩 가지고 있다면, 앞의 추정치도 어느 정도 유효할 것이다. 하지만 별의 대부분이 모여 있는 은하의 중심은 생명체가 살기에 적합하지 않다. 우리 태양계와 가까운 별들을 조사해도 모두 생명에는 석대석이다. 요컨대 $1/10^{15}$보다 훨씬 작을 수치로 추정하는 것이 합리적일 것이다. 해운대 모래알 수가 대략 10^{17}이라고 하니, 우주가 해운대라면 모든 생명체가 딱 모래알 하나 정도인 셈이다. 그런데 이 모래알 하나에 예술, 도덕, 철학, 사랑 같은 우리 인생의 모든 것이 담겨 있다.

레이 커즈와일이나 맥스 테그마크는 이렇게 말했다. "우주는 인간의 탄생과 함께 깨어났다." 그들에 따르면, 나는 나의 뇌가 아니다. 나는 나의 심장과 팔다리를 포함한다. 내가 내 팔을 본다면 정확히는 나의 뇌가 내 눈으로 내 팔을 보는 것이지만, 이 모든 것이 결국 다 나 자신이라면 내가 나를 보는 것이라고 말할 수 있다. 비슷하게, 나를 포함한 모든 것을 우주라고 한다면, 우주가 무엇인지를 처음 생각한 인간의 탄생과 더불어 우주는 비로소 자신은 무엇인가 하는 물음을 던진 것이다. 이것은 꽤나 오묘한 질문이다. 만약 수없이 많은 우주가 있다면, 각각의 우주는 자신의 고유한 원리에 따라 끊임없이 진화할 것이다. 이 가운데 어떤 우주만이 진화 과정에서 자신이 누구인지 질문하는 어떤 물질을 스스로 만들어 낼 것이다. 우주가 스스로를 의식하는 존재로 거듭나는 것이다. 이것이 우주가 깨어났다고 말하는 이유다. 하지만 이는 재미있기는 하지만, 사실과 논리가 뒤섞인 의미 없는 말장난에 가깝다. 소설의 문장으로 쓰일 수는 있을지언정, 과학의 명제는 아니다. 우리는 의식을 다루면서 이를 다시 살펴볼 것이다. 이렇게 자신에 대해 질문할 수 있는 고등 생명체에 관한 이야기는 뒤로 미루고, 먼저 지구에서 최초의 생명체가 탄생한 과정에서 시작해 보자.

지구에서 최초 생명체는 명왕누대^{Hadean Eon}가 끝나갈 때쯤, 약 37억 년 전에 나타난 것으로 파악된다. 명왕누대는 지구가 안정적인 모습을 갖추어 가며 지각과 바다가 만들어지던 시기로서, 온통 화산과 용암으로 들끓던 탓에 생명체가 출현할 수 없었다. 이러한 극한의 환경에서 우연히 생명체가 출현했더라도, 지질 작용으로 그 증거들이 모두 녹아 없어지거나 지구 깊은 곳에 감추어져 찾을 수는 없다. 빅뱅의 직접적인 증거를 찾을 수 없는 상황과 비슷하다. 간접적인 증거들을 동원해 이론을 세울 수는 있지만, 그에 관한 결정적인 증거는 없다. 어쨌든 각종 원소와 화합물로부터 생명체가 출현하는 데는 아미노산, 단백질, 펩타이드 등을 포함한 유기물로의 첫 번째 양질 전환과 이로부터 다시 생명체로 도약하는 두 번째 양질 전환이 필요하다.

첫 번째 전환에 관한 가설로는 크게 두 가지가 있다. 37억 년 전 지구 대기를 구성하던 여러 물질과 번개에서 시작되었다는 것이 하나이고, 우주로부터 유입된 물질에서 시작되었다는 것이 다른 하나다. 첫 번째는 교과서에서 종종 소개되는 밀러 Stanley Miller의 실험에 근거한다. 당시 지구 대기를 구성하던 CH_4, NH_3, H_2O, H_2의 혼합 기체에 방전을 일으키자 아미노산을 포함한 몇 가지 유기 분자들이 생성되었다는 이야기다. 두 번째 가설은 유기물이 소행성으로부터 유입되었다는 가설인데, 이는 실제 소행성에서 여러 아미노산뿐 아니라 DNA를 구성하는 펩타이드들이 발견된다는 사실에 근거한다.

우리에게 어떤 가설이 맞는지는 중요하지 않다. 아미노산, 펩타이드, 단백질의 기원이 무엇인지 알지 못하더라도, 우리는 생명체의 두 가지 두드러진 특성을 알 수 있다. (1) 생명체를 구성하는 물질은 기본적으로 탄소 사슬로 이루어진 유기물이다. (2) 생명체는 500여 개가 넘는 아미노산 가운데 딱 20가지만으로 구성된다. 모든 아미노산은 광학적 이성질체를 갖는다. 즉, 같은 아미노산에도 두 종류가 있다. 자연계에서는 광학적 이성질체는 정확히 50 대 50으로 존재하는데, 생명체는 거의 모든 아미노산이 하나의 이성질체로 구성된다.

두 가지 특성을 자세히 들여다보자. 우주를 구성하는 물질은 대부분 항성이다. 여기서 암흑 물질이나 암흑 에너지는 생각하지 말자. 그 가운데 수소가 80%, 헬륨이 20%이고, 나머지는 다 합해도 얼마 되지 않는다. 거칠게 말해, 질량이 가벼울수록 더 많이 존재한다. 항성을 이루는 물질을 제외하더라도 대부분은 산소나 질소와 같은 원소에 해당하며, 무기 합성물은 극히 희귀하다. 게다가 무기 합성물들은 거의 모두 10개에도 미치지 못하는 원소들로 이루어진다. 즉, 우주는 아주 간단한 구조의 물질들로 가득하다. 하지만 우주는 이로부터 지극히 복잡한 물질을 만들어 냈는데, 그것이 바로 탄소를 뼈대로 하는 유기물이다.

복잡한 구조를 지닌 물질의 첫 번째 조건을 생각해 보자. 원자는 다른 원자와 결합이 가능한데, 몇 개의 원자와 결합할지는 원자의 종류에 따라 다르다. 예컨대 수소는 1개, 헬륨은 0개, 리튬은 1개, 산소는 2개, 탄소는 4개, 질소는 3개 결합할 수 있다. 수소를 생각해 보자. 수소가 다른 수소와 연결되면 더 이상 다른 원자와 결합할 방법이 없다. 이렇게 결합한 것이 바로 수소 분자다. 반면 수소가 산소와 연결되면 산소에 연결 고리가 하나가 남는다. 여기에 수소가 연결되면 모든 연결 고리가 연결되어 물이 된다.

하지만 이것들도 모두 간단한 구조다. 복잡한 물질은 보통 탄소에서 시작한다. 탄소는 4개의 연결 고리를 가진다. 주변에서 4개가 붙는다. 그림 27과 같이, 탄소에 다시 탄소가 붙으면 추가적인 자유도가 생겨 복잡성을 더할 수 있다. 이렇게 탄소를 계속 이어 붙일 수 있다. 연결 고리가 3개인 질소로도 비슷한 뼈대를 만들 수 있지만, 뼈대를 제외한 자유도가 1개뿐이라 탄소 뼈대로 이루어진 물질보다 복잡도가 훨씬 줄어든다. 한편 실리콘에도 4개의 연결 고리가 있다. 지구만 놓고 보면 실리콘도 분명 풍부한 자원이지만, 우주 전체를 놓고 보면 탄소의 수가 압도적이다. 또한 실리콘으로 이루어진 간단한 물질로 SiH_4나 Si_2H_6 같은 분자들이 있는데, 모두 공기 중으로 자연 발화하는 불안정한 물질이다. SiO_2 같은 경우는 고체 형태를 가지고 있어, CO_2와 같이 공기를 통해 흡수되지 않는다. 이것이 유기물이 탄소로 이루어진 이유를 설명하는 방법이다.

지금까지는 원자 간의 결합 가운데 공유 결합만을 살펴보았다. 이

그림 27 탄소 뼈대의 구조.

외에도 이온 결합, 금속 결합, 수소 결합도 있다. 하지만 복잡성이라는 주제를 생각할 때는 공유 결합이 가장 유용하다. 이온 결합은 물에 잘 녹고, 수소 결합은 결합력이 너무 약하며, 금속 결합은 전자기적 자극에 취약하다. 공유 결합만이 생물체의 항상성을 유지할 만큼 강한 결합력을 가지면서도, 다양성을 낳을 만큼 필요 시 결합이 끊어졌다가 다시 이어지는 특성을 갖는다. 이는 복잡한 외계 생명체가 존재한다면, 그것 역시 탄소를 뼈대로 하는 유기물로 구성되었을 것이라고 보는 이유다. 물론 생명 다양성의 한계를 단정할 수는 없다. 예컨대 생명체의 또 다른 핵심 원소로 인이 있는데, 인을 대체할 수 있는 비소는 원래 독성이 워낙 강해 생명체의 구성 요소로는 가능하지 않을 것으로 여겨졌지만 일부 생명체가 비소를 가지고 있음이 밝혀진 바 있다.

우주 전체를 놓고 보면 극히 일부이지만 몇 가지 원리에 의해 매우 복잡한 물질이 만들어질 수 있으며, 탄소를 뼈대로 하는 유기물이 이러한 물질의 가장 적합한 후보임을 알아보았다. 이러한 물질 가운데 우리 몸을 이루는 핵심 물질이 바로 단백질인데, 단백질은 아미노산과 펩타이드로 만들어진다. 아미노산부터 알아보자.

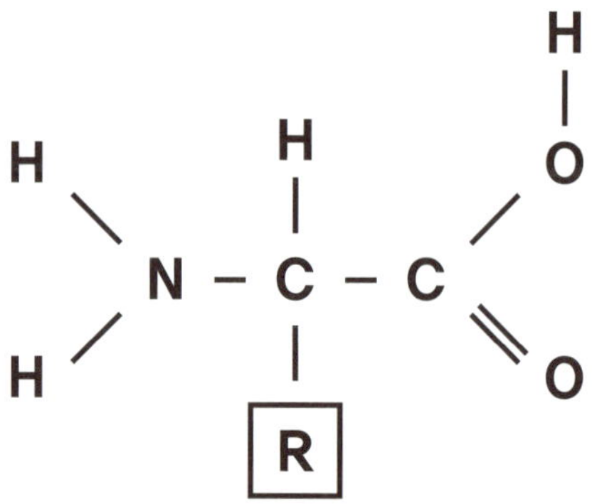

그림 28   알파아미노산의 구조.

대표적인 아미노산인 알파아미노산의 구조는 그림 28과 같다. 맨 왼쪽에는 '아미노기 amino group'로 불리는 $-NH_2$가 있고 오른쪽에는 '카르복실기 carboxyl group'로 불리는 $-COOH$가 있다. 이 가운데 알파탄소라는 탄소가 하나 있는데, 여기에 수소 하나와 R 그룹이라는 곁사슬이 붙어 있다. 아미노산은 이 곁사슬 종류에 따라 다양한 특성을 갖는다.

지금까지 발견한 아미노산은 500가지가 넘는다. 아미노산의 구조에서 카르복실기와 R 그룹의 위치가 바뀌기도 하는데, 이를 '광학적 이성질체'라고 부르며 L형과 D형으로 구분한다. 이렇게 다양한 아미노산이 있지만, 실제 생명체에 사용되는 아미노산은 20가지뿐이다. 또한 앞서 말했듯이, 인공적으로 합성되거나 소행성 등 자연에서 발견되는 아미노산은 대부분 L형과 D형이 50 대 50의 비율을 유지하지만, 생명체의 아미노산은 L형이 대부분이고 극히 일부에서만 D형이 발견된다. 왜 아미노산이 20가지뿐인지, 왜 L형이 대부분인지에 관해 크게 알려진 바는 없다. 아마도 생명 탄생의 초기 과정과 밀접한 관계가 있을 것이다.

생명체의 구성 물질인 단백질은 아미노산의 결합으로 만들어진다. 보통 50개 혹은 100개 이하인 경우를 '펩타이드'라고 하고 그보다 많은 경우를 '단백질'이라고 하는데, 아미노산은 많게는 수만 개까지 결합한다. 아미노산의 결합은 한 아미노산의 카르복실기에서 –OH가 떨어져 나가고, 두 번째 아미노산의 아미노기에서 H^+ 하나가 떨어져 나가, 그림 29와 같이 펩타이드 결합에 의해 연결된다.

떨어져 나간 H^+와 OH^-는 합쳐져 H_2O가 된다. 이러한 결합이 계속 이어지면 꼬이고 구부러지고 접히면서 3차원 단백질 구조를 형성한다. 물론 이런 결합이 자연적으로 쉽게 발생하지는 않는다. 보통 촉매 반응에 의해 발생하는데, 촉매는 수십에서 수천 개의 아미노산으로 이루어진 또 다른 단백질이다. 결국 단백질이 단백질을 생성, 결합, 해체한다는 것인데, 이는 뒤에서 소개할 카우프만의 자기 조직화의 핵심 개념을 이룬다.

앞서 탄소를 뼈대로 하는 유기물이 다양성의 원천이라고 말했다. 그 다양성이 어느 정도인지 한번 정량적으로 생각해 보자. 유기물이 아

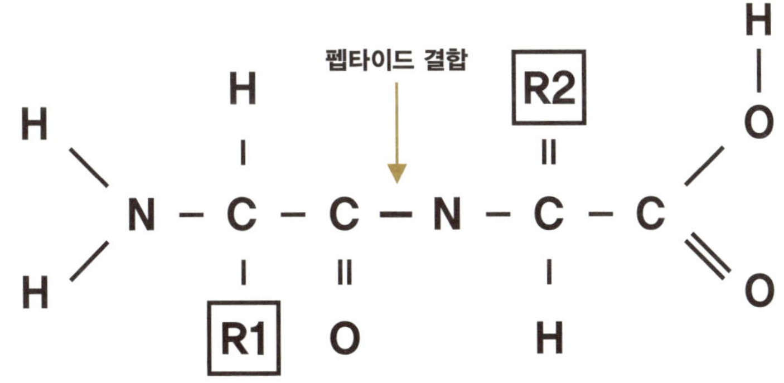

그림 29   아미노산의 연결.

닌 경우에는 기껏해야 원소 10개 정도가 모여 반복적인 형상을 띤다. 하지만 단백질은 아미노산 수만 개가 모여 만들어진다. 아미노산 종류가 20가지이니, 가능한 단백질 종류는 적어도 $20^{10,000}$가지나 되는 셈이다. 해운대 모래알 수와도 비교 자체가 안 된다. 한편 아미노산 하나는 대략 1.8×10^{-25}kg, 단백질 하나는 $10^{-23} \sim 10^{-21}$kg 정도로 추산된다. 우주 전체가 이렇게 작은 질량의 단백질로 만들어져 있고 그 단백질이 모두 다른 종류라고 하더라도, $20^{10,000}$라는 수에는 감히 닿을 수조차 없다. 그야말로 어마어마한 다양성으로서, 외계 생명체가 지구 생명체와 전혀 다른 단백질로 만들어져 있다고 하더라도 전혀 놀라울 것이 없다. 이제 다양성의 원천인 이러한 단백질이 어디서 어떻게 만들어지는지 알아보자.

정보

먼저 정보 저장이 무엇인지부터 알아보자. 모든 단백질은 20가지 아미노산으로 구성되기에, 단백질의 정보를 저장하는 데는 20가지를 구분할 수 있는 코드 체계가 필요하다. 그리고 생명체에서 이러한 역할을 하는 것이 DNA다. 사실 저장 장치가 실리콘으로 만든 메모리여도 이상할 것은 없다. 중요한 것은 디지털 정보를 저장할 수 있는 어떤 것이 존재한다는 점이다. 저장 장치 역시 탄소를 뼈대로 하는 유기물로 만들어졌다.

DNA는 이중나선 구조로서, 이 나선은 뉴클레오타이드 중합체다. 뉴클레오타이드는 다시 세 부분으로 나뉘는데, 뼈대를 이루는 디옥시리보스가 있고, 한쪽에는 유전 정보가 저장되는 핵염기가, 다른 쪽에는 인접한 디옥시리보스와 연결되기 위한 인산염이 붙어 있다. 디옥시리보스-인산염-디옥시리보스-인산염의 연결이 3차원 구조의 나선 형태를 가지며, 디옥시리보스마다 네 가지 중 한 가지 염기가 연결된다.

네 가지 염기는 시토신 cytosine, C, 구아닌 guanine, G, 아데닌 adenine, A, 티민 thymine, T 으로, 이들이 4진법 정보를 나타낸다. 반도체에서 ON과 OFF를 '1'과 '0'으로 나타내거나, DRAM에서 축전기에 전하가 있는지 없는지로 '1'과 '0'을 구분하듯이, DNA는 C, G, A, T로 네 가지 다른 정보를 나타내는 것이다. 네 가지 염기에는 서로 잘 어울리는 쌍이 있는데, 시토신에는 구아닌이, 아데닌에는 티민이 연결된다. 이렇게 연결되어 또 다른 DNA 가닥이 만들어지며 이중나선의 구조를 이룬다.

DNA 염기 자리 하나마다 C, G, A, T 가운데 하나가 저장되기에, 말하자면 0부터 3까지 저장는 셈이다. 그러면 염기 자리 2개로는 0부터 15, 염기 자리 3개로는 0부터 63까지 저장할 수 있다. 아미노산이 20가지가 있기에, 아미노산을 구분하는 데는 최소 3개의 연속된 염기가 필요하다는 것을 알 수 있다. 실제로 염기 3개에 하나의 아미노산이 대응한다. 표 8에 이를 정리했다.

20가지 아미노산 말고도 단백질의 시작과 끝에 해당하는 정보도 따로 있다. 표에는 티민 대신 우라실 uracil, U이 쓰여 있는데, 이는 DNA가 정보를 복사할 때 이용하는 RNA에서 우라실이 티민을 대신하기 때문이다. 이렇게 아미노산 하나를 부호화하는 연속된 3개의 염기를 '코돈 codon'이라고 부르는데, 컴퓨터로 치면 이것이 하나의 바이트 byte에 해당한다. 컴퓨터에서는 1바이트가 8비트이지만, 4비트 염기 3개로 이루어진 코돈은 12비트다. 이것으로 20가지 아미노산, 그리고 단백질

첫 번째	두 번째				세 번째
	U	C	A	G	
U	UUU 페닐알라닌	UCU 세린	UAU 티로신	UGU 시스테인	U
	UUC 페닐알라닌	UCC 세린	UAC 티로신	UGC 시스테인	C
	UUA 류신	UCA 세린	UAA 종료	VGA 종료	A
	UUG 류신	UCG 세린	UAG 종료	UGG 트립토판	G
C	CUU 류신	CCU 프롤린	CAU 히스티딘	CGU 아르기닌	U
	CUC 류신	CCC 프롤린	CAC 히스티딘	CGC 아르기닌	C
	CUA 류신	CCA 프롤린	CAA 글루타민	CGA 아르기닌	A
	CUG 류신	CCG 프롤린	CAG 글루타민	CGG 아르기닌	G
A	AUU 이소류신	ACU 트레오닌	AAU 아스파라긴	AGU 세린	U
	AUC 이소류신	ACC 트레오닌	AAC 아스파라긴	AGC 세린	C
	AUA 이소류신	ACA 트레오닌	AAA 리신	AGA 아르기닌	A
	AUG 시작	ACG 트레오닌	AAG 리신	AGG 아르기닌	G
G	GUU 발린	GCU 알라닌	GAU 아스파라긴산	GGU 글리신	U
	GUC 발린	GC 알라닌	GAC 아스파라긴산	GGC 글리신	C
	GUA 발린	GCA 알라닌	GAA 글루타민산	GGA 글리신	A
	GUG 발린	GCG 알라닌	GAG 글루타민산	GGG 글리신	G

표 8   코돈 테이블.

의 시작과 끝을 부호화하는 것이다. 사실 하나의 코돈으로 부호화할 수 있는 정보가 20가지보다 많기에 효율성 면에서는 떨어진다. 첫 번째와 두 번째 염기는 100% 효율적으로 사용되지만, 세 번째 염기는 정보 이론적 관점에서는 중복되어 있다.

인간을 예로 들어보자. 인간 게놈 프로젝트 Human Genome Project라는 것이 1990년에 시작되었다. 인간 DNA의 염기 서열을 모두 밝히는 작업으로서 거의 13년이나 걸렸다. '게놈genome'은 '유전자gene'와 '염색체chromosome'를 결합해 만든 말이다. 밝혀진 바에 따르면, 인간 게놈은 약 30억 개의 염기쌍으로 이루어진다. 어마어마한 수 같지만, 고등 생명체라고 이 수가 반드시 더 큰 것은 아니다. 예컨대 메뚜기의 염기쌍은 50억 개가 넘고, 꽃을 피우는 식물의 염기쌍은 보통 1,000억 개가 넘는다. 30억 개가 넘는 염기쌍을 한 줄로 잡아 늘리면 그 길이는 거의 2m에 달하는데, 이렇게 긴 DNA는 μm 수준의 세포핵 안에 모두 들어가 있다. 여기서 오해하면 안 되는 것은 30억 개의 염기 순서를 알고 있다고 유전자의 역할도 모두 알고 있는 것이 아니라는 점이다. 말 그대로 순서만 알고 있을 뿐이다. 물론 염기 서열을 확인하고 지난 30여 년 사이 어마어마하게 낳은 부호를 해독해 왔고, 앞으로 그 속도는 더욱 빨라질 것이다.

다음으로 30억 개의 염기쌍이 모두 코돈은 아니다. 염기 서열 가운데 일부만이 코돈의 역할을 하는데, 이를 '엑손exon'이라고 하고 나머지는 '인트론intron'이라고 한다. 엑손 영역은 염기 서열 전체의 2% 정도로 알려져 있다. 하나의 유전 정보는 보통 수천에서 수만 개의 염기쌍으로 이루어지며, 이를 '유전자'라고 한다. 인간의 유전자 수는 2만~2만 5,000개로 알려져 있다. 그렇다면 나머지 대부분을 차지하는 인트론의 역할이 무엇일지 당연히 궁금하지 않을 수 없는데, 아직 밝혀진 것이 많지는 않다. 처음에는 단순 더미라고 여겨졌으나 제 역할이 있을 것으로 점차 관점이 바뀌고 있다.

지금까지는 유전 정보가 어디에 어떻게 저장되는지 살펴보았다. 다음으로는 정보로부터 어떻게 실체, 즉 단백질이 만들어지는지, 그리고 생명체의 가장 중요한 특성인 자기 복제가 나타나는지를 알아보자. 이를 논의하는 데 반드시 필요한 것은 아니지만, 실제 세포의 구조와 작동 원리를 알아두어도 나쁘지 않을 것이다.

세포

모든 물질의 기본 단위가 원자라면, 모든 생명체의 기본 단위는 세포다. 주기율표를 보면 어떤 원자들이 있는지 알 수 있다. 자연계에 존재하는 원자는 총 94가지이고, 인공적으로 만든 것까지 포함하면 118가지다. 현대 과학은 왜 94가지인지 그 이유를 밝혀냈다. 단순하다. 원자 내 양성자 수가 1부터 빈틈없이 하나씩 증가하다가 94개가 넘어가면 원자핵이 불안해지며 쉽사리 붕괴되기 때문이다. 세포도 이와 유사해, 생명체의 기본 단위라고 하더라도 수많은 종류의 세포가 있다. 인간의 세포만도 대략 300가지나 된다.

사람은 수십조 개에 달하는 세포로 구성되는데, 이 가운데 3,000억 개가 매일 새로이 교체된다. 평생 교체되지 않는 뇌세포, 수정체 세포와 같은 일부를 제외하면, 1년 안에 대부분이 새로운 세포로 교체된다는 말이다.* 즉, 1년 전 나의 몸과 지금 나의 몸은 완전히 다른 물질이다. 이 또한 생명체의 특징이다. 세포의 크기는 대략 100μm 수준이지만, 예외적인 모습을 띠는 세포들도 있다. 제일 작은 세포는 적혈구로

사실 이마저도 정확하지 않은데, 신경세포의 경우에도 그 수가 적을 뿐이지 꾸준히 새로 만들어지는 것으로 알려져 있다. 기억의 통로라고 여겨지는 해마에서는 이러한 현상이 자주 일어난다.

서 10μm 수준이며, 1m에 육박하는 뇌 속 신경세포인 뉴런도 있다. 그렇다면 인간 세포의 종류는 왜 300여 개일까? 이에 대한 한 가지 그럴듯한 가설을 카우프만이 제안했다. 세포의 종류가 유전자 공간에서의 끌개 수와 비슷하다는 것이다.

원자가 전자와 핵, 핵은 다시 양성자와 중성자로 구성되는 것과 유사하게, 세포도 내부 구조를 가지고 있다. 물론 원자보다는 훨씬 복잡하다. 여기서 이들을 자세히 살피지는 않겠지만, 우리의 논의에 필수적인 세포핵과 미토콘드리아, 그리고 리보솜에 대해서만 간단히 알아보자.

먼저 가장 중요한 세포핵이다. 하지만 모든 생명체의 세포가 세포핵을 가지고 있지는 않다. 세포핵이 없는 세포를 원핵세포라고 하는데, 주로 세균과 고세균이 원핵세포로 이루어진다. 나머지 대부분은 세포핵이 있는 진핵세포다. 세포핵의 크기는 수 μm 수준이며, 염색체와 핵소체 등으로 구성된다. '염색체'는 초기 세포핵 연구에서 특정 염료에 염색되는 내부 구조가 발견되어 붙여진 이름이다.

사람의 경우, 세포핵 안에 46개의 염색체가 들어 있다. 이 가운데 23개는 아버지로부터, 나머지 23개는 어머니로부터 물려받아 쌍을 이룬다. 22개의 쌍은 외형적으로 동일하게 생겼지만 마지막 하나는 성염색체로서, X인지 Y인지에 따라 외형 자체가 다르게 생겼으며, Y 염색체가 더 작다. 쌍을 이루는 염색체를 '상동염색체'라고 하는데, 이것이 유명한 우성과 열성 형질의 물리적 기초다.

염색체는 다시 DNA와 이를 둘러싼 히스톤 단백질로 구성된다. DNA는 앞서 알아본 것처럼 유전 정보의 저장 매체다. DNA는 가늘고 긴 실의 형태이지만, 히스톤 단백질과 함께 둘둘 말려 작은 공간을 차지한다. 히스톤 단백질은 최근 들어 주목받고 있는 후성 유전의 핵심 물질로서, 유전 정보의 일부가 아날로그적으로 저장되는 영역이면서도 라마르크적 진화, 그리고 디지털 유전 정보의 구현에 복잡하게 관여한다. 이는 계몽 이론인 신다윈주의를 넘어서는 1차 근사 이론으로서, 뒤에서 다시 다룰 예정이다.

세포핵 다음으로 알아볼 영역은 리보솜ribosome이다. 세포핵에 저장된 유전 정보는 말 그대로 부호화된 정보일 뿐 코돈에 대응하는 아미노산이라는 실체와는 거리가 있는데, 리보솜이 바로 이러한 부호화된 정보로부터 단백질을 만들어 내는 제조 공장이다. 정보로부터 단백질 제조까지는 세 단계의 과정이 필요한데, 먼저 세포핵의 유전 정보가 세포핵으로부터 리보솜으로 전달되어야 한다. 두 번째는 부호를 해독해 아미노산과 대응시키는 과정이고, 마지막이 아미노산을 이어 붙이는 단백질 제조 과정이다.

여기서 DNA의 유전 정보가 리보솜으로 전달되는 과정은 코로나19 유행 당시 유명해진 RNA가 담당한다. 먼저 헬리케이스helicase라는 효소에 의해 DNA의 상보적 염기를 연결하는 수소 결합이 끊기면서 이중나선이 풀린다. 하나의 선으로부터 상보적인 하나의 RNA가 만들어진다. 이 RNA가 핵막을 뚫고 리보솜으로 전달된다. 이러한 RNA를 'mRNAmessenger RNA'라고 하는데, 이것이 DNA와 다른 점은 이중나선이 아니라는 점, 그리고 앞서 말했듯이 티민 대신 우라실이 그 역할을 대신한다는 것이다. 이러한 관점에서 RNA 또한 유전 정보 저장 매체로 기능하는데, 실제로 DNA 대신 RNA에 정보를 저장하는 바이러스도 있다. 이러한 이유로 최초의 자기 복제자는 RNA일 가능성이 높다고 추정된다.

다음으로는 암호를 해석하고 아미노산과 대응시키는 과정인데, 이는 tRNA^{transfer RNA}가 담당한다. 이는 사실 굉장히 간단하다. 20가지 아미노산에 대응되는 여러 종류의 tRNA가 리보솜에 자리하면 된다. tRNA는 mRNA의 코돈과 결합할 수 있는 안티코돈을 가지고 있으며, tRNA의 반대쪽에는 그에 해당하는 아미노산이 연결되어 있다. mRNA가 리보솜에 도달하면, 이에 해당하는 tRNA가 mRNA에 상보적으로 연결된다. 그러면 반대쪽에는 해당 아미노산이 존재한다. 이렇게 tRNA들이 계속 붙어나가면 단백질을 구성하는 아미노산들이 배열되며, 리보솜이 이를 이어 붙여 단백질을 합성한다. 정보가 실체가 되는 순간이다.

이제 마지막으로 미토콘드리아에 대해 알아보자. 미토콘드리아는 흔히 '세포의 발전소'라고 불리는데, 세포에 필요한 에너지를 생산하기 때문이다. 미토콘드리아는 자기만의 DNA와 리보솜을 가지고 있다. 하나의 생명체라고 할 만하다. 린 마굴리스^{Lynn Margulis}는 미토콘드리아가 진핵세포 안으로 들어가 공생하게 되었다는 공생설을 처음으로 주장했다. 처음에는 충격적인 가설로 받아들였지만, 지금은 당연한 이론으로 인정받고 있다. 공생이라는 개념은 다윈이 사용한 공진화의 개념과는 약간 다르지만, 마굴리스 이후 본격적인 연구가 이어지며 진화 이론의 중요한 축으로 자리 잡았다. 세포마다 다르지만, 에너지를 많이 소모하는 세포의 경우 세포 하나에 수백, 수천 개의 미토콘드리아가 포함되어 있다. 이제 '나'라는 개념에 미토콘드리아까지 포함해야 한다고 하면 다소 이질적으로 느껴질 것이다.

한편 우리는 수많은 박테리아와 공생한다. 우리 몸속에서 살아가는 박테리아의 무게만도 1kg이다. 이렇게 많은 박테리아를 몸속에 지니고 산다는 것은 매우 놀라운 일이다. 심지어 박테리아를 몸에서 빼내면 우리는 생존할 수 없다. 거의 모든 음식의 소화와 흡수는 박테리아로부터 도움을 받는다. 그러면 '나'라는 개념에 미토콘드리아뿐 아니라 박테리아도 포함해야 할까? 이러한 질문은 '나'를 정의하는 것을 어렵게 만든다. 개인적으로는 나라는 정체성 안에 미토콘드리아는 있지만 박테리아는 없다고 정의하고 싶다. 그 이유는 미토콘드리아의 DNA가 모계 유전되며, 세포 핵 속의 DNA와 함께 개체 생존과 번식이라는 동일한 목표를 공유하기 때문이다. 반면 박테리아의 DNA는 숙주의 DNA와 다른 목표를 가진다. 박테리아는 숙주와 공생하지만, 그것은 어디까지나 박테리아의 DNA 복제에 유리하기 때문이다. 같은 개체 속 유전자들 역시 이기적이지만, 같은 개체 속 유전자들은 집단 복제하기로 동맹을 맺는다. 여기까지 '나'라고 여기는 것이 적절해 보인다.

지금까지 세포 내에서 DNA 정보가 어떻게 실체인 단백질로 전환되는지 살펴보았다. 다음으로는 생명체의 중요한 특징인 DNA의 자기 복제에 대해 알아보자. 사실 이미 DNA로부터 mRNA가 합성되는 원리를 간단히 설명했기에, DNA 복제는 한층 쉬울 것이다. 먼저 DNA 자기 복제는 체세포 분열을 위해 일어난다. 하지만 자기 복제의 핵심은 새로운 세대의 탄생으로서, 생식세포가 어떻게 만들어지고 결합하는지에 대한 설명이 필요하다.

DNA의 자기 복제는 RNA 전사 때 설명한 것과 유사하다. 이중나선이 풀리고, 풀린 각각의 사슬에 상보적인 염기를 가진 뉴클레오타이드가 결합해 새로운 DNA 사슬을 만든다. 이렇게 두 이중나선 DNA가 만들어지지만, 엄밀하게 말하면 자기 복제는 아니다. 원본 DNA는 새로 만들어진 두 DNA에 반씩 들어가기 때문이다. 보통 이러한 복제 과정에서 오류가 종종 발생하며, 이를 바로잡아주는 DNA 중합효소가 있다. 최종적으로는 100억 개의 뉴클레오타이드 가운데 1, 2개 정도에서 오류가 발생한다. 인간 DNA는 30억 개의 뉴클레오타이드로 구성되어 있고, DNA 중 유전자를 포함하는 구간은 약 1~2%에 불과한데, 이 구간에서 정보 복제의 오류가 발생한다. 이것이 돌연변이의 원인 가운데 하나다. 종의 개체 수를 생각하면 사실 1%는 굉장히 큰 수다. 아이 100명 중 1명이 부모의 정보를 정확히 물려받지 못한다는 것이다. 물론 염기 서열 하나가 늘 큰 효과를 내는 것은 아니지만, 뒤에서 살필 유전자 공간 탐색 관점에서는 충분히 의미 있는 수다.

지금까지 간단한 원소에서 어떻게 복잡한 생명체가 탄생했고, 생명체의 주요 특징을 담고 있는 정보가 어디에 어떻게 저장되며 어떻게 복제되는지를 살펴보았다. 이는 고등학교 생물 교과서에도 대부분 소개되는 내용이다. 하지만 이것만으로는 한참 허전하다. 물질에서 생명체로, 그리고 세포가 어떻게 작동하는지에 대한 현상적 설명뿐이기 때문이다. 지금부터는 앞의 이야기에 담긴 이론적인 내용을 조금 더 깊이 들여다보고자 한다. 도대체 물질에서 어떻게 생명체가 만들어질 수 있는지, 생명체는 일반 물질과 무엇이 다른지를 생각해 볼 것이다. 비록 여전히 학계에서 논쟁적인 주제이지만, 자세히 짚고 넘어가야 하는 부분이다.

생명체를 단순히 세포로 이루어진 유기물 정도로 이해하기에는 생명의 다양한 측면, 특히 역동성을 담아내기에 부족하다. 먼저 생명체가 어떤 점에서 비생명체와 다른지 살펴보고, 이를 바탕으로 생명체란 무엇인지 정의해 보고자 한다.

네트워크로서의 생명체

생명을 이해할 때 가장 중요한 것은 생명체를 네트워크 시스템으로 보아야 한다는 점이다. 그리고 이것이야말로 컴퓨터와 생명체를 구분하는 가장 큰 차이다. 생명체는 크게 세 가지 네트워크 시스템을 가지고 있는데, 이들은 서로 밀접하게 연결되어 있으면서도 어느 정도 독립적으로 작동한다. 세 가지 시스템은 크게 대사 시스템, 인지-반응 시스템, 그리고 면역 시스템이다.

먼저 대사 시스템을 보자. 사람들에게 생명체와 생명체가 아닌 것의 차이를 물으면 보통 "자기 복제"라는 말이 먼저 나온다. 하지만 "라이거나 노새는 생명체가 아닌가?"라고 다시 물으면 곧바로 곤란에 빠진다. 물론 자기 복제는 생명체의 매우 중요한 특성이다. 하지만 자기 복제로는 살아 있는 것과 살아 있지 않은 것을 구분할 수 없다. 바위와 고양이를 구분하고, 죽은 고양이와 살아 있는 고양이를 구분할 수 있도록 하는 첫 번째 특성은 대사 네트워크다. 대사 네트워크가 없거나 그것이 작동하지 않는다면, 생명체가 아니다.

생명체가 살기 위해서는 외부로부터 구성 물질을 끊임없이 제공받아야 한다. 필수 영양소 같은 것들이다. 앞서 이야기했듯이, 수십조 개의 인간 세포들 가운데 수천억 개는 매일 새로운 것으로 교체된다. 세포를 이루는 단백질은 세포 내부에서 만들거나 외부로부터 공급받아야 한다. 20가지 필수 아미노산 가운데 15가지는 자체 생산이 불가능하거나 내부적으로 충분히 생산되지 않는다. 생명체는 한번 만들어지면 계속 굴러가는 시스템이 아니다. 끊임없이 스스로를 만들어 감으로써 유지되는 시스템이다.

생명체가 살아가는 데는 에너지도 필요하다. 세 가지 네트워크 시스템 모두 에너지를 필요로 한다. 생명체는 에너지를 사용해 낮은 엔트로피, 즉 규칙적인 패턴을 유지하는 냉장고 같은 기계다. 식물은 햇빛으로부터 직접 에너지를 얻기도 하지만, 주요 에너지원은 외부로부터 공급받은 물질이다. 대사 시스템은 소화기, 호흡기, 순환기 등으로 구성되어 있으며, 동물은 TCA 회로를 통해 만들어지는 ATP를 에너지원으로 사용하고, 식물은 광합성을 통해 에너지를 얻는다.

두 번째는 인지-반응 시스템이다. 어떤 시스템이 외부로부터 물질을 획득하려면 외부 환경을 탐색하거나 인지하고, 그 결과에 따른 행동이라는 출력을 내놓아야 한다. 인간은 인지 시스템으로 오감을 가지고 있지만, 아주 단순한 감각만을 가지고 있는 생물도 있다. 동일한 외부 환경이더라도 어떤 감각 시스템을 가지고 있는지에 따라 그 생명체가 내부적으로 인식하는 세계가 달라진다. 인간은 호랑이를 위협적인 외부 환경으로 인식하지만, 아메바에게는 그렇지 않다. 아메바는 호랑이를 외부 환경으로 인식하지 못한다. 각각의 인지 시스템은 저마다 고유한 온톨로지 ontology를 가진다.

외부 환경으로부터 받은 신호는 계산을 거쳐 반응이라는 출력으로 이어진다. 계산은 보통 뇌나 중추신경계에서 이루어지지만, 중추신경계가 없는 생물도 단순하기는 하지만 고유한 입력-출력 알고리즘을 가지고 있다. 출력은 인간의 경우 대부분 근육과 관련된다. 오감으로 들어온 신호를 뇌에서 계산하면, 그 출력은 근육의 움직임으로 나타난다. 실제로 뇌가 보내는 신호 대부분이 근육의 움직임과 관련 있음을 스스로 확인할 수도 있다. 물론 내부적으로는 호르몬 분비와 같은 출력이 있을 수 있지만, 뇌는 이를 인지할 수 없다. 뇌가 인식하는 것은 매우 제한적이다.

이 인지-반응 시스템은 크게 세 가지를 수행한다. 첫째는 먹이와 에너지를 획득하는 것이고, 둘째는 다른 생명체의 먹이나 에너지가 되지 않도록 피하는 것이며, 마지막은 성공적으로 번식하는 것이다. 인간의 뇌가 겨우 이런 '하찮은' 것만을 위해 존재하는 것인지 의구심을 가질 수 있지만, 이들이 뇌의 가장 중요한 존재 이유다. 이러한 점에서 인지-반응 시스템은 대사 시스템의 작동에 반드시 필요한 네트워크다.

마지막으로 면역 네트워크가 있다. 인지-반응 시스템의 온톨로지에 속하는 것들은 인지-반응 시스템을 바탕으로 획득되거나 회피된다. 하지만 온톨로지에 속하지 않으면서도 생존에 매우 위협적인 대상들이 있다. 생물을 숙주로 삼아 생명 활동을 유지하려는 바이러스나 박테리아 같은 것들이다. 모든 생명체는 자신의 크기에 비해 훨씬 작은 세계를 직접 인식할 방법이 없다. 현미경이 발명되기 전까지 인간 역시 바이러스나 박테리아를 보지 못했다. 현미경의 발명으로 우리는 또 다른 세상이 있음을 알게 되었고, 그 세상과의 상호작용이 면역 시스템 혹은 면역 네트워크를 통해 일어난다는 점을 깨달았다. 동물의 몸속에 침투하려는 바이러스나 박테리아에 맞서 모든 생명체는 외부에서 침입하는 단백질을 식별하고 제거하는 복잡한 시스템을 갖추고 있다. 따라서 현미경의 발명으로 작은 세상을 알게 되었다는 것은 엄밀히는 잘못된 설명이다. 뇌는 몰랐지만 면역 네트워크는 이미 알고 있었다.

모든 생명체는 죽으면 곧 부패한다. 이는 모든 생물이 얼마나 다른 생물로부터 자신을 지키기 위해 부단히 일하는지를 보여준다. 면역 시스템의 중요성이 드러나는 것이다. 움베르토 마투라나 Humberto Maturana 는 면역 시스템 역시 또 다른 인지-반응 시스템이라고 주장했다. 외부 환경에 대한 인지가 오감과 뇌를 통해서만 이루어지는 것이 아니라는 것이다. 의식은 비록 면역 시스템이 무엇을 하는지 아무것도 모르지만, 면역 네트워크가 다른 종류의 온톨로지를 지닌, 인지-반응 네트워크의 일부라는 주장은 충분히 설득력 있다.

세 가지 시스템을 그림 30과 같이 나타낼 수 있다. 인지-반응 네트워크와 면역 네트워크는 기본적으로 외부 환경과의 상호작용을 담당한다. 대사 네트워크는 이러한 상호작용에 필요한 물질과 에너지를 제공한다. 이를 하나로 합치면 그림 31과 같이 나타낼 수 있다.

네트워크를 하나로 표시했지만, 실제로는 느슨하게 연결된 세 가

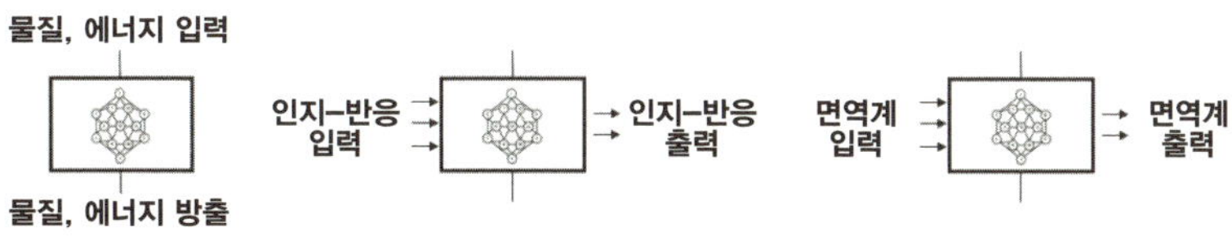

그림 30 생명체의 세 가지 주요 네트워크.

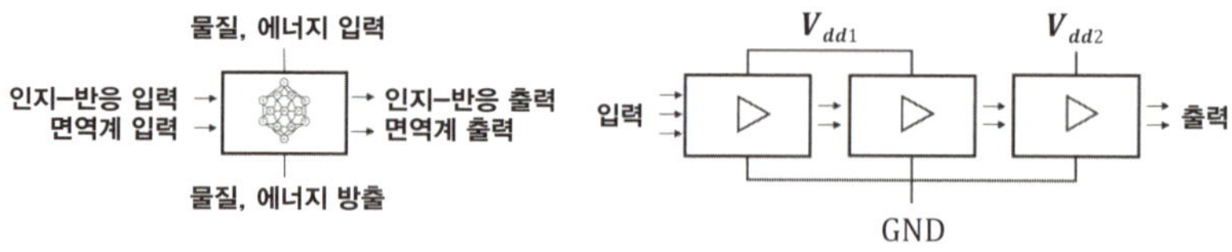

그림 31　생명체의 네트워크와 반도체의 기능 블록.

지 네트워크의 조합이다. 여기서 느슨하게 연결되어 있다는 것이 과학적 표현은 아니다. 예컨대 우리 뇌는 코로나바이러스를 직접 인식할 수 없고, 면역 체계에 코로나바이러스를 죽이라고 명령할 수도 없다. 또한 심장과 소장에 활동을 잠시 멈추라고 명령할 수도 없다. 이러한 의미에서 서로 독립적이지만, 뇌가 음식을 씹거나 호흡 횟수를 어느 정도 조절함으로써 대사 시스템에 관여할 수 있다는 점에서 느슨하게 연결된 네트워크라고 표현한 것이다.

　이제 이 생명체 시스템을 트랜지스터들로 이루어진 로직 셀과 비교해 보자. 로직 셀은 외부(V_{dd}와 GND)로부터 에너지를 공급받고, 입력 신호를 받으면 고유의 출력 신호를 내놓는다. 생명체 시스템과 흡사하다. 하지만 중요한 차이점도 있다. 로직 셀은 에너지를 외부로부터 그대로 받지만, 생명체는 외부로부터 획득한 물질로부터 에너지를 얻는다. 물론 일부는 직접 받기도 한다. 그렇다면 태양광 패널이 달린 로직 셀을 상상해 보자. 이 칩은 햇빛이 필요하기는 하지만, 스스로 에너지를 만들 수 있다. 로직 셀이 빛이 더 강한 쪽으로 이동하도록 설계되어 있다면 어떨까? 실제로 화성 탐사에 투입된 몇몇 로봇들은 이러한 기능을 탑재하고 있다. 이들은 지구에서 컨트롤할 수 있지만, 그렇지 못할 경우에는 스스로 판단해 행동한다. 햇빛이 없는 겨울에는 동면에 들기도 한다.

그럼에도 이를 생명체라고 하기에는 여전히 부족한 점이 있다. 생명체는 물질을 얻어 끊임없이 세포를 재생산한다. 에너지 순환뿐 아니라 물질 순환이 끝없이 이루어진다. 하지만 화성 탐사 로봇에게는 자동 재생산 기능이 없다. 물론 이것이 기술적으로 불가능한 것은 아니다. 로봇에 필요한 물질을 스스로 찾아 저장하고, 고장 난 부위를 자체 수리하는 탐사 로봇을 상상하는 것은 그리 어렵지 않다. 물론 아직은 기술적으로 불가능하지만, 이것이 가능하더라도 이를 생명체라고 부르기에는 무언가 모자라다고 느낄 것이다. 결국 살아 있음과 살아 있지 않음을 구분하는 본질적인 차이는 순차적 계산 시스템인가, 네트워크 시스템인가에 날려 있다. 따라서 우리는 생명체를 다음과 같이 정의할 것이다. (이는 완결된 정의는 아니고, 뒤에서 한 차례 더 보완할 것이다.)

생명체는 대사, 인지-반응, 면역 기능을 가진 네트워크다.

사실 단순한 네크워크가 아니라 '세포'로 이루어진 네트워크 혹은 '유기물'로 이루어진 네트워크라고 정의해야 할지 오랜 시간 고민했다. 하지만 먼 미래에는 인간이 무기물로 네트워크를 만들어 낼 수 있을지 모른다. 하지만 그것 역시 앞의 조건들을 만족한다면 생명체라고 부를 수 있겠다는 생각에 간결한 정의를 택했다. 이와 같이 정의하고 나면, 생명체의 조건에서 자기 복제가 빠져도 괜찮은지 다시 한번 의문이 들 수 있다. 하지만 자기 복제는 생명체가 탄생하고 유지되는 특성에 관한 것이다.

　마지막으로, 로직 셀과 생명체가 서로 다른 점이 있지만 비슷한 점이 더 많다는 것을 짚고 넘어가자. 생명체나 로직 셀 모두 외부 세계에 반응하며 반응에 에너지가 필요하다. 언뜻 당연해 보일 것이다. 하지만 이는 상당히 논쟁적인 결론에 이르게 한다. 로직 셀을 보자. 외부에서 입력이 주어지면 출력이 결정된다. 외부 입력과 현재 상태가 출력을 결정하는 것이다. 생명체도 동일하다면, 생명체 또한 단순한 반응 기계와 다를 바가 없다. 앞의 설명에는 동의하지만 결론에는 동의하지 못하는 이들이 많을 것이다.

생명 출현의 필연성

크게 보면 지금 우리는 물질에서 생명체로의 양질 전환을 논의하고 있다. 지금까지는 생명체의 기본 단위인 세포와 DNA가 어떻게 구성되어 있고 어떻게 작동하는지를 현상적으로 살펴보았으며, 이어서 생명체와 비생명체의 차이를 검토하면서 생명체의 정의를 내렸다. 우리는 지금까지 생명체로의 양질 전환을 이해하기 위한 사전 지식을 공부했을 뿐이다. 이제 양질 전환으로 들어갈 차례다. 물질에서 어떻게 생명체가 만들어질 수 있는지, 물질의 오메가와 생명체의 오메가를 연결하는 통로가 무엇인지, 그리고 생명체의 출현이 필연적이었는지 알아볼 것이다. 이러한 논의를 통해 생명체에 관한 우리의 정의를 다시금 확신할 수 있을 것이다.

비선형성

네트워크라는 점 말고도 생명체 시스템과 로직 셀의 또 다른 차이가 있다. 바로 비선형성이다. 디지털 로직 셀은 선형적이고 순차적으로 작동하지만, 생명체는 비선형적 네트워크다. 비선형이라는 것은 많은 의미와 결론을 포함한다. 먼저 대사 네트워크를 다시 보자. 그림 30 왼쪽에서 사각형 박스를 세포라고 하자. 세포 밖에서 세포를 구성하는 물질의 원료들이 공급되고, 사용되고 남은 물질이나 더 이상 필요 없는 물질은 배출된다. 이 과정은 세포가 죽을 때까지 끊임없이 이어지며, 본질적으로 비선형적으로 이루어진다.

조금 지루할 수 있지만, 이론적인 이야기를 조금 더 해보자. 우리는 이미 열역학 제2법칙을 알아보았다. 그러나 이 법칙은 다소 공허하다. 우주의 엔트로피가 증가한다는 사실을 말해주지만, 얼마나 빨리 증가할지, 공간적으로 얼마나 균일하게 증가할지에 대한 답은 주지는 않는다. 한쪽에는 수소 원자가 10개, 다른 쪽에는 수소 원자 90개가 들어 있는 방을 생각해 보자. 그리고 이를 '(10, 90)'으로 표현하자. 이제 두 방을 작은 구멍으로 연결한다. 충분한 시간이 지나면 대략 (50, 50)일 것이다. 하지만 열역학 제2법칙은 시간이 얼마나 지나야 (50, 50)이 되는지 답하지 않는다. (10, 90)이 (0, 100)이 되었다가 (50, 50)이 되는지, 아니면 (11, 89), (12, 88), (13, 87)을 거쳐 (50, 50)이 되는지에 대한 답도 주지 않는다. '충분한' 시간이 지나면 '결국' (50, 50)이 된다는 것만을 이야기할 뿐이다.

생명체가 우주의 진화 과정에서 우주가 만들어 낸 물질이라고 여러 차례 강조한 바 있다. 생명체는 고도의 질서를 가진 저엔트로피 물질이다. 우주 초기의 엔트로피가 단순히 균일하게 증가했다면, 국소적인 저엔트로피 영역은 발생하지 않았을 것이다. 그러나 생명체의 존재 자체가 우주의 엔트로피가 균일하게 증가하지 않았음을 보여준다. 특히 생물이 풍부한 지구는 저엔트로피 물질들로 가득 차 있다. 그런데 우주의 진화 과정에서 어떻게 국지적으로 낮은 엔트로피 영역이 발생할 수 있었을까?

이에 대한 답은 열역학과 비평형계에 대한 연구로 1977년 노벨 화학상을 수상한 러시아 출신 일리야 프리고진이 제시했는데, 한마디로 요약하자면 평형으로부터 멀리 떨어진 비평형 상태에 비선형성이 더해지면 낮은 엔트로피 영역이 발생할 수 있다는 것이다. 이 이론을 설명하는 몇 가지 책들이 있지만 물리학을 잘 알지 못하면 이해하기가 쉽지 않기에, 여기서는 예를 들어 최대한 직관적으로 이해할 수 있게 설명하고자 한다.

태풍을 생각해 보자. 태풍은 특정 패턴, 즉 질서를 가진다. 아무런 패턴이 없는 안정적 대기보다 태풍이 오히려 저엔트로피 상태에 있다. 태풍은 끊임없이 외부로부터 물질이 들어오고 나감으로써 에너지를 얻고, 그 에너지를 통해 질서와 패턴을 유지한다. 프리고진은 이를 '물질-에너지 소산 구조dissipative structure'라는 용어로 표현했다. 대사 시스템도 바로 이러한 에너지 소산 구조의 원리로 작동한다. 외부로부터 물질과 에너지 공급이 멈추면 태풍이 사라지듯이, 생명체도 죽는다. 또한 태풍은 주변 환경과 상호작용하면서 그 경로가 결정된다. 이는 앞서 설명한 생명체의 대사 및 인지-반응 네트워크와 상당히 비슷하다. 그렇다면 태풍이 발생하는 원리를 이해한다면, 왜 지구의 엔트로피가 균일하게 증가하지 않고 국지적으로 저엔트로피 영역이 생겨나는지를 알 수 있다. 그에 대한 답이 바로 비평형과 비선형이다.

A 지점부터 B 지점까지 연결된 1km짜리 고속도로를 생각해 보자. 외부로부터 고속도로로 계속 차가 유입된다. 모든 차는 10m 간격을 유지한 채 시속 1km로 달리고 있다. 1km의 고속도로에 10m 간격으로 차가 있으니, 고속도로 안에는 총 100대의 차가 달리고 있다. 차 하나가 고속도로를 빠져나오는 데 걸리는 시간은 1시간이므로, 1시간마다 총 100대의 차가 진입하고 100대의 차가 빠져나간다. 매우 안정적이다. 하지만 정확한 의미에서 이것이 평형 상태는 아니다. 평형 상태라면 주차장에서 차들이 안정적으로 제자리를 지키는 상태일 것이다. 고속도로의 상태는 끊임없이 차가 공급되고 빠져나가지만 매우 안정적인 상태다. 하지만 1시간에 100대밖에 통과하지 못해 비효율석이다.

이제 모든 자동차의 속력을 시속 10km로 늘린다고 해보자. 고속도로에는 여전히 100대의 차가 있다. 하지만 시간당 고속도로를 빠져나오는 차는 1,000대로 늘어난다. 효율이 좋아졌다. 그런데 어느 자동차 운전자가 한눈을 팔아 속력이 잠시 시속 9km로 줄었다고 해보자. 하지만 뒤의 자동차와 10m라는 충분한 거리가 있어서 속력 차이를 충분히 극복할 수 있다. 한눈을 판 운전자도 다시 집중해 10km로 속력을 올린다. 이러한 상황은 안정적인 상태에서는 약간 벗어나 있지만, 고속도로의 기능과 효율에는 영향을 미치지 않는다. 이러한 상태를 설명하는 열역학은 라르스 온사거_{Lars Onsager}가 1930년대에 전개했다.

이제 자동차들의 속도가 시속 100km가 되었다고 해보자. 여전히 고속도로에는 100대의 자동차가 있지만, 이번에는 1시간에 1만 대의 자동차가 고속도로를 빠져나간다. 하지만 이런 일은 결코 발생하지 않는다. 어떤 운전자가 한눈을 팔아 속도가 90km로 줄었다고 해보자. 뒤차와의 속력 차이는 시속 10km이고, 차간 간격은 10m다. 뒤차는 브레이크를 밟을 수밖에 없다. 정확히 시속 90km로 액셀을 밟고 다른 모든 차도 시속 90km로 정확히 브레이크를 밟는다면 안정적인 상황을 유지하겠지만, 이런 일은 발생하지 않는다. 어떤 이는 시속 85km까지 브레이크를 밟고, 뒤차는 80km까지도 속도를 줄일 수 있다. 결국 자동차들이 모두 멈출 수 있다. 고속도로에서 흔히 발생하는 일이다.

부주의한 운전자가 발생하는 것, 그리고 뒤차가 앞차보다 속도를 더 줄이는 것은 흔히 발생하는 일인데, 이를 물리학에서는 '요동 fluctuation'이라 부른다. 시속 10km로 달릴 때는 10%의 요동이 발생해도 별다른 일이 발생하지 않지만, 시속 100km의 속력에서 10%의 요동이 발생하면 고속도로의 상태가 극적으로 바뀔 수 있다. 10%의 요동에 의한 효과가 증폭되기 때문이다. 여기서 흔히 이야기되는 것이 로렌즈의 나비 효과 butterfly effect다.

시속 10km로 달리는 상황을 다시 생각해 보자. 모든 차의 속력은 시속 10±1km다. 1km의 요동은 전체 고속도로에 별다른 영향을 주지 못한다. 100km로 달리는 상황은 얼마 가지 않아 고속도로가 마비되는 파국으로 이어진다. 그렇다면 그 중간 어디쯤, 예컨대 시속 30km 정도로 달리면 어떤 일이 발생할지 생각해 보자. 어떤 차의 속력이 시속 27km가 되었다. 다음 차는 시속 26km가 되었고, 그 뒤의 차는 앞차와 동일하게 시속 26km까지 줄였지만 뒤차는 또다시 시속 25km까지 줄였다. 이 시간, 맨 앞차가 정신을 차리고 35km까지 가속하고 뒤차들도 다시 속도를 내어 앞차를 따라잡는다. 이 역시 고속도로에서 흔히 발생하는 상황이다. 고속도로에 차들이 어느 정도 많아지면 속도가 빨라지고 느려지기를 반복한다. 즉, 파국으로 치닫기 전에 어떤 패턴을 형성한다는 말이다.

정리해 보자. 차들의 평균 속도가 매우 느리거나 차들 간의 간격이 충분히 넓을 때는 자동차들의 속력 분포가 평균값을 중심으로 하는 정규 분포를 이룬다. 이 경우 앞차는 평균보다 느리고 뒤차는 평균보다 빠를 수 있다. 즉, 앞차와 뒤차의 속도는 독립적이다. 그러나 속도가 늘어나거나 차들 간의 평균 거리가 좁아지면 상황이 달라진다. 어느 정도까지는 정규 분포가 유지되다가, 어느 임계점을 넘어서면 앞서 설명한 시속 30km의 사례에서처럼 패턴이 나타난다. 앞차가 느려지면 뒤차도 느려지며, 속도의 상관성이 나타나는 것이다. 공간적으로 보면 자동차의 속도가 줄었다 늘었다 하는 사인, 코사인 패턴이 나타나며, 시간적으로 보더라도 한 차량의 속도가 사인과 코사인 패턴을 따른다.[•]

먼저 이러한 패턴이 만들어진 원인은 요동이다. 속도가 느리고 차들 간의 거리가 충분할 때 개별 자동차들의 속도는 일정하지 않고 불규칙하게 작은 무작위 요동을 보인다. 이러한 요동은 매우 자연스러운 현상으로, 평형 상태 혹은 평형 상태에서 멀지 않은 선형 상태를 기술한다. 예컨대 평균 속력이 시속 10km일 때 앞차는 시속 9km, 뒤차는 시속 11km로 달릴 수 있다. 이 경우 패턴은 나타나지 않는다. 하지만 평

● L. Yu and Z. Shi, "Nonlinear analysis of an extended traffic flow model in ITS environment," *Chaos, Solitons & Fractals*, vol. 36, no. 3, pp. 550–558, May 2008.

균 속력이 30km 정도로 빨라지면, 무작위 요동이 집단적 질서, 패턴을 만들어 낼 수 있다. 자동차 하나에서 발생한 우연적인 요동이 고속도로 전체로 증폭되어 집단적 패턴을 만들어 낼 수 있다. 국소적인 요동이 시스템 전체의 공간적 패턴, 즉 저엔트로피 상태를 만들어 내는 것이다. 이러한 시스템에서 자동차들은 오로지 앞차와 뒤차와만 연결되어 있다. 그럼에도 이러한 국소적 요동은 고속도로 전체에 패턴을 만들 수 있다. 이것이 비선형 시스템의 전형적인 창발 현상이다.

또 다른 예가 베나르 불안정성 Bénard instability이다. 평평한 그릇에 물을 조금 담고, 그릇 아래를 균일하게 가열한다고 하자. 그러면 물의 맨 아래와 맨 위 사이에 온도 차가 생긴다. 아래에서 들어오는 열은 처음에는 전도 현상으로 위로 빠져나간다. 그러나 열의 양이 점점 늘어나 온도 차가 커지고 임계값을 넘어서면 더 이상 전도가 아니라 물이 위아래로 움직이는 대류 현상이 발생한다. 바로 이때 베나르 육각형이 나타난다. 위에서 보면 벌집 구조의 육각형이 나타나는데, 육각형 가운데로는 뜨거운 물이 올라오고 육각형 모서리를 따라서는 차가운 물이 내려간다. 이 역시 평형에서 벗어난 조건에서 개별 분자의 요동이 집단적 질서로 확장된 경우다.

또 다른 현실적인 예로, 팬데믹 시기의 공급과 수요의 불일치 문제가 있다. 팬데믹 초기, 자동차 업체들이 반도체 칩 부족으로 자동차를 만들지 못했다는 이야기는 널리 알려져 있다. 반도체 칩을 10개 주문해도 1개밖에 받지 못하자, 자동차 업체들은 20개, 100개씩 주문을 넣기 시작했다. 하나라도 더 받기 위함이었다. 반도체 업체들은 100개씩 주문이 들어오자 당장은 10개밖에 못 만들지만, 100개를 만들기 위해 서 둘러 투자해 생산을 늘렸다. 그러나 반도체 업체들이 생산량을 늘렸을 때쯤 팬데믹이 끝나자, 이제는 공급 과잉이라는 문제가 생겼다. 실제 수요는 크게 요동치지 않았다. 하지만 한 회사의 과잉 주문도 전 세계의 공급망을 어지럽히며 수요와 공급의 증감 패턴을 만들 수 있다. 사실 이 문제는 팬데믹 시기에 처음 나타난 것이 아니라 오랜 시간 연구된 주제다. 피터 센게Peter Senge의 책 『학습하는 조직The Fifth Discipline』에서도 맥주 산업에서 수요와 공급의 패턴이 어떻게 만들어지는지 쉽고 자세하게 소개되어 있다.

과연 자동차 회사나 반도체 회사의 CEO들이 이 사실을 몰랐을까? 그럴 가능성은 거의 없다. 수요가 부풀려져 있고, 언제든 거품이 꺼지리라는 것을 알았을 것이다. 하지만 당장 10개를 주문해도 1개밖에 공급받지 못하는 상황에서 CEO들이 다른 결정을 내릴 수 있었을까? 물론 몇몇은 그럴 수 있었겠지만, 우리는 이미 그 결론을 알고 있다. 물질의 운동뿐 아니라, 아무리 고등한 지능을 가지고 있다고 한들 세상은 이 법칙에서 자유로울 수 없다. 이것은 우리가 인식하든 인식하지 못하든 상관없이 작동하는 법칙이 있음을 이야기해 준다.

0장에서 예로 든 '?'와 '!'의 관계를 생각해 보자. 개별 '?'는 '!'를 가지고 있지 않다. 그러나 '?'가 모이면 집단적으로 '!'가 나타난다. '!'는 개별 '?'의 관계 속에서 발생하는 것이다. 개별 자동차들은 작은 요동을 겪으며 앞뒤 차와 충돌하지 않기 위한 속력의 관계를 가진다. 이러한 속력의 관계가 평형 상태에서 멀어지다 보면, 어느 순간 집단적인 패턴을 보인다. 불균일한 저엔트로피의 출현이다.

우리는 생명체가 RNA에서 시작되었는지, DNA에서 시작되었는지,

또는 최근 한 연구가 말해주는 것과 같이 디아미도포스페이트^{DAP}에서 시작되었는지 정확히 알지 못한다. 또한 최초의 유기물이 번개에 의해 자연 발생했는지, 우주로부터 온 것인지도 아직 확실하지 못한다. 하지만 생명체가 갖는 국지적 저엔트로피의 특성은 비평형, 비선형 상태에서 작은 요동들이 만들어 낸 집단적 패턴이라는 것만은 확실하다. 이것이 물리학이 설명하는, 물질에서 생명으로의 양질 전환이다.

뜬구름 잡는 이야기처럼 들릴지도 모르겠다. 하지만 우주의 엔트로피가 계속 증가하는 상황에서 어떻게 국지적으로 낮은 엔트로피를 갖는 패턴이 만들어질 수 있는지에 대한 물리학적 설명은 바로 이것이다. 하지만 이러한 물리학적 설명과 생물학적 가설 사이에는 여전히 큰 간극이 놓여 있다. 국소적으로 낮은 엔트로피가 곧바로 생명의 탄생과 연결되지는 않기 때문이다. 이제 이 간격을 메워보자. 이에 대한 설득력 있는 설명 혹은 가설은 스튜어트 카우프만이 제시했다. 다음 절에서 다룰 내용은 기본적으로 그의 유명한 저서 『혼돈의 가장자리』에서 비롯된 것이다.

생명의 고리

평형으로부터 멀어진 비선형 상태를 생화학 시스템에 적용해 보자. 이러한 비선형은 촉매와 같은 피드백에 의해 발생한다. 예를 들어, 입력 신호의 크기를 1.1배 증폭하는 앰프를 생각해 보자. 이러한 앰프를 트랜지스터로 만들기는 어렵지 않다. 그런데 이렇게 증폭된 출력을 다시 입력으로 넣으면 어떤 일이 일어날까? 당연히 출력 신호는 계속 커진다. 이러한 효과를 '양의 피드백^{positive feedback}'이라고 하는데, 이는 시스템을 비선형 상태로 만드는 대표적인 피드백이다.

조금 더 현실적인 예를 들어보자. 두 사람이 각각 방 1과 방 2에 있고, 각자 마이크와 스피커를 가지고 있다. 방 1에 있는 사람이 마이크에 1의 크기로 말을 하고, 이 소리는 방 2의 스피커로 전달되어 0.5의 크기로 흘러나온다. 이 소리는 다시 방 2의 마이크를 통해 방 1의 스피커로 전달된다. 방 1의 스피커는 입력된 크기 만큼의 소리가 나오도록 세팅되어 있다. 즉, 방 1에 있는 사람은 자신이 조금 전에 한 말을 다시 자신의 스피커로 듣는다. 하지만 그 소리는 0.5로 작아진다. 이 소리는 다시 한번 동일한 루프를 돌아 0.25 크기의 소리가 된다. 이렇게 하울링이 계속된다. 이제 방 2에 있는 사람이 스피커의 소리를 조금씩 키운다. 0.5배부터 조금씩 증가시켜 증폭 비율이 1배가 넘어가는 순간, 하울링의 크기는 기하급수적으로 증가해 '삐―' 하는 소리를 발산한다. 이와 비슷한 비선형성이 생화학 반응에서도 일어날 수 있다. 바로 촉매의 작용이다.

아주 간단한 화학 작용을 생각해 보자. 'A+B→C'라는 식은 A와 B라는 물질이 결합해 C라는 물질이 생성된다는 것을 뜻한다. 그러나 대부분의 생화학 반응은 저절로 일어나지 않고 촉매를 필요로 한다. 만약 C가 앞의 피드백 반응을 일으키는 촉매라면 어떤 일이 발생할까? A와 B가 충분히 많다면, 어떤 작은 요동으로 C가 아주 적은 양만 생성되어도, 반응을 촉진하며 더 많은 C가 만들어지고, 머지않아 폭발적으로 늘어날 것이다.

이제 이러한 일이 어떻게 저절로 발생할 수 있는지, 카우프만의 설명을 따라가 보자. 여기 N개의 단추와 M개의 실이 있다. 실의 양쪽 끝에는 단추를 연결할 수 있다. N개의 단추에서 임의의 2개를 선택하는 방법은 N*(N−1)/2가지이므로, M은 이보다 작다고 하자. 이제 M개의 실 모두를 연결에 사용한다. 연결이 끝나면 임의의 실을 들어 올린다. 이때 몇 개의 단추가 딸려 올 것인가 하는 질문이다. M=1이라고 해보자. 실 하나에 단추 2개를 연결했으니, 실을 끌어 올리면 2개의 단추가 따라올 것이다. 만일 M=2라면 어떨까? 2개의 실에 서로 다른 2개의 단추를 연결했을 수도 있다. 이때 실 하나를 선택해 끌어 올리면 여전히 단추는 2개가 따라올 것이다. 하지만 첫 번째 실로 단추 A와 B를 연결하고, 두 번째 실로 단추 B와 C를 연결했다면, 실을 끌어 올렸을 때 단추 3개가 따라 올라올 것이다. 만일 실의 개수가 N*(N−1)/2와 같다면, 모든 단추가 연결되어 있으므로 아무 실이나 끌어 올려도 단추 N개 모두가 끌어 올려질 것이다.

하지만 우리의 관심은 이러한 극단이 아니다. 우리가 궁금한 것은 실의 개수가 증가함에 딸려 올라오는 단추의 수다. X축을 M/N(즉, 단추의 개수 대비 실의 개수)으로, Y축을 딸려 올라오는 단추의 개수로 놓고 결과를 그려보면, M/N이 0.5 근방에서 딸려 올라온 단추의 개수가 급속도로 커진다는 것을 알 수 있다. 0.6 정도에서는 이미 대부분의 단추가 끌어 올려진다.

화학 작용의 관점에서 이를 해석해 보자. 단추가 단백질 하나를 나타낸다고 해보자. 하나의 실에 묶인 두 단추는 서로 반응할 수 있는 단백질 쌍이다. 이제 단백질이 10종 있다고 하면, 가능한 반응의 종류는 10*9/2=45가지다. 가능한 반응의 수라는 것이지, 실제 반응을 뜻하는 것은 아니다. 예를 들어, 가능한 반응 가운데 실제로 일어나는 비율이

0.01%라면, 실제로 반응이 일어나는 수는 45*0.01%=0.0045가지다. 사실상 아무런 반응이 일어나지 않는다. 이제 단백질이 1,000종 있다고 하자. 반응의 수는 49만 9,500가지이고, 실제 반응은 49.95가지다. 이때 M/N은 49.95/1,000로, 0.5보다는 작기에 어떤 반응을 보이는 2개의 단백질은 다른 단백질과 거의 연결되지 않는다.

하지만 단백질이 1만 종이 있다면 상황이 달라진다. 반응의 종류는 약 5,000만 가지이고, 실제 일어나는 반응은 5,000가지다. 이는 전체 단백질 수의 절반에 가깝다. 이제 어떤 반응을 일으키는 단백질 쌍들이 다른 반응을 일으키는 다른 단백질 쌍들과 연결되기 시작한다. 이렇게 단백질 반응 고리가 생겨나면, 이는 피드백 효과를 만들어 낸다. 어느 국소적인 공간에 단백질 혹은 유기물의 종류가 점점 많아지다 보면 저절로 피드백 루프를 갖는 고리가 형성된다는 것이다. 수학적으로 그 이유는 간단하다. 가능한 연결 수 M은 대략 N^2에 확률 P(앞에서는 0.01%)을 곱한 값이고, M/N은 결국 대략 P*N이기에, N이 충분히 크기만 하면 0.5를 넘어선다.

이제 단순한 고리가 아니라 실제 생화학 반응을 고려해 촉매의 기능까지 넣어보자. 그렇더라도 크게 바뀌는 것은 없다. 예컨대 'A+B→C'의 생화학 반응이 촉매 D에 의해 일어난다고 하자. 하지만 중요한 것은 실제로는 A부터 D까지가 모두 아미노산, 효소, 단백질이라는 것이다. 입력 물질인 A와 B, 출력 물질인 C 모두 자기 반응이나 다른 반응의 촉매로 기능할 수 있다. C와 D가 동일하다면 앞서 살핀 것처럼 자기 고리를 만들 수 있다. C와 D가 다르더라도, D가 길게 연결된 다른 반응 경로의 출력 물질과 일치하면 마찬가지로 피드백 고리가 완성된다. 중요한 것은 단백질 종류가 많아지면 수학적으로 고리 또는 그물이 저절로 형성된다는 점이다. 여기서 한 가지, 완벽한 고리가 만들어지지 않더라도 괜찮다. A가 어디에도 연결되지 않더라도, A가 외부로부터 꾸준히 들어오기만 한다면 그 그물은 안정적으로 유지된다. 이때 A는 그물이 필요로 하는 먹이 역할을 한다.

이렇게 만들어진 하나의 그물 혹은 비선형적 네트워크를 '자기 조직화된 시스템self-organizing system'이라고 한다. 이러한 시스템에서는 어떤 요동으로 중간 물질의 양이 늘어날 수 있고, 이것이 전체 시스템의 모든 단백질 수를 더 늘리는 효과를 가져올 수 있다. 이는 자기 복제와 개념적으로 동일하다.

정리해 보자. 어떤 좁은 공간에 유기물의 종류가 많아지면 어느 순간 내부 피드백에 의해 자기 조직화가 발생할 수 있다. 이러한 자기 조직화된 시스템은 외부에서 먹이가 꾸준히 공급되기만 한다면 시스템의 안정성이 확보된다. 자기 복제 또한 일어날 수 있다. 이러한 일이 유기물의 종류와 밀도가 일정 수준을 넘어서면 자연 발생적으로 생겨난다는 측면에서 물질에서 생명체로의 양질 전환이라고 할 만하다. 그러면 앞서 약속한 대로 생명체를 다시 정의해 보자.

생명체는 대사, 인지-반응, 면역 기능을 가진 자기 조직화된 비선형적 네트워크다.

물론 자기 복제는 생명체의 정의에 들어 있지는 않지만, 이 정의는 이미 이를 함축하고 있다. 사실 카우프만의 가설은 실험실에서 검증된

적이 없고, 설명 또한 정성적인 수준에 머물러 있을 뿐이다. 이에 카우프만은 다른 방식으로 자신의 가설을 정당화하고자 했다. 실제 화학 실험이 아니라, n개의 입력을 불 Boolean 연산을 통해 0과 1만을 출력하는 2진 네트워크를 만들어 모의 실험을 진행한 것이다. 예컨대 입력이 2개인 경우 노드는 AND 혹은 OR 같은 논리 연산을 수행한다. 이 네트워크를 충분히 오랜 시간 작동시키면 몇 가지 현상들이 나타난다. 첫 번째는 입력의 개수가 4개 이상인 경우에는 안정된 상태로 수렴하지 않고 대부분의 노드가 끊임없이 변한다는 것이다. 즉, 혼돈 상태가 발생한다. 한편 입력이 2개인 경우에는 어떤 안정된 상태로 수렴한다. 이는 0장에서 소개한 네트워크에서 하나의 끌개로 떨어지는 것과 같다. 안정된 상태에서는 노드 값들이 0이나 1로 고정되어 있을 수도 있지만, 1/2과 같이 0과 1 사이를 진동할 수도 있다.

이제 네트워크의 임의의 노드 값 하나를 바꾼다고 해보자. 이는 외부 입력을 가정하는 것이다. 입력이 4개 이상인 네트워크에서는 노드 하나의 변화조차 네트워크 전체를 심각하게 교란할 수 있다. 로렌즈의 나비 효과처럼 비선형적인 변화를 유발한다. 한편 입력이 2개인 네트워크는 하나의 노드 값이 바뀌더라도, 충분한 시간이 지나면 동일한 상태로 떨어지거나 또 다른 안정된 상태로 옮겨 가며 혼돈 상태로 빠지지 않는다. 매우 안정적인 상태가 만들어지기도 하는데, 이 경우에는 어떤 노드의 값이 바뀌더라도 다른 상태로의 전이가 발생하지 않는다.[•]

● 실제 카우프만의 실험에서는 입력 수 이외에도 출력의 편향을 조절하는 변수 P를 조절할 수 있다. P가 없을 때 완벽히 안정적인 상태는 입력 수가 1인 경우인데, 이는 더 이상 네트워크가 아니다. 입력이 2개 이상인 경우에는 P를 조절해 안정적인 네트워크를 만들 수 있다.

매우 안정적인 네트워크는 강제적인 변화, 즉 외부의 입력에 반응하지 않는다. 이를 생명체에 비유하자면 죽은 생명체나 다름없다. 4개 이상의 입력으로 이루어진 네트워크는 생명체가 요구하는 항상성을 유지하지 못한다. 그 가장자리, 즉 2, 3개의 입력으로 이루어진 네트워크는 생명체가 필요로 하는 특성을 가지고 있다. 일단 안정적인 상태를 유지하는 능력은 항상성을 의미하고, 외부의 입력에 반응해 내부 상태를 바꾸지만 결코 혼돈 상태에 빠지지 않는다는 것은 인지-반응 네트워크의 기능을 보여준다. 다시 말해, 생명체의 탄생은 혼돈의 가장자리에서 발생한다. 이는 앞서 비선형을 이야기하며 설명한 것과 일치한다. 비선형성은 완벽한 혼돈 상태가 아니라 그 가장자리에서만 패턴을 만든다. 예컨대 고속도로에서 만들어지는 패턴이나 베나르 육각형은 모두 완벽한 혼돈 상태에 진입하기 직전에 발생한다.

카우프만은 이러한 현상이 2진 네트워크에서도 똑같이 발생한다는 것을 보여준 것이다. 이제 2진 네트워크가 모사한 화합물 네트워크가 생명체의 정의에 부합하는지 살펴보자. 먼저 대사 활동이 존재한다. 네트워크는 끊임없이 먹이를 공급받아야 자기 조직화를 유지할 수 있다. 프리고진의 용어를 빌리자면, 물질-에너지 소산 구조가 형성되며, 그 과정은 기본적으로 비선형적이다. 2진 네트워크 모의 실험에서는 일부 비어 있는 입력 노드에 외부 신호를 제공하는 방식으로 이러한 과정을 구현한다. 다음으로, 인지-반응 네트워크는 외부 입력에 반응해 하나의 안정 상태에서 또 다른 안정 상태로 전이할 수 있다는 것으로 설명된다. 면역 네트워크는 인지-반응 네트워크의 한 가지 형태이므로, 여기서는 별도로 고려하지 않아도 충분하다. 자기 조직화된 유기물 집합은 생명체의 정의를 만족하며, 자기 복제 또한 가능하다. 따라서 이는 단순히 국지적으로 저엔트로피 상태가 가능하다는 물리 이론을 넘어서, 어떠한 특정한 조건에서 생명이 탄생하는지를 보다 구체적으로 보여준다.

카우프만은 혼돈의 가장자리에서 생명체의 특성이 나타난다는 것을 보여준 데 그치지 않고, 자연선택이 혼돈 시스템이나 매우 안정적인 시스템을 혼돈의 가장자리로 몰아간다는 것까지 보여주었다. 질서의 탄생, 패턴의 탄생, 생명의 탄생이 그저 우연이 아니라 필연적으로 나타날 수밖에 없다는 것에 대한 강력한 암시다. 그 논증의 핵심은 다음과 같다. 하나의 그릇에 다양한 생명체 혹은 자기 조직화된 네트워크를 집어넣는다. 카우프만의 설명에서는 다양한 종의 박테리아를 넣는다. 그리고 이들이 필요로 하는 유기물을 비롯한 여러 물질을 지속적으로 공급한다고 하자. 만약 박테리아의 종이 많고, 제공되는 유기물의 종도 많다면, 2진 네트워크에서 보여준 바와 같이 시스템은 혼돈 상황으로 치달을 것이다. 넘쳐나는 다양성으로 인해 박테리아에 독이 되는 물질도 만들어질 것이며, 이로 인해 특정 종의 소멸이 발생할 것이다. 이는 특정 노드의 소멸과 동일한데, 이는 시스템을 급격하게 무너뜨리는 기폭제로 작용할 수 있다. 그러면 많은 종이 절멸함으로써 시스템은 다양성이 줄어드는 방향으로 진화할 것이다. 반대로 다양성이 매우 부족한 안정적인 상황에서는 다양한 유기물의 투입으로 어느 정도까지 다양성이 증가한다. 이렇게 그릇 안의 생태계가 혼돈과 안정 사이의 가장자리로, 그것도 저절로 이동하리라는 것이 그의 주장이다. 전체 생명 시스템이 외부 개입 없이도 스스로 질서를 만들어 가며 점점 조직화된다는 것이다.

이번 장의 목표는 물질로부터 생명으로의 양질 전환을 설명하는 것이었다. 먼저 지금까지 알려진 현상들, 즉 최초의 생명체에 대한 가설, 세포의 구성과 작동, 유전 물질로서의 DNA, 유전 정보의 저장 원리 등을 설명했다. 그다음 생명체의 가장 중요한 특징인 네트워크적 특성을 살펴보았다. 생명체는 대사, 인지-반응, 면역 네트워크로 구성되어 있음을 설명했다. 마지막으로 이러한 현상을 가능하게 하는 양질 전환을 알아보았다. 생명이 출현하기 위해서는 엔트로피의 불균일한 증가, 그리고 그에 따른 국지적 감소가 우선적으로 필요하다. 이에 대한 물리학적 근거는 프리고진이 제시한 비평형 상태에서의 비선형성과 에너지 소산 구조라는 점을 설명했다. 이는 단순한 추측이 아니라 수많은 증거로 뒷받침되는 수학적, 물리학적 이론이다. 이를 생화학 반응 시스템에 적용하면 마찬가지로 피드백 효과에 의한 비선형성과 안정성을 갖는 시스템이 저절로 만들어진다는 카우프만의 가설도 살펴보았다. 이것이 물질에서 생명체로의 양질 전환에 대한 설명이다.

그러나 카우프만의 이론은 아직 검증되지 않았다. 단백질의 종류와 밀도를 높인다고 시스템이 저절로 창발하는 현상은 아직 발견되지 않았다. 이러한 현상이 발견되어도, 이것이 지구 최초의 생명체 또는 근원 세포last universal common ancestor, LUCA와는 다를 수 있다. 냉정하게 말하자면, 카우프만의 자기 조직화된 단백질 집단과 RNA의 관계에 관해서는 아무것도 밝혀진 것이 없다. 구체적인 과정까지는 모르지만, RNA와 자기 조직화된 단백질 고리가 서로 경쟁했을지 모르는 일이며, 이 과정에서 디지털이 아날로그를 이겼을 수도 있다. 하지만 중요한 것은 자발적인 저엔트로피 영역에 관한 탄탄한 물리학 이론이 있고, 이를 생명의 탄생과 연결하는, 더 나아가 생명의 탄생이 상당히 개연적이라는 점을 보이는 그럴듯한 논증을 구축하는 것이 가능하다는 점이다. 세포가 단순히 물질과 다르다는 '전체론'만으로는 '전체'를 보여줄 수 없다. 물질의 비선형적 네트워크, 그리고 바로 그 네트워크적 연결 특성이 바로 세포다.

마지막으로, 카우프만의 모의 실험에서 얻을 수 있는 한 가지 통찰을 짚어보자. 카우프만의 2진 네트워크는 실제 네트워크와 비교해 극도로 단순화된 모델이다. 입력이 고작 0 아니면 1이고, 계산도 불 연산으로 제한된다. 하지만 이러한 시스템에서조차 입력의 수가 겨우 4개만 되어도 네트워크가 혼돈 상태에 빠진다. 이는 뒤에서 다시 한번 논의하겠지만, 오늘날 우리가 살아가는 시대를 돌아보게 한다. 과거에는 마을의 다른 사람들에게만 정보를 얻었지만, 지금은 전 지구적 연결망을 통해 실시간으로 끝없는 입력을 받는다. 그야말로 '초연결 시대'인 것이다. 초연결 사회는 달리 말해 극도의 혼돈으로 치달을 수 있는 사회이기도 하다. 하지만 카우프만의 설명이 사회에도 적용된다면, 혼돈 사회는 저절로 혼돈의 가장자리로 이동하는 경향을 가질 것이다. 자연선택과 비슷한 원리다. 혼돈을 방지하는 규칙과 법, 국가 제도 같은 장치들이 바로 혼돈을 혼돈의 가장자리로 끌어당기는 사회적 힘이라고 해석할 수 있다.

슈퍼프로그램

생명체의 네트워크적 특성이 도대체 무엇을 뜻하는지 조금 더 깊이 알아보자. (네트워크에 관한 기본 지식은 0장을 참고하라.) 네트워크에서는 무엇이 원인이고 무엇이 결과인지 구분하기 어렵다. 예컨대 텔로미어의 길이가 노화의 원인인지 결과인지, 혹은 국어 점수와 수학 점수와의 관계가 인과관계인지 상관관계인지 확인하는 것은 쉽지 않다. 네트워크에서는 대부분이 원인이자 결과이기 때문이다. 외부 인자는 텔로미어의 길이를 늘리면서도 수명을 증가시킬 수도 있지만, 텔로미어의 길이와 상관없이 수명을 증가시킬 수도 있다. 본질적인 원인은 내부에 있기에, 네트워크의 안정 상태, 즉 끌개를 파악하는 것이 중요하다.

세포라는 네트워크를 보자. 어느 순간 DNA가 활동을 시작한다. DNA가 풀리고 RNA가 합성되며, 전달된 코드에 따라 리보솜은 단백질을 만든다. 여기서 '왜 특정 순간에 특정 단백질이 만들어지는가?', 그리고 '이를 컨트롤 하는 것은 무엇인가?' 하는 질문이 자연스럽게 따라온다. 흔한 오해 중 하나는 DNA가 생명 활동의 모든 프로그램을 담고 있다는 생각이다. 하지만 DNA는 정보 저장 장치에 불과하다. 컴퓨터로 치면 메모리다. 게다가 DNA는 마음대로 읽고 쓰는 메모리가 아니라, 한번 저장되면 바꿀 수 없는 ROM에 가깝다. 수만 가지 유전 정보는 수만 가지 응용 프로그램이라고 생각할 수 있다.

우리가 새로운 컴퓨터를 하나 샀다고 해보자. 이 컴퓨터의 메모리는 확장하거나 변경할 수 없다. 이미 수많은 프로그램이 내부 메모리에 탑재되어 있다. 우리는 단지 어떤 프로그램을 실행할지 결정해 클릭하기만 하면 된다. 그 프로그램에 싫증이 난다면 다른 프로그램을 실행하면 된다. 하지만 이때 프로그램을 선택하는 것은 사용자이지 컴퓨터가 아니다. 마찬가지로 DNA에 담긴 수많은 생명 유지 프로그램 혹은 유전

프로그램 가운데 어느 것을 어느 순간에 실행할지를 결정하는 프로그램이 있고, 이를 '슈퍼프로그램'이라고 한다면, 이러한 슈퍼프로그램이 세포 어디에 저장되어 있는지에 대한 질문이 자연스럽게 떠오른다.

우리가 카드 게임을 한다고 생각해 보자. 우리가 쥔 카드가 바로 DNA다. 상대방은 다른 카드를 쥐고 있다. 어떤 카드를 낼지는 사람이 결정한다. 기본적으로 카드 게임에서 이기려면 쥐고 있는 카드가 좋아야 한다. 하지만 좋은 카드만으로 이기는 것은 아니다. 어떤 카드를 언제 내는지도 중요하다. DNA는 저장 장치, 즉 메모리다. 그렇다면 어떤 카드를 언제 낼지를 결정하는 CPU, 즉 컨트롤 타워는 어디에 있을까? 즉, 세포 안에서 1번 유전자 코드를 언제 실행하고 2번 유전자 코드를 언제 실행하는지를 결정하는 컨트롤 타워의 실체는 무엇일까? 이러한 질문에 대한 답을 교과서나 인터넷에서는 쉽사리 찾아볼 수 없다. 이러한 컨트롤 영역이 세포 안의 독립적인 어떤 미세 구조로서 발견된 적이 없기 때문이다. 인간은 세포의 조합이다. 세포는 DNA를 포함하고 있으며, 나의 의지와 상관없이 DNA 속 프로그램은 끊임없이 실행된다. 그렇다면 어떤 프로그램을 실행할지 결정하는 컨트롤 타워가 세포 안에 없다는 것은 말이 되지 않는 것처럼 보인다. 세포에 그런 기능이 없다면, 지금 나의 몸을 제어하는 것은 무엇인가? 분명한 것은 뇌는 아니라는 점이다. 이미 이야기했지만, 뇌(실제로는 의식)는 근육의 육체적 움직임 말고는 조절할 수 있는 것이 거의 없다.

질문에 대한 답은 세포의 작동이 컨트롤 타워 없이 그 자체로 컨트롤된다는 것이다. 다시 네트워크의 개념이다. 수만 개의 프로그램이 깔린 컴퓨터를 생각해 보자. 그런데 자세히 보니, 이 컴퓨터에는 인간이 무언가를 지시할 수 있는 입력 장치가 없다. 자체적으로 이 프로그램을 실행시켰다 저 프로그램을 실행시켰다 할 뿐이다. 그럼에도 어떤 규칙이 있을 듯해 오랜 시간 지켜보자, 비가 오면 1번 프로그램을, 온도가 섭씨 30도 이상 올라가면 2번 프로그램을, 90데시벨이 넘는 소리가 울리면 3번 프로그램을 실행한다는 것을 발견했다고 해보자. 사실 이러한 시스템을 만드는 것은 전혀 어렵지 않다.

OS, 즉 운영체제는 하드웨어를 직접 제어하면서도 소프트웨어가 컴퓨터에서 원활하게 실행되도록 다양한 라이브러리를 제공해 준다. 소프트웨어를 컨트롤하는 슈퍼소프트웨어인 것이다. 어떤 프로그램을 실행할지는 보통 사용자가 선택하지만, 이러한 선택권을 OS에 넘기는 것도 전혀 어렵지 않다. 하드웨어에 센서를 부착해 비가 오면 〈테트리스〉를, 온도가 섭씨 30도를 넘어서면 〈스타크래프트〉를, 90데시벨 이상의 소리가 울리면 모든 프로그램을 중단하는 OS를 만들 수 있다. 그렇다면 이러한 기능을 지닌 슈퍼프로그램은 세포 어디에 저장되어 있을까? OS와 일반 프로그램은 모두 메모리에 저장된다. OS보다 조금 더 하위 수준의 프로그램인 펌웨어는 주로 ROM에 저장된다. 하지만 생명체의 슈퍼프로그램은 세포 자체에 저장된다.

CPU 구조를 다시 떠올려 보자. 명령어에서 처음 등장하는 2비트 00, 01, 10, 11이 각각 메모리 읽기, 쓰기, 더하기, 레지스터에 저장하기를 의미한다고 해보자. 이 규칙은 DEMUX라는 하드웨어에 저장된다. DEMUX의 구조를 조금만 바꾸면, 00을 메모리 읽기가 아니라 쓰기로 바꿀 수도 있다. 이것이 DEMUX 구조 어디에 저장되는지를 다시 질문하면, 결국 트랜지스터의 연결에 저장된다는 대답에 이른다는 것을 기억하기를 바란다.

세포 네트워크에 외부로부터 신호가 들어온다. 이 신호는 주어진 네트워크를 현재 상태에서 다른 상태로 전이시킨다. 각각의 상태는 특정 프로그램이 실행되는 상태다. 즉, 프로그램 1을 실행하고 있었는데, 외부 신호에 의해 프로그램 2를 실행하는 다른 상태로 전이되는 것이다. 여기서 프로그램 1과 프로그램 2는 응용 프로그램에 해당하며, 세포로 치면 DNA의 특정 유전자 발현, 즉 특정 단백질을 합성하는 과정을 의미한다. 물론 아무것도 실행하지 않는 것도 하나의 프로그램일 수 있다.

슈퍼프로그램은 프로그램이 트랜지스터라는 노드들의 연결 구조에 저장되듯이 세포라는 네트워크, 그 연결 구조에 저장된다. 트랜지스터의 연결 구조를 바꾸면 다른 기능을 하는 기계가 만들어지듯이, DNA가 동일하더라도 슈퍼프로그램인 세포 네트워크가 다르다면 세포는 동일한 외부 신호에도 다르게 반응할 수 있다. 알기 쉬운 예가 바로 인간의 체세포 분화다. 인간은 약 300종의 세포를 가지고 있는데, 이 모든 세포는 동일한 DNA를 지니고 있다. 그럼에도 300가지 서로 다른 방식으로 작동하는 것이다. 이유는 단순하다. 슈퍼프로그램이 다르기 때문이다. 즉, DNA가 아니라 세포 내 연결 구조가 다르기 때문이다.

우리의 원래 질문은 슈퍼프로그램은 어디에 저장되는가였다. 그리고 이에 대한 답은 너무나 간단하게도, 세포 자체가 슈퍼프로그램이라는 것이다. 사실 네트워크의 본질을 이해하면 너무나 당연한 답이다. 슈퍼프로그램은 세포의 외부 환경과 자신의 현재 상태에 따라 DNA 속 어느 프로그램을 실행할지 결정한다. 여기서 세포의 외부 환경은 개체 바깥에서 주어지는 자극일 수도 있고, 이웃한 다른 세포일 수도 있다.

세포의 동작은 외부 입력과 그에 반응하는 무심한 네트워크의 비선형적인 반응이며, 이것이 전부다. 응용 프로그램은 디지털 형태로 DNA에 저장되며, 이러한 응용 프로그램들 가운데 어느 것을 언제 실행할지를 결정하는 슈퍼프로그램은 세포 하드웨어, 즉 네트워크의 연결과 구조에 저장된다.

지금까지의 내용을 정리해 보자.

(1) 세포는 네트워크다.

(2) 세포는 다양한 응용 프로그램을 DNA 속에 디지털 코드 형태로 보관한다.

(3) 어떤 코드를 실행할지는 세포 안의 독립된 특정 조직이 아니라 세포의 전체 네트워크 구조에 각인된 슈퍼프로그램이 결정한다.

(4) 슈퍼프로그램은 자신의 현재 상태와 세포의 외부 환경에 따라 실행할 응용 프로그램을 선택한다.

수정란 분화의 미스터리

DNA는 응용 프로그램이고 슈퍼프로그램은 세포 네트워크에 저장된다는 설명은 두 가지가 확실히 분리되어 있다는 느낌을 준다. 하지만 다음과 같은 의문이 생길 수 있다. '세포를 이루는 주요 물질과 구조 역시 DNA에 저장된 응용 프로그램을 실행한 결과가 아닌가? 다시 말해, 슈퍼프로그램은 DNA에 저장된 프로그램들이 실행된 결과이므로, 슈퍼프로그램도 애초에 DNA에 내재되어 있는 것 아닌가?' 이는 절반은 맞고, 절반은 틀린 이야기다. 이를 수정란의 분화를 통해 살펴보자.

인간은 300여 가지의 세포를 지니고 있다. 예컨대 신경세포와 적혈구는 외부 환경에 다르게 반응한다. 이는 세포마다 서로 다른 슈퍼프로그램을 네트워크 형태로 장착하고 있다는 것인데, 이러한 슈퍼프로그램은 세포가 죽을 때까지 안정적으로 유지된다. 그런데 이 모든 세포는 하나의 세포로부터 분화한다. 바로 수정란이다. 수정란은 다른 300여 종의 세포들과 정확히 동일한 DNA 코드를 가지고 있고, 슈퍼프로그램만 다른 또 다른 네트워크다. 그런데 문제는 어떻게 단세포에 불과한 수정란이 서로 다른 기능을 가진 300여 종의 세포로 분화하는 것인가 하는 점이다. 수정란은 난할의 과정을 거친다. 2, 4, 8로 계속 쪼개진다. 이러한 난할의 과정에서 유전 정보의 손실은 일어나지 않는다. 즉, 모두 동일한 DNA를 가지고 있다. 그런데도 어떻게 어떤 세포는 신경세포가 되고, 어떤 세포는 근육세포가 되는 것일까? 이는 무엇이, 어떻게 결정하는 것일까?

과거에는 수정란 하나에 이미 인간의 모든 특성이 담겨 있다고 여기기도 했다. 이것이 맞다면, 수정란의 부분들이 어떤 세포로 자라날지 이미 결정되어 있을 것이다. 그러면 한 차례 분열을 거친 2세포기 배아를 자르면, 각각에서는 난할 과정을 통해 반쪽짜리 생명체가 태어날 것

그림 32 수정란의 분화.

이다. 하지만 실험 결과는 다르다. 온전한 생명체가 태어난다. 이는 2세포기 배아의 두 세포가 동일하다는 뜻이다. 4세포기 배아를 4개로 쪼개도 마찬가지다. 하지만 난할을 반복하다 보면 어느 시점에서 세포가 다른 종류의 세포가 되는데, 이 상태에서 세포를 쪼개면 불완전한 생명체가 태어난다.

이러한 현상은 DNA의 관점에서만 바라보면 미스터리일 수밖에 없다. 그러나 DNA가 정보 저장 장치라는 점, 세포가 네트워크라는 점, 그리고 DNA 코드를 실행하는 것은 외부 신호와 세포 네트워크의 상태라는 점을 기억하면 여기에는 어떠한 미스터리도 없다. 다시 다양한 세포들을 생각해 보자. 가지고 있는 DNA는 동일하다. 그러나 세포의 종류가 다르면 네트워크 구조도 다르다. 일단 생긴 것부터 다르고, 하는 일도 다르다. 외부 신호에 반응하는 방식도 완전히 다르다. 즉, 서로 다른 종류의 세포는 저마다 하는 일에 따라 그에 맞는 네트워크, 슈퍼프로그램을 내장하고 있다. 그런데 이 모든 것이 하나의 세포로부터 출발했다. 물론 이 세포도 동일한 DNA를 가지고 있다. 이러한 수정란이 어떻게 다른 네트워크의 세포들로 바뀌는 것일까?

먼저 수정란은 난할의 과정을 거치면서 쪼개지기 시작한다. 4세포기를 생각해 보자. 그림 32와 같이 완벽한 대칭을 이룬다면 4개의 세포는 동일하다. 각각의 세포 내부 상태와 외부 환경이 동일하기 때문이다. 외부 환경은 배아 밖의 환경일 수도, 이웃한 세포일 수도 있다. 이러한 상황에서는 4개의 세포가 정확히 동일하기에, 세포를 떼어 낸 후 다시 배양해도 완벽한 개체를 얻는다. 그런데 그림 33과 같이 여기서 더 쪼개진다고 해보자. 실제로는 발견되지 않지만, 편의를 위해 9세포기

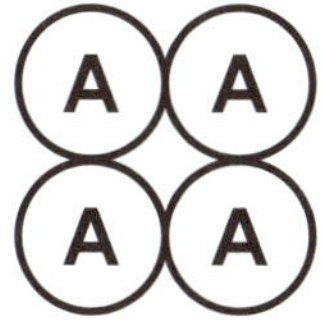 

그림 33 수정란의 난할 과정. 가상의 9세포기에서는 대칭이 깨지고,
이것이 서로 다른 응용 프로그램의 실행으로 이어진다.

가 있다고 해보자. 9세포기까지는 아직 네트워크가 동일하다고 하자. 하지만 외부 신호가 달라진다. 세포 A, B, C의 외부 환경이 다르기 때문이다. 각 세포에는 서로 다른 외부 신호가 입력되고, 이에 따라 다른 응용 프로그램이 실행되어 다른 단백질이 만들어진다. 그리고 이렇게 만들어진 단백질은 이제 네트워크 자체를 변화시킨다.

그림 33의 모델은 현실과 비교해 매우 단순하지만, 핵심 원리는 모두 담고 있다. 달팽이의 경우, 2세포기에서도 세포 내 미세 조직의 연결 구조로 인해 대칭이 깨진다. 두 가지 연결 구조가 있는데, 이러한 연결의 차이로 달팽이 껍질이 왼쪽으로 꼬일지 오른쪽으로 꼬일지가 결정된다. 인간의 경우, 수정란이 분열하면서 바깥쪽 위치하는 세포는 주로 태반을 형성하고, 안쪽 세포는 태아로 발달한다. 이러한 결정은 16세포기에서 32세포기 사이에 이루어진다. 또한 수정란이 착상하는 과정에서 자궁 내막과 닿아 있는 세포들과 그렇지 않은 세포들은 서로 다른 외부 환경에 놓이며, 자연스럽게 대칭 붕괴로 이어진다. 요컨대 수정란이 다른 종류의 세포로 변환되는 시작점은 난할에 의한 자발적 대칭 붕괴, 그리고 착상과 같은 외부 환경의 변화에 따른 대칭 붕괴다. 이렇게

서로 다른 환경에 놓인 세포들은 각각 다른 응용 프로그램을 실행한다.

일반적인 체세포에서 하나의 응용 프로그램을 실행한다는 것은 새로운 단백질을 생성한다는 뜻인데, 이는 대부분 생존에 필요한 코드를 실행하는 것이지, 네트워크의 구조 자체를 바꾸지는 않는다. 따라서 체세포의 네트워크는 상대적으로 안정적이다. 하지만 수정란이나 배아줄기세포의 네트워크는 다르다. 앞의 그림에서 A, B, C와 같이 서로 다른 환경에 놓인 세포 네트워크들은 각각 다른 단백질을 합성하며, 이 단백질들은 네트워크를 변화시킨다. 이러한 의미에서 수정란의 네트워크는 쉽게 변하는 네트워크다. 일부 단백질은 네트워크 안에서 새로운 노드로 기능할 수 있고, 일부는 다른 연결을 촉진하는 촉매 역할을 할 수 있다.

이는 끌개와 연결된다. 0장에서 설명한 네트워크를 다시 떠올려 보자. 어떤 네트워크는 초기 조건에 따라 결국 어떤 안정된 상태 가운데 하나인 끌개로 수렴한다. 이때 네트워크의 끌개가 몇 개나 되는지에 관한 질문이 있었다. 수정란은 네트워크 상태의 초기 조건이다. 난할 과정을 거치며 쪼개진 배아 세포들은 다양한 환경을 접하게 되고, 결국 끌개에 이끌려 다른 종류의 세포들로 자란다. 카우프만은 여기서 더 나아가, 인간 세포의 이론적 끌개 수가 실제 세포 종류의 수와 비슷하다는 것을 그럴듯하게 설명한다.

대칭 붕괴에 따른 서로 다른 응용 프로그램의 실행, 그리고 새로이 만들어진 단백질에 따른 네트워크의 변화와 그로 인한 슈퍼프로그램의 변화, 이것이 수정란 분화에서 일어나는 일들이다. 일단 분화가 끝난 300여 가지 새로운 네트워크들은 더 이상 새로운 단백질로 인해 자신의 구조가 쉽게 변경되지 않는 안정된 구조, 즉 끌개의 밑바닥일 것이다. 물론 그 안정성에는 한계가 있고, 외부 환경에 노출되어 변화를 겪거나 질병을 유발할 수도 있다.

우리는 지금까지 네트워크가 하나의 슈퍼프로그램이라는 점을 살펴보았다. 반도체에서 계산기의 기능이 트랜지스터의 연결에 있다고 했듯이, 슈퍼프로그램은 세포 네트워크의 연결 구조에 들어 있다. 창발은 연결에서 나온다. 따라서 우리는 앞의 내용을 다음과 같이 종합할 수 있다.

세포의 컨트롤 타워는 세포 네트워크에 있다.

이렇게 말하고 나면, 생명체의 주도권이 과연 DNA에 있는 것인지 세포에 있는 것인지 궁금해신다. 세포가 DNA를 단백질 합성의 도구로 사용하는 것인지, 유전자가 세포로 하여금 단백질을 합성하게 만드는 것인지 말이다. 이것이 다음 내용이다.

진화

우리는 지금까지 생명체가 무엇이고, 물질에서 어떻게 생명체가 탄생할 수 있었는지, 그리고 생명체의 내부 작동 원리가 무엇인지 살펴보

● 분화가 끝난 세포들을 시계를 거꾸로 돌려 다시 줄기세포로 만드는 일이 불가능한 것은 아니다. 일본의 야마나카 신야Shinya Yamanaka가 처음으로 만들어 낸 유도만능줄기세포iPSC는 여전히 인기 있는 연구 주제다.

았다. 즉, 양질 전환 과정에 집중해 왔다. 하지만 우리는 이에 덧붙여 세 가지를 더 알아볼 것이다. 생명체의 오메가는 무엇인지, 오메가의 동역학은 무엇인지, 그 동역학의 2종 예측에는 어떤 것이 있는지에 관한 것이다. 사실 생명체에 관해 지금까지 다룬 내용은 이 물음들에 답하기 위한 준비였기에, 지금부터가 훨씬 중요하다고 할 수 있다. 과학적 업적 면에서 뉴턴에게 유일하게 필적할 수 있는 다윈에서 시작해 보자.

다윈의 계몽

인간의 역사에서 신화와 우상을 끌어내고 그 자리에 과학의 이름을 확실히 새겨 넣은 첫 번째 사건은 『프린키피아Principia』의 출간이었다. 이 책은 신의 영역이었던 우주와 태양과 행성의 운동이 단순히 물리 법칙의 결과일 뿐이라는 점을 보여주었다. 모든 이가 당연하게 여겼던 세계관을 완전히 뒤집어 놓은 이 혁명적인 물리학은 결국 로마 가톨릭조차 받아들일 수밖에 없게 만들었다. 물론 그 과정이 순탄하지는 않았지만, 사실 천동설이 성경에 적혀 있는 내용은 아니었기에 가톨릭이 뉴턴의 물리학과 성경을 조화시키려는 시도가 불가능한 것은 아니었다. 하지만 신화와 우상이 견고하게 자리 잡고 있는 영역은 여전히 남아 있었다. 자기 복제 하는 복잡한 유기물인 생명체는 여전히 물리학조차 넘볼 수 없는 영역으로 간주되었다. 모든 생명은 신의 선물이나 계획으로 여겨졌다. 그러나 18세기부터 이에 의문을 품은 이들이 하나둘 생겨나기 시작했다.

모든 원소가 주기율표에 나와 있듯이, 생명체에도 분류 체계가 있다. 우리가 학교에서 배운 '종, 속, 과, 목, 강, 문, 계'가 그것이다. 지금과

정확히 동일하지는 않지만, 이러한 분류 체계는 1735년 스웨덴의 린네 Carl von Linne가 처음 제시한 것이다. 린네는 진화론자가 아니었다. 하지만 광범위한 종류의 생명체를 기록하고 분류하는 과정에서 이상한 점을 발견했다. 식물은 종간 교배가 가능했는데, 이렇게 생긴 새로운 종은 "모든 종은 하나님이 창조했으며 변하지 않는다"라는 기존의 견해로는 말끔하게 설명할 수 없는 것이었다. 또한 19세기로 들어서면서 분류표에 없는 새로운 종의 화석들이 대거 발견되면서, 종이 불변하는 것이 아니라 생성과 멸종이 반복되었다는 결론을 피할 수 없었다.

화학 반응의 특성을 기반으로 원소 주기율표를 만들었지만 그 주기율표 이면에 원자의 존재와 구조가 놓여 있었듯이, 생물의 분류표는 진화론을 잉태하고 있었다. 같은 속에 속하는 다양한 종들이 결국 공통 조상으로부터 비롯한 것이 아닌가 하는 의문을 낳은 이들이 자연스럽게 품기 시작했고, 그 증거를 찾아 떠나는 이들도 많아졌다. 그리고 데이터가 쌓일수록 그런 의심은 점차 확신으로 굳어지고 있었다. 이미 혁명의 불씨는 타오르고 있었고, 쌓여 있는 온갖 증거들로부터 누가 먼저 자연의 법칙을 읽어낼 것인가 하는 문제만 남아 있었다.

이 시기에 진화론에 기여한 이들은 20세기 초반에 양자역학에 기여한 이들만큼이나 많았다. 하지만 그중에서도 특히 중요한 인물로 라마르크 Jean Lamarck, 다윈, 월리스 Alfred Wallace, 그리고 별도로 멘델 Gregor Mendel이 있다. 다윈이 가장 크게 기여한 것은 사실이지만, 다윈의 이론이 나오기까지는 수많은 이들의 노력이 필요했다. 최초로 기존의 주장과 증거를 체계적으로 엮어 통일된 이론으로 주장한 것은 라마르크였다. 그의 이론은 다음과 같이 정리할 수 있다.

(1) 유기체는 환경에 적응하면서 변한다.

(2) 이러한 변화는 유전된다.

(3) 변화는 복잡성을 축적하는 과정이며, 변화가 누적되다 보면 어
느 순간 새로운 종이 출현한다.

(4) 같은 속에 포함된 모든 종은 공통 조상을 가진다.

그의 용불용설은 (1)과 (2)가 핵심이다. 이러한 그의 주장은 여러 비판에 직면하다 다윈의 이론에 의해 결정적인 타격을 입었다. 그러나 현대 진화론, 특히 앞서 언급한 슈퍼프로그램의 진화, 후성유전학 등은 라마르크의 진화 방식이 일부 옳았음을 보여준다. 이번 장 말미에서 이를 간단히 소개할 것이다.

한편 월리스는 미적분을 뉴턴과 공동 발견한 라이프니츠^{Gottfried Leibniz} 같은 사람이다. 월리스는 다윈과 독립적으로 거의 동일한 생각과 논문을 제출했는데, 미적분을 둘러싸고 뉴턴과 라이프니츠가 파국적인 경쟁으로 치달은 것과 달리, 월리스가 다윈에게 자신의 공로를 넘김으로써 우선권 논쟁은 일어나지 않았다. 하지만 역시나 역사는 월리스를 별로 기억하지 않는다.

현대 진화론은 뉴턴 역학만큼 완벽하게 정리되지는 않았지만, 0차 이론 혹은 계몽 이론으로 가장 널리 지지받고 인정받는 것은 신다윈주의다. 신다윈주의는 다윈의 자연선택 이론과 멘델의 유전학에, 현대 분자생물학과 유전학의 폭넓은 성과들이 결합되어 집대성된 이론이다. 그리고 신다윈주의의 열렬한 전도사라 할 만한 인물이 바로 『이기적 유전자^{The Selfish Gene}』의 저자 리처드 도킨스^{Richard Dawkins}다.

유전자 중심주의

신다윈주의는 한마디로 유전자 중심주의다. 모든 진화 과정을 유전자를 중심으로 설명한다. 이것에 이의를 제기할 생각은 없다. 나 또한 신다윈주의자다. 다만 이것은 뉴턴 역학과 같은 0차 근사 이론, 계몽 이론이다. 틀렸다고 말하는 것과 근사 이론이라고 말하는 것은 다르다. 한 세대에서 다음 세대로 전달되는 것은 응용 프로그램인 유전자만이 아니다. 슈퍼프로그램 또한 같이 전달된다. 예컨대 인간은 DNA만을 전달하는 것이 아니라, 정자와 난자의 조합인 세포 자체를 다음 세대로 전달한다. 유전 정보는 DNA에만 있지 않다. 수정란 세포 자체에도 슈퍼프로그램이 저장되어 있다.

이때 이런 질문이 가능하다. 정자와 난자 역시 부모 세대의 DNA에 의해 만들어진 것 아닌가? 틀린 말은 아니지만, 슈퍼프로그램은 DNA로만 결정되는 것이 아니다. 왜 그런지는 앞서 설명했다. 유전이 DNA 유전뿐 아니라 슈퍼프로그램의 유전까지 동반한다는 점에서 신다윈주의는 0차 근사 이론일 뿐이다. 뉴턴 역학의 가치가 상대성이론이나 양자역학으로 인해 사라지는 것이 아니듯이, 신다윈주의는 진화론의 중심 이론으로서 그 자리를 지킬 것이다. 유전자 중심주의에 매달릴 필요는 없다. 그것이 지나치면 도그마가 된다.

앞서 이야기했듯이, 다이아몬드가 탄소로 이루어진다는 발견이 계몽의 시작이기는 하지만, 그것만으로는 충분하지 않다. 탄소의 연결이 달라지면 흑연이 되기도 한다는 점이 중요하다. 탄소들이 서로 연결되는 방식이 탄소의 특성에서 기인하기에 탄소 중심주의를 주창할 수도 있지만, 연결 방식 가운데 어느 것이 선택되는지는 탄소가 결정하지 않는다. 탄소, 탄소의 연결, 그리고 그러한 연결이 이루어지는 원리를 모두 이해하는 것이 중요하다.

근사 이론의 계층

0차, 1차, 2차 근사 이론이 어떻게 만들어지는지 이미 설명했지만, 뉴턴의 운동 방정식 $F=ma$를 조금 더 깊이 들여다보는 것으로 진화론을 검토하고자 한다. (이는 앞서 카우프만의 이론이 완전히 새로운 이론이 아니라 자연선택, 즉 다윈 이론의 1차, 2차 근사 이론일 뿐이라는 것에 대한 보충 설명이다.) 여기 입자 100개가 있다고 하자. 우리가 관심을 갖는 것은 특정 입자의 가속도 a다. 이 입자의 움직임, 즉 a는 입자에 가해지는 힘 F에 의해 결정된다. 여기서 힘은 나머지 99개 입자에 의해 결정된다. 이때 F는 결국 이 모든 힘의 합이다. 99개 개별 입자로부터 각각 어떤 힘을 받는지는 중요하지 않다. 평균적인 힘을 알 수만 있다면 그것으로 충분하다.

예컨대 자석을 작은 영역으로 나누어 생각해 보자. 전체 자석의 세기는 각 영역의 자화의 세기를 모두 합한 값이다. 결국 작은 영역의 자화의 세기를 전부 알 수 있다면 전체 자석의 세기를 알 수 있는데, 작은 영역의 자화의 세기는 바로 주변 영역의 자화의 세기, 혹은 전체 자석의 세기에 비례한다. 강력한 자석이 있으면 그 옆에 놓인 자석이 강한 자성을 띠고, 전체 자화의 크기가 거의 없는 철이 자석 옆에서 자성을 띤다. 이때 중요한 가정이 하나 있다. 바로 특정 영역의 자화의 세기가 인접한 영역의 자화의 세기와 동일하거나 최소한 비례한다는 것이다.

매우 커다란 자석을 생각한다면, 물리적으로는 두 영역의 자화 세기가 다를 이유가 없다. 더 나아가 모든 영역의 자화 세기가 동일하다고 가정하더라도 큰 무리는 없다. 이제 발산이 일어난다. 1번 영역의 자화 세기가 커지면, 그로 인해 2번 영역의 자화 세기가 커지고, 그로 인해 다시 1번이 커진다. 특정 조건에서 실제로 일어나는 일인데, 이것이 바로 자석이 만들어지는 물리적 원인이다. 이러한 근사 방식을 '평균장 근사 mean field approximation'라고 하는데, 특정 물체에 가해지는 힘을 하나하나 살피지 않고 평균적으로 퉁 치는 방법이다.

여기서 평균장 근사는 일종의 계몽 이론이다. 하지만 그 한계는 명확하다. 여기에는 평균으로부터 거리, 즉 요동과 관련한 어떠한 정보도 없다. 요동이 매우 작다면 이러한 이론만으로 충분하겠지만, 특정 조건에서는 요동을 무시할 수 없을 정도로 커진다. 계몽 이론은 이러한 환경에서 한게를 드러내며, 이때 요동까지 기술하는 1차 근사 이론이 필요해진다.

자연선택

다윈 이론의 핵심 개념은 자연선택이다. 한번 개미를 생각해 보자. 개미가 여전히 생존해 있다는 사실은 개미가 자연선택을 받았다는 뜻이다. 다시 말해, 한 종이 자연선택을 받았다는 것은 그 종이 환경에 적응해 살아남았다는 것을 뜻한다. 이때 살아남았다는 것은 간단히 말해 평균적으로 개체가 한 개체 이상의 생명체를 생산했다는 뜻이며, 그 이상도 그 이하도 아니다. 인간으로 치면 출생률이다. 보통 암수가 둘 이상의 자식을 계속 낳으면 그 종은 존속한다. 여기서 모든 것은 종 내 평균 개념이다. 이제 우리는 종 내 개체들의 평균 출생률이 1 이상이면 그 종

은 멸종하지 않는다고 이야기할 수 있다. 자연선택을 받는다고 말할 수
도 있다.

$$\Delta N/\Delta T=(\lambda-1)\times N$$

여기서 N은 종의 개체 수, ΔT의 단위는 한 세대의 시간 단위, λ는 출
생률이다. λ가 1이라면 세대별 개체 수 변화 $\Delta N/\Delta T$는 0이 되어 개체 수
는 상수로 유지된다. λ가 1 이상이면 개체 수는 증가하고, 1 이하라면
개체 수는 감소한다. 지속적으로 1 미만이면 그 종은 사라진다.

생명체의 오메가는 출생률 혹은 번식률 λ다. λ가 1 이상이면 자연
선택을 받는다고 이야기하고, 1 미만이면 도태되는 것이다. 아무리 복
잡한 생명체 혹은 종이라고 하더라도, 그것이 인간이라고 하더라도, 진
화론의 관점에서 오메가는 출생률일 뿐이며 나머지는 중요하지 않다.
자연이 무심해 보이기도 하지만 이것이 현실이다. 꿈, 의지, 사랑, 우정,
정의, 도덕, 예술 같은 것들은 생물의 진화에서는 부차적인 것이다. 아
메바를 떠올려 보자. 무심한 바위와 아메바의 차이는 무엇일까? 그 차
이를 설명하는 오메가는 무엇인가? 출생률밖에 없다.

이러한 관점에서 2024년 기준 출생률이 약 0.75명인 한국 내 인간
종은 자연선택 받지 못한 것이다. 여기서 중요한 것은 λ가 상수가 아니
라 변수라는 점이다. 한 종은 생태계라는 네트워크에서 보면 하나의 노
드일 뿐이다. 주변에 천적이 얼마나 많은지, 구할 수 있는 먹이가 있는
지, 기후는 적당한지 등에 따라 출생률은 변한다. 우리는 생태계라는
네트워크 속에서 출생률의 동역학을 알아야 한다. 그러나 동역학을 이

야기하기에 앞서, 자연선택의 의미를 다시 짚어보자. 우리는 λ를 결정하는 방정식을 정확히 알지는 못하지만, 그러한 방정식이 있다면 다음과 같은 형식일 것이다.

$$\lambda = f(e_1,\ e_2,\ e_3, \cdots, g_1,\ g_2,\ g_3, \cdots)$$

여기서 '$e_1,\ e_2,\ e_3, \cdots$'은 λ에 영향을 주는 모든 주변 요소다. 우리는 이러한 주변 요소들을 대충 하나로 묶어 '자연'이라고 한다. 이들은 모두 출생률에 영향을 미친다. 하지만 이 모든 영향을 하나하나 다룰 수는 없다. 모든 효과를 평균해 '자연선택'이라고 표현하는 것이다. 평균장 근사의 대표적인 예다. 한편 '$g_1,\ g_2,\ g_3, \cdots$'은 곧 자세히 소개할 종의 특성으로, 예컨대 치타라는 종은 얼마나 빨리 달리는지, 박테리아나 바이러스에 대한 면역력을 얼마나 지녔는지 등을 나타낸다. 종의 자연선택은 '$g_1,\ g_2,\ g_3, \cdots$'가 정해지면 '$e_1,\ e_2,\ e_3, \cdots$'에 의해 출생률이 결정되는 것을 의미한다. 하지만 한 가지 기억할 점은 출생률 함수 λ가 다음과 같이 분리되지는 않는다는 것이다.

$$\lambda = f(e_1,\ e_2,\ e_3, \cdots) * h(g_1,\ g_2,\ g_3, \cdots)$$

이 식은 종의 특성과 환경을 분리할 수 있음을 의미하는데, 실제로는 그렇지 않다. 예를 들어 달리기가 빠른 치타는 생존에 좋을 수도, 나쁠 수도 있다. 빠른 달리기는 그만큼 큰 에너지를 소모하기 때문이다. 이처럼 환경과 종의 특성이 상호작용하기에, 외부 환경이 따로 존재하고 그것이 종의 특성을 선택하는 것이 아니라 내적 요인과 외부 환경이 서로 복잡하게 얽혀 종합적으로 결정된다. 이것이 자연선택이 평균장 근사일 뿐이며 0번째 근사인 이유다.

또 한 가지 생각할 점은 유전자와 외부 환경이 모두 시간에 따라 변한다는 점이다. 다윈이 연구했듯이, 핀치라는 새의 부리는 시간에 따라 모양이 달라졌고 먹이 활동에 좋은 부리가 선택되었다. 다윈은 주어진 환경에서 더 유리한 특성을 보유한 집단이 살아남은 것으로 기술한다. 하지만 사실 유전자도 바뀌고 환경도 바뀐다. 외부 환경이란 자연 환경뿐 아니라 생태계 나머지 모든 종까지 포함하는 것인데, 이러한 외부 환경 자체가 변하기에 최적의 유전자란 오직 특정한 시간에 대해서만 성립하는 개념일 뿐이다. 다윈은 외부 환경이 변하는 속도가 한 종의 유전자 최적화에 걸리는 시간보다 훨씬 긴 것으로 보았다. 이러한 관점을 유지함으로써 그는 '자연선택'이라는 용어를 사용할 수 있었다. 하지만 외부 환경의 변화 속도가 한 종의 유전자 최적화 시간과 유사하거나 더 빠르다면, 자연과 진화 대상은 구분되지 않는다. 이 경우에는 진화를 시스템 전체의 동역학으로 바라보아야 하는데, 이것이 바로 자기조직화 이론의 시작이다.

어려운 동역학

이제 평균장 근사가 아니라, 조금이라도 더 정확한 해를 구하기 위해 동역학을 생각해 보자. $ma=F$에서 100개의 입자 중 하나에 가해지는 힘은 나머지 99개의 입자로부터 주어지기에, 99개의 힘을 모두 알아야 한다. 그 힘을 결정하는 것이 바로 뉴턴의 제3법칙, 작용–반작용의 법칙이다. 하지만 입자 100개의 동역학을 직접 다루기는 어렵다. 그러니 입자 2개에서 시작해 하나씩 늘리는 방식으로 알아보자. 우리는 중력 방정식이 아니라 그보다 훨씬 단순한 2진 계산조차 입력이 넷을 넘어서면 카오스 계가 된다는 것을 알고 있다. 이는 연결 특성이 아무리 단순하더라도, 4개 이상이 상호작용하는 시스템을 예측하기는 거의 불가능하다는 것을 뜻한다.

다시 λ로 돌아가 보자. λ는 오메가이며, 여러 종이 얽힌 네트워크를 상정할 경우 한 종의 오메가에 영향을 미치는 요소가 4개 이상이면 λ가 예측 불가능해질 수 있음을 의미한다. 물론 힘이 매우 작거나 특정 노드와의 연결만 강하고 나머지는 매우 약하다면, 평균장 근사보다는 조금 더 정밀한 1차 근사 이론을 세울 수 있다. 자석에서 나타나는 스핀파spin wave 현상이나, 인지심리학, 행동경제학 등에서도 몇 가지 평균으로부터의 일탈이 관찰되며, 이러한 일탈은 1차 근사 이론으로 설명 가능하다.

평균장 근사는 대부분의 이론에서 일종의 계몽 이론으로 기능한다. 그다음 단계는 두 객체 간의 상호작용을 연구하는 것이다. 뉴턴 역학에서는 완전해를 얻을 수 있기에 동역학의 좋은 본보기를 보여준다. 또 다른 좋은 예는 뒤에서 알아볼 게임 이론game theory 이다. 경쟁하는 주체가 둘일 경우 어떤 동역학이 나타나는지를 연구하는 데 탁월한 도구다. 셋 이상인 경우에는 동역학의 수학적 해를 구하기가 매우 어려운데, 평균장 이론으로부터의 일탈이 크지 않다는 가정 아래 어떤 일이 일어나는지를 확인하는 1차 근사 이론 정도는 만들 수 있다.

우리는 이미 생명체의 오메가를 정의했고, 다윈주의가 왜 계몽 이론, 즉 0번째 근사 이론인지를 살펴보았다. 이제 본격적으로 신다윈주의와 그 한계를 검토하고 1차 근사 이론을 알아보자.

디지털 진화

많은 이들이 디지털은 인위적인 것이고 자연은 아날로그라는 잘못된 인상을 가지고 있지만, 생명체는 그 시작부터 디지털이었다. 생명체의 출발점인 DNA는 디지털 정보 저장 장치다. 먼저 정의를 하나 하자. 한 종이 보유하는 유전자 전체 집합을 '유전자 풀gene pool'이라고 한다. 종이 중요한 이유는 같은 종 내 개체들 사이에는 유전자가 자유롭게 섞일 수 있기 때문이다. 예를 들어, 개체 수가 6이고 유전자 수가 네 가지인 상황은 표 9와 같이 나타낼 수 있다. 이때 유전자 풀은 {{A, A, A, A, A, A}, {X, X, X, Y, Y, Y}, {E, E, E, E, E, F}, {P, P, P, Q, Q, R}}이다. 첫 번째 유전자는 A 하나뿐이고, 네 번째 유전자는 세 가지 종류가 있다.

신다윈주의의 첫 번째 원리는 자기 복제와 자연선택의 기본 단위가

	유전자 1	유전자 2	유전자 3	유전자 4
개체 1	A	X	E	P
개체 2	A	X	E	P
개체 3	A	X	E	P
개체 4	A	Y	E	Q
개체 5	A	Y	E	Q
개체 6	A	Y	F	R

표 9　여섯 개체와 네 유전자로 이루어진 종의 유전자 풀.

개체나 종이 아니라 유전자라는 것이다. 기본 단위가 종이라고 주장하며 이타성 등을 설명하고자 하는 이들이 있지만, 이러한 주장에는 설득력이 없다. 이타성에 대해서는 뒤에서 다시 알아볼 것이다.

자연선택의 기본 단위가 무엇인지에 관한 논쟁이 완전히 사라지지 않는 이유는 선택의 단위가 유전자라는 것을 직관적으로 이해하기가 쉽지 않기 때문이다. 한번 λ를 신다윈주의적인 관점에서 해석해 보자.

$$\lambda=f(e_1,\ e_2,\ e_3,\cdots,g_1,\ g_2,\ g_3,\cdots)$$

신다윈주의 관점에서 λ는 한 개체의 출생률을 의미하며, g_1, g_2, g_3는 개체가 가진 유전자를 뜻한다. 이를 종으로 확대하면, 종이 선택된다는 것은 종 내 모든 개체의 λ의 평균값이 1보다 크다는 것을 의미한다. 그렇기에 λ의 종 내 평균을 λ_S라고 하면, 정확히는 $1 \leq \lambda_S$가 종의 자연선택 기준이 된다. 하지만 종 내 개체들은 다양한 유전자를 지니고 있고, 이는 유전자 풀을 형성한다. 예컨대 g_1 유전자는 A 또는 B를 갖는다고 해보자. 이때 g_1=A 혹은 g_1=B인 개체들을 모아 부분집합을 만들면, 그 집합의 평균 출생률을 λg_1=A, λg_1=B로 나타낼 수 있다.

이제 몇 가지 경우를 생각해 보자. λg_1=A=1.1이라면, g_1 유전자 값이 A인 개체 집단은 한 세대가 지날 때마다 개체 수가 1.1배씩 늘어난다. 즉, g_1=A 인 유전자는 계속 늘어나기에, g_1=A인 유전자가 살아남아 자연선택을 받았다고 말할 수 있다. 한편 λg_1=B=2라면, g_1=B 유전자를 가진 개체도 빠르게 늘어나 자연선택에 의해 g_1=B인 유전자도 살아남는다. 이 경우 종 안에서 g_1은 A인 유전자와 B인 유전자가 모두 살아남는다. 하지만 이를 다른 관점에서도 볼 수 있다. 유전자 A는 세대마다 1.1배씩 늘어나지만 B 유전자는 세대마다 2배씩 늘어난다. 출생률이 1 미만이 아니기에 두 유전자 모두 사라지지는 않지만, 종 안에서 A 유전자가 차지하는 비율은 급격하게 줄어들어 어느 정도 시간이 지나면 대다수 개체가 B 유전자를 갖는다.

기존 신다윈주의 이론에서는 빨간 눈을 가진 개체의 출생률이 파란 눈을 가진 개체의 출생률보다 높다면 빨간 눈을 갖게 하는 유전자가 선택된 것으로 간주한다. 하지만 이는 자연선택의 정의가 무엇인지에 따라 틀린 주장일 수도 있다. 나는 자연선택을 다음과 같은 말로 정의한다. '강한 자가 살아남는 것이 아니라 살아남은 자가 강한 자다!'

사라지지 않는 유전자가 있다면, 그것은 선택된 것이다. 이러한 관점에서 자연선택의 기준은 유전자 간 출생률의 차이가 아니라 출생률 그 자체다. 물론 이러한 차이가 크게 부각되지 않을 수 있다. 대부분의 생태계는 안정적이어서 종의 개체 수가 크게 요동치지 않는다. 두 유전자가 경합하는 상황이라면, 하나의 출생률이 1보다 크면 다른 하나는 1보다 작은 경우가 대부분이다. 둘 다 1보다 크다면, 그 종의 개체 수는 폭발적으로 늘어나 생태계를 파괴할 것이다. 하지만 엄밀한 정의에 따르면, $1<\lambda$, 이것이 자연선택의 기준이다.

이제 자연선택의 대상이 무엇인지 다시 논의해 보자. 이를 위해서는 살아남는 것이 무엇이고, 자기 복제의 단위가 무엇인지, 자연선택의 단위가 무엇인지를 종, 개체, 유전자 각각에 대해 살펴보아야 한다. 먼저 개체는 살아남는 대상이 아니다. 개체는 죽는다. '한 세대'라는 말이 개체가 생존하는 평균 시간을 의미한다. 또한 개체는 복제의 대상도 아니다. 복제되는 것은 개체 안의 유전자다. 오랜 시간이 지난 뒤에도 살아남는 것은 유전 정보와 종이기에, 자연선택의 대상에서 개체를 제외하는 일에는 어렵지 않게 동의가 이루어진다.

종은 조금 더 복잡하다. 크게 보면 종도 주어진 환경에서 생성과 소멸을 반복하기에 살아남은 종이 자연선택의 대상인 것처럼 보인다. 현존하는 종이 주어진 환경에 적응한 것이라는 해석에 끌린다. 자연에서 사자가 사라지면 사자라는 종이 자연으로부터 선택되지 않은 것이라는 해석은 너무나 자연스러워 보인다. 하지만 어떤 종이 살아남은 이유는 적어도 그 종이 보유하는 유전자 풀의 어느 부분집합이 주어진 환경에서 살아남았기 때문이다. 특정 부분집합의 λ가 1 이상이라면 결국 살아남는 것은 그 부분집합을 정의하는 유전자다. 반대로 어떤 종이 멸종했다는 말은 모든 부분집합의 λ가 전부 1보나 작다는 뜻이다.

결국 자연선택의 의미를 깊이 들여다보면, 그 단위는 유전자다. 종은 단지 그 결과일 뿐이다. 하지만 일상적인 의미에서는 종의 λ가 1보다 크면 그 종이 선택되었다는 말이 틀리거나 어색해 보이지 않는다. 내가 자연선택의 단위로 종을 언급할 때는 이렇게 느슨한 의미로 쓰는 것이다. 다만 여기서 종에 대한 자연선택이라는 것이 유전자에 대한 자연선택의 결과물이라는 점을 명확히 하고자 한다. 한번 예를 들어보자. 어떤 종에서 g_1이 A, B, g_2가 a, b이며, 부분집합의 출생률은 그림 34와 같이 주어져 있다고 해보자. 여기서 g_1=A인 경우 g_2는 출생률에 영향을 주지 않는다. 즉, g_1과 g_2는 서로 독립적이다. 하지만 g_1=B인 경우에는 g_2에 따라 출생률이 다르다. 즉, 각각의 유전자가 출생률에 독립적으로 영향을 주는 것이 아니라 상호작용하는 경우다. 그림 34의 경

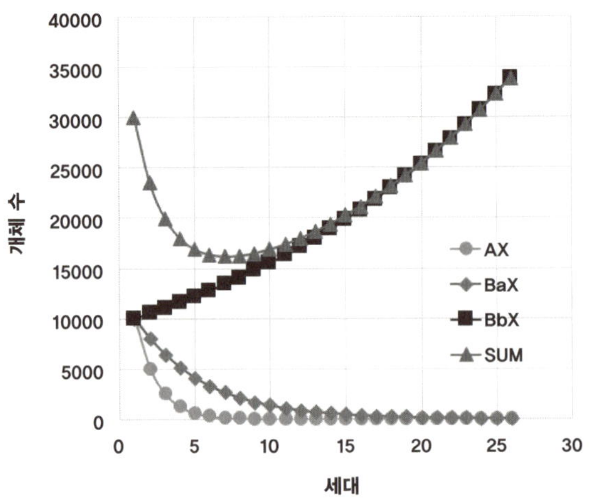

그림 34   유전자에 따른 출생률과 종의 출생률 간의 관계.

우에는 부분집합을 AX, BaX, BbX로 나눌 수 있다. 여기서 X는 나머지 모든 유전자를 의미하며, 무엇이든 상관없다는 뜻이다.

각 부분집합의 개체 수가 초기에 1만이었다고 하면, 세대가 지남에 따라 각 부분집합의 개체 수는 그림 34의 그래프와 같이 주어진다. AX 는 λ가 0.5이기 때문에 빠른 속도로 사라진다. BaX도 0.8이기 때문에 조금 늦을 뿐 결국 사라진다. BbX의 λ는 1.05로, 세대가 지날수록 개체 수가 급격히 증가한다. 결국 Bb의 유전자만 살아남고, 유전자 풀에서 A 와 Ba는 사라진다.

이제 종 전체의 관점에서 보자. 종의 개체 수는 3만에서 시작한다. 초기에는 개체 수가 점점 감소하기에 마치 종이 자연선택을 받지 못한 것처럼 보일 수 있다. 이러한 상황은 7번째 세대까지 이어진다. 그러나 8번째 세대부터 종의 개체 수는 다시 증가하기 시작한다. 다시 자연선 택을 받은 것으로 보인다. 하지만 근본적으로는 BbX만 선택되고 나머지는 선택되지 못한 것에 따른 결과물일 뿐이다. 이러한 예시는 자연선택의 단위가 유전자라는 점을 이해하는 데 도움을 준다. 물론 각 부분집합의 λ가 상수가 아니라 변수일 수 있다. 시간에 따라 환경이 바뀔 수 있기 때문이다.

우리는 지금까지 자연선택의 단위가 유전자라는 것을 알아보았다. 자연선택이 유전자 풀의 부분집합 λ가 1 이상 혹은 미만인지에 따라 결정된다는 점도 살펴보았다. 하지만 그 과정은 꽤 복잡하다. 그 이유는 λ가 유전자와 환경이 얽혀 있는 함수이기 때문이다. 결코 자연이 멀찍이서 독립적으로 유전자를 선택하는 것이 아니다. 이러한 관점에서 다윈주의 혹은 신다윈주의의 자연선택은 0번째 근사 이론이다.

신다윈주의의 두 번째 원리는 유전자가 무작위적으로 돌연변이를 일으키며 이것이 유전된다는 것이나. 다시 유전자 풀을 정의한 표 9로 돌아가 보자. 여기서 개체 6의 유전자 1이 다음 세대에서 B로 변이되었다고 해보자. 이제 자연선택은 A와 B 가운데 선택할 것이다. 물론 반드시 어느 하나만 살아남아야 하는 것은 아니다. 먼저 유전자 1이 개체의 생존과 번식에 거의 아무런 영향이 없는 유전자라면, 개체 6의 후손은 개체 1~5의 후손과 다름없이 살아갈 것이며, 유전자 B는 후손의 후손을 거치며 존속할 수 있다. 표 9에서 유전자 2가 X와 Y가 섞여 있는 것처럼 A와 B가 섞여 있을 것이다.

하지만 유전자 1이 생존과 번식에 매우 중요하며 B가 A보다 조금 더 유리하다고 해보자. 그러면 B를 보유한 개체가 더 많은 후손을 낳을 것이고, 세대가 지날수록 B를 보유한 개체가 늘어날 것이다. 결국 유전자 3과 같이 다수의 유전자 대 소수의 유전자로 나뉘다가 종국에는 B

만 남을 수도 있다. 이러한 경우 종의 유전자 풀은 {{B, B, B, B, B, B}, {X, X, X, Y, Y, Y}, {E, E, E, E, E, F}, {P, P, P, Q, Q, R}}과 같이 바뀌는데, 이를 '진화'라고 한다. 만일 A와 B가 자연선택의 관점에서 동등하면, 시간이 지나 새로운 C가 생겨 유전자 4와 같은 형태가 될 수도 있다. 이것이 돌연변이 발생과 진화의 대체적인 그림이다.

앞의 논의를 염두에 두고 돌연변이를 조금 더 살펴보자. 먼저 첫 번째 돌연변이의 발생이다. 돌연변이의 원인을 어느 하나로 지목할 수는 없지만, 대부분은 생식 과정에서 발생한다. 다세포 생물은 모든 세포에 동일한 유전자를 담고 있다. 따라서 한 개체가 살아 있는 동안 다른 유전자를 가진 개체로 변이하려면 모든 세포 내 유전자가 동일하게 바뀌어야 하는데, 이러한 돌연변이 과정은 상상하기 힘들다. 사실 이것에서 따라 나오는 주요한 결론이 있다. 닭과 달걀 가운데 달걀이 먼저라는 것이다. 닭이 먼저라면, 닭이 아닌 한 개체가 살아 있는 동안 닭으로 돌연변이를 일으켰다는 것인데, 이러한 일은 발생하기 어렵다. 닭이 아닌 개체가 생식 과정에서 돌연변이를 가진 알, 최초의 달걀을 낳은 것이다.

돌연변이는 흔히 생식세포 형성 과정에서 발생한다. 염색체 교차cross-over˙ 화학 물질이나 방사선 등에 의한 우연한 DNA 손상, 유전자의 잘못된 결합 등이 주된 이유다. 환경에 따라 차이가 있기는 하지만,

● 인간은 부모로부터 각각 23개의 염색체를 물려받아 총 46개의 염색체를 갖는다. 정자나 난자가 만들어지는 감수분열 과정에서 단순히 상동 염색체 중 하나만 선택해 전달한다면, 부모 한쪽에서 받은 염색체가 그대로 자식에게 전달될 것이다. 그러나 이러한 방식은 유전적 다양성 측면에서 효과적이지 않다. 실제로 감수분열에서는 상동 염색체가 서로 부분적으로 섞이는 과정이 일어나는데, 이를 염색체 교차라고 한다. 문제는 염색체 교차가 일어나는 지점이 특정 코돈을 담고 있는 유전자의 내부, 즉 엑손 영역일 경우 돌연변이가 발생한다. 물론 돌연변이의 원인이 이것만은 아니다.

인간의 경우 돌연변이는 대략 수십 명당 1명꼴로 나타난다. 80억 인구 수를 생각해 보면 결코 작은 수는 아니지만, 그렇다고 큰 수도 아니다. 이러한 돌연변이의 특성은 다음과 같은 신다윈주의의 원리를 이끌어 낸다.

진화는 마르코비언적이며 점진적이다.

0장에서 소개했듯이, 마르코비언적이라는 것은 미래가 오로지 현재에 의해 결정된다는 뜻이다. 점진적이라는 것은 간단히 이야기하자면 천천히 한 단계씩 진행된다는 의미다.

먼저 마르코비언적 시스템을 이야기할 때 가장 자주 등장하는 예는 무작위 걸음random walk 이론이다. 이는 술 취한 사람의 거동을 묘사하는 수학적 모델이다. 1차원만 생각하자. 술 취한 사람의 현재 위치를 $x(t=0)=0$라고 하자. 그가 오른쪽이나 왼쪽으로 움직일 확률은 각각 50%이며, 무작위적으로 움직인다고 하자. 한 번에 1만큼 움직인다고 하면, $x(t=1)$는 -1 또는 1의 값인데, 두 경우의 확률은 각각 50%이다. 한번 $x(t=1)=1$이라고 해보자. 그다음 위치 $x(t=2)$는 현재 위치를 기준으로 50%의 확률로 ±1씩 움직일 수 있기에, 0 또는 2의 값을 가질 것이다. $x(t=1)$가 -1이었다면 $x(t=2)$는 -2 또는 0이다. 정리해 보면, $t=0$일 때는 100%의 확률로 $x=0$이다. $t=1$이 되면 $x=-1$일 확률이 50%, $x=1$일 확률이 50%이며, $t=2$에는 $x=-2$일 확률이 25%, $x=0$일 확률이 50%, $x=2$일 확률이 25%가 된다. x가 그와 다른 값일 확률은 0%다. 시간이 충분히 지나면 어떨까?

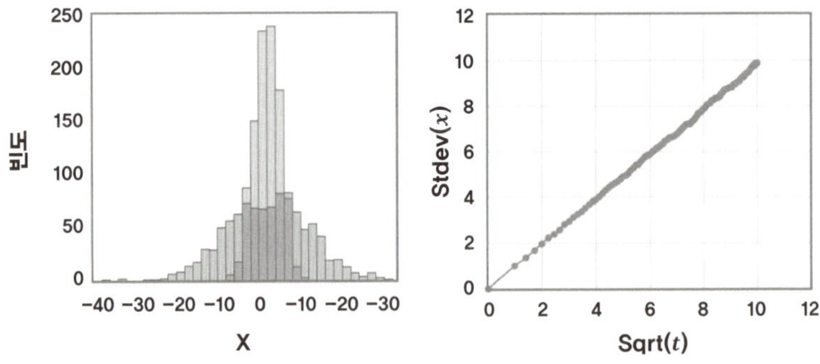

그림 35　무작위 걸음 실험. 왼쪽 그림은 서로 다른 두 시각의 술 취한 사람들의 위치 분포이고, 오른쪽 그림은 시간에 따른 산포 값이다.

먼저 시간이 지나면 x는 0으로부터 먼 값을 가질 확률이 생긴다. 즉, $t=1$일 때는 $x=2$가 될 수 없지만 $t=2$에서는 $x=2$가 될 확률이 생긴다. 가상의 실험을 진행해 보자. 술 취한 사람 1,000명이 각각 100걸음씩 걷도록 하고, 매 시간 1,000명의 위치를 기록한다. 그림 35의 왼쪽은 특정한 두 시각 t_1과 t_2에 위치마다 몇 명이 있는지를 나타낸다. 왼쪽 그림에서 한 그래프는 폭이 좁고 다른 한 그래프는 폭이 넓은데, 여기서 폭이 넓은 것은 긴 시간이 지난 후의 술 취한 사람의 분포를 나타낸다. 여기서 강조할 점은 일반적으로 시간이 지날수록 폭이 커진다는 것이다. 이는 시간이 지날수록 0으로부터 먼 값을 가질 확률이 생긴다는 것과 동일하다.

첫 번째 그림에서 폭은 수학적으로 x의 산포 혹은 표준편차이므로, t가 커질수록 x의 표준편차 Stdev(x) 또한 커진다. 수학적으로 x의 산포는 t의 제곱근 Sqrt(t)에 비례하며, 두 번째 그림에서 둘의 관계를 나타냈다. 즉, 시간이 지날수록 산포도 커지지만 산포가 커지는 속

230

도는 제곱근에 비례하기에 점점 느려진다.

무작위 걸음 이론은 다양한 분야에 응용되는데, 특히 진화를 설명하는 데 딱 안성맞춤이다. DNA는 4진법을 따른다. DNA를 구성하는 염기를 흔히 A, T, G, C로 이야기하지만, 각각을 '0', '1', '2', '3'으로 나타내도 아무런 문제가 없다. 이를 'DNA 비트', 줄여서 'Dbit'라고 부르자. 3Dbit으로 20가지 아미노산을 나타내므로, 3Dbit은 1Dbyte다. 예컨대 DNA가 '021301123310'으로 되어 있다면 4개의 연속된 아미노산에 해당한다. 이제 돌연변이가 1Dbit 단위로 발생한다고 가정하자. 실제 돌연변이가 발생하는 메커니즘을 생각해 보면, 1Dbit 단위의 돌연변이가 가장 많이 발생한다. 그리고 돌연변이의 발생 확률이 작은 것을 고려해 전체 염기 서열 가운데 한 번에 하나씩만 발생한다고 해보자. 수십만 가지 유전자 가운데 하나의 코돈, 그중에서도 하나의 염기만 한 세대에 하나씩 변하며, 그 변화의 시작은 현재 가진 유전자 코드다. 무작위 걸음 이론과 상당히 유사하며, 그 과정은 마르코비언적이고 점진적이다.

무작위 걸음 이론에서 1차원을 가정했지만, 유전자가 10만 개라면 10만 차원의 무작위 걸음이 된다. 10Dbit으로 이루어진 유전자가 한 번에 하나의 Dbit에서 무작위로 돌연변이가 생긴다면, 해당 유전자의 값은 현재 위치에서 움직일 수 있는 값에 따라 정해진다. 예컨대 10Dbit가 '0110233201'이라고 하자. 그러면 이 유전자가 다음번에 가질 수 있는 값은 이 숫자들 가운데 어느 하나가 바뀐 것에 해당한다. 이는 무작위 걸음 이론에서 오른쪽 또는 왼쪽으로 1만큼 움직일 수 있는 것과 같다. 갑자기 다음 세대에 '3333333333'이 될 수는 없다.

이제 신다윈주의의 첫 번째와 두 번째 원리를 결합해 진화 과정을 생각해 보자. 문제를 단순화해 유전자를 X와 Y 두 가지밖에 없다고 가정하자. X와 Y는 각각 10진법으로 −100부터 100까지의 값을 가질 수 있으며, ±1씩 움직일 수 있다고 해보자. 그러면 출생률은 다음과 같이 주어진다.

$$\lambda = f(e_1,\ e_2,\ e_3, \cdots, X, Y)$$

환경 변화가 없다면, λ는 오직 X와 Y만의 함수가 된다. 일반적인 λ의 분포를 생각해 보자. 예를 들어 (X, Y)=(−50, −50), (X, Y)=(0, 0), (X, Y)=(50, 50)일 때 볼록하다고 하고 (0, 0)일 때 최대치를 갖는다고 상상해 보자. 그러면 λ는 대략 그림 36과 같아진다. 그림에서 등고선 하나는 λ=0.1씩 차이 난다.

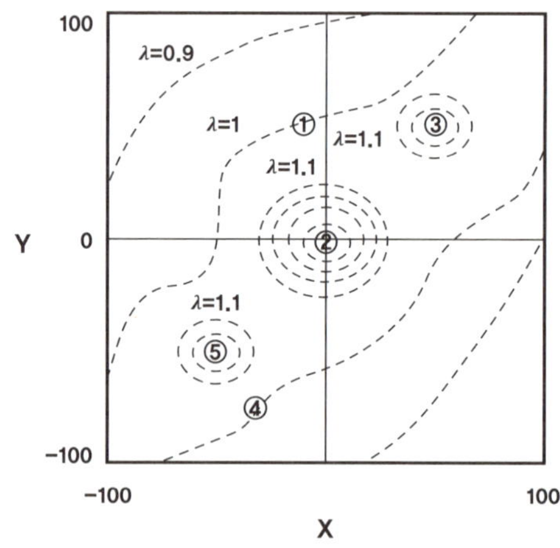

그림 36   유전자 X와 Y로 이루어진 유전자 탐색 공간.

그림 36에서 ①의 위치, 즉 (X, Y)=(0, 50)에서 시작해 보자. 한 세대를 지나면 X와 Y 둘 중 하나는 1씩 변할 수 있다. 그리고 원래 위치에서의 λ와 새로운 위치에서의 λ를 비교한다. 만약 새로운 위치에서의 λ가 크다면 새로운 위치로 이동하고, 새로운 위치에서의 λ가 작다면 원래 위치를 유지한다. 이는 자연선택과 점진주의를 모사한 것이다. 이제 ①의 위치에서 시작한다면 충분한 세대가 지난 후 ②의 위치로 이동할 가능성이 있다. 만약 ②의 위치에 도달한다면 이제 더는 움직이지 않는다. 자연선택에 의해 유전자 최적화가 이루어진 것이다. 하지만 ③의 위치로 이동할 수도 있다. ②로 움직일지, ③으로 움직일지는 알 수 없다. X 혹은 Y 중 하나가 한 세대에 ±1씩 무작위로 움직인다는 마르코비언적 특성 때문이다.

만약 위치 ④에서 시작했다고 해보자. 물론 무작위 걸음에 의해 약간 돌아서 ②에 도달할 수도 있지만, 확률적으로는 ⑤의 위치에 도달하고 최적화가 끝날 가능성이 높다. 위치 ⑤는 위치 ②보다 λ가 작다. 즉, 부분적으로 최적화가 이루어진 것이다. 하지만 위치 ⑤ 또한 안정적인 위치이기에, 마르코비언적이고 점진적인 방법으로는 ⑤에서 벗어나지 못한다. 이를 국소적으로 최적화되었다고 한다. 우리는 이러한 X-Y공간을 '유전자 탐색 공간'이라고 한다. 유전자 탐색 공간에서 λ가 국소적 최댓값을 갖는 위치가 그림 36과 같이 세 군데가 아니라 100군데 정도 된다고 해보자. 그러면 대부분의 진화는 국소적으로 최적화될 것이다.

우리는 유전자를 지도 없이 산을 오르는 등반가로 묘사할 수도 있다. 에베레스트 정상을 목표로 하는 등반가가 있다. 하지만 중턱에서는 히말라야산맥 전체를 조망할 방법이 없다. 등반가는 무조건 높은 방향으로만 이동하는 전략을 실행한다. 이 방법으로 계속 걷다 보면 결국 어떤 산봉우리에 도착하게 되고, 더는 올라가지 못한다. 만약 산봉우리가 하나라면, 등반가는 마침내 에베레스트 정상에 도착한다. 하지만 산봉우리가 많아지면 에베레스트 정상에 도착하지 못할 확률도 함께 늘어난다. 실제 자연계에서 진화를 통한 최적화가 이루어지는 방식이 바로 이런 식이다.

이는 생태계의 안정성과 외래 침입종에 의한 불안정성을 모두 설명한다. 외부 환경이 크게 바뀌지 않는 한 생태계는 나름 안정적이며, 각각의 종은 자신이 속한 국소적 최적화 지점 근방에서 움직인다. 하지만 가끔 외래 침입종이 들어오면 생태계에 큰 변화가 발생한다. 황소개구리, 배스, 파랑볼우럭 등이 대표적이다. 물론 모든 외래 침입종이 생태교란종이 되는 것은 아니다. 외국에서 힘깨나 쓴다는 생물도 국내에서는 전혀 번식하지 못하는 경우도 있다. 생태계라는 그물은 빠른 속도로 빈자리를 메우며 최적화 상태에 도달하지만, 외래 침입종은 외부 환경에 해당하므로 유전자 탐색 공간 자체를 바꾸어 생태계를 쉽사리 혼란에 빠뜨릴 수 있다.

이는 모두 λ의 모양에 달려 있다. 유전자가 수만 개라면 유전자 탐색 공간 또한 수만 차원의 공간이 된다. 이 공간에 국소적 최적화 지점이 얼마나 많을지 생각해 보자. 만약 모든 유전자가 서로 독립적이라면 국소적 최적점은 많지 않을 것이다. 각각의 유전자별로 최적점이 하나씩 있다면, 수만 차원의 공간이라 하더라도 최적점은 하나밖에 없다. 문제는 유전자 간 상호작용하는 경우다. 예컨대 눈 색깔을 결정하는 유전자와 다른 유전자가 상호작용해 λ에 영향을 주는 경우다. 하나의 유전자와 상호작용하는 다른 유전자의 평균 수를 K라고 하면, K가 증가할수록 국소적 최적점은 급격하게 늘어난다. K가 가질 수 있는 최대값은 유전자 수보다 1만큼 작은데, 이 경우 탐색 공간은 거의 알아볼 수 없을 만큼 울퉁불퉁하다. K는 1부터 $n-1$ 사이겠지만, 10 정도만 되어도 울퉁불퉁해진다.

이것이 유전자 탐색 공간에서 진화가 일어나는 방식이다. 생명체는 울퉁불퉁한 유전자 공간에서 국소적 최적점을 향해 산을 오르고, 그곳에 도달하면 멈춘다. 하지만 이는 특정 유전자를 제외한 나머지를 상수로 두는, 제한적인 예에 불과하다. 다시 λ를 생각해 보자.

$$\lambda = f(e_1,\ e_2,\ e_3, \cdots, X, Y)$$

$e_1,\ e_2,\ e_3$는 외부 환경을 나타낸다고 했는데, 여기서 외부 환경은 다시 둘로 나눌 수 있다. 하나는 동일 생태계에 존재하여 서로 영향을 주고받는 다른 생명체, 다른 종의 유전자 특성이고, 두 번째는 말 그대로 환경적 요인, 즉 온도, 습도, 대기 등이다. 2체 문제를 다루었듯이, 여기서도 서로 영향을 주고받는, 다른 생명체와의 공진화를 다루어 보자. 이제 λ는 다음과 같이 주어진다. $\lambda_1 = f(X,\ Y,\ A,\ B)$, $\lambda_2 = g(A,\ B,\ X,\ Y)$.

세상에 두 종류의 생명체만 존재한다고 하자. 첫 번째 생명체의 유전자를 A, B, 출생률을 λ_1, 두 번째 생명체의 유전자를 X, Y, 출생률을 λ_2라고 하고, 나머지 외부 환경 요인은 모두 상수라고 하자. 그러면 첫 번째 생명체의 외부 환경은 X와 Y이고, 두 번째 생명체의 외부 환경은 A와 B뿐이다. 각 생명체가 동일하게 한 세대에 한 번씩 돌연변이를 겪는다고 하자. 각각 (A_0, B_0)와 (X_0, Y_0)에서 출발한다. 먼저 (A_0, B_0)가 한 세대 후 (A_1, B_1)이 되었다고 하자. 그러면 두 번째 생명체에게는 환경이 바뀌는 것이고, λ_2의 모양이 바뀐다. 그 결과 두 번째 생명체의 유전자인 X, Y의 최적점도 바뀐다. 이제 두 번째 생명체에 돌연변이가 발생해 (X_0, Y_0)에서 (X_1, Y_1)으로 바뀐다. (X_1, Y_1)의 λ_2 값은 새로운 환경에서 평가되어 선택되거나 배제된다. 만약 (X_1, Y_1)이 선택된다면, 이는 다시 첫 번째 생명체의 번식률 함수 f 혹은 유전자 탐색 공간을 바꾼다. (X_1, Y_1)은 이제 변화한 함수 f에서 다시 산 오르기를 시작한다. 번식률 함수가 바뀌었기에 심지어 (X_1, Y_1)이 (X_0, Y_0)로 다시 바뀔 확률도 있다. 마르코비언적이고 점진적인 경우에 그렇다.

첫 번째 생명체의 유전자가 최적화되었다고 하더라도 그 최적점은 다음 세대에서는 최적점이 아닐 수 있으며, 진화는 계속된다. 여기서 우리는 공진화는 언제 끝날지 궁금해진다. 한 유전자 집합에만 관심을 가진다면, 국소적 최고점에 도달하는 순간 진화는 끝난다고 했다. 그러나 이는 두 유전자 집합을 동시에 최적화하는 메커니즘이 있는지에 관한 질문이며, 이는 다시 어떤 $h(A, B, X, Y)$가 존재해 h를 최적화하는 것으로 A, B, X, Y의 진화가 끝날 수 있는지에 관한 질문이다. 이러한 함수가 항상 존재하지는 않는다. 두 생명체 가운데 하나가 숙주이고, 다른 하나가 숙주를 먹이로 기생하는 박테리아라고 하자. 박테리아는 숙주를 먹고 자란다. 만약 숙주를 더 빠른 속도로 먹어치우며 더 높은 번식률을 갖는 박테리아가 나타난다면, 자연선택의 결과 더 공격적인 박테리아가 기존 박테리아를 빠른 속도로 대체할 것이다. 하지만 여기서 숙주가 죽으면 박테리아도 죽을 수 있다는 점은 고려되지 않는다. 진화는 미래를 고려하지 않는다. 현재의 번식률만 중요할 뿐이다. 유전자 집합은 다른 생명체의 유전자 집합을 고려하지 않는다.

　동일한 종 내에서도 마찬가지다. 농부 둘이 있다. 두 농부는 자신의 수확물 생산을 높이는 것 이외에는 어떠한 관심도 없다고 해보자. 각자 면적이 100인 농지에서 100만큼의 수확을 거두는 두 농부를 면적 200의 농지에서 같이 일하게 한다고 해보자. 그러면 수확물은 협력으로 인해 200을 넘어설까? 아니면 적당히 타협과 견제 속에서 비슷한 수확을 거두게 될까? 오히려 수확물이 줄어들지는 않을까? 이를 결정하는 전체 최적화라는 일반적인 메커니즘이 존재할까? 그러한 메커니즘은 일반적으로는 존재하지 않는다. 오로지 각자의 수확물을 최대화하는 메커니즘만 존재할 뿐이다. 자연은 "최대 다수의 최대 행복"과 같은 공리주의를 따르지 않는다. 어쨌든 공진화는 파국으로 지달을 수노 있고, 적당한 타협점이 존재할 수도 있다. 이는 전적으로 연결 특성에 좌우되는 동역학의 문제이며, 전체 최적화 같은 것은 없다. 다른 문제를 살펴보자. 한 유전자 집합에 영향을 주는 것이 환경 요인만 있는 경우다.

$$\lambda = f(e_1,\ e_2,\ X,\ Y)$$

　인간으로의 진화 과정을 예로 들 수 있다. 700만 년 전 인간과 침팬지의 공통 조상은 아프리카 밀림 속에 살았다. 어떤 이유로 동부 아프리카는 서서히 사바나로 바뀌어 가면서, 밀림은 사라지고 점점 드넓은 초원 지대가 확대되었다. 여기서 살아가던 공통 조상은 이제는 나무 타기에 유리한 손이 아니라, 포식자를 알아보는 데 유리한 똑바로 일어서서 멀리 보는 능력이 중요해졌다. 그 결과 직립보행으로 향하는 변화가 나타났고, 손 모양도 점차 오늘날의 인류와 비슷한 형태로 바뀌어 갔다.[●] 환경은 공통 조상의 유전자 탐색 공간을 서서히 바꾸었고, 공통 조상은 이러한 공간에서 연속적인 최적화 과정을 거쳤다.

이것과 공진화 과정의 한 가지 중요한 차이는 변화 속도다. 공진화에서는 두 종의 진화 속도가 크게 차이가 없었다면, 여기서는 환경의 변화 속도가 진화 속도, 즉 돌연변이 발생 속도보다 훨씬 느리다는 것을 가정한다. 먼저 환경의 변화 속도가 느리다는 것은 유전자 탐색 공간의 모양이, 특히 국소적 최적점의 변화 속도가 매우 느리게 변한다는 것을 의미한다. 이 경우 상대적으로 빠른 돌연변이 발생 속도에 따라 진화는 국소적 최적점의 느린 변화를 따라잡을 수 있다. 이러한 진화 환경에서 강조할 점은 진화는 가역적일 수도 있다는 점이다. 즉, 아프리카 동부 지역이 서서히 다시 밀림으로 변한다면 직립보행을 향한 진화 방향은 다시 반대로 움직일 수 있다. 하지만 환경의 변화 속도가 진화 속도만큼 빠르다면 진화는 비가역적으로 이루어진다.

유전자 탐색 공간이 그림 36과 같고, 유전자가 전체 최적점인 ②에 있다고 하자. 그리고 환경이 바뀌어 최적점의 위치가 ②보다 왼쪽으로 움직인다고 해보자. 변화 속도가 빠르지 않다면 ②의 위치에 있던 유전자는 다시 산 오르기를 통해 새로운 최적점으로 움직일 수 있지만, 환경 변화가 빠르다면 충분한 진화가 이루어지기도 전에 국소적 최적점

인 ③의 위치가 현재 유전자 위치 근처로 이동할 수 있다. 이 경우 진화는 국소적 최적점에 갇히게 되며 비가역적이 된다. 이러한 특성은 환경의 변화 속도와 진화 속도의 차이뿐 아니라, 유전자 탐색 공간이 얼마나 울퉁불퉁하고 무작위적인지에 따라 결정된다. 국소적 최적점이 매우 많다면 환경의 변화 속도가 느리더라도, 약간의 변화만으로도 비가역적 진화를 유도할 수 있다.

이제 환경 변화와 공진화, 혹은 환경과 세 가지 이상의 생명체로 구성된 생태계의 진화를 고려해 보자. 환경 변화가 매우 느리면, 생태계는 각각 국소적 최적점에 갇혀 안정적인 특성을 보인다. 외부에서 보면 마치 진화가 멈춘 것처럼 보일 수 있다. 느린 환경 변화는 느린 국소적 최적점의 위치 변화를 야기하고, 생태계의 진화는 그 속도를 따라 변한다. 이 경우 진화의 원동력은 느린 환경 변화다. 환경 변화만이 생태계의 진화 방향과 속도를 결정한다. 하지만 환경 변화 속도가 진화의 속도만큼 빠르다면 진화의 방향은 전혀 예측할 수 없다. 유전자는 최적점에서 다른 최적점으로 계속 이동하며 움직인다. 또한 생태계에 다른 종이 유입되면 역시 유전자 탐색 공간을 바꾸고, 환경 변화와 상관없이 생태계는 진화하며 그 진화는 국소적 최적점을 찾을 때까지 계속된다. 새로운 종의 유입에 따른 유전자 탐색 공간의 변화는 일반적으로 빠르게 이루어지기에, 이 경우 진화는 비가역적으로 진행된다.

이것이 전체 진화가 이루어지는 방식이다. 이러한 그림에서 마르코비언적이라는 것과 점진주의를 다시 살펴볼 필요가 있다. 여기서 점진주의는 유전자 탐색 공간이 정해져 있고, 유전자 최적화가 아직 이루어지지 않은 상황에서 돌연변이와 자연선택을 통해 최적화가 이루어지는 과정을 기술할 뿐이라는 것을 알 수 있다. 이를 정리하면 다음과 같다.

(1) 환경이 안정적이면 국소 최적점 근처로의 이동은 상대적으로 매우 빠르게 일어난다. 즉, 점진적이기는 하지만 지구 환경이나 지질학적 변화가 나타나는 시간에 비하면 순식간이다.

(2) 최적점 근처에 도달한 생태계는 거의 진화하지 않는 것처럼 보인다.

(3) 외부 환경의 변화가 매우 천천히 일어난다면, 생태계나 종의 진화는 환경 변화를 따라 가역적으로 이루어질 수 있지만, 이것이 절대적인 것은 아니다.

(4) 외래종의 유입과 같은 급격한 환경 변화는 진화의 방향을 비가역적이며 예측 불가능한 방향으로 몰고 간다.

이러한 진화 과정은 열역학의 평형과 비평형 상태의 동역학과 매우 유사한 구조를 가진다. 그림 37의 왼쪽은 평형 상태의 이상기체를 나타낸다. 박스의 압력은 이상기체의 상태 방정식에 의해 결정된다. 이는

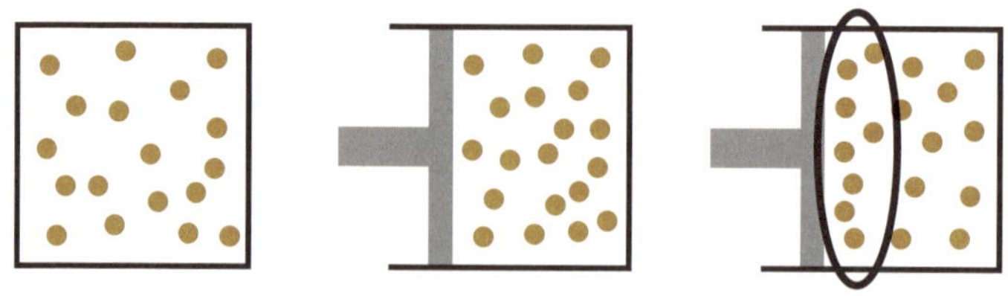

그림 37　외부 환경이 느리게 변하는 경우와 빠르게 변하는 경우.

환경 변화가 없는 생태계를 나타낸다. 안정적 상황이며 진화가 멈춘 것으로 보인다.

이제 박스 한쪽에 피스톤을 달아 이를 움직일 수 있다고 하자. 그림 37의 가운데는 피스톤을 천천히 움직여 압축하는 상황이다. 여기서 천천히 움직인다는 것은 기체의 속도보다 충분히 느리게 움직인다는 뜻이다. 피스톤이 움직여도 기체의 속도가 충분히 빠르기에 새로운 평형 상태에 쉽게 도달한다. 이때 피스톤이 연속적으로 움직이더라도 각 순간은 여전히 열평형 상태라고 볼 수 있고, 따라서 이상기체 상태 방정식을 그대로 적용해 압력을 계산할 수 있다. 환경 변화가 진화 속도보다 충분히 느릴 때, 환경 변화가 연속적이라고 하더라도 매 순간 안정적인 생태계가 유지되며 생태계의 진화 방향이 환경 변화에 의해 결정되는 것과 동일하다.

하지만 피스톤이 압축하는 속도가 매우 빠르면 상황이 달라진다. 새로운 평형 상태에 도달하는 시간보다 피스톤이 더 빠르게 움직인다면, 더 이상 상태 방정식을 이용할 수 없다. 그림 37의 오른쪽과 같이 빠르게 움직이는 피스톤 근방에는 더 많은 기체들이 순간적으로 모이게 되고, 그에 따라 피스톤에 가해지는 압력이 평형 상태와 다른 값을 갖게 된다. 평형 열역학은 더 이상 작동하지 않으며, 박스 내 기체의 움직임은 더 이상 예측 가능하지 않다.

신다윈주의의 마지막 원리는 유전자 변이가 누적되면 어느 순간 더 이상 유전자를 교환할 수 없는 개체들이 생겨나면서 새로운 종으로 분화한다는 것이다. 이는 얼핏 어렵지 않게 받아들일 수 있는 주장처럼 들리지만, 여기에도 서로 다른 주장들이 있다. 한쪽에서는 앞서 이야기한 점진주의에 기반한 종 분화의 점진적 모델을 주장한다. 다른 한쪽에서는 진화 이론의 또 다른 거장인 스티븐 제이 굴드 Stephen Jay Gould가 제시한 단속 평형 이론을 주장한다. 둘의 차이는 외부 환경의 변화 속도에 따라 나타나는 서로 다른 두 가지 진화적 현상이 종의 분화에 어떠한 영향을 미치는지를 생각해 보면 그리 어렵지 않게 이해할 수 있다. 또한 두 이론을 통합적으로 바라보는 이론적 근거도 여기서 찾을 수 있다.

먼저 점진주의적 종 분화 이론은 다윈의 관점이다. 유전자 변이가 하나하나 쌓이다 보면 결국 전혀 다른 종이 나타나리라는 생각이다. 하지만 조금만 깊이 생각해 보면 이 주장은 다소 이상해 보인다. 진화는 돌연변이의 발생과 자연선택에 의한 마르코비언적이며 점진적인 최적화 과정이다. 어떤 돌연변이도 바로 이전 세대에서 시작한다. 자연선택을 받은 돌연변이조차 이전 세대의 유전자와 거의 동일하다. 커다란 유전자 풀을 가진 종에서 유전자 돌연변이가 한두 가지 발생해 종 내 유전자 교환이 불가능한 전혀 새로운 종이 출현할 수 있을까? 마르코비언적이며 점진적이라는 특성은 이러한 극적인 종 분화를 제대로 설명하지 못한다.

이에 대한 대안으로 제시된 것이 에른스트 마이어 Ernst Mayr의 이소적 격리 allopatric isolation 이론이다. 유전자 풀의 일부가 지리적으로 고립되면 서로 다른 환경에서 각기 유전자 최적화 과정을 밟으며, 결국 종 분화가 일어난다는 설명이다. 이는 실제 많은 종 분화를 설명한다. 대표적인 예가 최근 보고된 그린란드 남동부의 북극곰 무리다.• 그린란드 북극곰의 주요 서식지는 동쪽 해안가인데, 그중 동남부의 좁은 지역은 험한 산악 지형과 강한 해류로 인해 다른 집단과 사실상 격리되어 있다. 연구 결과, 이 지역 북극곰은 다른 집단의 북극곰과 유전적으로 분리되어 있음이 확인되었다. 우리는 기후 위기로 북극곰이 사라질 것을 우려하고는 하는데,[**] 이 지역 북극곰들은 피오르에서 흘러나오는 빙하 담수 얼음으로 1년 내내 물범 사냥을 별다른 어려움 없이 이어갈 수 있는 것으로 보고되었다. 시간이 지나면 이 지역 북극곰은 다른 북극곰과 다른 종으로 분화할 가능성이 크다.

다른 가능한 설명은 빠르고 큰 환경 변화다. 앞서 설명했듯이, 갑작스러운 환경 변화는 비가역적인 진화의 시계를 돌려 국지적으로 종의 멸종을 가져오거나, 멸종 직전까지 몰아붙일 수 있다. 이때 소수만 남은 유전자 풀에서의 비가역적 진화는 새로운 종을 탄생시킬 수 있다. 지구 역사를 보면 몇 차례의 대멸종이 있었다. 대멸종이란 전 지구적 사건으로 인해 짧은 기간에 수많은 생명체와 종이 사라진 사건을 말한다. 그중 가장 유명한 마지막 대멸종은 백악기 말의 대멸종으로서, 유카탄반도에 떨어진 소행성이 원인이라는 것이 현재 주류 학계의 견해다. 이로 인해 공룡을 포함한 수많은 종이 멸종했다. 생태계는 빠른 속도로 붕괴했고, 진화는 살아남은 유전자 풀에서 새롭게 시작되었다. 공룡의 지배 아래 숨죽이고 살던 작은 포유류가 지구의 주역으로 등장하기 시작한 것도 이 시기다.

● Kristin L. Laidre et al., "Glacial ice supports a distinct and undocumented polar bear subpopulation persisting in late 21st-century sea-ice conditions" *Science*, vol. 376, Issue 6599, p. 1333, June 16, 2022.

●● 우려와 달리, 지구온난화정책재단의 최근 보고에 따르면, 북극곰 개체 수는 감소하지 않고 유지되거나 증가하고 있다고 한다. 기후 위기로 인한 북극해의 식물성 플랑크톤 증가는 이 지역 먹이사슬을 더욱 풍부하게 만들었고, 그 결과로 최종 포식자인 북극곰의 수도 늘었다. 다만 그들의 사냥 방식이 변하고 있다.

긴 시간대를 놓고 보면, 생태계가 안정적으로 유지되어 진화가 거의 멈춘 듯 보이는 시기와 갑자기 진화의 시계가 돌아가 수많은 종이 사라지고 새로운 종이 나타나는 시기가 반복된다. 이는 진화가 점진적인 것이 아니라 불연속적으로 보이게 한다. 이것이 굴드의 단속 평형 이론인데, 점진주의와 단속 평형 이론은 어느 하나가 옳고 어느 하나는 틀린 것이 아니라, 시간과 공간에 따라 서로 보완적이라는 것이 인정되고 있다.

정리해 보자. 진화의 양상은 환경 변화 속도에 따라 크게 세 가지로 구분된다. 첫 번째는 환경 변화가 거의 없는 안정된 상태다. 이 경우 생태계는 국소적 최적점에 도달한 다음 더 이상 큰 진화 과정을 겪지 않는다. 돌연변이는 계속 나타나겠지만, 대부분의 돌연변이는 자연선택을 받지 못하며 점진적인 종의 분화로 이어지지는 않는다. 두 번째는 환경이 천천히 변하는 경우로서, 지속적인 돌연변이는 기능의 점진적 변화를 이끌어 낼 수 있다. 환경 변화에 따른 국소적 최적점 이동을 유전자가 쉽게 따라간다. 다윈이 관찰한 핀치가 대표적이다. 이 경우도 종 분화를 직접적으로 이끌어 내기는 어렵다. 다만 지리적 격리와 같은 요인이 새로운 종의 탄생을 유도할 수 있다. 그린란드 북극곰이 그 예다. 마지막은 환경이 급격히 변하는 경우다. 사실 이때는 생태계가 혼돈 상태에 빠진다. 환경의 변화 속도와 진화 속도가 유사하거나 환경이 오히려 더 빠르게 변할 경우, 진화는 방향성을 잃고 비가역적으로 이루어지며 종 분화가 빠르게 일어날 수 있다. 이것이 굴드의 단속 평형 이론을 설명하며, 삼엽충이나 공룡이 갑자기 사라진 이유다.

유성생식

지금까지가 전체 진화 과정의 밑그림이었다. 하지만 이는 과도한 근사를 포함한다. 먼저 유전자 탐색 공간의 '한 점'이 무엇을 의미하는지 명확하지 않다. 개체의 유전자인지, 종의 유전자를 평균한 것인지도 언급하지 않았다. 또한 진화가 마르코비언적이라고 했지만, 대다수 생명체가 유성생식을 한다는 점을 고려하면 이에 대한 의문도 생긴다. 먼저 유성생식이 진화에서 갖는 의미를 설명하는 것에서 시작해, 무엇이 문제인지, 이러한 의문에 대한 설명은 무엇인지를 알아보자.

많은 생명체는 자기 복제를 무성생식이 아니라 유성생식을 통해 달성한다. 유성생식을 하는 이유는 사실 그다지 밝혀진 것이 없다. 대표적인 설명은 유전적 다양성 때문이라는 것이다. 유성생식을 하는 생명체의 자기 복제 정보는 쌍으로 존재한나. 인산의 경우 염색체가 총 46개로, 둘씩 쌍을 이루어 존재한다. 생식 세포가 만들어질 때, 각 염색체 쌍은 염색체 교차로 일부가 뒤섞인다. 그 뒤 각 쌍에서 하나씩만 선택되어 23개의 염색체가 남는다. 아버지와 어머니로부터 각각 23개씩 염색체를 물려받아 다시 46개의 염색체를 갖는 것이다. 유성생식은 이러한 방식으로 자기 복제 과정에서 유전적 다양성을 증가시킨다. 반면 무성생식은 환경 변화에 매우 취약하다. 유전적 다양성이 유성생식의 목적이라는 가설은 유전자가 다양하면 적대적인 환경에서도 더 많은 자식들이 살아남는다는 판단에 근거를 두고 있다.

다른 설명도 있다. 숙주와 기생충의 공진화 가설이다. 항생제가 발명되기 전인 200년 전 인류의 수명은 40세 남짓이었고, 특히 영유아 사망의 주된 원인은 감염병이었다. 이 사실을 염두에 두면 생명체를 분석할 때 박테리아나 기생충과의 공진화는 진화를 이해할 때 빼놓을 수 없다. 보통 박테리아와 기생충은 숙주보다 훨씬 빠르게 진화한다. 그들은 숙주가 죽기 전 숙주의 방어 체계를 뚫기 위해 여러 돌연변이를 거친다. 만약 유성생식을 하지 않는다면, 동일한 유전자를 전달받은 후손은 그 시작부터 기생체에 취약하다. 그러나 후손의 유전자가 부모의 유전자와 다르다면, 기생체는 그 방어 체계를 다시 처음부터 뚫어야 한다. 이러한 점에서 유성생식이 유지된다는 설명도 꽤 그럴듯하다.

이처럼 세대마다 유전자 구성이 달라진다는 점을 고려하면, 종의 유전자 풀 자체가 유지되더라도 '마르코비언적', '점진적'이라는 표현은 다소 혼란스러울 수 있다. 현재의 유전자에서 시작해서 '한 번에 하나씩' 변한다는 설명은 실제 유전 메커니즘과는 거리가 있다. 이는 진화가 개체 단위에서 발생한다는 오해를 일으킬 수 있고, 정말 한 세대에 유전자가 하나씩 바뀐다는 오해도 생길 수 있다. 유성생식은 그 특성상 유전자 탐색 공간에서의 진화를 불연속적인 것으로 만든다. 돌연변이는 여전히 한 염기나 한 유전자 단위로 일어나지만, 이러한 변이는 불연속적인 유전자 조합의 재배치에 기반해 발생한다. 이를 유전자 탐색 공간의 관점에서 보면, 산 오르기는 한 걸음씩이 아니라 한 세대에서 다음 세대로 넘어갈 때마다 불연속적인 도약이 일어나고, 그 새로운 위치에서 무작위 걸음이 시작되는 것이다. 결국 앞서 살핀 유전자 탐색 공간에서의 유전 방식은 근사일 뿐이다.

유전자 공간 탐색의 의미를 더 정확히 이해하기 위해 유전자 관점에서 개체와 종의 의미를 다시 살펴보자. 유전자는 도킨스의 책 제목처럼 이기적이다. 하지만 대부분의 생명체에서 유전자는 혼자서 아무것도 할 수 없다. 유전자 하나는 자기 복제를 위해 다른 수십만 개의 유전자와 혈맹을 맺는다. 운반되는 유전자의 특성과 수가 유전자 운반 기계인 개체에 따라 다르기는 하지만, 각각의 개체는 복제 동맹을 맺은 유전자들의 집합에 지나지 않는다. 개체를 구성하는 유전자는 생사를 함께한다. 여기에 더해, 단세포가 아닌 다세포 생명체는 동일한 유전자를 가진 수많은 세포로 이루어진다. 세포들은 동일한 유전자를 가지고 있기에, 세포와 세포의 관계도 혈맹 관계다. 이들은 서로의 생존을 위해 자신을 희생하는 데 거리낌이 없다. 피부 세포는 혈액 세포와 싸우지 않는다. 이들은 오로지 전체의 생존이라는 목표하에 하나처럼 움직인다. 극단적으로 거의 동일한 유전자로 구성된 동물 집단, 예컨대 '사회적 동물'이라고 불리는 개미나 꿀벌은 집단 자체가 하나의 몸처럼 움직이며 서로를 위해 기꺼이 희생한다.

하지만 개체를 넘어서면 이야기가 달라진다. 한 개체는 다른 개체가 자신과 동일한 유전자를 가지고 있는지 알지 못하기에 경계의 대상이 된다. 뒤에서 더 살펴보겠지만, 유전자 경계에 해당하는 가족이나 씨족의 범위를 넘어서면 무조건적 동맹은 사라지고 오로지 개체의 생존만이 중요해진다. 이렇듯 유전자의 관점에서 개체는 자신들의 복제를 위해 혈맹을 맺은 유전자들의 집합이다.

그런데 유전자가 자기 복제라는 목표를 달성하려면 개체의 생존뿐 아니라 번식을 위한 또 다른 동맹이 필요하다. 앞서 설명한 몇 가지 이유로 대부분의 생명체는 유성생식으로 진화했다. 유성생식에는 성이 다른 개체 간의 동맹이 필요하다. 이러한 관점에서 개체를 이루는 다른 유전자 집단 간에도 성이 다를 경우 동맹이 맺어질 수 있다. 비록 생존 동맹보다는 동맹의 결합이 약하고 개체의 일생에서 번식 동맹이 중요한 기간도 짧지만, 유전자는 기꺼이 자신이 포함된 유전자 집단과 다른 유전자 집단을 섞는 전략을 택했다. 이러한 번식 동맹이 가능한 개체들의 집합을 우리는 종이라고 한다. 따라서 유전자 입장에서 개체와 종은 자기 복제에 필요한 생존 동맹과 번식 동맹을 가능하게 하는 유전자들의 집합이다. 이에 따라 동역학이 복잡하며, 여기서 일어나는 돌연변이와 자연선택도 복잡하다.

이제 확장된 유전자 탐색 공간을 상상해 보자. 유전자 탐색 공간에서 각각의 축은 모든 유전자마다 하나씩 배정된다. 여기서 '모든 유전자'는 특정 종이 가진 유전자만을 의미하지 않고, 세상에 존재하는 모든 유전자를 뜻한다. 여기서는 유전자가 다른 종에서 갖는 표현형이 중요하지 않다. 특정 종이 어떤 유전자를 가지고 있지 않다면, 그 값을 0으로 놓으면 된다. 이러한 유전자 탐색 공간은 기본적으로 수많은 최적점을 가진다. 종과 종, 개체와 개체, 유전자와 유전자가 서로 얽혀 있기에 축들이 서로 영향을 주고받기 때문이다.

이 공간의 특성을 물리학에 비유해 생각해 보자. 이러한 탐색 공간은 아인슈타인의 일반 상대성이론의 시공간과 유사한 점이 많다. 먼저 확장된 유전자 탐색 공간에서 λ가 결정되어 있는지 질문해 보자. 환경 변수가 고정되어 있다고 하더라도, 그 답은 '아니다'다. 뉴턴의 시공간은 물질의 존재와 독립적으로 주어지지만, 아인슈타인의 이론에서는 물질이 그것이 놓인 시공간 자체를 휘게 한다. 그리고 이렇게 휘어진 시공간은 다른 물질에 영향을 준다. 즉, 시공간은 물질과 분리되지 않는다.

확장된 유전자 탐색 공간도 마찬가지다. 이 공간의 한 점은 정확한 의미에서 하나의 개체가 가진 유전자들의 집합이며, 점마다 λ가 주어진다. 이 개체는 다른 개체의 λ에 영향을 준다. 이는 고정되어 있는 뉴턴의 절대적인 시공간과 다르게 개체의 존재 여부에 따라 공간이 달라지는 아인슈타인의 시공간과 유사하다. 이제 유전자 동역학에 따라 λ는 끊임없이 변한다. 이러한 확장된 유전자 탐색 공간에 하나의 종을 이루는 모든 개체를 뿌리면, 어떤 지역에 몰리게 된다. 개체마다 유전자가 다르기는 하지만, 적어도 다른 종의 개체가 지닌 유전자보다는 차이가 덜 나기 때문이다. 특정 종의 유전자 풀이 차지하는 영역은 다른 종의 유전자 풀이 차지하는 영역과 기본적으로 분리되어 있다.

이제 한 종을 이루는 유전자 풀의 동역학을 생각해 보자. 한 세대마다 성이 다른 두 점은 새로운 점을 만들어 낸다. 물론 이 점은 유전자 풀이 차지하는 영역을 벗어나지 않는다. 즉, 돌연변이가 나타나지 않는 이상 유전자 풀이 차지하는 영역은 유지된다. 한편 유전자 풀이 차지하는 영역에 최적점은 하나일 수도 있지만, 얼마든지 여럿일 수도 있다. 그리고 세대마다 최적점을 건너뛰는 것이 가능하다. 이것이 유전적 다양성을 확보하는 방법이다. 다만 유전자 풀 영역 안에서만 이루어진다는 점에서 큰 차이는 없다.

이제 번식 과정에서 돌연변이가 생겼다고 해보자. 이제 유전자 풀이 차지하는 영역은 넓어진다. 우연히 그 돌연변이가 유전자 풀 밖에 있는 또 다른 최적점 근처에 자리 잡았다면, 유전자 풀이 차지하는 영역은 안정적으로 넓어진다. 하지만 돌연변이가 유전자 공간 전체를 왜곡해 다른 영역이 줄어들 수도 있다. 반대로 새로운 돌연변이의 위치가 최적점과 멀리 떨어져 있다면 그 돌연변이는 곧 제거된다. 한편 이와 같은 확장된 유전자 탐색 공간은 동일한 생태계 안에서 서로 영향을 주고받는 유전자들에 대해서만 성립한다. 고립된 환경에서 살아가는 다른 유전자 집단은 그들만의 독립된 유전자 탐색 공간을 가지며, 다른 진화 경로를 밟을 것이다. 이것이 곧 확장된 유전자 탐색 공간에서 생존, 번식, 그리고 돌연변이로 전개되는 유전자 동역학이다.

복잡성, 비가역성, 진보

이제 신다윈주의에 관한 마지막 주제에 다다랐다. 신다윈주의의 원리를 이해했다면, 그다음은 당연히 미래 예측이 뒤따라야 한다. 하지만 볼츠만의 이론에서 보았듯이, 동역학에 기반한 예측은 매우 어렵다. 그럼에도 이러한 동역학의 통계적 예측, 즉 2종 예측은 가능하며, 이미 여러 의미 있는 질문들이 제기되어 왔다. 여기서는 그중에서 가장 중요한 몇 가지를 살펴본다.

(1) 진화는 가역적인가? 이에 대한 답은 앞서 살펴보았다. 진화는 기본적으로는 비가역적이다. 무작위적인 돌연변이 때문이다. 시간에 따른 오메가 혹은 번식률 변화에 무작위성이 개입하는 순간 진화는 되돌릴 수 없다. 그러나 여기에 자연선택이 개입한다. 자연선택이란 오메가인 번식률이 높아지면 선택하고 낮아지면 제거한다. 따라서 돌연변이가 무작위적으로 발생하더라도 일정한 방향성을 부여한다. 산의 정상에 오르는 길이 하나밖에 없다면, 자연선택에 의해 무작위성은 의미를 상실한다. 하지만 정상에 오르는 길이 많기에 진화가 작동하는 방식은 정해져 있지도 완전히 무작위적이지도 않다. 또한 최적점에 도달하고 외부 환경이 매우 천천히 바뀐다면, 진화는 산 정상을 크게 벗어나지

않으면서 환경 변화를 따라가며 진행된다. 이것이 부분적인 가역적 진화가 가능한 근거일 수 있다. 하지만 다시 한번 강조하자면, 진화의 근본 작동 원리는 비가역적이다.

(2) 인간의 탄생은 필연적이었는가? 이에 대한 답을 말하자면, 전혀 필연적이지 않았다. 진화의 역사는 끊임없이 새로운 단백질을 만들어 내는 과정이다. 그리고 그 단백질의 종류가 얼마나 많은지는 이미 알아보았다. 아무리 빠른 속도로 새로운 단백질을 만들어 내도 그 전체를 탐색하기에는 우주의 나이조차 턱없이 짧다. 지금 이 순간에도 새로운 단백질이 어딘가에서 생성되고 있을 것이다. 공룡을 절멸시킨 소행성이 없었다면 인간이 탄생할 수 있었을지 물을 수도 있다. 그 소행성이 없었다면 TV 드라마에 나오는 외계인들과 같이 파충류를 닮은 생명체가 지구를 지배하고 있을지도 모를 일이다. 유전자 탐색 공간은 실로 어마어마하다. 우연과 우연이 비선형적으로 얽혀 지금의 지구와 인류가 만들어진 것이다.

(3) 진화는 진보적인가? 이는 두 번째 질문과 연결되어 있으면서 진화의 2종 예측에 관한 가장 중요한 질문이다. 두 번째 질문을 조금 일반화해, 지능을 가진 고등 생명체의 탄생이 필연적이었는지 바꾸어 물을 수 있다. 여기서 고등 생명체는 파충류든 포유류든 상관없다. 무작위적 돌연변이에서 무작위성은 방향 없음을 의미하는데, 이는 복잡한 생명체로 진화하는 것과 언뜻 모순되는 것처럼 보인다. 그럼에도 시대순으로 점점 고등 생명체가 나타났는데, 이에 대해서는 설명이 필요하다.

진화는 마르코비언적이다. 그림 35를 다시 살펴보자. 왼쪽으로 이동할 확률이 50%, 오른쪽으로 이동할 확률 50%로, 발걸음이 완전히 무작위적이라고 하더라도 시간이 지나면 원점에서 더 먼 곳까지 이동할 확률이 생긴다. 여전히 원점 근처에서 술 취한 사람이 가장 많이 발견되겠지만, 시간이 지나면 지날수록 원점에서 멀어진 영역에서도 사람이 발견된다. 얼마나 먼 곳까지 갈 수 있는지는 그림의 폭, 즉 산포인데, 이는 시간의 제곱근에 비례한다. 즉, 시작점에서 멀어지는 속도가 점점 느려지기는 하지만 계속 멀리까지 이동할 수 있음을 뜻한다. 진화는 이렇게 작동한다. 원숭이 닮은 생명체가 갑자기 까마귀로 진화할 수는 없지만 고릴라로 진화할 수는 있다. 진화의 출발점은 현 상태이기에, 그 출발점을 기준으로 복잡한 생명체가 나타날 확률이 존재하며, 그곳에서 다시 출발해 조금 더 복잡해질 수도 있다. 이런 관점에서 진화의 마르코비언적 특성은 점점 복잡한 생명체를 만들어 내는 방향으로 나아간다고 할 수 있다. 물론 복잡함이 선택된다는 가정하에서 그렇다.

하지만 이 대답은 우리가 내려야 할 답의 절반에 불과하다. 한 가지 간과하기 쉬운 점은 시간이 충분히 지나면 멀리까지 이동할 확률이 높아지기는 하지만 여전히 원점 근처에 머무를 확률이 가장 높다는 것이다. 진화는 공통 조상에서 인간으로 진화하는 것이 아니다. 공통 조상에서 일부가 인간으로 진화한 것이고, 다른 일부는 또 다른 종으로 진화한 것이다. 또 다른 일부는 그대로 남아 있을 수도 있다. 진화는 기존 종의 치환이 되풀이되는 과정이 아니라 생태계의 틈새를 하나하나 메우는 과정일 뿐이다.

오늘날에도 세상에는 수많은 영점 근방의 생명체, 즉 박테리아와 바이러스가 있다. 이들도 37억 년 전 첫 번째 생명체가 지구에 출현한 이후로 끊임없는 진화를 거친 결과물이라는 점에서 인간과 동일하다.

인간과 박테리아 가운데 어느 쪽이 더 진화한 생명체인지 묻는 것은 다분히 의도적이며 부적절하다. 두 종 모두 지구라는 환경과 생태계에 성공적으로 적응한 진화의 산물일 뿐이다. 인간은 인간의 방식으로, 박테리아는 박테리아 방식으로 살아남았다. 박쥐는 인간이 들을 수 없는 초음파를 감지하고, 나비는 인간이 보지 못하는 자외선을 볼 수 있다. 하지만 누구도 박쥐와 나비가 인간보다 더 진화한 생명체라고 말하지는 않을 것이다. 그 역도 마찬가지다. 진화는 살아남을 수 있는 공간을 찾는 과정, 그뿐이다.

이러한 관점에서 진화의 2종 예측은 두 가지로 정리할 수 있다. 첫째는 다양화다. 이는 생태계의 비어 있는 곳을 빠짐없이, 천천히 메운다는 뜻이며, 마르코비언적 과정에서 영점 근방이든 영점으로부터 먼 곳이든, 어느 곳에서나 생명체를 발견할 확률이 있다는 것과 동일한 의미다. 유전자 탐색 공간의 관점에서 말하자면, 국소적 최적점마다 생명체가 들어설 확률이 있다. 진화는 생명체 혹은 종으로 채워진 지점 근방의 비어 있는 또 다른 지점을 찾아 생명체로 채워 넣는 것이다. 물론 최적점도 시간에 따라 바뀐다. 둘째는 복잡화다. 하지만 이는 다양화의 결과일 뿐이다. 시간이 지날수록 비록 그 속도는 점차 느려지더라도, 더 복잡한 형태로 더 멀리까지 퍼져 나간다. 다양화와 복잡화는 마르코비언적 특성에서 비롯된다.

진화가 진보라는 식으로 말하는 이들이 있는데, 먼저 짚고 넘어갈 점은 진화와 관련해 '진보'의 정의가 명확하지 않다는 점이다. 정의가 명확하지 않으면 '진보'를 과연 과학의 용어로 인정할 수 있을지 의문이 생긴다. 진보가 앞서 이야기한 복잡화와 동일한 것이라고 간주한다면, 이는 과학으로 답할 수 있다. 하지만 인간이 박테리아보다 진보한 고등한 생명체라는 뉘앙스로 이야기되는 경우가 있는데, 이때 사용하는 '진보'는 '복잡함' 이상의 뜻을 지닌다. 이 단어는 목적성과 방향성을 포함하기에, 진화를 설명하는 데 적절하지 않다. 심지어 사회 진화의 맥락에서도 부적절하다. 이에 관해서는 농업혁명을 다룰 때 보다 구체적으로 살필 것이다.

(4) 인간에게서 새로운 종이 탄생할 수 있을까? 앞서 나는 진화의 2종 예측으로 다양화와 복잡화를 제시했다. 하지만 이러한 경향이 지금도 작동하고 있고 미래에도 작동할 것인지 물을 수 있는데, 이에 대해서는 머뭇거릴 수밖에 없다. 먼저 다양화와 복잡화 경향은 우주의 시간을 놓고 보면 일시적일 뿐이다. 지구 생태계는 유한한 자원을 가지고 있기에, 어느 날 지구 생태계가 무너지리라는 점은 자명하다. 이는 다양화에 관한 2종 예측이 영속적일 수 없음을 뜻한다. 하지만 내가 머뭇거리는 다른 이유가 있다. 바로 인간의 지능이다. 다른 분야도 마찬가지이지만, 인간의 지능이 미래 예측을 어렵게 만든다.

인간은 유일하게 먹이를 찾아 나서지 않고 목적에 맞게 먹이를 생산하는 생태계 교란 종이다. 이들의 이기적 유전자는 너무나 빠르게 진군해, 다른 종들은 유전자 탐색 공간에서 국소적 최적점에 도달하기도 전에 멸종의 길로 내몰리고 있다. 심지어 인간은 외부 생태계뿐 아니라 자신의 유전자를 수정하는 능력까지 보유하고 있다. 세상의 많은 것들이 그야말로 인간에 맞게 재편되고 있으며, 이러한 이유에서 진화에 관한 예측은 인간 지능의 미래를 예측하는 문제로 바뀌고 있다.

여기서 나는 인간 지능이 진화 방향에 영향을 주는 세 가지 측면을 간략하게 언급하고자 한다. 첫째는 인간 유전자 풀의 통합과 균질화다. 물리적 연결의 강화, 지리적 고립의 감소, 과학기술의 발달로 인해 인간 유전자 풀은 단일화되고 진화의 역동성이 제한될 것이다. 둘째는 의도적인 진화다. 생물학과 의학의 발달은 질병으로부터 자유롭고 영원한 삶을 살고자 하는 인간의 욕망을 실현할 길을 열어주고 있다. 유전자와 본능의 직접적인 발현인 이러한 욕망에 제동을 걸 수 있을까? 제동을 거는 법적 혹은 도덕적 장치 역시 문화뿐 아니라 우리의 본능이 섞이기 마련이다. 우리가 우리의 본능을 이길 수 있다는 것에 나는 회의적이다.*

셋째는 생물 다양성의 훼손이다. 인간과 인간의 생존에 필요한 가축들을 제외한 거의 모든 생명체가 사라지고 있다. 현재 생물의 멸종 속도는 과거보다 수십, 수백 배 더 빠르다. 포유류만 하더라도 지난 400년간 559종이 멸종했다. 현존하는 동식물의 8분의 1, 즉 100만 종이 멸종 위기에 처해 있다. 인간 유전자의 이기적인 진군은 비선형적, 비평형적 현상의 전형적인 예다. 네트워크가 늘 안정을 유지하는 것은 아니다. 요동이 유입되었을 때 내부 피드백에 의해 어렵지 않게 안정을 찾을 수도 있지만, 쉽게 무너질 수도 있다. 한번 무너지기 시작하면 걷잡을 수 없이 무너져 내리는 것이 네트워크의 특성이기도 하다. 지구 생태계에서 인간의 등장은 바로 이러한 프리고진의 분기점에 해당한

<hr>

* 유전자, 마음, 본능, 지능, 문화 등은 뒤에서 자세하게 다루겠지만, 인간 사회의 진화에도 원리가 존재하며, 그 원리에서 벗어나기 어렵다. 근간을 이루는 원리들이 인간 본능에서 기인하기 때문이다. 특정 개인의 이성이 본능을 이겨낼지는 몰라도, 인간 사회의 평균은 유전자와 본능에서 유래한 원리를 따를 뿐이다.

다. 지구 생태계 네트워크는 무너지고 있으며, 안정을 찾고 있다는 증거는 어디에도 없다. 이러한 예측의 세부 사항은 이 책의 범위를 넘어서기에, 이쯤에서 말을 줄이기로 한다.

우리는 공통 조상의 일부가 인간으로 진화한 것과 마찬가지로 인간 가운데 일부가 더욱 복잡합 새로운 종으로 진화해 인간과 공존할 수 있을지 물을 수 있다. 예컨대 엑스맨이 출현할 수 있을지에 관한 물음이다. 이는 앞서 언급한 세 가지 질문 가운데 첫 번째 질문과도 관련 있다. 손등에서 칼이 나온다거나, 순간 이동을 한다거나, 다른 이들의 마음을 읽는 능력과 같은 허무맹랑한 경우는 제외하더라도, 하늘을 나는 사람은 모두가 한 번쯤 상상해 보았을 것이고 언뜻 불가능해 보이지만도 않는다. 물론 이에 대한 정확한 답은 모른다. 하지만 몇 가지 근거에서 이러한 가능성에는 비관적이다.

인간도 진화한다는 것은 거부할 수 없는 진리다. 하지만 새로운 종의 탄생은 다른 이야기다. 전 세계는 이미 과학기술의 발전으로 연결되어 있다. 더 이상 고립된 인간 집단은 없다. 따라서 새로운 돌연변이가 나타나더라도, 그것은 곧 인류 전체의 유전자 풀에 흡수되어 종 분화를 방해할 것이다. 다른 관점에서 질문해 보아도 마찬가지다. 날개 달린 인간의 출생률이 인간의 출생률보다 높을 수 있을까? 이 같은 물음에 긍정적으로 답하려면, 생존과 번식의 관점에서 평범한 인간의 능력보다 앞서야 한다. 다시 질문해 보자. 날개 달린 인간이 보통의 인간에 비해 생존에 더 유리할까? 현대 사회에서 날개는 먹이 확보나 천적 회피, 질병 저항에서 뚜렷한 이점을 주지 못한다. 번식 측면에서도 마찬가지다. 날개가 번식률의 차이를 만들어 낼 가능성은 희박해 보인다.

어떤 이들은 기하급수적인 인구 증가를 걱정하지만, 나는 인간 종이 출생률 저하로 인한 멸종의 길을 걷고 있다고 생각한다. 마지막 장에서 자세히 알아보겠지만, 원인은 다른 경제적, 사회적 요인이 아니라 피임법의 보급이다. 즉, 오늘날에는 출산율마저 과학기술에 의해 조절되고 있는 것이다. 이러한 맥락에서 보면, 날개는 출산율과 관련 없어 보인다. 날개를 가지고 있는 것이 생존과 번식 면에서 더 유리할 만한 어떠한 현실적인 상황도 떠올리기 어렵다. 날개만이 아니다. 인간은 생존과 번식에 필요한 거의 모든 요소를 과학기술로 보강해 왔다. 어떤 새보다 빠르게 나는 비행기를 개발하고, 치타보다 빠른 자동차가 사방에 널려 있다. 거의 모든 천적을 인간의 거주지에서 몰아냈고, 집 밖으로 조금만 걸어나가면 식량을 구할 수 있다. 인간의 생존에 영향을 미칠 만한 것들로는 이제 바이러스, 박테리아, 인간이 황폐화시킨 지구 생태계, 그리고 인간의 저출생뿐이다. 출생률 저하로 인한 인구 감소가 빠를지, 기후 위기 등으로 인한 인구 감소가 빠를지는 모르겠지만, 적어도 두 가지 문제 가운데 어느 하나가 전 지구적으로 심각해져 새로운 진화의 가능성이 열릴 때까지는 우리가 상상하는 X맨이 탄생하기는 어려울 것으로 보인다. 물론 새로운 종이 탄생하지 않더라도, 인간의 진화는 멈추지 않을 것이다. 환경 변화에 맞추어 끊임없이 국소적 최적점을 향해 움직일 것이다.

지금까지 우리는 유전자 중심주의, 신다윈주의의 핵심 내용을 살펴보았다. 2종 예측의 관점에서 몇 가지 질문들도 알아보았다. 이제 마지막 내용으로 넘어갈 차례가 되었다. 유전자 중심주의가 계몽 이론으로서 훌륭하기는 하지만, 이것만으로 모든 것을 설명할 수는 없다. 이제 근사 이론을 살펴보고 이것이 유전자 중심주의와 어떻게 연결되는지 알아보고자 한다. 아직까지 열띤 논쟁이 이루어지는 영역이기는 하지만, 계몽 이론과 근사 이론의 관점에서 보면 이 둘이 서로 보완적인 관계에 있음을 알 수 있을 것이다.

슈퍼프로그램의 유전

우리는 흔히 유전을 유전자를 후세에 전달하는 것이라고 배운다. 그러나 실제로 부모로부터 전달되는 것은 DNA뿐 아니라, 수정란의 슈퍼프로그램까지 포함된다. 이를 이해하는 것이 후성유전학을 제대로 이해하는 첫걸음이다. 후성유전학의 관심사는 앞서 다룬 세포의 네트워크적 성격과 유사하다. 염색체는 DNA와 이를 둘러싼 히스톤 단백질로 이루어진다. 기존의 유전 연구가 주로 DNA를 대상으로 했다면, 후성유전학은 히스톤 단백질의 역할에 주목한다. 예컨대 히스톤 단백질의 아세틸화나 메틸화는 DNA의 특정 부위가 발현될지 억제될지를 많은 부분 결정한다. 수많은 히스톤 변형이 이러한 'DNA 스위치' 역할을 수행하며, 심지어 부모 세대에서 자식 세대로 전달되기도 한다. 예를 들어, 시토신 메틸화는 수정란 생성 단계에서 대부분 초기화되지만, 일부는 완전히 초기화되지 않고 유전되어 자궁 환경에 따라 변하기도 한다.

따라서 유전을 DNA만으로 설명할 수는 없다. 이러한 점에서 후성유전학은 아날로그적 성격을 지니며, 과거에 폐기된 라마르크적 유전을 연상시키기도 한다. 또한 후성유전학은 정확히 세포 네트워크 이론의 일부다. 응용 프로그램인 DNA 코드는 변하지 않는다. 하지만 언제 어떤 코드를 실행할 것인지에 관한 슈퍼프로그램은 변할 수 있고, DNA

와 독립적으로 부모 세대로부터 물려받을 수 있다. 후성유전학이라는 첨단 유전학이 연구하는 것이 바로 이 부분이다.

슈퍼프로그램은 세포 네트워크에 저장되기에 네트워크가 변하면 슈퍼프로그램도 함께 바뀐다. 살아가는 동안 슈퍼프로그램은 변할 수 있다. 암 발생이나 약물 중독으로 인한 만성적인 뇌 질환도 DNA가 바뀐 것이 아니라 슈퍼프로그램이 변한 사례다. 예컨대 펜타닐 중독자는 엔도르핀 시스템이 망가진 탓에 어떠한 자극이 없어도 칼에 베이는 듯한 극도의 통증을 느낀다. 엔도르핀 시스템이 손상되었다는 것은 신경 세포 네트워크에 저장된 슈퍼프로그램이 변질되었다는 것으로서, 네트워크가 자극 없이도 통증을 느끼는 신경 물질을 생산해 내는 상태로 바뀐 것이다.

인간의 진화와 적응에서 핵심 역할을 하는 뇌 가소성도 한 가지 예다. 사실 이는 슈퍼프로그램이라기보다 뒤에서 다룰 슈퍼슈퍼프로그램이다. 세포 네트워크가 연결되어 더 큰 네트워크를 형성한 것 가운데 하나가 뇌인데, 뇌도 사는 동안 변한다. 이는 단순히 학습 결과로 저장 내용이 바뀌는 것과 구분되어야 한다. 뇌 가소성은 하드웨어 자제가 변경되는 것이다. 컴퓨터로 치자면, DEMUX 구조가 바뀌어 1이면 1번 프로그램을 실행하는 것에서 1이면 2번 프로그램을 실행하는 것으로 바뀌는 것이다. 이러한 구조 자체가 후대에 전달되기도 하는데, 이를 '네트워크 유전'이라고 말할 수도 있겠다. 후성유전학은 네트워크 유전의 일부다.

물론 네트워크 유전은 아직 더 많이 연구되어야 할, 이제 막 꽃피우고 있는 주제다. 특히 이러한 아날로그적인 라마르크적 유전이 세대를 거듭해 전달되는 디지털 유전 정보와 달리 얼마나 지속되는지 명확하지 않다. 세대마다 달라진다면 그것을 과연 유전이라고 부를 수 있는지에 관한 정의의 문제도 있다.

나는 슈퍼프로그램의 유전이 신다윈주의와 대립되는 새로운 이론이라고 생각하지 않는다. 오히려 유전자 중심주의가 설명하지 못하는 부분을 보완하는 1차 근사 이론으로 이해할 수 있다. 상대성이론이 뉴턴 이론과 모순되지 않고 통계역학이 열역학을 보완하듯이 말이다. 하지만 여전히 논쟁의 중심에는 질문 하나가 남아 있다. 세포와 유전자 가운데 어느 것이 주도권을 가지는가 하는 것이다. 유전의 대상은 슈퍼프로그램과 유전자 모두다. 그럼에도 유전자 중심주의가 0번째 근사이고, 슈퍼프로그램 유전은 첫 번째 근사라고 설명했다. 그러면서 한편으로는 세포가 '컨트롤 타워'라고 말하면서, 마치 세포의 손을 들어주는 듯한 표현 또한 사용했다. 이는 어느 하나가 절대적인 우위에 있지 않음을 드러내려는 의도였다.

예컨대 수정란에서 핵을 제거하고 다른 종의 핵을 이식하면, 배아가 정상적으로 발달하지 못한다. DNA뿐 아니라 후성유전학에서 이야기하는 히스톤 단백질까지 이식하더라도 그렇다. 이는 세포 네트워크의 암호와 DNA의 코드가 일치하지 않기 때문이다. 이는 DNA가 모든 것을 좌우하지 않는다는 뜻이다. 그럼에도 정자와 난자는 DNA 정보로부터 만들어지며, 자연선택의 단위는 유전자이지 세포가 아니다. 게다가 슈퍼프로그램의 유전은 영속적이지 않다. DNA와 세포 네트워크의 관계가 분명 단순한 인과관계는 아니지만, 굳이 주도권이 어느 쪽에 있는지 답해야 한다면 DNA의 손을 들어줄 것이다. 하지만 어느 쪽이 주도권을 가지는가 하는 물음은 핵심이 아니다. 주도권이 세포에 있든 DNA에 있든, 둘의 역학 관계가 핵심이다. 주도권 논쟁은 네트워크의 특성을 좌우하는 것이 노드인지 연결인지 논쟁하는 것과 다를 바가 없으며, 네트워크가 환원 가능한지 아닌지에 관한 논쟁과도 구조적으로 같다.

다이아몬드의 원인이 탄소에 있는가, 탄소의 연결에 있는가? 탄소에 있다는 견해를 '탄소 중심주의', 연결에 있다는 견해를 '탄소 시스템주의'라고 부를 수 있을 것이다. 하지만 이와 같은 논쟁은 리처드 도킨스와 데니스 노블Denis Noble과 같은 세계적인 석학들이 논쟁하기에는 보잘것없는 과대 포장된 주제이며, 철학자를 흉내 내는 과학자들의 질문일 뿐이다. 0장에서 보았듯이 인과율은 단선적이지 않다. 두 석학이 이를 모를 리 없다.

결정론과 결정론적 진화

지금까지 세포의 구조와 작동 원리, 유전 원리 등을 알아보았다. 그런데 유전의 동역학에는 뉴턴과 볼츠만의 세계관에는 없는 특이한 개념 하나가 들어 있다. 돌연변이를 언급하며 '무작위적'이라는 용어를 사용했는데, 이는 예측할 수 없다는 뜻을 지니기에 뉴턴과 볼츠만의 예측 가능한 세계관과 근본적으로 다른 무엇인가가 있다는 인상을 준다. 언뜻 결정론적 세계관에 치명타를 가하는 것처럼 보이기까지 한다.

앞서 예고했듯이, 지금부터 결정론과 예측 가능성에 관한 내용을 전체적으로 정리하고자 한다. 과학 내에서도 이에 관한 많은 것이 알려져 있지만, 여전히 많은 억측과 잘못된 정보가 섞여 있다. 이제 철학자들을 이 주제로부터 자유롭게 해줄 때다. 이 문제를 본격적으로 다루기에 앞서 몇 가지 사전 지식을 간단히 알아보자.

무능한 신

뜬금없이 신에 대한 이야기로 시작해 보자. 그 이유는 뒤에서 알게 될 것이다. 여기 신이 있다. 무한한 능력을 가지고 있다. ('능력'이 무엇인지는 여기서 정의하지 않고 그 의미는 잠시 뒤 살펴볼 것이다.) 그러나 아무리 무한한 능력을 지닌 신이라고 하더라도 할 수 없는 것이 있다. 여기 '철수'라는 이름을 가진 사람이 있다. 이제 신에게 이 사람의 이름이 '철수'가 아니라 '영희'임을 증명해 보라고 해보자. 능력이 무한인데 무엇을 못 하겠는가. 하지만 이는 신이라고 하더라도 불가능하다. 왜냐하면 그 사람의 이름이 '철수'인 이유는 단지 사람들이 그렇게 부르기로 약속했기 때문이다. 이를 뒤집어 영희임을 증명해 달라는 것은 말 자체가 성립되지 않는 요구다. 비슷하게 신은 1+1이 2가 아니라는 것도 증명하지 못한다. 앞서 보았듯이, 1+1=2는 증명의 문제가 아니라 정의의 문제에 가깝다. 물론 현대 수학의 관점에서 1+1=2는 공리가 아니지만, 공리로부터 즉각적으로 따라 나오는 정리다. 현대 수학의 표준 공리가 일관적이라면, 이로부터 1+1≠2을 증명하는 것은 신이라고 하더라도 불가능하다. 하지만 불가능해 보이는 다음과 같은 요구는 신이라면 할 수 있다.

"1초 동안 모든 자연수를 세라."

자연수는 무한하기에, 1초라는 유한한 시간에 모두 세라는 것이 언뜻 무리한 요구로 보인다. 하지만 신은 할 수 있다. 신은 1을 1/2초 동안 말하고, 2로 넘어간다. 2는 1/4초 동안 말하고, 그다음 3은 1/8초 만에 말한다. 즉, n이라는 숫자를 $1/2^n$초 동안 말하는 것이다. 능력이 무한하기에 n이라는 숫자를 $1/2^n$초 동안 말하는 것은 식은 죽 먹기일 것이다. 1초가 지나면 신은 모든 자연수를 센다. 하지만 비슷해 보이는 다음과 같은 요구는 신이라고 하더라도 할 수 없다.

"1초 동안 모든 실수를 세라."

실수가 셀 수 없는 집합이라는 것은 수학자 게오르크 칸토어가 증명했다. 셀 수 없는 집합을 세라고 요구하는 것이기에, 역시 신도 할 수 없다. 논리적으로 증명한 정리를 반대로 증명하는 것은 신도 할 수 없다. 우리의 무능한 신은 뒤에서 다시 등장할 것이다.

순수 확률

확률과 통계는 항상 같이 언급되기에 거의 같은 것으로 여겨지고는 하지만, 우리 논의에서는 특히나 매우 다르다. 확률이 50%인 동전 던지기를 다시 생각해 보자. 확률이 50%라고 했으니 동전을 던질 때 동전의 앞면이 나올지 뒷면이 나올지 알 수 없다. 이렇듯 확률이라는 말에는 무작위성과 알 수 없음이 들어 있다. 하지만 가끔 확률적 결정론이라는 이상한 말이 들리기도 한다. 동전이 앞이 나올지 뒤가 나올지 모르지만, 각각 50%로 확률이 결정되어 있으니 결정론이라는 주장이다. 이러한 관점은 양자역학 또한 일종의 결정론이라고 말한다. 이는 어디까지나 결정론을 어떻게 정의할 것인가 하는 문제다. 나는 이러한 정의를 좋아하지 않는다.[*] 물론 결정론의 정의를 확장해 양자역학도 결정론이라고 주장하든 그러지 않든, 이는 그다지 중요하지 않다. 그것이 '순수' 확률의 문제라면 우리는 결정되어 있지 않음을 알고 있으며, 결정되어 있지 않기에 당연히 알 수도 없는 것이다.

그러나 모든 확률이 순수 확률인 것은 아니다. 다시 동전 던지기를 생각해 보자. 인간에게는 동전이 앞이 나올지 뒤가 나올지 예측할 수 없지만, 우리의 무능한 신은 예측할 수 있다. 초기 조건을 아주 정확히 알고, 아주 빠른 속도로 오차 없이 계산할 수 있는 신에게 동전 던지기 게임은 더 이상 확률이 아니라 동역학의 문제일 뿐이다. 동역학 문제임에도 우리가 신의 능력을 가지지는 못했기에, 우리는 이를 확률 문제로 근사하고 변환하는 것뿐이다. 즉, 확률을 일컫는다고 반드시 비결정론인 것은 아니다. 우리가 라플라스의 악마가 아닐 뿐이다. 지금까지 결정론과 예측 가능성을 서로 다른 두 개념처럼 이야기해 왔지만, 사실

● 고전역학의 오메가가 $x(t)$였다면, 양자역학의 오메가는 $\Psi(x, t)$다. 이 함수의 제곱은 특정 위치와 시간에서 입자가 발견될 확률을 의미한다. 그리고 고전역학의 오메가를 결정하는 방정식이 뉴턴 방정식이었다면, 양자역학에서는 Ψ를 결정하는 슈뢰딩거 방정식이 있다. 주어진 환경에서 Ψ가 결정되는데, 이는 양자역학에서 확률이 결정된다는 것을 의미한다. 오메가인 Ψ가 존재하고 방정식으로 구할 수 있기에, 이를 '확률론적 결정론'이라 부르기도 한다. 하지만 이러한 정의를 받아들일지 말지를 떠나, 두 가지 고려해 보아야 할 문제가 있다. 만약 슈뢰딩거 방정식을 풀어 Ψ를 알아낸다고 하더라도 Ψ는 측정하기 전까지만 유효하다. 측정하는 순간 Ψ는 다른 함수로 붕괴한다. 예컨대 Ψ가 전자의 스핀 업과 다운 상태의 중첩이라고 하더라도, 측정하는 순간 둘 중 하나로 즉각적으로 붕괴한다. 즉, Ψ에 의해 확률이 결정될 뿐만 아니라, Ψ조차도 확률적으로 변하는 것이다. 이를 양자역학의 측정 문제라고 한다. 두 번째 문제는 확률을 증명할 수 없다는 데 있다. 어떤 일이 일어날 확률이 50%라고 하자. 이것이 참인지 알아내고자 동일한 조건에서 무한 번 측정할 수도 있지만, 단 한 번 일어나는 어떤 사건의 확률이 50%라는 것은 여전히 증명할 수는 없다. 확률론적 결정론에 따르면, 이렇게 증명 가능하지 않은 50% 확률로 전자가 스핀 업과 다운 상태로 결정되어 있다고 말하는데, 이를 받아들일지 말지를 선택하는 것은 여러분의 몫이다.

이들은 다음과 같은 방식으로 연결된다.

신이 무언가를 예측할 수 있다면, 그것은 결정되어 있다!

동전 던지기는 인간에게 예측 불가능한 문제이기에 확률 문제로 다루어지지만, 신은 어떠한 어려움도 없이 무한히 빠른 속도로 계산해 동전의 미래를 예측할 수 있다. 따라서 동전의 미래는 결정되어 있다.

하지만 전혀 다른 확률 문제가 있다. 양자역학의 확률이다. 예를 들어, 스핀이 위와 아래로 반반씩 중첩되어 있는 전자를 생각해 보자. 전자의 스핀을 측정하면, 스핀이 위인 상태로 결정되거나 스핀이 아래인 상태로 결정된다. 사실 전자가 어떻게 중첩되어 있든, 측정하는 순간 전자는 위나 아래 둘 중 하나의 상태가 된다. 다만 위 스핀과 아래 스핀이 반반씩 중첩된 전자라고 했기에, 동일한 실험을 계속하면 위로 측정되는 경우와 아래로 측정되는 경우가 반반이 된다. 같은 질문을 신에게 할 수 있다. 전자의 다음번 스핀을 측정하면 스핀이 위로 나올지 아래로 나올지 물어보는 것이다. 이러한 상황에서 신은 다시 무능해진다. 양자역학에서 나타나는 확률은 계산하기 어려운 동역학 문제가 아니라 본질적으로 순수 확률이기 때문이다. 양자역학은 아무리 빠른 계산기를 동원하더라도 예측할 수 없다. 즉, 신이라도 예측하지 못하기에 양자역학적 대상은 비결정론적이다. 이야기를 종합해 보면, 신의 무한한 능력이라는 것은 결국 무한히 빠른 측정과 무한히 빠른 계산이다. 즉, 라플라스의 악마와 같다. 하지만 순수 확률 문제 앞에서는 신도 무릎을 꿇는다.

결정론이 맞는지 아닌지는 평범한 인간에게는 중요하지 않다. 어차피 동전 던지기조차 예상하지 못하기 때문이다. 하지만 철학자들이 관심을 갖는 것은 이러한 인간의 무능력이 아니다. 원칙적으로 세상을 예측할 수 있는가 없는가 하는 물음이다. 양자역학은 물리적 대상이 결정되어 있지 않고 그것의 미래를 신도 알 수 없다고 말한다. 하지만 무엇이 결정되어 있고, 무엇이 결정되어 있지 않은가 하는 질문은 조심스럽게 던져야 한다. 이는 오메가가 무엇인지에 관한 질문이고, 그 오메가가 순수 확률의 지배를 받는지에 관한 문제다. 하지만 우리는 우리가 관심을 두는 대상에 따라 오메가가 달라진다는 것을 배웠다. 모든 오메가가 확률에 지배받지는 않는다.

여러 수준의 결정론

우주 전체를 놓고 질문한다면, 결정론은 분명 틀렸다. 하지만 관심의 대상에 따라 답은 바뀐다. 동전 던지기와 같은 '가짜' 확률 문제든, 전자의 스핀과 같은 '진짜' 확률 문제든, 여러 번의 측정을 통해 얻어지는 현상은 통계적 법칙을 따른다. 통계의 세계로 들어오는 순간, '진짜' 확률과 '가짜' 확률의 구분은 무의미하며, 알 수 없는 것에서도 알 수 있는 것을 끄집어낼 수 있다.

트랜지스터를 생각해 보자. 트랜지스터에서 게이트와 소스, 게이트와 드레인은 절연체로 분리되어 있다. 하지만 트랜지스터가 작아질수록 절연체 두께도 급속히 얇아진다. 최첨단 반도체의 절연체 두께는 실리콘 원자 10개보다 얇다. 이러한 트랜지스터에서는 게이트와 소스, 게이트와 드레인 사이에서 양자역학적 효과에 따라 전류가 흐른다. 터널링 효과 tunnel effect라는 것인데, 절연체로 가로막힌 방 안의 전자라고 하더라도 방 밖에서 발견될 확률이 제로가 아니다. 물론 방 안에서 발견할 확률이 훨씬 크기는 하지만, 방 밖에서 발견할 확률이 제로가 아닌 이상 어마어마한 수의 전자를 방 안에 두면 그중 몇 개는 방 밖으로 빠져나간다. 이것이 터널링 효과로서, 순수한 양자역학적 효과다. 스핀 문제와 동일하게 전자는 게이트 안에 있을 확률과 게이트 밖에 있을 확률의 중첩 상태에 있는데, 측정하는 순간 낮은 확률이지만 게이트 밖에서 측정될 수 있다. 이러한 확률이 0.0001%라고 해보자. 이보다 작아도 상관없다. 이제 게이트에 전자를 10^{20}개쯤 주입하면(이는 10A의 전류를 대략 1초 동안 흘릴 경우 이동하는 전자의 수다), 그중 10^{14}개의 전자가 터널링 효과에 의해 소스나 드레인 쪽으로 이동한다. 이는 트랜지스터에서 '게이트 누설 전류'라고 불리는데, 그 값이 결코 작지 않다. 그 크기는 양자역학과 양자 통계로 수식으로 주어진다.

'수식으로 주어진다'? 이는 개별 전자의 운명은 알 수 없더라도 전자 집단의 움직임인 전류는 정확히 예측 가능하다는 말이다. 이렇게 양자역학의 확률 효과가 끊임없이 나타나지만, 트랜지스터 자체는 결코 비결정론적이지 않다. 트랜지스터는 전자 하나로 오메가가 바뀌는 것이 아니라 수많은 전자의 집합, 즉 통계적 특성에 따라 1과 0을 나타낼 뿐이다. 터널링 효과에 의해 발생하는 게이트의 누설 전류는 수식에 의해 주어지고 그에 관한 공식만큼 흐른다. 그 근본 원인은 양자역학의 확률 현상이지만 그 집합인 누설 전류는 예측 가능한 통계의 대상이다. 물론 전자 하나의 특성에 따라 동작하는 트랜지스터가 있다면 이 트랜지스터는 예측 불가능할 것이다. 하지만 우리의 관심을 전자 하나보다 훨씬 큰 규모, 대략 0.1μm 이상의 크기를 갖는 물질에 둔다면, 우리는 더 이상 양자역학의 확률을 신경 쓸 필요가 없다. 이 세계의 오메가는 개별 전자의 확률이 아니라 누설 전류이기 때문이다.

우리는 2장에서 열역학의 오메가가 *PVTM*임을 알아보았다. 전자 하나의 오메가는 *PVTM*이 아니다. 하지만 양질 전환으로 오메가는 바뀐다. 규모가 바뀌면 오메가가 바뀌는데, 이러한 오메가가 통계적 특성만을 가진다면 이 규모의 세상은 여전히 결정론적이다. 우리 피부를 이루는 원자는 끊임없이 사라지고 나타나기를 반복하지만 우리 몸을 이루는 모든 원자가 한꺼번에 사라질 걱정을 하지 않아도 문제없는 것과 마찬가지다. 이러한 관점에서 우리의 관심이 눈으로 관측 가능한 세계에 있다면, 여전히 결정론과 예측 가능성은 살아 있다. 그래서 엔트로피 증가와 같은 예측을 내놓을 수도 있는 것이다. 하지만 불행하게도 이 또한 예외가 있다. 세상은 복잡하기 마련이다.

인공적인 비결정론

인간은 이 모든 것을 바꿀 수 있다. 인간의 지능은 양자역학적 확률을 거시 세계와 연결할 수 있다. 점심으로 짜장면과 짬뽕 중 어느 것을 먹을지 동전 던지기로 결정한다고 해보자. 앞면이면 짜장면, 뒷면이면 짬뽕이다. 이 경우 결론은 이미 정해져 있다. 우리는 동전을 던지기 전부터 인과율에 따라 이미 무엇을 먹을지 결정되어 있다. 우리는 결정된 미래를 실현하는 행위자일 뿐이다. 그런 짜장면과 짬뽕 가운데 하나를 선택하는 데 전자의 스핀을 이용한다고 해보자. 측정 시 위가 나오면 짜장면, 아래가 나오면 짬뽕을 먹기로 한다. 이제 우리의 점심 메뉴는 측정 전까지 결정되어 있지 않다. 거시 세계의 결정론도 깨지는 것이다. 이는 양자역학이 작동하는 미시적인 확률 세계를 거시적인 통계 세계와 연결할 수 있는 인간 지능에 의해 발생하는 일이다. 이때 거시 세계의 결정론은 양자역학에 의해 깨진 것이 아니라, 양자역학을 이해하고 이를 거시 세계와 연결하는 인간에 의해 깨진 것이다.

동전 던지기의 결과를 인간이 예측할 수 없는 것은 지독한 비선형성이 개입되기 때문이다. 하지만 거시 세계의 모든 것이 항상 비선형성에 영향을 받는 것은 아니다. 프리고진은 대부분의 시스템이 근사적으로는 선형적으로 예측 가능하지만, 특정 시점에서 비선형 효과가 크게 작용하는 변곡점을 지나가며 예측이 한계를 맞는다고 설명한다. 다시 말해, 프리고진의 세계관에서 예측 가능과 (신이라면 예측 가능한) 예측 불가능이 연속적으로 발생한다. 이러한 통찰은 거시 세계의 결정론에도 동일하게 적용할 수 있다. 거시 세계는 대체로 인과율에 따라 결정론적으로 작동한다. 하지만 인간이 미시 세계의 양자역학적 확률 효과를 거시 세계와 연결하는 순간 결정론은 깨진다. 양자역학이 지배하는 시스템의 상태는 측정 시 무작위적이고 비결정론적인 방식으로 변한다. 신조차 예측할 수 없다.

세상은 결정론과 비결정론의 조합이다. 물론 둘이 섞여 있기에 세상이 비결정론적이라고 말해도 틀리지 않다. 하지만 우리가 관심 갖는 세상이 거시적이거나 상대적으로 짧은 시간에만 국한된다면, 여전히 그 세상은 결정론에 따라 작동한다.

지금까지 확률과 통계라는 관점에서 결정론과 예측 가능성을 살펴보았다. 하지만 문제를 한층 복잡하게 만드는 다른 요소도 있다. 지금까지 '예측'은 세상에 개입하지 않는 3인칭적인 관점에서의 예측이었다. 이 경우, 신이 예측 가능하다면 결정되어 있다는 결론이 따라 나온다. 라플라스의 악마도 마찬가지다. 그는 예측하는 존재이지, 세상에 개입하는 존재가 아니다. 하지만 우리가 우주의 미래를 예측할 수 있는지 묻는다면, 이는 다른 차원의 질문이다.

꽃병 앞에 어떤 사람이 서 있다. 그가 다음과 같이 예측한다. "이 꽃병은 곧 깨질 것이다!" 그리고 나서 그가 꽃병을 깬다면, 이것은 예측일까? 아니면 단지 그의 의지를 실현한 것에 지나지 않을까? 아니면 둘 다일까? 일론 머스크가 전기차가 대세로 자리 잡을 것이라고 예측하고 이를 실현해 가는 경우에도 같은 질문을 던질 수 있다. 그리고 우주의 일부인 우리가 우주의 미래를 예측하는 경우에도 같은 물음을 던질 수 있다.

더 나아가, 자신의 의지가 개입되지 않더라도 예측만으로도 미래에 영향을 미칠 수 있다. 라플라스의 악마가 미래를 예측했는데, 이러한 예측을 어떤 인간이 알게 되었다고 생각해 보자. 예컨대 라플라스의 내비게이션이라는 것을 상상할 수 있다. 라플라스의 내비게이션은 서울에서 부산으로 갈 때 어느 경로로 가는 것이 가장 빠르게 가는지를 시시각각 예측해 준다. 예측에서 끝나면 별다른 문제가 없디. 하지만 어떤 인간이 라플라스의 내비게이션을 손에 쥔다면 문제가 생긴다. 그가 라플라스의 내비게이션이 안내하는 경로를 공영 방송에 내보내면, 엄청나게 많은 차들이 한곳에 몰려 예측을 무용지물로 만들기 때문이다.

그런데 라플라스의 내비게이션이 정말 최적의 경로를 탐색한다면, 내비게이션은 자기 자신에 대한 예측과 뒤따르는 피드백 현상까지 모두 고려한 예측을 내놓아야 한다. 이는 결국 라플라스의 악마와 세상이 분리되지 않고 서로 상호작용하는, 라플라스의 악마를 포함하는 더 큰 시스템을 예측하는 문제다. 결국 라플라스의 악마는 미래를 예측하기 위해 자신의 미래까지 예측해야 한다. 요컨대 상호작용하는 계의 예측은 앞서 이야기한 자신의 의지를 포함하는 미래 예측과 동일해진다. 라플라스의 악마, 즉 무한히 빠른 계산 속도를 갖는 신은 자기 자신의 미래를 예측할 수 있을까?

이에 대한 답은 부정적이다. 두 가지 방식으로 증명할 수 있다. 첫째는 우주의 미래를 예측하려면 우주 자체를 포함하는 더 큰 체계가 필요하다는 0장의 논증을 사용하는 것이다. 라플라스의 악마는 자신과 우주를 포함해 미래를 예측해야 하는데, 이는 불가능하다. 앞서 이야기했듯이, 우주를 예측하려면 또 다른 우주가 필요하다. 그리고 라플라스의 악마와 우주를 포함하는 시스템의 미래를 예측하려면 또 다른 라플라스의 악마와 또 다른 우주가 필요하다. 닫힌 시스템은 그 시스템 안에서 예측될 수 없다. 두 번째 방법은 순수 논리만으로 증명하는 것이다. 서울과 부산을 연결하는 도로가 오직 2개뿐이라고 해보자. 이때 라플라스의 악마가 예측할 수 있는 경우를 살펴보자. 악마는 다음의 경우를 하나하나 따져볼 것이다.

먼저 악마는 자기 자신이 경로 1이 막히지 않는다고 알려줄 경우 사람들이 어떻게 반응할지 계산할 것이다. 어떤 이들은 악마의 예측을 따르려고 할 테고, 어떤 이들은 도로가 얼마나 막히든지 원래 가던 대로 가려고 할 것이다. 악마의 예측을 그다지 신뢰하지 않아서 다른 길을 선택할 수도 있을 것이다. 악마는 이들의 행동을 모두 예측할 것이다. 계산 결과에서도 정말로 경로 1이 막히지 않는다면 라플라스의 내비게이션은 경로 1을 알려줄 것이다. 하지만 처음 가정과 달리 경로 2가 덜 막히는 것으로 나온다면 경로 1을 알려줄 수가 없다. 이때 악마는 다시 경로 2가 막히지 않는다고 알려주는 경우를 가정하고 계산해야 한다. 그런데 만약 이때 경로 1이 안 막힌다면, 내비게이션은 경로 1을 알려주어도 틀리고 경로 2를 알려주어도 틀리게 된다. 즉, 미래를 예측할 수 없는 경우가 생기게 된다. 따라서 자기 자신과 상호작용하는, 모든 상황을 예측하는 라플라스의 악마는 존재할 수 없다.

라플라스의 악마가 누구도 예측하지 못하는 미래를 예측할 수 있다고 하더라도, 우주와 상호작용하지 않는다는 가정하에서만 그렇다. 세상과 소통하는 신은 설령 그 능력이 무한이라고 하더라도, 세상의 미래를 예측할 수 없다. 그렇다면 소통 없이 예측만 하는 신의 존재를 굳이 가정해야 하는가? 동일한 문제가 의식에 관해서도 발생한다. 다음 장에서 우리는 주관적 경험을 다루면서 동일한 딜레마를 마주할 것이다. 지금까지 살핀 결정론과 예측 가능성을 정리해 보자.

(1) 결정되어 있다면, 신은 예측 가능하다.

(2) 순수 확률 문제는 결정되어 있지 않으며, 신도 예측할 수 없다. 양자역학적 미시 세계는 순수 확률의 세계이며 결정되어 있지 않다. 카오스 세계는 결정되어 있다.

(3) 거시 세계는 양질 전환을 거친, 새로운 것이 창발한 세계다. 거시

세계의 오메가는 확률이 아니라 통계적 대상이며, 결정되어 있다.

(4) 인간은 미시 세계와 거시 세계를 연결할 수 있다. 이로 인해 통계적인 거시 세계라고 하더라도 결정론은 붕괴할 수 있다.

(5) 결정되어 있든 그렇지 않든, 예측 불가능한 것이 있다. 자신의 미래다. 인간도, 우주도, 신도 예측할 수 없다.

(6) 상대적으로 짧은 시간 동안의 거시 세계만이 결정론적이며, 그 중에서도 상호작용하지 않는 작은 규모의 시스템에 대해서만 미래를 근사적으로 예측할 수 있을 뿐이다.

언뜻 당연해 보이는 상식적인 결론에 다르르기 위해 상당히 많은 것을 검토했다. 하지만 아직 빠진 것이 하나가 있다. 인간의 자유의지다. (6)에 따르면 자신과 상호작용하지 않는 유한한 대상의 미래를 예측하는 것이 어느 정도 가능하다는 것인데, 그 대상에 (만약 그런 것이 있다면) 자유의지를 가진 다른 인간이 포함된다면 그의 행동을 예측할 수 있을까? 이는 결정론과 예측에 관한 마지막 문제로서, 다음 장에서 고찰할 것이다.

결정론적 진화

어떤 미래는 결정되어 있더라도 인간이 예측할 수 없다. 결정되어 있지만 알 수 없는 것과 결정되어 있지 않기에 알 수 없는 것, 둘의 차이가 철학자에게 중요할지는 몰라도, 대다수 사람들에게는 그다지 의미 없는 문제일 수 있다. 방점은 알 수 없다는 데 찍힐 것이다. 진화 과정에서 나타나는 무작위적 돌연변이 역시 인간이 예측할 수 없다는 점에서 마찬가지다. 돌연변이의 부작위성이 '가짜' 확률인지 '진짜' 확률인지 묻는 것은 사실 별로 중요하지 않다. 그래도 질문을 했으니 한번 답을 고민해 보자.

돌연변이가 발생하는 과정을 세부적으로 모두 알 필요는 없다. DNA 크기, 염기 서열의 변화 등을 따져보면, 돌연변이는 거시 수준과 미시 수준의 경계에 걸쳐 있는 현상임을 알 수 있다. 즉, 대체로는 거시 세계의 법칙을 따르기는 하지만, 양자역학의 효과를 완전히 무시할 수도 없는 영역이다. 사실 전자가 100개 정도만 모여도 통계적 예측이 상당히 잘 맞기에, 대부분의 유전자 변이는 확률적 현상이 아닌 통계적 현상이다. 하지만 양자역학적 효과에 따른 돌연변이가 전혀 없다고 단언하기는 어렵고, 아직 연구도 부족하다. 여기서는 돌연변이가 기본적으로 거시 현상의 결정론을 따르지만, 드물게는 그렇지 않다는 결론을 내리고자 한다. 하지만 혼동하지 말아야 할 것은 이것이 생명체의 활동, 생명체의 동역학이 양자역학적 확률에 영향을 받는다는 결론과는 아무런 상관이 없다는 점이다. 진화 과정에서 나타나는 돌연변이 현상에만 국한된 결론일 뿐이다.

요약하자면, 인간이 의도적으로 양자역학적 확률을 돌연변이 실험에 개입시키지 않는다면 진화는 결정론적 무작위성에 의해 지배되며, 그 결과는 예측 불가능하다. 생명체의 활동, 특히 인간의 의식이 결정되어 있는지에 관한 논의가 아직 남아 있다. 이는 다음 장에서 다룬다.

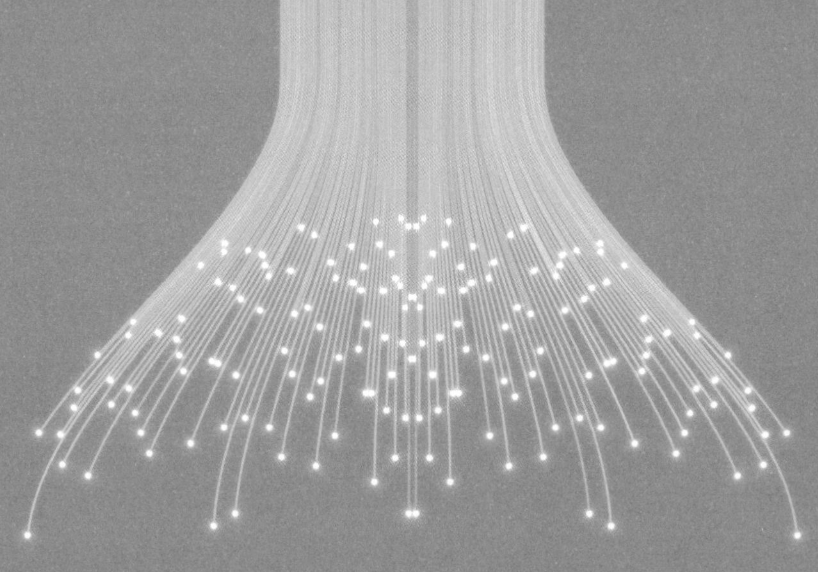

4장

뇌:
자연 혹은 인공 신경망

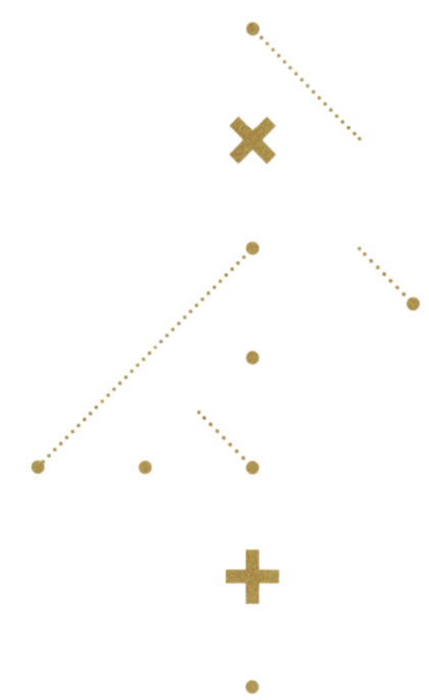

세포는 DNA를 중심으로 조직된 네트워크이며, 그 안에는 슈퍼프로그램이 내장되어 있다. 이제 세포와 세포들로 이루어진 네트워크, 그것에 저장되는 슈퍼슈퍼프로그램을 다룰 차례다. 먼저 세포가 모여 개체를 이룬다. 사람은 수십조 개의 세포로 이루어진다. 가장 중요한 특성은 모든 세포가 동일한 유전자를 가진다는 점이다. 이러한 이유로 개체를 이루는 세포들은 공동 운명체이며, 목표가 같기에 서로에게 이타적이다. 세포들의 목표는 유전자를 보존해 후대로 전달하는 것이다. 목표달성을 위해 세포들은 서로 다른 역할을 분담한다. 동일한 유전자를 가지고 있지만, 300여 가지의 서로 다른 슈퍼프로그램으로 분화되어 각자에게 주어진 임무를 수행하는 것이다. 개체란 곧 같은 목표를 공유하는 이타적 세포들로 구성된 거대한 네트워크다. 유전자는 자기 복제라는 목표를 실현하기 위해 세포와 개체의 이중 네트워크, 그리고 슈퍼프로그램과 슈퍼슈퍼프로그램을 장착했다. 이번 장에서는 슈퍼슈퍼프로그램으로 가는 양질 전환과 새로운 오메가를 다룬다.

1차적으로 나타나는 양질 전환은 반도체에서 로직 셀들이 모여 기능 블록으로 전환되는 과정과 비슷하다. 세포들은 특정 기능을 담당하는 각종 블록으로 진화했다. 예컨대 간, 위장, 심장, 눈, 뇌 등은 하나의 기능을 담당하는 블록들이다. 이 블록들이 가지는 고유한 기능은 세포 자체의 특성에 더해, 세포의 집합적 연결이 가지는 기능이다. 반도체에서 이러한 양질 전환이 정보의 창발인 데 반해, 생명체의 양질 전환은 물리적 실체의 창발이라는 점에서만 다를 뿐이다. 이러한 기능 블록들이 다시 모여 크게 세 가지 거대 네트워크를 구성한다. 세 가지 네트워크는 앞서 소개한 대사 네트워크, 인지-반응 네트워크, 면역 네트워크다. 세 가지 네트워크는 세포 수준에도 존재하고, 개체 수준에도 존재한다. 물론 세포의 대사 네트워크와 개체의 대사 네트워크는 다르다. 세 가지 네트워크가 모여 하나의 독립된 시스템, 살아 있는 개체를 이룬다. 개체는 네트워크의 네트워크다.

개체를 이루는 세포들은 동일 유전자를 공유하며 공통의 목표를 향해 움직이기에, 개체의 생존과 번식을 위해서는 기꺼이 자기 희생을 감내한다. 노드를 담당하는 세포는 개체를 이루는 네트워크의 소모품일 뿐이다. 네트워크에 내장된 슈퍼프로그램은 언제든지 특정 노드를 제거할 수 있고, 노드는 이를 당연하게 받아들인다. 오토파지autophagy나 세포 자살apoptosis은 늘상 일어난다. 개미나 벌들이 다른 개체들이나 집단을 위해 거리낌 없이 희생하는 것도 동일한 원리다. 이들의 네트워크는 완벽한 군대식 상명하복의 시스템이다. 여기서 '상'은 네트워크이고, '하'는 노드다. 이렇게 똘똘 뭉쳐 유전자의 목표를 수행하기에, 개체가 단순히 유전자의 확장판으로 보일 수도 있다. 하지만 고등 생명체로 분류되는 개체의 블록들 가운데 아주 특이한 블록이 하나 있다. 바로 뇌다. 이는 다른 어떠한 기능 블록과 비교하더라도 특이한 점이 매우 많다.

이미 여러 차례 슈퍼프로그램이 네트워크 자체에 저장되어 있다고 설명했다. 이는 컨트롤 타워 역할을 하는 독립된 미세 구조물이 존재하지 않음을 뜻한다. 이것이 자연이 만든 구조물과 지적 생명체가 만든 구조물의 차이이기도 하다. 하지만 한번 자기 자신을 돌아보자. 개체가 네트워크의 네트워크이고 슈퍼슈퍼프로그램을 가진다고 했는데, 그러면 중앙 집중형으로 보이는 뇌라는 블록은 어떻게 이해해야 할까? 개체가 가지는 세 가지 거대 네트워크 가운데 대사 네트워크와 면역 네트워크는 슈퍼프로그램이 네트워크 자체에 있다는 점에서 그다지 특별할 것이 없어 보인다. 적어도 뇌가 이들을 최종적으로 제어하는 것처럼 보이지는 않는다. 당장 소화기관에 기능을 멈추도록 명령 내릴 수 없다는 것을 보았을 때, 전혀 관계가 없지는 않더라도 적어도 뇌가 이들의 컨트롤 타워는 아닌 것으로 보인다. 하지만 인지-반응 네트워크의 중심에는 뇌가 있고, 뇌가 컨트롤 타워 역할을 한다는 인상을 지우기는 힘들다. 인지-반응 네트워크의 경우에는 뇌가 정말로 네트워크의 중앙 컨트롤 타워일까?

이 영역은 여전히 과학과 비과학의 전장이며, 과학이 아직 확실히 점령하지 못한 영역이다. 키워드는 뇌, 의식, 지능, 마음이다. 의식, 지능, 마음은 전부 뇌라는 하드웨어에서 발생한다. 이는 과학자들에게는 당연해 보이는 명제이지만, 이를 당연하게 받아들이지 않는 사람들도 많다. 심지어 이를 당연하게 여기는 과학자들도 이 말의 의미를 깊이 생각하지 않다가, 그로부터 뒤따르는 결론을 이야기하면 다시 한번 생각해 보겠다고 한 발 빼기도 한다.

로마 가톨릭은 뉴턴 역학과 다윈의 진화론을 받아들였다. 하지만 성경이 틀리지 않았다는 절충하에서만 받아들였다. 그러나 우리가 지금부터 다룰 영역에서 과학은 인간을 설명하는 데 영혼 따위는 필요 없다고 주장한다. 따라서 절충이라는 것이 가능할지 의문이다. 절충할 수 없다면, 종교와 과학은 다시 한번 전면적으로 충돌하거나, 종교가 사이비 집단으로 전락하거나 조용히 사라지는 길밖에 남아 있지 않다. 아마도 이 논쟁을 끝낼 사람들은 철학자나 과학자가 아니라 공학자일 것이다. 그들이 새로운 생명체를 창조하거나 죽은 세포, 심지어 죽은 사람을 살려내는 기적을 보여줄 때 이 논쟁은 사그라질 듯하다.

물론 유물론도 크게 타격받은 적이 있다. 1990년대 소련의 붕괴와 함께 유물론도 심각한 상처를 입었다. 하지만 이는 소비에트식 해석이 진정한 의미에서 과학이 아니기 때문이지, 유물론 자체가 틀렸기 때문이 아니다. 마르크스^{Karl Marx}의 유물론, 특히 역사적 유물론은 아리스토텔레스의 물리학처럼 지나치게 단선적이었고, 용감하게 미래를 예측했다가 빗나가면서 올바른 통찰까지 함께 퇴출되는 비운을 겪었다. 현대 과학은 미래를 예측하는 것이 거의 불가능하다고 말한다. 과학이 만능은 아니지만, 과학은 입증과 반증을 거치며 사실에 수렴한다.

여기에서는 의식, 지능, 마음이 모두 뇌에서 발생한다는 유물론적 해석을 기본으로 한다. 뇌의 생화학적 구조와 작동 원리를 살펴보고, 진화론적 관점에서 뇌의 특성을 검토한다. 그러고 나서 논쟁적인 주제인 의식, 지능, 마음을 다루고자 한다.

뇌라는 하드웨어

수백 가지 세포 유형 가운데 뇌를 구성하는 세포를 '뉴런'이라고 한다. 뉴런의 기본 구조는 그림 38과 같다. 미토콘드리아와 핵을 포함한 세포체soma가 있으며, 이곳에서 뉴런의 활동에 필요한 에너지가 생성되고, 입력 신호들을 종합해 다시 출력 신호를 내보낸다. 출력 신호는 길다란 축삭axom을 통해 축삭 말단으로 전달된다. 입력 신호는 세포체 주위의 수상돌기dendrite로 들어온다.

정리하면, 신호는 수상돌기에서 세포체로 들어오고, 여기서 종합되어 새로운 신호가 만들어지고, 이러한 신호는 축삭 말단에 도달해 다른 뉴런의 수상돌기로 전달된다. 축삭 말단과 다음 뉴런의 수상돌기의 연결 부위를 '시냅스synapse'라고 하는데, 여기서 전기 신호가 화학 신호로 바뀌고 다시 전기 신호로 바뀌어 다음 뉴런으로 전달된다.

인간의 뇌에는 대략 1,000억 개에 달하는 뉴런이 있다. 뉴런마다 수

● 인공위성 발사가 실패했다고 뉴턴의 법칙을 폐기하자고 말하는 사람은 없다. 하지만 사회주의의 실패는 이와 관련한 모든 이론을 무지성적으로 퇴출시키는 것으로 이어졌으며, 한국사회에서도 예외가 아니었다.

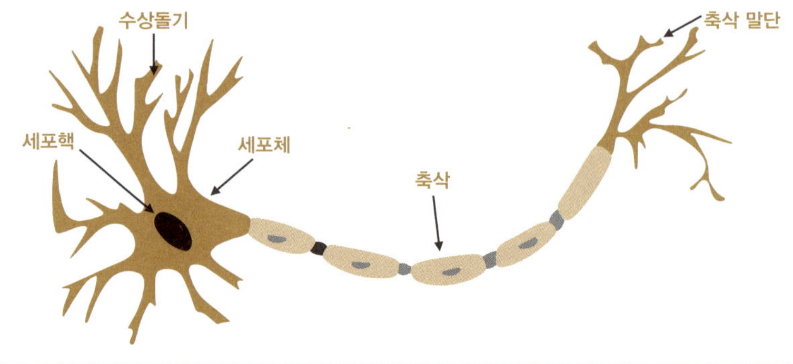

그림 38   뉴런의 구조.

천 개에서 수만 개의 시냅스를 형성하기에, 전체적으로는 100조 개 이상의 시냅스가 존재한다. 뉴런 하나는 수천 개의 신호를 받아들여 하나의 신호로 종합하고 이를 다시 주변 뉴런으로 전달하는 단순한 신호 전달 물질일 뿐이지만, 이것들이 모이고 모이면 지능과 의식과 마음이 탄생한다.

사실 뉴런에도 여러 종류가 있다. 뇌는 여러 내부 블록으로 나눌 수 있는데, 각각의 블록마다 뉴런의 모양도 조금씩 다르다. 여기서 그 모양을 다 다루지는 않겠지만, 세 가지는 간단히 살펴볼 만하다. 첫 번째는 바깥으로부터 들어오는 감각 신호를 뇌의 언어로 번역해 주는 감각 신경이다. 두 번째는 이를 연결, 종합, 해석하는 연합 신경이다. 마지막은 그 결과를 근육으로 전달하는 운동 신경이다. 그림 39에서는 이들을 3개의 뉴런만으로 표현했다. 하지만 실제로는 이보다 훨씬 복잡하며, 특히 연합 신경은 수많은 뉴런들이 얽혀 있다.

신호 전달 과정을 조금 더 자세히 들여다보자. 안정된 뉴런은 세포

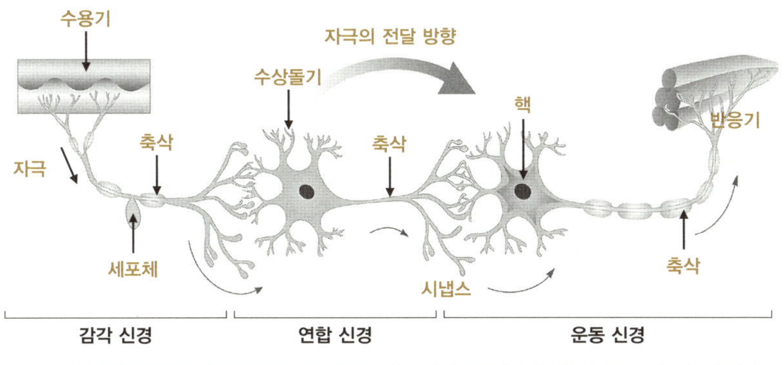

그림 39 감각 신경, 연합 신경, 운동 신경의 연결.

막을 기준으로 내부 전위와 외부 전위가 70mV 정도 차이 난다. 외부를 0V라 하면 내부는 −70mV인 셈이다. 수상돌기로부터 전기 신호가 들어온다. 이 신호는 −70mV보다 낮을 수도 있고 높을 수도 있다. 높을 경우 이 신호를 '활동 전위action potential'라고 한다. 이 전위가 역치threshold라는, 보통 −55mV인 특정 값보다 높으면 세포체는 축삭으로 40mV 크기 정도의 신호를 보낸다. 이때 뉴런은 흥분 상태가 된다. 수상돌기로부터 들어오는 전위가 −70mV보다 낮으면 이를 '억제 전위inhibitory postsynaptic potential'라고 한다. 하나의 세포체는 수상돌기로 들어온 전위를 종합해 역치보다 크면 축삭으로 전기 신호를 내보내고 반대면 전기 신호를 보내지 않는 아주 단순한 신호 처리기다. 한편 신호 전달 속도는 축삭의 형태에 따라 0.5m/s에서 120m/s 정도로 다양하다.

시냅스에서의 신호 전달은 화학적으로 이루어진다. 조금 복잡하지만 핵심만 설명해 보겠다. 전기 신호가 축삭 말단에 도착한다. 그러면 시냅스 소낭vesicle에 담긴 신경전달물질neurotransmitter이 시냅스 틈으로

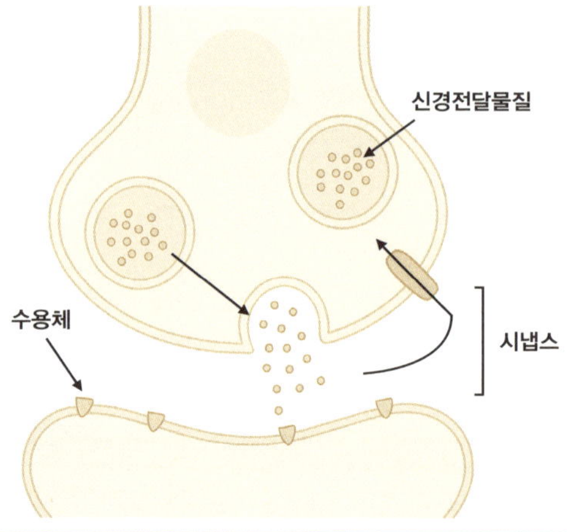

그림 40　시냅스와 신경전달물질.

방출된다. 이 신경전달물질은 시냅스 틈을 건너 다음 뉴런의 수상돌기에 붙어 있는 수용체와 결합해 신호를 전달한다. 신경전달물질은 하나가 아니라 매우 다양하다. 아미노산이나 펩타이드 계열부터, 우리가 자주 듣는 도파민, 세로토닌, 히스타민과 같은 물질들이 포함된다. 지금까지 밝혀진 종류만 해도 50종이 넘는다. 신경전달물질은 각각의 고유한 수용체와 결합한다.

　뉴런이 신호 처리 장치라면, 시냅스는 신호 저장의 역할을 한다. 예를 들어, 시냅스에서 방출되는 신경전달물질이 적거나 수용체 수가 적다면, 동일한 입력이 전달되어도 다음 뉴런으로 전달되는 신호의 강도는 약해진다. 반대로 신호가 반복적으로 주어지면 신경전달물질과 수용체의 양이 증가함에 따라 신호가 더 잘 전달된다. 이를 '장기 강화 long-term potentiation, LTP'라고 한다. 반면 오랫동안 사용하지 않으면 신호 전달이 어려워지는데, 이를 '장기 억압 long-term depression, LTD'이라고 한다. 장기 강화나 장기 억압은 단순히 시냅스의 화학적 변화뿐 아니라 뉴런을 움직임으로써 시냅스 자체를 사라지게 하거나 새로운 시냅스를 만들기까지 하는데, 이러한 시냅스 변화 전체를 일컬어 '시냅스 가소성 synaptic plasticity'이라고 한다. 이는 기억과 학습의 핵심 원리로 여겨진다. 전기 장치에 비유하면, 시냅스는 가변 저항이다. 가변 저항을 통해 전기가 흐르면 흐를수록 저항이 줄어들고, 반대로 전기가 흐르지 않으면 서서히 늘어난다. 저항이 충분히 줄어든 상태는 시냅스가 경화되었다고 표현하는데, 이는 곧 장기 기억이 형성된 것에 해당한다.

사실 뇌세포, 즉 뉴런과 시냅스의 구조와 작동 원리의 핵심은 이것이 전부다. 뉴런이 노드이고, 시냅스가 연결이다. 겨우 몇 쪽에 걸쳐 설명한 뉴런과 시냅스의 구조와 작동 원리로부터 우리가 경외심을 갖고 바라보는 뇌와 의식이 탄생한다는 것이 놀랍다. 어떤 양질 전환으로 인해 이토록 단순한 신경세포가 의식을 가진 나를 형성하는지를 지금부터 설명할 것이다. 앞에서도 비슷한 설명을 했지만, 몇 가지 간단한 원리만으로도 복잡하고 아름다운 패턴이 만들어질 수 있다. 스위치에 지나지 않는 트랜지스터를 연결하면 AI가 만들어질 수 있듯이, 뉴런이 연결되면 지능과 의식이 만들어진다. 어떻게 연결되는지가 중요할 뿐이다.

다만, 본격적인 설명으로 들어가기에 앞서 재미있는 사례 하나를 소개하려고 한다. 셀룰러 오토마타 cellular automata 로서, 이제 이름만 들어도 아는 폰 노이만과 소프트웨어 매스매티카의 개발자인 스티븐 울프럼 Stephen Wolfram 등이 개척했다. 사실 우리가 앞에서 네트워크 개념을 처음 접할 때 주변 노드들의 평균값을 갖는 네트워크를 보여주었는데, 이것도 셀룰러 오토마타의 한 가지 예다. 이러한 예들 가운데 가장 유명한 것이 바로 영국의 수학자 존 콘웨이 John Conway가 개발한 생명 게임 Game of Life이다. 생명 게임은 무한한 2차원 격자에서 시작한다. 격자들은 0 또는 1의 값을 가지는데, 0은 죽음을, 1은 생존을 뜻한다. 규칙은 네 가지 뿐이다.

(1) 살아 있는 셀이 주변에 1개 이하만 있으면, 살아 있는 셀은 다음 세대에 (외로워서) 죽는다.

(2) 살아 있는 셀이 주변에 4개 이상 있으면, 살아 있는 셀은 (개체 수 과잉으로) 다음 세대에 죽는다.

(3) 살아 있는 셀이 주변에 2개 또는 3개 있으면 다음 세대에도 살아남는다.

(4) 죽은 셀 주변에 살아 있는 셀이 정확히 3개 있으면 죽은 셀이 다음 세대에 부활하며, 그렇지 않을 경우에는 부활하지 않는다.

이제 격자를 만들어 임의로 격자에 1과 0을 배치해 보자. 그러면 우리는 세대에 따라 1과 0으로 만들어진 패턴이 어떻게 진화해 가는지 볼 수 있다. (유튜브 영상이 이럴 때는 도움이 된다.) 고작 네 가지 규칙만으로 얼마나 복잡하고 다양한 패턴이 만들어지는지 확인할 수 있을 것이다. 나에게도 생명 게임이 보여주는 패턴은 놀라움 그 자체였다. 하나의 배아 세포가 주변 환경으로 인해 수백 개의 서로 다른 셀로 분화하는 현상이 그다지 신비로울 것이 없다는 것을, 그리고 이러한 일이 일어나는 데는 신의 정교한 의지가 아니라 몇 가지 단순한 규칙만으로도 충분하다는 것을 깨닫기를 바란다. 뇌도 마찬가지다. 뇌가 보여주는 패턴이 무한해 보이더라도, 이를 설명하는 데 그보다 더 복잡한 어떤 존재를 가정할 필요는 전혀 없다. 뉴런의 작동 원리는 매우 간단하지만, 뉴런과 시냅스가 모이면 무한한 다양성이 창발한다.

뇌와 컴퓨터

뉴런과 뇌를 이해하는 데는 역시 컴퓨터와 AI, 특히 딥러닝의 작동 방식을 살펴보는 것이 요긴하다. 앞서 이야기했듯이, 컴퓨터는 크게 저장 장치, 더하기 장치, 그리고 프로그램을 실행하고 저장 장치와 더하기 장치를 어떤 순서로 작동할지를 결정하는 제어 장치로 이루어진다. 처치-튜링 논제가 말하듯이, 이러한 기능만으로 우리는 모든 계산을 수행할 수 있다. 계산 기계의 특징을 짚어보자면, 먼저 계산 기계는 매우 정확하다. 예컨대 1과 1.0000000000001을 정확하게 구별한다. 둘째, 속도가 매우 빠르다. CPU 클럭 속도는 4~5GHz 수준인데, 이는 연산이 나노초 단위로 수행된다는 것을 의미한다. 셋째, 기본적으로 순차적이다. CPU 여러 개를 붙이거나 GPU를 사용하면 병렬 연산이 가능하지만, 예컨대 1+1을 계산하는 데 이를 쪼개 여러 개의 CPU로 나누어 계산하지는 않는다. 마지막으로, 계산은 엄청난 전력을 소모한다. 엑사스케일 슈퍼컴퓨터는 20MW에 달하는 전력을 소비하는데, 이는 작은 도시 하나가 소모하는 전력량과 맞먹는다.

　반면 인간의 뇌는 빠른 연산 기계가 아니다. 뒤에서 살펴보겠지만, 뇌는 본질적으로 패턴 인식 기계다. 그래서 1과 1.0000000000001을 정확하게 구분하지 않는다. 대충 처리한다. 반응 속도는 밀리초 단위로, 컴퓨터에 비해 매우 느리다. 다만 엄청난 병렬 연산을 수행하며, 소

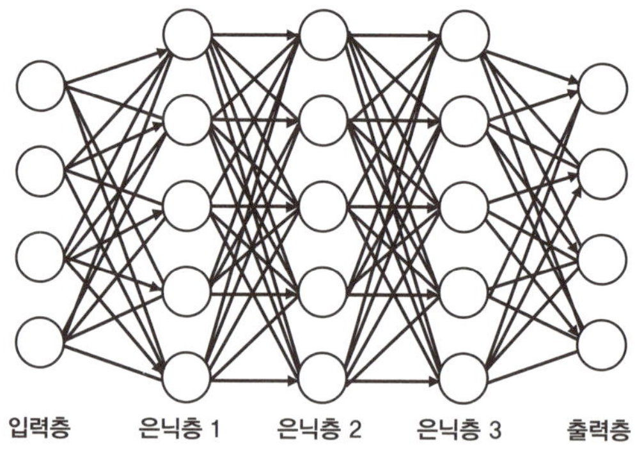

그림 41   인공 신경망의 모식도.

모하는 전력은 20W에 불과다. 다시 말해, 초고속 슈퍼컴퓨터보다 수백만 배 효율적이다. 뇌라는 하드웨어는 거칠게 말해 뉴런의 집합일 뿐이다. 딥러닝에서 사용하는 인공 신경망artificial neural network 모델은 이러한 뇌의 활동을 모델링한 것이다.

그림 41에서 동그라미는 개별 뉴런을, 화살표는 시냅스를 모사한다. 가장 왼쪽 뉴런들은 입력 뉴런이다. 즉, '감각 뉴런'으로부터 신호를 받는 부분이고, 맨 오른쪽은 출력 뉴런으로서 '운동 뉴런'으로 신호를 보낸다. 가운데 뉴런들은 '은닉층'이라고 하고, 이들이 연합 뉴런을 모사한다. 이러한 신경망은 기본적으로 추론을 위한 모델로서, 입력이 있고 출력이 있다. 모든 신호는 왼쪽에서 오른쪽으로 이동한다. 물론 실제 뇌는 이렇게 간단하지 않다. 신호의 원인과 결과가 단순한 계층 구조를 이루고 있지 않으며, 그렇기에 은닉층이 어떻게 구성되어 작동하는지도 명확하지 않다. 다만 이와 같은 모델이 인기를 끌고 있는 이유는 그림과 같은 간단한 모델만으로도 그동안 할 수 없었던 패턴 인식에

크나큰 진전을 보였기 때문이다.

인공 신경망의 뉴런은 각각 어떤 숫자를 갖는다. 시냅스에 해당하는 화살표에도 각각의 숫자가 주어진다. 시냅스를 가변 저항으로 이해한다면, 가변 저항의 역수에 해당하는 값이 화살표마다 주어진다. 입력층의 첫 번째 뉴런이 3의 값을 갖고 첫 번째 시냅스에 0.1이라는 값이 주어진다면, 은닉층 1의 첫 번째 뉴런에는 두 값이 곱해진 0.3이라는 값이 전달된다. 은닉층 1의 첫 번째 뉴런은 입력층 뉴런 하나가 아니라 여러 뉴런으로부터 숫자를 받는데, 이 숫자들을 모두 더한 값이 은닉층 첫 번째 뉴런의 값이 된다. 이러한 모델은 입력 뉴런에 어떤 숫자가 들어오면, 은닉층을 거쳐 최종 출력 뉴런으로 어떤 값을 내보낸다. 물론 실제로는 뉴런과 시냅스의 비선형성을 모사하기 위해 조금 더 복잡하게 모델링하지만, 핵심만 이야기하면 이렇다.

인경 신경망 모델로 할 수 있는 대표적인 것이 추론이다. 입력에 사진 정보가 들어온다. 출력층 뉴런이 하나만 있다고 하자. 출력 뉴런에 1이 표시되면 강아지 사진이고, 0이 표시되면 강아지가 아니라고 하자. 이 경우 모델은 강아지를 판독하는 모델이다. 그렇다면 이러한 모델에서 강아지라는 정보는 어디에 저장되는 것일까? 바로 모든 화살표, 즉 시냅스에 배정되는 숫자들에 조금씩 나누어 저장된다. 뉴런의 값은 입력에 따라 바뀌지만, 시냅스 값은 바뀌지 않는다. 출력이 0, 1, 2로 이루어지고, 0이면 강아지, 1이면 사과, 2이면 강아지도 아니고 사과도 아닌 어떤 것이라고 하자. 이 경우 사과와 강아지에 대한 정보는 특정 시냅스가 아니라 모든 시냅스 가중치에 분산되어 저장된다. 컴퓨터의 경우 저장 공간이 명확히 구분되지만 뇌는 그렇지 않다. 학습된 모든 결과는 전체 시냅스에 분산되고 중첩되어 저장된다. 물론 컴퓨터에서도 소프트웨어를 통해 이를 구현할 수 있다. 이것이 AI 소프트웨어의 기본 구조다.

그렇다면 학습은 어떻게 이루어질까? 먼저 시냅스마다 임의의 값을 할당한다. 그리고 나서 강아지가 있는 사진이랑 강아지가 없는 사진을 많이 준비한다. 흔히 말하는 빅 데이터가 필요한 순간이다. 첫 번째 사진을 입력하고 출력을 본다. 0 아니면 1일 것이고, 사전에 알고 있는 참 값과 비교한다. 만일 추론이 틀렸다면, 시냅스 값 일부를 수정한다. 모든 사진을 계속 이렇게 넣어보면서 시냅스 값을 최적화한다. 시냅스 값을 조금씩 수정해 가는 수학적 모델이 개발되어 있는데, 충분히 학습시키면 아주 다양한 강아지 정보가 시냅스에 저장된다. 즉, 기억된다. 그러고 나면 우리는 이러한 시냅스 값을 추론에 사용할 수 있다. 이것이 AI 학습과 추론의 기본 과정이다. 물론 실제 뇌는 학습과 추론을 동시에 진행하며, 시냅스 값을 조금씩 끊임없이 바꾸어 나간다.

인간이 만든 컴퓨터는 기본적으로 더하기를 정확하고 빠르게 수행하는 데 최적화되어 있다. 처음부터 더하기가 목표였다. 이후 하드웨어와 소프트웨어라는 개념이 생겨나고, 더하기밖에 못 하는 하드웨어이기는 하지만 처치-튜링 테제에 따라 그 활용성은 무궁무진했다. 하지만 기본은 더하기다. 소프트웨어적으로 더하기가 아닌 기능도 수행할 수 있지만, 그에 최적화되어 있지는 않다. 막대 사탕을 먹는 두 아이를 찍은 사진을 예로 들어보자. 사람들은 그림을 보고 아이들이 몇 명인지, 무엇을 하는지 곧바로 파악할 수 있다. 하지만 겨우 10여 년 전까지만 하더라도, 소프트웨어 엔지니어들에게 이러한 패턴 인식은 거의 불가능한 문제였다. 인간보다 아무리 빠르게 계산하는 컴퓨터를 가지고 있어도, AI를 활용하지 않고 사진을 묘사하는 것은 사실상 불가능했다.

이 문제는 인간 뇌를 모사한 인공 신경망 기법이 개발되면서 돌파구가 열렸고, 이러한 공로를 인정받아 AI 선구자들은 2024년 노벨상을 수상했다. 실제 뇌보다 훨씬 단순한 모델이지만, 그 성취는 엄청났다. 앞의 인공 신경망 모델에서 은닉층 1의 뉴런에서 은닉층 2의 뉴런 값을 얻는 것은 단순히 행렬의 곱일 뿐이다. 요컨대 더하기에 최적화된 하드웨어를 가지고 학습과 추론에 적합한 소프트웨어를 구현한 것이 현대 AI인 것이다.

반면 인간의 뇌는 더하기가 아니라 처음부터 학습과 추론에 최적화되어 있다. 그리고 하드웨어이면서 동시에 소프트웨어다. 생명체의 진화 과정에서는 빠르고 정확한 더하기가 필요하지는 않았다. 더하기를 빠르게 한다고 생명체의 오메가인 번식률이 올라갈 이유가 없었다. 생명체는 후각, 시각, 청각 등으로부터 들어오는 감각 자료로부터 패턴을 인식하고, 그 패턴에 따라 움직여야 한다. 먹이를 보면 쫓아가고, 천적을 보면 도망가며, 온도와 습도를 파악해 최적의 장소를 찾아야 한다. 이것이 번식률을 올리는 길이었기에, 생명체는 주어진 감각 자료로부터 패턴을 인식하는 하드웨어가 필요했다. 이것이 뇌다. 뇌의 가장 중요한 고유 기능은 패턴 인식이고, 이를 반영한 하드웨어가 바로 뉴런들의 연결이다.

인간 뇌에서 추론하는 과정은 앞서 설명한 인공 신경망의 원리와 거의 비슷하다. 뉴런에서 발생한 전기 신호는 시냅스를 거치며 달라진 강도로 다음 뉴런으로 전달된다. 이때 신호는 은닉층 1의 뉴런에서 은닉층 2의 뉴런으로 동시에, 병렬적으로 전달된다. 예를 들어, 은닉층 1과 은닉층 2의 뉴런이 각각 1억 개라고 하더라도, 이 계산은 동시에 진행된다. 만약 컴퓨터와 같이 하나씩 계산한다면, 은닉층 2의 첫 번째 뉴런 값을 계산하기 위해서는 1억 번의 곱하기와 더하기를 해야 하고, 은닉층 2의 두 번째 뉴런값을 계산하는 데도 동일한 연산이 필요하다. 즉, 은닉층마다 총 1억 곱하기 1억 번의 계산이 필요하다. 현대 AI는 이런 식으로 계산한다. 일부 병렬 연산을 이용해 이 수치를 줄이기 위해 노력하지만 한계가 명확하다. 하지만 뇌는 이를 동시에 진행한다. 컴퓨터가 곱하기를 한 번 하는 데 나노초 정도이고 뇌의 반응 속도가 밀리초 수준이라고 하더라도, 패턴 인식에 소요되는 시간은 뇌가 더 빠르다.

에너지 소모 관점에서도 분석할 수 있다. 디지털 컴퓨터에서 곱하기를 한 번 하는 데 들어가는 에너지가 x라면, 은닉층의 뉴런이 1억 개씩 연결된 경우 대략 1억×1억×x만큼의 에너지를 소모한다. 이때 x는 칩에 공급되는 전압의 제곱(실리콘 특성에 의해 약 1V), 그리고 연산에 관여하는 트랜지스터의 용량(축전기 역할을 하는 소자 크기)에 비례한다. 디지털 컴퓨터는 오로지 더하기와 곱하기에 최적화되어 있지만, 곱하기를 한 번 하는 데 필요한 트랜지스터 수가 칩 안에 들어 있는 트랜지스터의 전체 합에 육박한다. 약간 과장된 표현이기는 하지만, 더하기나 곱하기를 한 번 하려고 칩 전체가 움직이는 것이다.

반면 뇌에서는 앞서 설명한 대로 신호 전달이 시냅스에서 전기 신호가 화학 신호로 바뀌고, 다시 전기 신호로 바뀌는 과정에서 이루어진다. 뉴런 하나가 수상돌기 1만 개로부터 신호를 받는다고 하더라도, 결국 신호 처리는 뉴런 단위에서 이루어지기에 전체 에너지 소모는 뉴런

수에 대체로 비례한다. 정리하면, 패턴 인식에 필요한 연산 비용은 디지털 컴퓨터에서는 대략 뉴런 수의 제곱에 비례하고, 뇌에서는 뉴런 수에 비례한다는 것이다. 따라서 은닉층 하나에 뉴런이 100만 개인 상황에서는 에너지 효율 면에서 두 시스템 간에 대략 100만 배 차이 난다. 게다가 뇌는 동작 전압이 반도체 소자보다 훨씬 낮다. 뇌와 엑사스케일 컴퓨터의 전력 소모가 100만 배 차이 나는 이유가 이것이다.

이 차이의 핵심은 덧셈에 최적화된 하드웨어에서 패턴 인식 소프트웨어를 실행하는 것과 패턴 인식에 최적화된 하드웨어에서 패턴 인식을 수행하는 것의 차이다.[•] 뉴런과 시냅스의 수가 작을 때는 둘 차이가 크지 않지만, 인간 수준으로 패턴을 인식하려면 1,000억 개의 뉴런과 100조 개가 넘는 시냅스가 필요하다. 슈퍼컴퓨터를 돌리기 위해 들어가는 전기세만 1년에 1,000억 원 수준으로 알려져 있으니, 기업은 어떻게 AI를 더 적은 에너지로 실행할 수 있는지에 관심이 많다. 그 방법은 앞서 설명한 하드웨어와 소프트웨어의 간격을 줄이는 것이다. 더하기를 할 줄 아는 컴퓨터는 못 하는 것이 없는 만능이다. 하지만 효율적이지는 않다. 행렬 곱하기를 빠르게 계산하는 컴퓨터가 있다면 유용할 것이다. 행렬 곱하기를 병렬로 하기까지 한다면 더 유용할 것이다. 비록 병렬 연산 수가 뉴런 수보다는 훨씬 작더라도 말이다. 이러한 하드웨어가 바로 GPU, NPU 같은 것들이고, 엔비디아라는 회사의 성장도 이러한

<hr>

● 덧셈을 빠르게 수행하는 컴퓨터 구조는 폰 노이만에 의해 제안되었는데, 입출력 장치, 제어 장치, 연산 장치, 기억 장치로 구성된 폰 노이만 구조는 오늘날 거의 모든 컴퓨터가 가지고 있다. 하지만 패턴 인식에 강한 인간의 뇌를 모사하려면, 트랜지스터마다 1,000개의 가변 저항 혹은 메모리가 연결되어야 하며, 거의 모든 트랜지스터가 동시에 병렬로 동작해야 한다. 이러한 구조에서는 계산과 저장이 분리되지 않는다.

흐름과 맞닿아 있다.

그럼에도 이들 장치는 실리콘으로 만들어진 하드웨어이고, 순차적인 계산기에 가깝다. 하드웨어를 완전히 패턴 인식용 기계로 만들지 않는 한 그 차이를 좁히기 힘들다. 이에 뉴로모픽 하드웨어neuromorphic hardware라는, 처음부터 패턴 인식에 최적화된 하드웨어, 즉 뇌를 모방한 하드웨어를 만드는 연구도 활발히 진행되고 있다. 아직 갈 길이 멀기는 하지만.

추상화, 일반화, 그리고 지능

지금까지 뇌의 하드웨어적 구조를 알아보았다. 이제 일반화와 추상화를 다룰 줄 아는 인간의 뇌를 살펴보자. 이는 지능이 무엇인지에 대한 단서를 줄 것이다. 먼저 딥러닝에서 시작해 보자. '딥러닝'이라는 말을 누구나 한 번쯤은 들어보았을 것이다. 생명체의 신경망이 학습하고 추론하는 방식을 모사한 것인데, 여기서 '딥deep'은 인공 신경망 구조에서 은닉층의 수가 많다는 것을 뜻한다. 우리가 '강아지'를 추론하는 신경망을 만든다고 해보자. 은닉층이 몇 개나 있어야 할까? 첫 번째 은닉층에서는 가로, 세로 줄들을 뽑아내고, 두 번째 은닉층에서는 이를 모아 머리, 꼬리 등을 뽑아내고, 세 번째 층에서는 이를 모아 전체 윤곽을 형성하고, 마지막으로 '강아지'를 출력한다고 해보자. 마지막은 출력층으로 연결되니 결국 은닉층은 3개다.

이렇게 만든 신경망이 '강아지'를 추론하는 데 최적일지 1개, 2개,

혹은 4개로 만드는 것이 최적일지는 실험해 보아야 한다. 3개가 최적이라면, 1개, 2개만으로 구성된 신경망은 정확도가 떨어질 것이다. 즉, '강아지'가 아닌데 '강아지'라고 할 수도 있고, '강아지'인데 '강아지'가 아니라고 할 수도 있다. 4개, 5개의 은닉층이 있다면 정확도는 동등 이상일 것이다. 하지만 '강아지'를 추론하는 데 필요 없는 많은 에너지를 소모할 수 있다. 여기서 강조하고자 하는 것은 복잡한 추론일수록 더 많은 은닉층이 필요하다는 사실이다. 초기 동물의 신경망을 생각해 보면, 예컨대 해파리는 수천 개의 뉴런을 가지고 있고, 벌은 100만 개 정도의 뉴런을 가지고 있다. 인간은 1,000억 개를 가지고 있다. 해파리는 벌보다, 벌은 인간보다 은닉층의 수가 적을 수밖에 없다.

은닉층을 거치는 과정은 곧 일반화로 가는 길이다. 예를 들어, AI로 이미지를 멋들어지게 변형하거나 색감을 바꾸는 작업에는 많은 은닉층이 필요하지 않다. 은닉층 하나에 많은 뉴런이 필요하고, 빠른 계산이 필요할 뿐이다. 하지만 강아지 사진으로부터 '강아지'를 뽑아내려면 더 많은 은닉층이 필요한 것으로 알려져 있다. 강아지는 개별 객체이고 '강아지'는 추상화되고 일반화된, 인간 뇌 속 대상이다. 수 '1'이나 더하기 셀에서 설명한 '의미'와 같다. 특히 인간의 마지막 은닉층은 대부분 언어로 끝난다. 인간은 강아지를 뇌에서 특정 패턴이나 그림으로만 인식하는 것이 아니라 '강아지'라는 언어로도 인식한다.

시각 체계를 지닌 동물을 생각해 보자. 이 동물은 객관적인 세계를 가로줄, 세로줄, 밝음, 어두움 같은 단순 패턴으로만 지각할 수 있다. 이들의 뇌에는 세계에서 추출한 특정 패턴만 있을 뿐 언어는 없다. 그러나 뉴런이 증가하고 은닉층의 수가 증가하면, 꼬리와 얼굴도 구분할 수 있다. 맞은편에 있는 물체가 나의 천적인지 아닌지를 구별할 수 있고, 천적이라면 운동 뉴런을 통해 즉각 도망가도록 반응한다. 뉴런이 더욱 늘어나고 은닉층도 계속 늘어난다. 시각 수용체를 통해 들어오는 정보를 이제 구체적으로 식별할 수 있다. 호랑이인지, 식물인지 구별할 수 있다. 하지만 아직 호랑이인지 사자인지를 구분할 수 없을지도 모르고, 인도호랑이인지 시베리아호랑이인지 구분하지 못할 수도 있다. 하지만 이 단계에서 크기가 다르더라도 작은 호랑이와 큰 호랑이 모두 동일한 '호랑이'라는 것을 구분할 수는 있다. 별것 아닌 것처럼 보일지라도, 작은 호랑이와 큰 호랑이가 모두 호랑이이고 자신의 천적임을 인식하는 것은 개별 패턴을 인식하는 수준에서 공통성을 추출해 일반화하는 단계로 진입했음을 의미한다.

고등 지능의 핵심은 추상화와 일반화 능력에서 시작한다. 꼬리가 잘려 있어도 그것을 호랑이라고 인식하고, 다리가 다쳐 절뚝거리면서 걷더라도 어떤 공통성을 파악해 호랑이라는 것을 인식하는 단계다. 이러한 일반화는 뇌에서만 일어나는 일이며, 여러 겹의 은닉층이나 연합 신경에서 계산된다. 그리고 일반화의 마지막 단계에는 언어가 있다. 언어는 일반화의 정점이자 가장 높은 수준의 추상화다.

다음 상황을 상상해 보자. 여기는 정글이다. 수풀에 호랑이 한 마리가 숨어 있는 것이 보인다. 저 앞에는 사슴 한 마리가 지나가고 있다. 우리는 이 상황을 보며 마음속으로 '숲속 호랑이가 사슴을 노리고 있다'라는 언어를 떠올린다. 언어는 뇌 속에만 작동하지만, 그 언어에는 사실을 추상화한 개념이 담겨 있다. 일반화와 추상화의 과정을 거꾸로 생각해 보면 다른 통찰을 얻을 수 있다. 사진을 보고 말을 떠올리는 것이 아니라 문장을 듣고 여러 사람에게 그림을 그려보라고 하면, 사람마다 다른 그림을 그릴 것이다. 이는 추상화된 언어가 다시 구체적이고 개별적인 형태로 변환되는 과정으로서, 오늘날의 생성형 AI^{generative AI}가 하는 일과 비슷하다. 수많은 개체와 그 개체들을 아우르는 일반화된 개념을 연결하는 것은 연합 신경의 은닉층이 수행하는 중요한 기능이다. 예컨대 침팬지들이 다양한 개별 강아지들을 '강아지'라는 언어로 표현하지는 못해도, 이들이 공통성을 가진다는 것은 안다. 하지만 언어를 가지지는 못한다. 그럼에도 언어를 이해하는 인간의 뇌와 그렇지 않은 뇌를 비교했을 때 그 차이는 크지 않은데, 어떤 임계점을 넘어서는 양, 은닉층의 양이 차이 날 뿐이다.

여기서 지능의 정도를 뇌의 어떤 물리적 양으로 설명하고자 하는 유혹에 빠지기 쉽지만, 이것이 가능한지는 아직 확실하지 않다. 단순히 뇌의 절대 무게만 따지면 고래나 코끼리의 뇌가 인간의 뇌보다 더 크다. 뉴런 하나의 크기가 종에 상관없이 비슷한 크기를 가진다는 것을 고려하면 뇌의 무게가 곧 뉴런의 개수를 의미하기에, 코끼리나 고래의 뉴런 수가 인간의 뉴런 수보다 많다고 볼 수 있다. 하지만 고래같이 큰 생명체는 표면적이 크기에 당연히 촉각을 담당하는 뉴런의 개수가 상대적으로 많을 수밖에 없고, 이때 연합 뉴런의 개수가 더 많은지는 확실하지 않다. 그래서 생각해 볼 수 있는 것이 뇌의 무게와 전체 몸무게의 비율이다. 하지만 이를 사용하면 반대로 작은 새들이 인간보다 높은 값을 갖는 문제가 생긴다. 다시 말해, 뇌의 절대 무게로 비교하면 커다란 동물에 유리하고, 뇌와 몸무게의 단순 무게 비율을 사용하면 작은 동물에게 유리하다.

둘 사이의 어떤 중간 값을 사용할 수는 없을까? 이 같은 생각에서 고안된 것이 대뇌화 지수 Encephalization Quotient, EQ로서, $E/S^{2/3}$로 정의된다. 여기서 E는 뇌의 무게, S는 몸무게이고, 작은 동물과 큰 동물에 유리하지 않도록 적당한 지수를 사용한다. 이에 따르면, 인간의 경우 그 값이 7.5 정도로 어떤 다른 동물보다 큰 값을 갖는다. 하지만 이는 인간이 가장 큰 값을 갖도록 지수를 임의로 선정한 것에 가깝다. 그 근거가 아주 없는 것은 아니지만, 지수가 다소 임의적이라는 문제가 해소되지는 않는다.

지능에는 주변 환경을 정확하게 인식하는 능력이 포함되고, 이를 위해서는 하나의 은닉층에 있는 뉴런의 수가 중요하다. 그러나 단순히 인식에 그치지 않고 일반화로 나아가려면 은닉층 자체의 수도 중요하다. 어느 하나만 큰 것으로는 충분하지 않다. 딥러닝 신경망 모델에서 가로축이 은닉층의 수이고, 세로축이 은닉층의 뉴런 수라고 한다면, 총 뉴런 수는 단순히 둘의 곱에 해당한다. 총 뉴런 수는 뇌의 무게에 비례한다고 볼 수 있기에 은닉층의 수나 은닉층 내 뉴런의 수 중 하나만 알면 충분하지만, 이를 구분해 측정할 만한 지표가 아직 없다. 게다가 실제 뇌가 왼쪽에서 오른쪽으로 나아가는 단순한 신경망이 아니라 복잡하게 얽힌 네트워크라는 점을 감안하면 문제는 더욱 복잡해진다.

이 지점에서 양질 전환을 다시 떠올려 보자. 양질 전환에서 '양'은 단순히 독립적인 개체의 양이 아니라 관계의 양이라고 말했다. 관계가 많아지면서 관계에 새로운 질서가 생기는 것이 양질 전환이다. 이러한 관점을 견지하면, 사실 뉴런의 수보다도 시냅스의 수가 더 중요하다. 시냅스가 없다면 노드에 해당하는 뉴런은 아무리 많아도 아무런 역할도 하지 못한다. 신경망 모델에서 두 번째 은닉층으로 들어오는 화살표의 수는 첫 번째 은닉층의 모든 뉴런 수와 동일하다. 사실 가장 복잡한 모델이다. 하지만 실제 뉴런은 대략 수천 개의 시냅스만을 가지고 있다. 앞서 설명한 시냅스 가소성 이야기를 다시 떠올려 보자. 갓 태어난 아이가 지닌 뉴런의 수는 성인의 것과 별다른 차이가 없지만, 시냅스 수는 성인의 2%인 20조 개에 불과하다. 그러다 6~7세 정도까지 시냅스가 급격히 증가해 1,000조 개 이상으로 증가한다. 그러고 나서 그 가운데 사용하지 않는 시냅스들을 솎아 내고, 자주 사용하는 시냅스들은 강화하는 과정이 일어난다. 이러한 이유로 영유아 시기의 교육이 중요하다는 이야기가 나오기도 한다. 지능은 시냅스에서 나오는데, 인공 신경망 모델은 대부분 시냅스를 최대치로 사용한다. 즉, 시냅스를 솎아 내지 않고 사용한다.

따라서 동물의 지능을 비교할 때 뉴런 수보다 시냅스 수로 비교하는 것이 더 적절할 수 있다. 그러나 이에 관한 데이터는 아직 부족하며, 시냅스 수를 익숙한 다른 파라미터, 예컨대 뇌의 무게 등으로 환산하기도 어려워 보인다. 지금으로서는 대뇌화 지수 말고는 양질 전환을 설명할 만한 다른 적절한 값이 없는 상태다. 하지만 우리가 여기서 알 수 있는 것은 인간의 뇌가 다른 동물의 뇌와 하드웨어적으로 크게 다르지 않다는 점이다. 뉴런이 있고 시냅스가 있다. 무게 대비 뇌의 무게가 상대적으로 크다. 은닉층은 아마도 가장 많을 것이다. 이 정도를 추정해 볼 수 있다. 또한 오로지 인간의 은닉층 수만 특정한 임계점을 넘어섰다고 추정할 수 있는데, 이에 관한 연구는 앞으로 더 필요하다.

결국 우리는 지능을 일반화와 추상화를 학습하는 능력이라고 정의할 수 있다. 비록 일반적인 의미보다는 조금 좁은 정의이지만, 우리는 이와 같은 뜻으로 사용할 것이다. 이러한 능력은 뇌의 노드 수와 은닉층 수, 그리고 시냅스 수에 비례한다. 개의 지능과, 인간의 지능은 근본적으로 이러한 차이에서 비롯할 뿐이다.

연결주의와 신경다윈주의

지금까지 적지 않은 시간을 할애해 뇌의 작동 원리를 살펴보았다. 무언가 신의 영역에 있음직한 뇌의 작동 원리는 어찌 보면 세포보다 단순하다. 세포와 뇌를 네트워크라는 관점에서 보면, 오히려 세포가 훨씬 복잡하다. 세포는 수많은 미세 조직으로 구성되고, 그 연결 구조가 시각적으로 파악하기 어렵기 때문이다. 세포를 네트워크 관점에서 분석해야 한다는 주장은 많지만, 더 파고들면 아직 알려져 있는 것이 많지 않다. 반면 뇌의 경우에는 몇 가지 종류의 뉴런을 트랜지스터와 같은 단순한 구조로 설명하는 것이 대체로 가능하며, 그 연결인 시냅스 역시 현미경으로 볼 수 있다. 즉, 어떤 뉴런과 어떤 뉴런이 연결되어 있는지 쉽게 확인할 수 있다. 이러한 구조를 '커넥톰 connectome'이라고 하는데, 2005년에 올라프 스폰스 Olaf Sporns와 그의 동료들에 의해 처음 제안되었다. 이들에게 '커넥톰'은 기능별로 나뉜 뇌의 연결 구조를 지칭하는 용어였다. 하지만 승현준 교수의 TED 강연 이후로 커넥톰이 대중에게도 널리 알려지면서 개별 뉴런들의 연결 구조, 즉 뉴런과 시냅스의 지도를 지칭하게 되었다.*

'커넥톰'은 우리가 지금까지 이야기한 노드들과 그 연결 혹은 네트워크를 가리키는 가장 직접적인 표현이다. 단어가 의미하듯이, 커넥톰은 바로 뇌의 모든 것이 '연결'에 들어 있다는 연결주의를 표방한다. 이는 뉴런의 총 개수, 뇌의 부피나 무게와 같은 골상학적인 변수의 한계를 지적하는 것과 동시에 시냅스의 중요성을 강조한다. 이미 살펴본 바와 같이, '강아지'나 '호랑이'는 시냅스에 전역적으로 저장되며, 이는 뉴런이라는 세포가 모여 연결이 많아지면 그 연결에 새로운 슈퍼프로그램이 창발할 수 있다는 우리의 관점과 정확히 일치한다.

1980년대에 302개의 신경세포와 5,000여 개의 시냅스로 이루어진 예쁜꼬마선충의 커넥톰이 처음으로 규명되고, 한참이 지나 2024년에 약 14만 개의 뉴런과 5,000만 개의 시냅스로 구성된 초파리의 커넥톰이 규명되었다. 물론 커넥톰에는 명확한 한계가 있다. 우리의 기억이 시냅스의 '연결 강도'에 저장되어 있다면, 물리적인 연결 구조만으로는 무엇이 저장되어 있는지 알 수 없기 때문이다. 단순한 연결이 아니라 시냅스의 연결 강도까지 포괄하는 전체 커넥톰의 구성을 밝히는 연구 방법은 요원하다. 그럼에도 세포보다는 뇌의 네트워크적 특성이 훨씬 직관적이다.

우리가 논의하는 데 반드시 필요한 것은 아니지만, 커넥톰의 진화를 간단히 살펴보자. 커넥톰은 개체가 죽으면 함께 사라지기에, 여기서 말하는 진화는 한 세대에 걸친 진화, 즉 시냅스 가소성에 대한 이야기다. 시냅스는 필요에 따라 생기기도 하고 사라지기도 한다. 그러면 어

● 기능으로 나누기에는 너무 거칠고 뉴런까지 내려가는 것은 너무 복잡하니, 동일한 뉴런 유형으로 노드를 정의하고 이들이 연결된 것을 '커넥톰'이라고 부르기도 한다. 이는 연결망을 확장할 때 경제학에서 주로 쓰는 방법으로서, 뒤에서 더 자세히 다룰 것이다. 예컨대 사회 네트워크에서는 한 사람 한 사람이 노드이지만, 이렇게 정의하고 나면 그 동역학이 너무 복잡해지기에 자본가, 노동자, 지주 등으로 유형을 분류해 노드라고 정의하는 것이다.

떤 뉴런과 어떤 뉴런 사이에 시냅스가 생기는 원리는 무엇이고 사라지는 원인은 또 무엇일까? 학계에서 널리 받아들여지는 계몽 이론은 아직 없는 듯하다. 하지만 신경다원주의 neural Darwinism가 그 후보로 여겨진다. 먼저 연결이 사라지는 원인은 강화 원리로 이해할 수 있다. 반복적으로 발화하는 시냅스는 강화되고 그렇지 않은 시냅스는 약화되는데, 이때 특정 수준보다 약해지면 사라지는 것이다. 하지만 이와 동일한 논리를 시냅스 생성에는 사용할 수 없다. 신경다원주의는 시냅스의 생성이 무작위적으로 이루어진다고 주장한다. 유전자 변이가 무작위적으로 생기고 선택되듯이, 뉴런과 뉴런 사이의 시냅스가 무작위적으로 생기고 나서 일정한 수준보다 약해지면 사라진다는 것이다.

의식

물질에서 시작해 인간 사회까지 나아가고자 하는 우리의 여정을 백두대간 종주에 비유하자면, 지금 중간쯤 와 있다. 조령이나 하늘재 근처다. 여기서 북쪽으로 멀지 않은 곳에 멋있는 암봉 하나가 있는데, 월악산 영봉이다. 이 봉우리가 우리 여정을 위해 반드시 들러야 하는 곳은 아니다. 하지만 들르겠다고 마음먹는다고 반나절 만에 다녀올 수 있는 곳도 아니다. 하지만 외면하기에는 너무나 매력적이다. 지금 우리가 딱 이러한 처지다. 물질에서 세포로, 그리고 뇌로의 양질 전환을 공부해 왔고 사회로 나아가야 할 단계인데, 우리가 가려는 길 바로 옆에 봉우리가 하나 있으니, 바로 의식이다. 이를 건너뛴다고 우리의 목표를 달성하는 데 지장이 생기지는 않는다. 하지만 이 길은 한번 가볼 만한 길이다. 표지판이 별로 없고, 그래서 길을 잃고 헤맬 수 있는 매우 험난한 길이다. 미리 말해두지만, 우리는 봉우리까지 오르지는 못할 것이다.

리처드 파인먼Richard Feynman은 물리학자도 양자역학을 이해하지 못한다고 말했다. 측정, 얽힘, 비국소성 등 설명은 가능하지만, 상식으로 이해할 수 없는 것들이 포함되어 있기 때문이다. 수학자 가우스Carl Friedrich Gauss는 보여이János Bolyai에게 비유클리드 기하학에 발 들이지 말 것을 조언했다. 비유클리드 기하학에 한번 빠지면 방향을 잃고 허우적거리다 빠져나오기 힘들다는 이유에서였다. 오늘날에는 의식이 딱 이러한 주제다. 공부하면 할수록, 깊이 고민하면 할수록 점점 구렁텅이로 빠져드는, 설명이 가능할지 모르나 이해하기는 어려운 대상이다. 그럼에도 의식에 다가가다 보면 그 부산물로 뇌에 대한 이해가 깊어질 것이다.

먼저 의식은 그것이 무엇인지 정의하는 것부터 쉽지 않다. 수많은 정의가 산재한다. 의식 연구는 지금 생명체가 처음 폭발적으로 나타나기 시작한 선캄브리아 시대와 유사하다. 그렇다고 이러한 정의들이 가리키는 공통 특성이 없는 것은 아닌데, 그중 한 가지는 자신이 무엇을 느끼고 무엇을 하는지 아는 것이다. 이를 '자기 모니터링' 혹은 '내부 모니터링'이라고 하자. '주관적 경험' 혹은 '내적 경험'이라는 표현도 자주 쓰이는데, 과학 용어로는 적절해 보이지 않기도 하지만 이보다 편리한 말을 찾기도 어려울 듯하다. 하지만 학계에서 사용하는 '주관적 경험'이라는 말은 '자기 모니터링'보다 더 좁은 의미를 가지는데, 일단 두 가지 용어를 엄밀하게 구분하지 않고 비슷한 뜻으로 사용하고자 한다. 당분간 의식은 기능이며 그와 관련된 장치가 존재한다는 가정 아래 논의를 전개할 것이다. 자기 모니터링과 주관적 경험의 차이는 뒤에서 다시 검토할 것이다.

자, 한번 두 사람이 파란색 불빛을 보고 있다고 해보자. 두 사람 모두 자신이 파란색을 보고 있다고 말할 것이다. 이때 파란색을 인식하는 것은 눈이 아니라 뇌다. 눈과 감각신경은 단지 파란색에 해당하는 전자기파를 뇌가 인식하는 신경 신호로 바꾸어 주는 역할을 할 뿐이다. 두개골 속에 갇혀 있는 뇌는 신경 신호를 보는 것이지 파란색에 해당하는 전자기파를 보는 것이 아니다. 신경 신호로부터 두 사람은 어떤 패턴을 찾아낼 것이다. 그리고 그에 대해 학습된 언어인 '파란색'을 보고 있다고 말할 것이다. 여기서 문제는 파란색에 해당하는 신경 신호를 두 사람이 어떻게 처리하는지, 그리고 어떻게 경험하는지 알 방법이 없다는 것이다. 비슷하게 처리하고 경험할 듯하지만, 증명할 방법은 마땅히 없다. 전혀 다른 방식으로 진행되어도, 두 사람은 이를 가리켜 '파란색'이라고 말하도록 학습되어 있다.

인간이 무지개를 보고 RGB의 조합으로 모든 색을 표현하지만, 적외선이나 자외선을 볼 수 있는 생명체가 색을 처리하는 방식은 인간과 다를 것이다. 같은 인간이라고 하더라도 색을 구분하지 못하는 사람이 느끼는 경험은 또 다를 것이다. 색뿐만 아니라 수정체의 구조에 따라서도 다를 것이다. 인간의 눈과 잠자리의 눈은 완전히 다르다. 잠자리가 자신의 눈에서 보낸 신경 신호를 어떻게 처리하고 경험하는지 우리가 알아낼 수 있을까? 우리가 신경 신호를 저장할 수는 있을 것이다. 하지만 그렇게 저장한 신경 신호로부터 무엇을 경험하는지 알아내는 일은 다른 일이다. 이는 매우 어려운 문제다.

사실, 관찰자는 대상이 무언가 느끼고 경험하고 있는지조차 알기 어렵다. 파란색에 해당하는 신경 신호가 들어오면 계산을 통해 성대를 움직이고 '파란색'이라는 음파를 내놓는 기계가 있다고 해보자. 이 기계는 무언가를 경험하거나 의식하지 않고도 이러한 일을 해낼 수 있을 것이다. 하지만 이 기계가 우리처럼 행동하고 계산하더라도 무언가를 경험하거나 의식할 수 없다고 주장하고자 한다면, 왜 다른 사람에게는 의식이 있다고 생각하는지가 불분명해진다. 의식 없는 기계는 그림 42와 같은 단계를 밟을 것이다.

이 기계는 분명 지능을 갖고 있다. 색깔을 감지하고 그것을 말로 표현하려면 커다란 학습 장치가 필요하다. 꽤나 높은 지능이다. 하지만 단순한 계산기이기도 하다. 전자기파, 뉴런과 시냅스의 전기화학적 반응만 있을 뿐이다. 이러한 기계는 양질 전환의 결과물이지만, 아직 의식으로의 양질 전환이 발생하지는 않았다. 경험에는 무언가가 더 필요한 것으로 보인다. 그림 42에서 색깔 추론이 끝나는 시점을 생각해 보자. 색깔 추론 장치가 눈으로부터 전달된 신경 신호에서 어떤 패턴을 찾고 이것이 뉴런과 시냅스의 전기적, 화학적 상태로 저장되었다고 하더라도, 이는 아직 외국인에게는 이해되지 않는 「진달래꽃」일 뿐이다. 이 패턴으로부터 무언가를 경험하고 의식하는 단계가 추가로 필요하다.

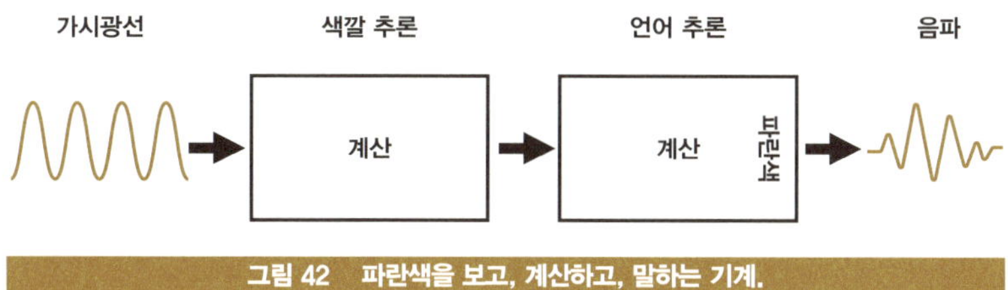

그림 42 파란색을 보고, 계산하고, 말하는 기계.

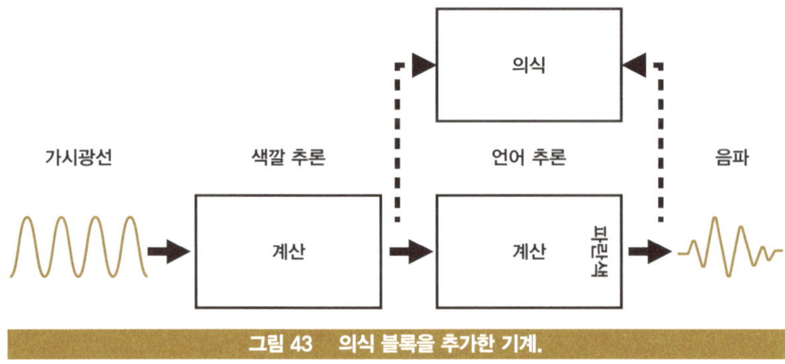

그림 43   의식 블록을 추가한 기계.

색맹이 아니라면, 파란색 가시광선과 빨간색 가시광선을 볼 때 느끼는 것이 다를 것이다. 지금 당신이 무언가를 느끼고 있다면, 그것은 색깔 추론의 결과가 언어 추론 장치가 아닌 다른 곳으로도 향하고 있다는 뜻이다. 또한 언어 추론 장치에서 '파란색'이라는 단어를 계산해 내고 성대를 통해 '파란색'이라고 말하는 순간에도 당신은 자신이 '파란색'이라고 말하고 있음을 인식할 것이다. 뇌 안에 어떤 패턴으로 존재하는 '파란색'이라는 단어를 말할 때 자신이 무엇을 하고 있는지 아는 것은 언어 추론 장치의 계산이 끝나는 곳에도 의식 장치가 있음을 의미한다. 따라서 우리는 일단 그림 43과 같이 의식이라는 블록을 추가해 볼 수 있다.

첫 번째 가설: 자기 모니터링

골프에서 18홀을 도는데 스윙을 100번 했다면 타수는 100이다. 초보는 보통 타수가 100이 넘는데, 골프 속어로는 이들을 '백돌이'라고 부른다. 90 정도 치는 이들은 '보기 플레이어', 80 이하는 '싱글'이라고 부

른다. 백돌이는 공을 칠 때마다 왼쪽, 오른쪽 구분 없이 이리저리 날아
간다. 보기 플레이어도 큰 차이는 없다. 하지만 골프 치는 이들 사이에
서 떠도는 우스갯소리가 있다. "자신이 무슨 짓을 하고 있는지 알면 보
기 플레이어다!" 백돌이는 자신이 공을 어떻게 칠 때 왼쪽으로 가는지
잘 모른다. 그냥 휘두를 뿐이다. 보기 플레이어는 적어도 자신이 무엇
을 잘못해 오른쪽으로 날아가는지 안다. 폼을 수정할 수 있는 능력이
생긴 것이다. 의식도 비슷해 보인다. 의식은 자신이 지금 무슨 짓을 하
고 있는지 아는 것에 해당한다. 즉, 자기 모니터링이다. 물론 이러한 정
의만으로는 충분치 않고, 조금씩 수정하고 확장할 것이다. 하지만 의식
이 자기 모니터링이라는 관점은 충분히 살펴볼 만하다. 그러다 보면 막
다른 길에 다다를 텐데, 그때 왜 의식의 본질이 자기 모니터링이 아닌
지 이해할 수도 있을 것이다.

몇 년 전 뉴스에 따르면, 구글의 어떤 엔지니어가 구글의 한 시스템
에 의식이 있다는 것을 폭로했다. 하지만 의식이 자기 모니터링이라면
이는 그저 해프닝일 뿐이다. 오늘날의 AI는 자신이 무엇을 하는지 인지
하는 모니터링 기능을 가지고 있지 않다. 학습한 바를 계산하고 결과를
내놓을 뿐이다. 자기 모니터링 기능을 추가로 탑재하지 않는 이상, 인
공지능이 발달해 인간의 지능을 넘어선다고 하더라도 의식은 없다. 학
계에서는 이를 '좀비'라고 한다. 여기서 좀비는 영화에 나오는 괴물이
아니라, 인간과 비슷하게 말하고 행동하더라도 의식이 없는, 계산만 수
행하는 존재다.

물론 자기 모니터링 기능을 추가한다고 곧바로 의식을 가지는 것
도 아니다. 현대 컴퓨터에는 아주 초보적이기는 하지만 자기 모니터링

기능이 탑재되어 있다. 대표적인 것이 ECC^{Error-Correcting Code}와 와치독^{Watchdog}이다. 두 기능 모두 컴퓨터에서 간혹 발생하는 계산 오류를 수정하거나 수정이 불가능할 경우 재부팅하는 데 필요한 기능이다. 와치독을 설명해 보자. CPU가 정상적으로 작동하고 어떤 기능이 수행되면, CPU는 보통 그 기능이 제대로 수행되고 있음을 와치독이라는 또 다른 하드웨어에 신호로 보낸다. 신호가 정기적으로 들어오면 와치독은 아무런 일도 하지 않지만, 신호가 들어오지 않으면 CPU를 다시 초기화할 것을 명령한다. 정상적으로 작동하는지 그렇지 않은지를 판단하는 단순한 기능이지만, 분명 자기 모니터링 기능이다. CPU와 와치독을 하나의 하드웨어에 구현한다면, 이러한 하드웨어는 아주 초보적인 수준에서 자신의 일부를 모니터링하는 능력을 가지고 있을 것이다.

하지만 이러한 모니터링 기능이 곧 의식이라고 말하기에는 무언가 부족함을 느낄 것이다. 이는 또 하나의 계산일 뿐이기 때문이다. 와치독은 CPU의 신호를 있는 그대로 받아들일 뿐 그 의미를 알지 못한다. 의식은 파란색에 해당하는 신경 신호를 감지하고, 뉴런의 전위가 얼마인지 아는 것이 아니다. 의식은 자기 모니터링 기능에 덧붙여 의미 이해와 경험을 요구하는 듯하다. 의식의 본질이 바로 이것이지만, 이것이 의식을 이해하기 어려운 결정적인 이유이기도 하다. 와치독은 자기 모니터링 기능이지만 의식은 아니다.

다음으로 의식의 특성을 알아보자. 여기에는 사람들이 쉽사리 동의할 만한 것도 있고, 아직 논란의 대상인 것도 있다. 자신의 의식을 직접 분석해 보며 따라가도 좋을 것이다. 먼저, 뇌에는 의식을 담당하는 의식 장치가 존재한다. 이러한 장치의 최소 단위를 'NCC^{neural correlates of}

consciousness'라고 부르자. 이것이 다른 장치와 물리적으로 독립적으로 존재하는지 아니면 얽혀 있는지는 확실하지 않다. 하지만 우리의 논의에는 그다지 중요하지 않다.

둘째, 의식 장치가 모니터링하는 뇌의 영역은 매우 제한적이다. 그림 43에서 우리는 색깔 추론과 언어 추론이 끝나는 지점에만 의식 장치를 연결했다. 의식이 뇌를 어떻게 모니터링하는지 알려진 바는 많지 않지만, 한 가지 강조할 점은 의식 장치가 모든 뉴런과 시냅스를 모니터링하지는 않는다는 것이다. 파란색을 추론하는 데 수많은 뉴런과 시냅스가 동원되지만, 의식은 몇 번째 뉴런이 지금 무엇을 하고 있는지는 모른다. 파란색을 보고 '파란색'이라는 언어를 대응시키는 과정에서도 수많은 뉴런이 작동하지만, 역시 의식은 뇌가 무엇을 하는지 모른다. 이를 알려면 뉴런과 시냅스 하나하나에 모니터링 장치가 달려 있어야 한다.

사실, 추론 과정을 거친 출력조차 모니터링하지 않는 경우도 많다. 예컨대 우리가 사자를 마주했다고 해보자. 이때 뇌는 사자로부터 도망갈 준비를 하며 많은 곳으로 신호를 보낸다. 그에 따라 근육과 심장이 긴장하고, 시야가 좁아지며, 입이 바싹 마르고, 위에서 위산을 쏟아 낸다. 급박한 환경에서 생존에 불필요한 기능을 끄고 필요한 기능만 켜는 것이다. 하지만 그 순간 의식은 뇌가 장기에 어떤 신호들을 보내는지 알지 못한다. 우리는 뇌의 일부만을 의식할 뿐이다. 와치독이 달린 컴퓨터가 자신이 무엇을 하는지 거의 알지 못하는 것처럼, 우리도 우리 뇌를 잘 모른다. 컴퓨터보다 아주 조금 더 알 뿐이다.

셋째, 의식은 기억 장치를 모니터링하고, 결과물을 다시 기억장치에 저장한다. 뇌는 계산하는 동시에 기억한다. 뉴런과 시냅스의 네트워크에서는 계산과 기억이 분리되지 않는다. 시신경으로부터 주어진 신경 신호에서 1차 연합 신경 혹은 추론 장치는 패턴을 탐색하고, 그와 동시에 저장한다. 이렇게 저장되는 패턴들 가운데 의식 장치로 넘어가는 패턴은 의식 장치에 저장된다. 이를 '단기 기억'이라고 부를 수 있다. 그리고 동일한 자극이 반복되면, 장기 기억 장치에도 저장된다. 의식은 단기 기억 장치, 장기 기억 장치를 모두 모니터링한다. 추론 장치가 찾아낸 패턴들 중에는 의식으로 흘러들지 않는 패턴도 여럿 있다. 우리는 이를 '무의식'이라고 한다.

무주의 맹시로 유명한 심리학자 대니얼 사이먼스Daniel Simons와 크리스토퍼 차브리스Christopher Chabris의 '보이지 않는 고릴라 실험'이 있다. 유튜브에 동영상이 돌아다니기에 여러분도 직접 실험해 보기를 바란다. 아래 글을 읽고 나면, 실험 내용을 알게 되기에 글을 읽기에 앞서 테스트해 보기를 권한다. 이 실험을 처음 접하는 이들에게는 상당한 충격으로 다가올 것이다. 먼저 실험 참가자에게는 화면 속의 사람들이 공을 서로 몇 번이나 주고받는지 세는 단순한 임무가 주어진다. 사람들이 공을 주고받는 사이, 고릴라로 분장한 사람이 화면을 가로질러 지나간다. 오랜 시간 천천히 지나가며, 크기가 작지도 않다. 하지만 많은 이들이

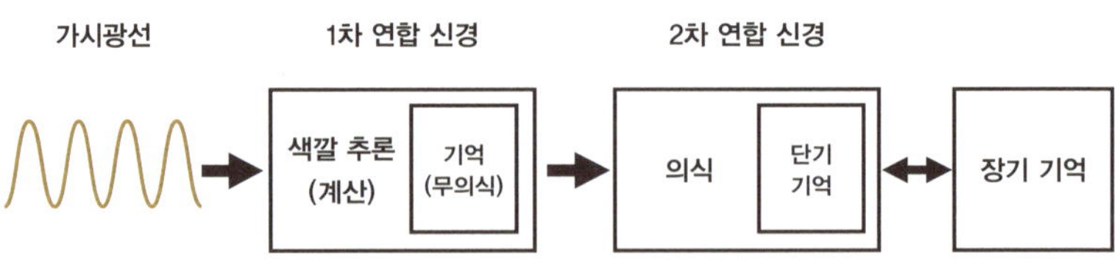

그림 44　무의식과 의식. 추론이 끝나는 지점의 기억은 온전히 의식되지 못한다.

이를 알아차리지 못한다. 나도 알아차리지 못했다. 보려고 하면 보이지만, 다른 것에 집중하면 보이지 않는다. 화면의 빛은 눈에 고르게 도달할 것이다. 시신경은 빛을 전기 신호로 바꿀 것이며, 연합 신경은 이 신호에서 패턴을 찾아 저장할 것이다. 여기까지는 자동적이고 무차별적으로 진행되며 아직 의식이 개입하지 않는다. 그중 일부가 2차 연합 신경, 즉 의식 장치로 흘러 들어간다. 고릴라로 분장한 사람의 모습은 일단 뇌에서 계산되고 그에 저장되었지만, 의식은 이를 모니터링하지 못했다. 이렇게 저장되었지만 의식이 알아차리지 못한 정보가 다름 아닌 무의식이다. 과거 프로이트 Sigmund Freud의 이론은 과학으로 인정받지 못했지만, 그의 트레이드 마크인 무의식은 오늘날 과학으로 많은 부분 밝혀졌다.

이러한 무의식을 마케팅에 적극적으로 활용하는 분야가 뉴로마케팅 neuromarketing이다. 의식하지 못하더라도, 뇌 어디인가에 저장된 패턴이 인간의 생각과 활동에 막대한 영향을 미친다는 것에 근거한다. 뉴로마케팅 연구에 따르면, 인간의 욕구는 90% 이상이 무의식에서 온다고 한다. 기아 자동차 K7의 작명에도 뉴로마케팅이 활용되었다는 사실은 이미 유명한 이야기다. 물론 엉터리 실험이나 이론도 존재한다. 여러 유튜버나 유명 강사가 자주 인용하는 예로 서브리미널 마케팅이라는 것이 있다. 예컨대 영화 상영 중간에 3,000분의 1초간 지속되는 콜라와 팝콘 이미지를 삽입했더니, 영화가 끝나고 콜라와 팝콘의 매출이 올라갔다는 식이다. 이 실험은 거짓으로 밝혀졌다. 아예 실험 자체가 진행된 적이 없다. 사실 이것이 날조라는 것은 뇌의 작동 방식을 알면 어렵지 않게 알 수 있다. 3,000분의 1초는 시신경이 감지하지 못한다. 뇌의 반응 시간은 msec 단위다. 인간을 포함하는 모든 생명체는 비슷한 DNA와 비슷한 단백질로 만들어진다. 약간의 차이는 있겠지만, 마하 단위로 날거나 달리는 생명체는 없다. 인간은 1초 동안 많아야 30여 장면만을 인식할 뿐이다. 더 빠른 변화는 시신경과 추론 장치가 알아차리지 못한다. 추론 장치가 알아차리지 못하니, 의식이든 무의식이든 기억하지 못한다.

한편, 의식이 기억 장치를 모니터링한다는 점으로부터 한 가지 중요한 특성을 이끌어 낼 수 있다. 의식에는 논리학이나 수학 등에 있는 위계, 계층이 없다는 점이다. 의식에서 가장 발전한 것 하나는 자기 자신을 인식하는 것이다. 이러한 의식은 자신을 이해할 수 있는 고급 지능을 필요로 한다. 거울에 비친 모습이 자기 자신임을 인식할 줄 아는 동물은 극히 적다. 우리가 똑똑하다고 여기는 몇몇 동물, 예컨대 유인원, 코끼리, 돌고래, 까마귀, 앵무새 정도다. 의식은 나 자신을 인식한다. 그런데 여기서 더 나아가, 의식은 자신을 의식하는 자신을 인식할 수 있다. 이는 쉽게 증명된다. 지금 자신을 생각하고 있는 자신을 떠올려 보라. 누구나 곧 떠올릴 것이다. 이것이 가능한 이유가 무엇일까?

우리가 컴퓨터를 설계하고 컴퓨터에 모니터링 장치를 추가한다고 해보자. 이 모니터링 장치가 무엇을 하는지 알고 싶다면 컴퓨터 설계자는 무엇을 해야 할까? 떠오르는 한 가지 방법은 모니터링 장치에 다시 모니터링 장치를 추가하는 것이다. 이렇게 하면 의식이 무엇을 의식하는지 의식할 수 있다. 의식 위에 메타의식이 존재하는 것이다. 한 발 더 나아갈 수 있다. 나 자신을 생각하는 나를 떠올리는 나를 떠올려 볼 수 있다. 한 단계씩 시도해 보면, 역시 별로 어렵지 않다는 것을 알 수 있다. 그렇다면 인간은 의식, 메타의식, 메타메타의식을 가질까? 컴퓨터 설계자는 컴퓨터를 이렇게 만들 수 있다. 하지만 이는 효과적이지 않다. 인간은 기억 장치를 모니터링할 뿐이다. 기억 장치를 모니터링하는 것으로부터 어떻게 나를 의식하는 나를 의식하는지 알아보자.

거짓말쟁이 역설이라는 유명한 역설이 있다. 크레타섬 사람이 뭍에 올라와 다음과 같이 말한다고 해보자. '크레타인은 거짓말쟁이다.' 이 말은 참일까? (거짓말쟁이는 입만 열면 거짓을 말한다고 생각하자.) 참이라면 그 역시 크레타인이기에 이 말도 거짓일 것이다. 그런데 이 말이 거짓이라면 그는 거짓말쟁이가 아닐 테고, 그가 하는 말은 참일 것이다. 그런데 이 말이 참이라면, 이 말은 거짓이다. 이렇게 끝없이 계속된다. 이것이 역설로 보이는 이유는 크레타인의 말에 자신을 지시하는 표현이 담겨 있기 때문이다. 크레타인 사례가 억지 역설처럼 보인다면, 이번에는 다음과 같은 문장을 생각해 보자. '이 문장은 거짓이다.' 이 문장은 참일까, 거짓일까? 이 문장이 참이라면, 이 문장은 거짓이다. 그런데 이 문장이 거짓이라면, 이 문장은 참이다. 마찬가지로 이 문장은 자기 자신을 지시하는 표현을 갖고 있다.

이번에는 '나 자신을 의식하는 나'라는 문장을 생각해 보자. 문장의 첫 번째 '나'와 마지막 '나'는 동일한 나 자신을 지칭한다. 하지만 이는 논리학에서나 그렇다. 생명체의 의식은 논리학과 다르게 작동한다. 첫 번째 '나'와 두 번째 '나'는 다른 것을 가리킨다. 한번 자신을 생각해 보자. 여러분은 자신을 떠올릴 때 무엇이 떠오르는가? 자신의 육체, 성격 등등 다양한 것이 떠오를 것이다. 우리는 그것에 '나'를 대응시킨다. 이 순간 여러분의 기억 장치에는 이러한 '나'를 떠올리는 자신의 모습이

기억된다. 그리고 '나를 떠올리는 나'를 떠올려 보라고 하면, 방금 전 기억 장치로 들어간 것을 다시 모니터링한다. 즉, 첫 번째 '나'와 두 번째 '나'는 적어도 시간적으로 다른 나를 가리킨다. '나는 거짓말쟁이다'라는 말은 역설이지만, '지금까지 나는 거짓말쟁이였다'라는 말은 어떠한 모순도 내포하지 않는다. 더 쉬운 예로 앞서 소개한 NOT 게이트로 구성된 오실레이터를 들 수 있다. NOT 게이트 3개를 연결하면 1이 0이 되고, 0이 다시 1이 되고, 1이 다시 0이 된다. 이렇게 주어진 0은 초기 입력값과 다른 입력값이 되는데, 이는 모순이 아니라 그저 0과 1이 끊임없이 주기적으로 진동하는 것뿐이다.

이제 다시 자신을 의식하는 기계를 만드는 설계자로 돌아가 보자. 의식 장치에 메타의식 장치를 추가하고, 다시 메타메타의식 장치를 추가할 수도 있지만, 의식 장치에 저장 장치만 추가할 수도 있다. 의식이 모니터링한 모든 내용을 저장 장치에 저장하는 것이다. 그러면 의식 장치는 저장 장치에 저장된 의식 내용을 의식할 수 있다. 이러한 방식은 훨씬 간단한 구조로서, 의식의 무한한 계층을 대체할 수 있다. 이러한 방식으로 인간의 의식은 심지어 저장한 모든 내용을 총체적으로 인식하는 능력을 갖는다.

보통의 컴퓨터는 인간과 달리 이러한 상위-하위 계층을 쉽게 건너다닐 수 없기에 결코 강한 인공지능으로 거듭날 수 없다는 주장을 가끔 접하지만, 이것은 순진한 생각이며 인간의 의식을 은근히 신성시하는 데 이용된다. 여기에는 보통 괴델의 불완전성 정리가 이용되고는 한다. 하지만 이러한 계층 건너뛰기는 기억 장치를 추가함으로써 쉽게 해결된다. 기억 장치를 모니터링하는 내용을 다시 저장 장치에 저장하면,

상하위 구분은 사라지고 내용을 하나의 체계에 통합할 수 있다. 무한한 계층이 필요하지 않은 것이다. 이러한 시스템은 재귀적이기는 하지만 자기 지시로 인한 모순을 포함하지는 않기에 괴델의 불완전성 정리를 적용하는 것은 잘못이다.

의식의 네 번째 주요 특성은 매우 논쟁적인 질문과 맞닿아 있다. 바로 의식이 모니터링뿐 아니라 컨트롤 기능까지 가지고 있는가 하는 것이다. 앞선 사례에서, 성대를 움직여 '파란색'이라는 음파를 만들어 내라고 명령하는 것은 무엇일까? 뇌가 컨트롤하는 것은 분명하다. 그렇다면 의식이 컨트롤하는 것인가? 우리는 지금 뇌가 제어하는 것과 의식이 제어하는 것을 확실히 구분하고자 하는 것이다. 몇 가지 근육은 확실히 의식이 컨트롤하는 것처럼 보인다. 지금 왼팔을 올리겠다고 속으로 생각하고 왼팔을 올릴 수 있다. 이를 부정할 수 있을까?

너무나 당연한 듯 보이지만, 조금 더 깊이 생각해 보면 한 가지 의문이 생긴다. 도대체 의식이 왜 필요한지에 대한 의문이다. 지렁이는 빛을 피해 땅으로 숨어든다. 지렁이가 의식이 있는지는 확실하지 않으나,

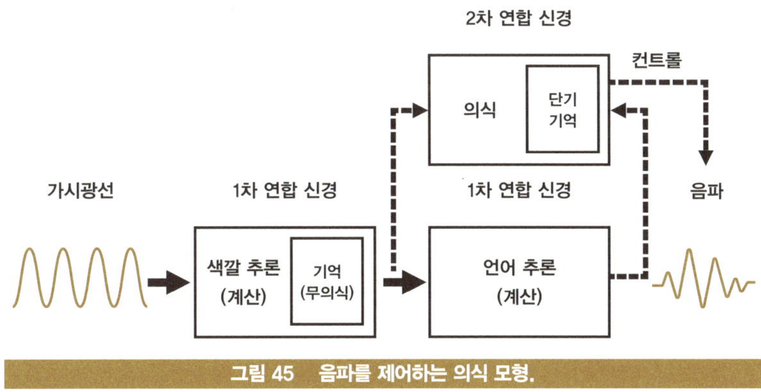

그림 45   음파를 제어하는 의식 모형.

햇빛을 감지하고 근육을 움직여 햇빛을 피하는 데 반드시 의식이 필요한 것은 아니다. 진화적 관점에서 이러한 행동에 굳이 의식이 필요할까? 지금까지 논의만 놓고 보면, 먹이를 만나면 쫓고 천적을 만나면 도망가는 데 의식이라는 한 단계를 추가해야 할 필요성이 없다. 적어도 우리가 그러한 필요성을 찾지는 못했다. 오히려 의식을 거치면 시간이 지연된다는 면에서 불리하며, 의식 장치를 작동하는 데 드는 추가 에너지가 필요하다는 점에서 에너지 효율도 떨어진다. 이와 관련해 벤저민 리벳 Benjamin Libet의 매우 논쟁적인 1983년 실험 결과를 살펴보자.

먼저 의식이 파란색을 모니터링하고 성대를 컨트롤한다고 가정해 보자. 그러면 의식이 파란색을 인식하는 순간은 뇌가 파란색을 보는 순간, 즉 파란색을 계산하고 패턴을 저장하는 순간보다 뒤에 온다. 또한 의식이 '파란색'을 말하겠다고 결심하는 시간은 근육이 움직일 준비를 시작하는 시간보다 선행한다. 근육을 움직이려면 뇌가 신호를 보내야 하는데, 근육이 움직이기 대략 0.55초 전에 준비 전위를 만든다. 의식이 결심하고, 뇌가 준비 전위를 만들고, 0.55초가 지나 근육이 움직이는 것이다.

그런데 놀랍게도, 리벳이 보여준 실험 결과는 다르다. 준비 전위가 먼저 생성되고 약 0.35초가 지나 뇌가 결심한다. 근육은 그로부터 다시 0.2초가 지나 움직인다. 즉, 근육을 컨트롤하는 것은 우리의 의식이 아니라 무의식이라는 것이다. 의식은 단지 모니터링만 한다. 리벳의 실험은 곧장 많은 지지와 반론을 불러왔다. 실험 내용은 간단하지만 인간에게 자유의지가 없다는 결론을 강하게 암시하기에, 명확한 결론을 위해 후속 실험들이 진행되었다. 지금까지는 몇몇 실험을 제외하고 여러 실험들이 동일한 결론에 도달했다.

그러나 실험 내용을 달리 해석하는 연구자들이 있다. 시간 순서대로 설명해 보자. 먼저 어떤 행동에 필요한 준비가 뇌에서 시작된다. 그 다음 의식이 이를 알아차린다. 이때 의식은 실제로 행동으로 옮기기에 앞서 행동을 멈출 수 있다는 주장이다. 의식은 무엇을 할지 결정하지는 못하더라도 뇌가 하기로 한 것을 멈출 수 있다는 것인데, 이는 반쪽짜리 자유의지라도 자유의지를 고수하겠다는 입장이다. 과학은 이론을 증명할 수는 없지만 반증할 수는 있다는 칼 포퍼의 반증주의를 떠올리는 대목이다. 반쪽짜리 자유의지가 있는지 없는지는 크게 중요하지 않다. 최초의 행동 결정이 자유의지와 무관하게 뇌에서 주어진다는 사실만으로도 이미 엄청난 충격을 안기기 때문이다.

리벳의 실험이 올바른 결과를 보여준다면, 중요한 몇 가지 결론이 뒤따른다. 그 가운데 하나는 우리가 스스로 결정한다는 인상이 착각이라는 점이다. 우리는 적어도 몇몇 근육들을 움직이는 것이 자신의 의식에 따른 것으로 느낀다. 나의 느낌은 왼팔을 들어 올리라고 명령하고 실행하는 것은 나의 의지라고 말한다. 목숨이 위태롭지만 동료를 배신하지 않겠다고 결정하고 고문을 견디는 독립군의 의지를 생각하면 특히 부정하기 힘들다. 하지만 '자유의지'를 펼치기도 전에 뇌는 왼팔을 올리라고 명령한다. 의식은 뇌가 왼팔을 올리라고 명령한 것을 모니터링할 뿐이다. 실은 의식이 뇌와 동일하다고 느끼도록 설계되어 있을 수도 있다. 뇌의 다른 부분이 명령한 것이지만, 의식은 자신이 명령한 것처럼 받아들이는 것이다.

둘째, 자유의지라는 개념은 과학에서 필요하지 않다. 입력이 있고 출력이 있을 뿐이다. 과학에서는 입력과 내부 상태가 결정되면 출력이 결정된다. 네트워크를 다시 떠올려 보자. 내부 상태 A에 있는 네트워크의 특정 노드에 외부 입력이 들어온다. 그러면 네트워크는 B 상태로 간다. 물론 C 상태에 있었다면 B상태가 아니라 다른 상태로 갈 수 있다. 또한 A 상태에 다른 종류의 외부 입력이 들어오면, A 상태는 B 상태가 아니라 다른 상태로 전이될 수도 있다. 하지만 출력은 언제나 입력과 내부 상태로 인해 결정된다. 반면 자유의지는 동일한 입력과 내부 상태에도 불구하고 출력이 결정되지 않음을 의미한다. 혹은 외부 입력이 동일하더라도 의식이 내부 상태를 마음대로 조종할 수 있음을 의미한다. 물론 이러한 시스템을 만드는 것이 불가능한 것은 아니다. 이미 설명했지만 외부의 모든 조건이 같더라도, 내부적으로 무작위 수를 만들어 내는 시스템을 두고 그 값을 내부 입력값으로 사용하면 된다. 하지만 이는 우리가 말하는 자유의지가 아니다. 인간의 뇌에 무작위 수를 만들어 내는 시스템이 있으리라고 판단하는 것은 합리적이지 않다. 적응의 부산물이 아니고서는 생존에 도움이 되지 않는 이러한 시스템은 진화의 원리에 위배된다.

이러한 난점을 극복하고자 의식의 본질이 양자역학적이라고 주장할 수도 있다. 양자역학의 비결정론적이고 확률적인 특성을 의식에 적용하는 것이다. 하지만 이러한 주장 또한 받아들이기 힘들다. 뉴런의 크기가 완전히 거시적이지는 않아도, 그렇다고 개별 전자의 확률이 중요해지는 크기는 아니다. 오히려 유전자보다도 훨씬 커서 양자역학적 효과를 무시할 수 있다. 자유의지가 양자역학적 확률에 지배받는다고 하더라도, 과연 그것을 의지라고 부를 수 있을까? 자신의 의지로 짜장면을 선택하는 것이 아니라 무작위적으로 선택되는 것이라면 이를 자

유의지라고 부를 수 없을 것이다.[*]

자유의지와 관련해 마지막으로 살펴볼 부분은 도덕적 문제다. 누군가가 살인을 저지른다면, 우리가 벌을 내려야 할 대상은 무엇인가? 법적 처벌의 근거는 같은 상황에 놓이더라도 다른 결정을 내릴 수 있다는 자유의지에 있다. 하지만 그렇지 않다면, 누구를 왜 처벌해야 하는지가 불분명해진다. 마치 AI가 운전하다 사고를 내면 사고 책임이 누구에게 있는지 묻는 것과 비슷하다. 양자역학적 확률이 자유의지를 컨트롤한다면 자유의지를 지닌 대상을 처벌할 수 없다는 이상한 결론에 도달한다. 하지만 처벌의 당위성은 과학의 영역이 아니기에 자세히 다루지는 않겠다.

지금까지 의식의 몇 가지 측면을 살펴보았지만, 결론이 명확하지는 않다. 벤저민 리벳의 실험이 맞고, 자유의지는 없으며, 의식이 오로지 모니터링만 한다고 가정해 보자. 그러면 처음 우리가 던진 근본적인 의문에 다시 부딪힌다. 컨트롤 기능이 없는 단순 모니터링 장치인 의식이 도대체 왜 필요한가? 이러한 물음은 알고 있는 것을 아는 것이 진화적 적응인지, 의식이 유전자 생존과 복제에 유리하게 작동했는지 묻게 한

펜로즈-호킹 특이점 정리Penrose-Hawking singularity theorems로 유명한 노벨 물리학상 수상자 로저 펜로즈Roger Penrose는 의식이 양자역학적이라고 주장한다. 물론 그의 주장은 앞서 소개한 것과 같은 초보적인 형태는 아니다. 그의 주장은 뉴런과 시냅스의 단순한 고전적 결합이 계산을 가능하게 하지만 의식을 만들어 내지는 못한다고 주장하며, 환원 불가능한 작은 양자역학적 시스템을 가정한다. 그는 그것이 뉴런 속 미세소관에 존재한다고 주장하고, 이를 의식의 최소 단위라고 여긴다. 이 주장에서 '최소 단위의 의식'은 뉴턴 물리학의 시작점이었던 점입자의 오메가와 동급인 또 다른 오메가로 격상된다. 의식을 설명하기 위해 환원 불가능한 작은 의식을 가져온 것이다. 물론 전자의 의식과 후자의 의식은 양질 전환을 거친 다른 차원의 의식이기는 하지만, 최소 단위의 의식 또한 '양자역학적'이라는 형용사를 제외하면 원자들과 분자들의 네트워크일 뿐이다.

다. 진화는 거대한 유전자 탐색 공간에서 국소적 최적점을 찾는 과정이다. 여기서 최적점이란 번식률을 최대로 만드는 지점이다. 사실 생명체의 오메가인 번식률은 그 개념은 간단해도 실제로 응용해 보려고 하면 꽤나 복잡해진다. 번식률은 크게 두 가지, 즉 얼마나 효율적으로 생존하는지와 얼마나 짝짓기를 잘하는지를 곱한 것에 비례한다. 여기서는 생존 효율성만 따져보자.

$$번식률 \propto 생존\ 효율성 \sim 생존\ 능력/에너지\ 소모$$

동일한 에너지를 소모하고도 생존 능력을 높일 수 있다면, 즉 생존 효율성이 높다면 당연히 번식에도 유리하다. 생존 능력이 동일하더라도 더 적은 에너지로 생존할 수 있다면 이 또한 유리하다. 이는 컴퓨터의 진화 과정을 결정하는 CPR의 생명체 버전이다. 이제 우리 질문은 의식이 과연 생존 능력에 도움이 되는지, 에너지 소모를 줄여주는지 하는 것이다.

먼저 에너지 소모 측면에서 살펴보자. 의식을 추가하려면 모니터링 장치를 추가해야 하며, 이 장치를 작동시키는 데 당연히 추가 에너지가 소모된다. 전체적인 에너지 소모에 대한 이득을 가지려면, 학습 및 추론 장치, 기억 장치, 감각 및 운동 기관에서 소모하는 에너지를 의식 장치가 줄여주어야 한다. 요컨대 '안다는 것을 아는 것'으로 필요 없는 활동을 줄여줄 수 있어야 한다. 하지만 의식이 단순한 모니터링 장치라면 이런 역할을 하지 못한다. 생명 활동에 필요한 것과 필요하지 않은 것을 구분하는 데 메타지식이 아닌 지식만으로 이미 충분하기 때문이다.

의식 장치의 추가는 에너지 소모를 증가시킬 뿐이다.

그러면 의식은 생존 능력을 높일까? 하지만 이에 대한 답변도 부정적이다. 예를 들어, 사자라는 패턴이 확인되면 도망가야 하고, 호랑이라는 패턴이 확인되어도 도망가야 한다는 사실을 안다고 하자. 이는 학습을 통해 기억된다. 이제 어떤 동물을 마주했다. 뇌는 도망가야 한다는 것을 안다. 이것이 끝이다. 이렇게 안다는 사실을 다시 아는 것이 도움이 되는 경우는 아무리 찾아도 존재하지 않는다. 이는 결국 안다는 것을 아는 것, 즉 단순 모니터링이 의식의 핵심이 아닐 수도 있음을 뜻한다. 이렇게 우리는 막다른 골목에 다다른다. 리벳의 실험은 과학적 실험이며, 비슷한 결론을 보이는 여러 실험이 수행되었다는 점에서 결코 무시할 수 없다. 한편 단순 모니터링 장치가 진화론에 위배된다는 것도 알았다. 퍼즐을 풀 수 있을까?

그렇다. 의식과 무의식 모두 컨트롤 기능을 가진다고 가정하면 해결된다. 이러한 가정은 진화론에 위배되지 않으며, 오히려 생존에 도움이 된다. 자유의지에 대한 의구심 또한 지울 수 있다. 의식이 컨트롤 기능을 가진다는 것과 자유의지가 있다는 것은 동일한 이야기가 아니다. 물론 의식의 정의가 바뀌어야 하지만, 자유의지 없는 의식은 얼마든지 컨트롤 기능을 지닐 수 있다. 본격적으로 들어가 보자.

두 번째 가설: 조율 장치

의식의 기원에 관한 이론에는 여러 가정이 담겨 있다. 뇌의 입력과 출력은 과학적 방법으로 검토할 수 있지만, 의식의 영역은 객관적인 잣대로 검토하기 쉽지 않다. 이것이 의식을 과학의 영역으로 들여오는 데

애를 먹는 이유다. 전체적인 조망은 잠시 뒤로하고 당면한 문제, 즉 의식의 출현, 의식의 컨트롤 기능에 관한 문제에 집중해 보자.

초기 원시 동물을 상상해 보자. 이 생물은 자극과 반응, 감각과 운동의 원시적인 형태만을 가지고 있었을 것이다. 예컨대 화학물질 센서로 먹이를 감지하고, 운동 시스템으로 먹이 쪽으로 이동하는 단순한 형태였을 것이다.[*] 이러한 시스템을 구현하려면 감각 시스템과 먹이인지 아닌지 판단하는 연합 시스템, 그리고 운동 시스템이 필요하다. 이제 긴 시간이 흘러 몇몇 생물에게 시각 시스템이 추가로 생겨났다고 해 보자. 이러한 생물에게도 감각 시스템, 먹이인지 아닌지 판단하는 연합 시스템, 그리고 운동 시스템이 필요하다.

한 가지 상황을 생각해 보자. 후각 시스템이 왼쪽에서 냄새가 들어오는 것을 감지하고, 연합 시스템이 먹이라는 것을 판단한다. 동시에 시각 시스템이 왼쪽에서 조금 더 떨어진 곳에서 무엇이 다가오는 것을 감지하고, 연합 시스템이 천적이라고 판단한다. 두 개의 시스템이 운동 시스템에 각각 다른 신호를 보내는 것이다. 하나는 도망가라는 신호를, 다른 하나는 다가가라는 신호를 보낸다. 운동 시스템은 패닉에 빠진다. 이렇게 아주 단순한 상황에서도,[**] 각각의 연합 시스템이 만들어 낸 결론을 조율하는 시스템이 필요하다. 감각 기관이 더 늘어날수록 조율 시스템도 그에 따라 점점 복잡해지고 정교해질 것이다. 이러한 조율 시스템의 가장 중요한 역할은 우선순위를 정하는 것인데, 이는 개체의 생존

● 게리 린치, 리처드 그래인저, 『빅 브레인Big Brain』, 21세기북스, 2010.

●● 심지어 센서가 하나밖에 없더라도 이러한 조율은 필요할 수 있다. 예컨대 시각 시스템이 먹이와 천적을 동시에 감지하는 경우다.

과도 직결된다.

　우선순위의 결정이 얼마나 큰 위력을 발휘하는지는 전쟁 영화를 보면 곧바로 알 수 있다. 군인들이 총알이 빗발치는 전장에서 정신없이 후퇴한다. 그런데 한 군인이 한참이 지나서야 자신의 팔이 잘려 있다는 것을 깨닫는다. 이는 공을 몇 번 주고받았는지 세느라 고릴라가 지나가는 것을 보지 못한 것과 같은 상황이다. 팔이 잘리면 잘렸다는 신호가 뇌에 전달된다. 고릴라가 지나가면, 시각 시스템 역시 신호를 뇌에 전달한다. 단순 신호 변환기인 안구는 이를 빠뜨리지 않고 작업한다. 하지만 신호가 연합 신경에서 분석되기 전까지 이것이 무엇인지 알지 못하기에, 일단 신호는 연합 시스템까지 무차별적으로 이동할 것이다. 이제 우선순위를 판단할 단계다. 만약 극히 위험하다고 판단되면 나머지 모든 신호를 무시하고, 뇌를 포함한 모든 세포가 긴급 사태에 집중한다.

　다양한 감각 장치를 지닌 생명체에게 조율 시스템은 에너지 소모만 지나치게 크지 않다면 분명 생존 효율성과 번식률을 높여줄 것이다. 만약 여러분이 컴퓨터 아키텍처 설계자라고 해보자. 에너지 소모를 최소화하면서 다양한 정보들을 분석해 우선순위를 결정하는 시스템을 어떻게 만들 수 있을지 고민해 보는 것이다. 먼저 그림 46과 같은 아키텍처를 떠올릴 수 있다. 감각 기관에 입력된 신호를 분석해 천적인지 먹이인지 구분한다. 이제 조율 시스템으로 이 정보가 들어간다. 조율 시스템은 실시간 입력 정보에 더해 기존의 학습 결과를 기반으로 무엇이 생존에 중요한지 판단한다. 여기서 '학습 기억'으로 나타낸 장치는 학습된 장기 기억뿐 아니라, 진화한 본능과 마음을 포함하는 넓은 의미의 기억 장치다. 이러한 장치에는 조율에 필요한 정보가 저장되어 있는 것

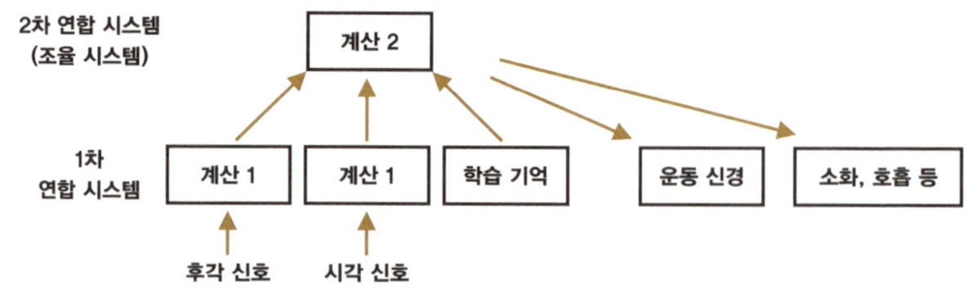

그림 46   조율 장치를 가지는 단순한 아키텍처.

으로 가정한다.

이제 호랑이를 피하는 것을 최우선으로 계산하면, 이를 운동 신경으로 보낸다. 여기서 1차 연합 신경과 2차 연합 신경인 계산 1 장치와 계산 2 장치의 큰 차이 하나를 연급해야 한다. 계산 1 장치는 하드웨어의 구조상 병렬적이다. 입력에 수많은 신호가 섞여 있더라도 상관없다. 우리 눈에 사과와 호랑이, 눈 덮인 산이 한꺼번에 입력되어도 계산 1은 이로부터 패턴을 병렬적으로 동시에 계산한다. 하지만 계산 2 장치의 목적은 계산 1 장치들에 들어오는 수많은 패턴에서 중요한 패턴을 선별하는 것이다. 물론 계산 2 장치도 병렬적으로 계산하는 것은 동일하지만, 그 출력은 한 번에 하나여야 한다. 계산 2 장치가 2개 있다고 해보자. 두 가지 서로 다른 조율 결과가 나오면 운동 시스템은 다시 패닉에 들어간다. 조율의 정의상 그 출력은 반드시 한 번에 하나여야 한다. 바로 이 지점, 계산 2의 출력에서부터 신호 처리는 순차적으로 바뀐다. 지금까지 우리 뇌가 병렬 연산 장치라고 묘사해 왔는데, 생존과 번식은 조율 결과를 하나씩 처리하는 영역을 요구한다. 의식 장치의 영역은 이러한 순차적 계산의 영역과 동일하거나 그 부분집합에 해당할 것이다.

어쨌든 우리의 의식적 내용은 한 번에 하나씩 주어진다. 공부하면서 음악을 듣고, 운전하면서 대화를 하지만, 이는 의식이 정보 처리를 빠르게 전환하는 것이지 병렬적으로 처리하는 것은 아니다. 의식이 한 번에 하나밖에 처리하지 못하는 비밀은 우리에게 조율 장치가 필요했다는 데 있다. 결국 조율의 필요성이 의식 출현의 시작점이다.

조율 시스템의 구조는 결국 여러 외부 신호로부터 패턴을 찾고, 그 패턴 중에서 집중할 패턴을 선택하는 데 최적화되어 있다. 이는 생명체의 뇌가 인간이 만든 그 어떤 컴퓨터보다 효과적으로 처리하는 일이기도 하다. 하지만 생명체가 진화할수록 지능의 발달과 더불어 패턴 찾기 말고도 다른 일을 처리할 필요가 대두되었다. '34,584×3,451'이라는 수학 문제를 보았다고 하자. 앞선 패턴 처리 장치가 이를 처리할 수 있을까? 미국 대통령 선거 결과에 맞추어 기업이 전략을 짤 때는 어떨까? 앞의 시스템만으로는 부족하다. 물론 이런 일을 인간만 하는 것은 아니다. 동물원에서는 호랑이가 사자를 혼내주기 위해 동지를 만드는데, 언제 어떻게 누구를 혼내줄 것인지도 계획한다. 아프리카 침팬지들은 다른 침팬지 집단을 기습하기 위한 계획을 세운다. 뇌가 커지고 은닉층이 발달할수록 지능이 조합된 이러한 일들, 즉 아이디어 고안, 계획 세우기, 연역, 예측 등을 처리하는 네트워크가 발달하기 시작한다. 전전두엽, 대뇌피질 등이 나타나는 시점이다. 빠르게 이루어지는 직관적 판단이나 결정이 아니라, 오랜 시간 생각해 보고 숙고해야 하는 일을 처리하는 이러한 장치를 '3차 연합 신경' 혹은 '계산 3'이라고 표현하자.

아키텍처의 운동 신경은 계산 2 장치와 계산 3 장치로부터 신호를 받는다. 이는 계산 3에서만 신호를 받는 것보다 생존의 관점에서 훨씬

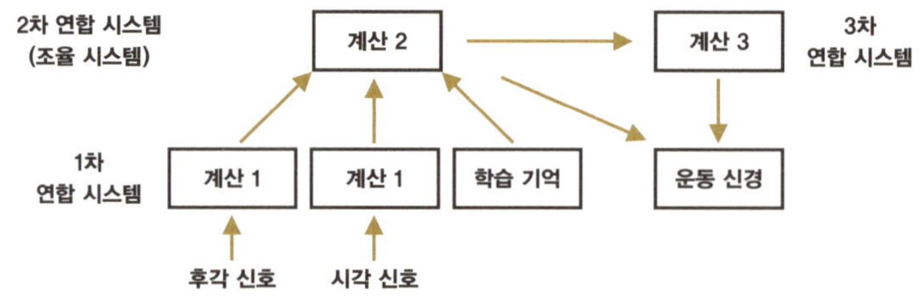

그림 47 3차 연합 시스템을 포함하는 아키텍처.

효율적이다. 의식이 조금 뒤늦게 인지하더라도, 생존과 직결된 행동이 필요한 경우에는 계산 2 장치가 곧바로 운동 신경에 신호를 보내는 것이 유리하다. 즉, 계산 2의 결과는 계산 3과 운동 신경 모두에 전달되고, 운동 신경은 계산 2와 계산 3 양쪽으로부터 신호를 받으며 계산 2 장치에서 주어진 신호에 우선순위를 두고 작동한다. 이러한 해석은 (우리의 모형에서 계산 3 장치에 해당하는) 의식 장치로부터 컨트롤 기능을 빼앗지 않으면서도 리벳의 실험을 설명할 수 있게 해준다.

사실, 근육의 움직임이 전적으로 의식에 지배받지 않는다는 것은 리벳의 실험이 아니더라도 일상적으로 확인할 수 있다. 우리는 멍하니 딴 생각을 하면서 길을 걷고, 어떤 손가락을 움직일지 의식하지 않고도 키보드를 두드려 문서를 작성한다. "몸이 기억한다"라고 흔히 말하는 암묵적 기억implicit memory은 의식을 통과하지 않는다. 이러한 분석 결론은 리벳의 실험이 보여준 결과가 특별한 것이 아님을 이야기한다. 리벳의 실험에서 피실험자들은 1초보다 짧은 시간 안에 즉각적으로 정확하게 처리하도록 요청받는다. 이러한 긴장 상황에서 의식을 통과하지 않는 운동이 발생한다는 것은 오히려 자연스럽다.

한편, 조율 장치를 포함하는 아키텍처는 다른 측면에서도 생존에 유리하다. 호랑이가 쫓아오는 상황을 생각해 보자. 우리는 도망간다. 그러다 어느 순간 우리를 뒤쫓던 호랑이가 시야에서 사라졌다고 해보자. 계산 2 장치는 순간적으로 패닉에 빠질 수 있다. 시야에서 갑자기 호랑이가 사라진 상황에서 달리기를 계속할지 멈출지 판단하기가 쉽지 않다. 하지만 계산 3의 기억 장치에는 조금 전까지 호랑이가 주변에 있었다는 사실이 저장되어 있고, 따라서 계속 도망가야 한다는 판단의 근거를 제시해 준다. 계산 3 장치는 조금 전보다 호랑이와의 거리가 가까워졌는지 멀어졌는지에 대한 정보도 제공한다. 즉, 계산 3 장치는 행위의 지속성과 행위의 강도를 판단하는 데 도움을 줄 수 있다.

한편, 수학 문제를 푸는 경우에는 계산 2가 운동 신경으로 즉각적인 신호를 보낼 필요가 없다. 단순히 '123×123' 문제만 하더라도 구구단을 외우면서 하나하나 적어나가고, 마지막에는 다시 하나하나 더해나간다. 이러한 순차적인 계산은 계산 3에서 처리하며, 중간중간 결과에 따라 숫자를 적는 지극히 의식적인 행동이다. 물론 우리는 곱셈을 계산하는 와중에도 눈앞에 호랑이가 나타나면 계산 2가 동작하면서 곧바로 움직일 수 있다. 이러한 관점에서 계산 3 장치는 컴퓨터와 비교해 매우 비효율적이다. 생물학적 뇌는 패턴 찾기에 특화된 하드웨어다. 계산 1, 계산 2 장치는 컴퓨터의 효율을 훨씬 능가하지만, 계산 2에서 순차적으로 입력을 받아 계산하는 계산 3은 지극히 비효율적이다. 세 자릿수를 곱셈하는 속도를 생각해 보라. 반면 컴퓨터는 계산 1, 계산 2로 사용하기에는 지극히 비효율적이다. 비록 AI 소프트웨어로 일부 극복하기는 하지만, 효율성 면에서는 여전히 극명한 차이가 있다.

앞서 이야기한 뇌와 의식에 관한 내용을 한번 정리해 보자. 이를 도식으로 정리하면, 그림 48과 같다. 사실 앞선 그림에서 달라진 것이 별로 없다. 용어들을 정리하고, 조금 재배치했을 뿐이다.

나 자신과 생존 효율성을 참고해 이러한 구조를 고안했는데, 실제 뇌는 이보다 훨씬 복잡할 것이다. 도식과 달리, 하부 시스템이 기능적으로 명확히 분리되어 있지 않을 수도 있다. 물론 뇌 역시 대뇌, 중뇌, 간뇌, 소뇌, 해마와 같이 어느 정도 역할이 구분되는 하부 구조들로 이루어지지만, 각각의 세부 구조나 구조들 간의 연결 또한 복잡한 네트워크를 이루고 있을 것이다. 우리의 도식은 기능의 분리를 전제한 해상도 낮은 그림이다. 그럼에도 이러한 구조로 설명할 수 있는 몇 가지 자연스러운 결과들이 있다.

첫 번째는 '멍 때리기'다. 우리가 굳이 무엇을 의식하려고 하지 않을 때다. 타들어 가는 장작불을 보고 있을 때일 수도, 나른한 오후 습관에 기대어 운전할 때일 수도 있다. 그러다 불현듯 오늘이 아내의 생일이라

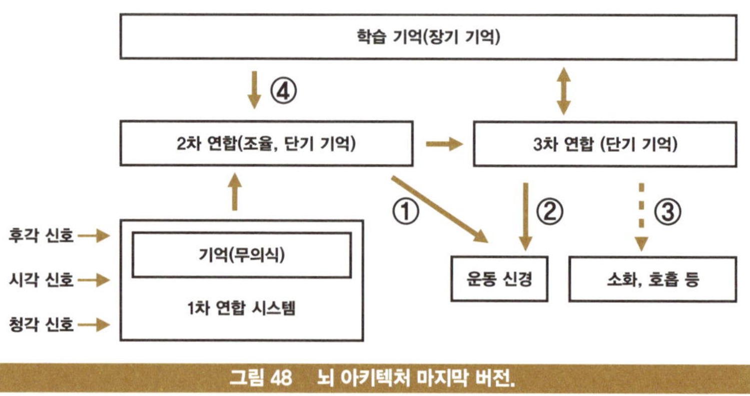

그림 48 뇌 아키텍처 마지막 버전.

는 것이 떠오른다! 이제 호흡이 빨라지고 심장이 두근거리기 시작한다. 멍한 상태에서 우발적으로 끊임없이 떠오르는 이러한 의식의 흐름은 어떻게 이해해야 할까? 어떤 진화적 이점이 있을까? 어제 마신 커피가 참 맛있었다는 생각이 들다가도, 이번 주말에 무얼 할지 고민하는 것으로 생각이 이러저리 흐른다. 이는 1차 연합 시스템으로부터 별다른 새로운 신호가 주어지지 않을 때다. 하지만 2차 연합 시스템은 잠잘 때를 빼면 동작하며, 장기 기억 장치로부터 정보를 계속 받고 있다(그림 48의 화살표 ④). 1차 연합 시스템으로부터 특별한 신호가 들어올 때는 이를 조율하거나 통합하려면 반드시 본능과 학습된 기억이 필요하지만, 그렇지 않을 경우에는 굳이 2차 연합 시스템이 작동할 필요도 없다. 하지만 뇌에는 스위치가 없다. 잠자는 순간을 빼면 2차 연합 시스템은 계속 작동한다. 하지만 여기에는 진화적 이점이 있는데, 천적이 예고하고 달려들지는 않기 때문이다.

두 번째는 3차 연합 시스템이 부분적으로 중앙 컨트롤 타워 역할을 수행한다는 점이다. 이에 더해, 대사 네트워크와 면역 네트워크에도 영향을 준다(그림 48의 화살표 ③). 물론 의식은 이러한 명령의 수행을 알아차리지 못한다. 그렇기에 이는 참조로 보이며, 이러한 이유로 화살표를 점선으로 표시했다. 컴퓨터에도 직접적 명령과 참조가 존재한다. 컴퓨터가 어떤 일을 수행하면서도 마우스나 키보드의 입력을 인식하는 방식은 다음과 같다. 먼저 마우스나 키보드에서 주어지는 입력을 단기 저장소에 저장한다. 그리고 어떤 일을 수행하면서 중간중간 잠시 하던 일을 멈추고 단기 저장소에 입력이 들어왔는지 확인한다. 어떤 입력이 들어온 상태라면 그 일을 처리하고 다시 원래 일로 돌아간다. 이를 '인터럽트 interrupt'라고 하는데, 나는 앞서 이를 '참조'라고 표현한 것이다. 대사 네트워크와 면역 네트워크는 어느 정도 독립적으로 계속 작동한다. 하지만 3차 연합 시스템에 어떤 중요한 일이 생기면 이를 참조할 것이다. 또한 대사 네트워크와 면역 네트워크의 반응은 1초를 다투는 급박한 것이 아니므로, 참조 대상은 2차 연합 시스템이 아니라 3차 연합 시스템일 가능성이 높다. 물론 증명된 것은 아니지만, 시스템의 효율적인 설계에 기반해 추론하면 그렇다. 어쨌든 3차 연합 시스템은 그림 48의 ②번 경로를 통해 운동 시스템을 컨트롤한다. ①번 경로는 벤저민 리벳이 확인한 긴급 상황에서 필요한 또 다른 경로일 뿐이다.

세 번째 중요한 특징은 의식이 지능보다 먼저 나타났으리라는 점이다. 물론 이는 직관과 다르다. 하지만 의식이 조율 기능이라는 우리의 두 번째 가정에 따르면 의식은 멀티 센서와 학습 능력을 가진 생명체에 필수적이다. 심지어 이러한 형태의 의식은 무척추 생물 혹은 그보다 단순한 생물까지도 거슬러 올라갈 수 있다. 물론 이를 증명하는 것이 쉽지는 않지만, 최근 연구들을 보면 단순한 생물들도 의식을 갖는다는 주장에 점점 더 힘이 실리고 있음은 확실하다. 하지만 앞서 이야기했듯이, 의식 중에서도 자기 의식 능력을 지닌 생명체는 얼마 되지 않는다. 자신이 먹잇감을 보고 있음을 아는 것은 의식의 초보적인 형태이지만, 자기 자신을 인식하는 것은 의식에 지능이 결합되어야 하는 더욱 고등한 형태다. 지능은 학습 능력, 일반화, 보편성에 대한 인식이라는 정의를 기억하기를 바란다. 지능은 2차 연합 시스템, 그리고 주로 3차 연합 시스템이 얼마나 복잡하게 구성되어 있는지에 따라 달라진다. 딥러닝의 은닉층 수와 노드 수에 의존하는 것이다. 2차, 3차 연합 시스템이 충분히 발달해 자기 자신이 무엇인지 이해하는 지능을 갖추면, 의식은 자연스럽게 자기 의식이 가능한 수준에 이른다. 즉, 의식은 2차, 3차 연합 시스템의 존재에 의해 결정되며, 지능은 2차, 3차 연합 시스템이 얼마나 고도화되어 있는지에 의해 결정된다. 결국 비슷하면서도 다른 두 종류의 특성을 정리하면, 먼저 출현한 의식 위에 지능이 점점 고도화되어 간다고 보아야 한다.

네 번째는 컴퓨터로도 이와 비슷한 시스템을 구성할 수 있다는 점이다. 1차, 2차, 3차 연합 시스템과 출력 및 운동 시스템을 독립적으로 구성해 네트워크로 연결할 수 있다. 먼저 센서와 연결된 1차 컴퓨터들을 독립적으로 구성한다. 중앙 컴퓨터는 1차 컴퓨터들로부터 오는 정보와 자신의 메모리를 모니터링해 조율을 거친 다음, 정보를 특별한 기억 장치에 올려둔다. 마지막으로 출력 혹은 운동을 담당하는 컴퓨터들은 조율된 결과로부터 받는 명령을 실행하고, 또 다른 출력 시스템은 인터럽트 기능을 통해 이를 참조할 수 있다. 지금도 이런 식의 하드웨어를 얼마든지 구성할 수 있는데, 아직까지 기술적으로 어려운 부분은 여러 센서로부터 주어지는 정보와 학습된 정보를 적절하게 조율하는 알고리즘을 만드는 것뿐이다. 이는 결국 수많은 학습, 그리고 뒤에서 설명할 지향성을 필요로 한다.

이러한 시스템이 가장 광범위하게 연구되는 것은 자동차 분야다. 자동차에는 수많은 센서가 있다. 그리고 센서마다 이를 분석하는 MPU라는 칩이 포함되어 있다. 또한 동력, 조향 시스템 등 운동을 제어하는 MPU도 여러 종류가 들어 있다. 과거에는 이러한 칩들이 전부 독립적으로 움직였다. 예컨대 타이어 공기압을 확인하는 장치는 단순히 공기압을 측정해 문제가 생기면 다른 장치에 경고를 보내는 식이었다. 하지만 기술이 발전함에 따라, 최근에는 하나의 상위 MPU를 두고 서로 독립적으로 동작하는 여러 MPU를 통합적으로 컨트롤하는 기술로 옮겨가고 있다. 이때 누구에게 권력을 주는지에 따라 생명체에 가까워지는지, 아니면 기존 컴퓨터 방식을 유지하는지가 결정된다. 예컨대 각각의 MPU에 독립성을 주고 특별한 상황이 발생했을 때, 다시 말해 상위 MPU가 어떤 정보를 다른 MPU로 보내야 할 때 이를 특별한 메모리에 올려두고 각각의 MPU가 이를 참조해 자신이 무엇을 할지 결정하도록 시스템을 구성할 수도 있고, 이 모든 것을 중앙 컴퓨터가 컨트롤할 수도 있다. 물론 100% 명령, 100% 참조가 아니라 중간 어느 수준에서 타협을 볼 것이다. 하지만 중요한 것은 각각의 1차 MPU로부터 들어온 신호를 통합하려면 사전 학습된 내용을 가진 중앙 MPU가 필요하다는 점이다. 이러한 칩을 만드는 것이 기술적으로 어려울 뿐이다. 칩의 완성도를 높이는 것이 쉽지 않기 때문이다. 하지만 이런 복잡한 능력을 반도체에 담기에는 아직 반도체의 성능과 전력 용량이 떨어진다고 하더라도 먼 이야기인 것만은 아니다. 이미 미국에는 수많은 자율주행 차들이 돌아다니고 있다.

다섯 번째 주요 특성은 의식이 내적 학습 기능을 포함한다는 것이다. 우리는 외부 세계로부터 수많은 정보를 받고 이를 통해 학습하지만, 이것이 학습의 전부는 아니다. 기억에 저장된 내용만을 가지고 진행하는 2차 학습도 존재하는데, 이는 고등 생명체일수록 중요해진다. 고등 생명체는 외부 자극으로부터 기인한 학습 정보들을 모아 새로운 학습을 진행한다. 기억에 저장된 것들을 다시 정리하고 이로부터 새로운 것을 이끌어 내는 작업은 연역과 창의성의 핵심이며, 중요한 내용과 중요하지 않은 내용을 선별하는 과정이다. 이는 학습된 내용을 새로운 방식으로 연결하는 것이고, 새로운 연결은 새로운 창발을 만들어 낸다. 어제 본 호랑이와 오늘 본 사자를 연결하는 작업, 암기한 구구단으로부터 두 자릿수 곱셈을 진행하는 작업은 모두 이러한 새로운 연결로부터 만들어진다. 창의성은 바로 이러한 새로운 연결 작업에서 탄생한다.

종종 창의성이 의식 바깥에 있다는 주장을 접한다. 갑작스레 떠오르는 창의성이 무의식의 결과라는 주장이다. 물론 이러한 주장이 틀렸다고 말하고 싶지는 않다. 내가 말하고자 하는 바는 의식하든 의식하지 않든 창의성은 기억이 새롭게 연결되는 순간 창발한다는 것이다. 지금 여러분은 글을 읽으며 새로운 내용을 저장하고 있기도 하지만 기존의 기억을 다시 연결하고 있기도 하다. 의식하지 않은 상황에서도 연결이 이루어질 수 있다. 하지만 이것이 적극적인 내부 연결 행위보다 우위에 있지는 않다. 인간이 기억을 떠올리는 방식이 상당 부분 연상 작용에 의존한다는 것을 생각해 보면, 기억의 연결은 무엇을 저장하고 꺼내는 뇌의 가장 기본적인 작동 방식이며, 이 작동 방식이야말로 창의성의 근본이라고 할 수 있다. 이는 인공지능이 아직 접근하지 못하는 영역이기도 하다.

의식에 대한 1차적인 정리는 이것이 끝이다. 하지만 글을 주의 깊게 읽은 독자라면 무언가 혼란스러울 것이다. 처음에는 의식이 모니터링 장치라고 가정했다가, 이러한 단순 모니터링 장치는 존재할 수 없다며 모니터링 가정을 폐기했다. 그러고 나서는 의식이 조율 장치라고 가정하고 내용을 전개하다, 그 결론으로 그림 48의 뇌와 의식의 모식도를 얻었다. 아마도 모식도에 대한 설명에는 대부분 쉽게 동의할 것이다. 그런데 이를 컴퓨터로도 흉내 낼 수 있다고 했다. 그렇다면 컴퓨터에도 의식이 있다는 것인가? 그러면 실제로 사람들이 가지는 파란색에 대한 경험은 무엇인가? 가짜 경험인가?

의식의 구조와 기능적 측면은 그림 48로 충분하다. 하지만 우리는 다시 모니터링과 경험의 문제로 돌아왔다. 이것이 의식을 과학으로 다루기에 어려운 이유다. 이를 해결할 수 있는 이론은 아직 존재하지 않는다. 의식에 관한 이론들 가운데 학계에서 가장 큰 관심을 받는 이론으로는 통합정보이론integrated information theory과 전역 작업공간 이론global workspace theory, GWT, 그리고 양자역학적 의식 이론이 있다. 이들을 분석하는 것에서 시작하는 것도 의미가 있겠으나, 이것에 많은 시간을 할애하고 싶지는 않다. 하지만 나의 주장은 전역 작업공간 이론과 결을 같이한다. 자세한 내용은 다른 관련 도서를 참고하기를 바란다. 그럼에도 이들도 모두 지금부터 이야기할 주관적 경험을 다루지 못한다는 면에서는 동일하다.

의식의 어려운 문제

이제 의식의 마지막 문제인 주관적 경험의 문제를 본격적으로 검토해야 할 때다. 이는 모식도를 아무리 들여다본들 답을 알아낼 수 있는 문제가 아니다. 의식을 다루는 대표적인 철학자 데이비드 차머스David Chalmers는 의식을 기능이나 구조의 문제로 바라보고 탐구하는 것과 의식이 어떻게 주관적 경험을 만들어 내는지는 서로 완전히 다른 문제이며, 전자를 "의식의 쉬운 문제", 후자를 "의식의 어려운 문제hard problem of consciousness”로 정의한다. 우리가 지금까지 살펴본 것은 의식의 쉬운 문제다. 뇌를 구조화하고 기능으로 설명하는 일은 과학이 발전함에 따라 하나둘 밝혀질 것이다. 하지만 어려운 문제는 “주관적 경험이란 무엇인가?” “왜 경험하고, 어떻게 경험하는가?”와 관련된 질문이며, 이는 과학이 해결할 수 있는 문제인지 아닌지조차 여전히 논쟁거리다.

차머스가 재설정한 의식의 어려운 문제는 케케묵은 관념론의 재등장처럼 보이는데, 이에 대한 철학적, 과학적 입장은 수많은 스펙트럼으로 분화되었다. 관념론적 해석이나 이원론적 해석은 차치하더라도, 유물론 진영 혹은 과학의 진영 안에서도 입장 차이가 있다. 일단 신경 신호로부터 내적 경험이 창발한다는 것을 인정하는지 그러지 않는지부터 차이가 난다. 어떤 유물론자들은 경험 창발 자체를 부정하거나 환영일 뿐이라고 주장한다. 이 부류는 의식의 어려운 문제를 문제라고 인정하지도 않는다. 가짜 문제라고 생각하는 것이다. 하지만 유물론 진영에도 어려운 문제가 진짜 문제임을 인정하는 이들이 있는데, 이들은 과학이 환원주의적 접근으로 이를 해결할 수 있으리라고 생각한다. 물론 소수이기는 하지만 과학자들 중에도 관념론이나 이원론적 입장을 취하는 이들도 있다. 2020년 필페이퍼스^{PhilPapers}에서 전문 철학자 1,700여 명을 대상으로 설문 조사한 결과, 의식의 문제에 대해 51.93%는 유물론적 입장을, 32.08%는 반대 입장을, 6.23%는 모르겠다는 입장을 취했다.

과학의 언어로 이를 직접적으로 다루는 방법은 아직까지 개발되지 못했다. 먼저 ‘주관적 경험’이라는 용어 자체가 객관적 3인칭 시점의 분석을 거부한다는 점에서 어려움이 있다. 과학이란 기본적으로 동일한 실험에 동일한 결과를 보여주어야 한다. 하지만 빨간색을 보고 빨간

색의 내적 경험을 가지는지 파란색의 내적 경험을 가지는지는 순전히 주관적인 문제이며, 뇌를 아무리 뜯어본다고 한들 알 수 없기에 주관적 경험이란 처음부터 3인칭 과학의 언어로 해석할 수 없는 무언가로 정의된다. 모든 내부 구조를 알고 모든 외부 자극에 대한 출력을 안다고 하더라도 알 수 없는 무언가가 존재한다는 것은 결국 과학의 대상이 아니라는 말과 같다. 이는 세상과 소통하지 않는, 예측만 하는 라플라스의 악마와 다르지 않다. 이러한 증명 불가능한 존재를 가정해야 할 이유가 없다. 참고로 나는 주관적 경험, 이른바 '감각질 qualia'이라고 불리는 것이 환영일 뿐이라는 입장에 서 있다.•

　이를 다양한 관점에서 살펴볼 수 있지만, 우리가 앞서 살핀 진화적 관점이 가장 설득력 있다. 인간의 뇌는 오랜 세월 진화압을 받아 만들어진 자연의 산물이다. 이것은 과학이다. 모든 부분은 적응의 결과이며, 적응의 산물이라고 보기 어려운 것들은 적어도 적응의 산물이었던 것들이거나 적응에 따른 부산물이다. 만약 주관적 경험이 정말 존재한다면, 이는 분명 에너지를 소모한다. 우리가 느끼는 그 무언가가 존재한다면 낮은 엔트로피를 가진 패턴인데, 이를 위한 에너지 소비는 필연적이다. 한편 지금 이야기하는 주관적 경험은 정의상 출력과도 상관없다. 요컨대 생존과 관련한 진화적인 이득이 없는데 에너지만 소비하는 어떤 대상이라는 이야기다. 이는 진화론에 전적으로 위배된다. 앞서 의식이 단순 모니터링이라는 가정을 폐기한 것과 같은 논리다. 단순 모니터링 장치는 그 내부 구조를 파악할 수 있으며 기능적인 면에서 주관적 경험과 일부 다르지만, 이조차도 존재할 수 없다는 것이 결론이었다. 하물며 구조와 기능인지 아닌지도 알 수 없는, 3인칭적 관점으로 파악할 길이 없는 에너지 소비 대상의 존재는 말할 것도 없다. 생명체의 모든 것은 기능과 구조로 파악해야 한다. 이러한 요구에 부합하지 않는 어떤 존재를 상정하는 것은 과학이 아니다. 만약 에너지 소비도 없다고 주장한다면 이는 완벽히 영적 존재다. 출력에 아무런 영향을 주지 않는 영적 존재라면, 우주에 어떤 영향도 미치지 않는 신과 다를 바 없다. 이는 증명도, 반증도 불가능하다.

이를 둘러싼 수많은 논리적, 철학적, 심리학적, 과학적 논쟁이 있다. 나는 주관적 경험의 존재 자체를 부정한다. 그 근거는 존재론적, 진화론적 믿음뿐이다. 그렇다고 모두가 동의하는 방식으로 주관적 경험이 존재하지 않음을 증명하지는 못할 것이다. 하지만 반대로, 어느 누구도 주관적 경험이 존재한다는 것을 증명하지도 못한다. 정의상 1인칭적 대상이기 때문이다. 이를 그림 49처럼 표현할 수 있다.

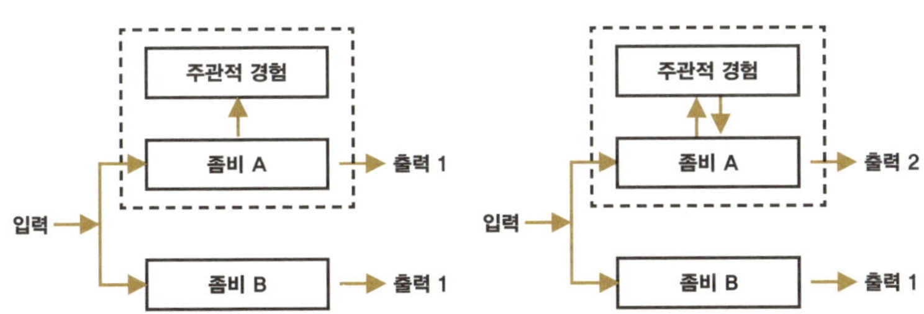

그림 49　점선 사각형은 주관적 경험을 갖는 생명체이고, 좀비 B는 생명체와 동일한 입력에 동일한 출력을 갖는 좀비다. 왼쪽 그림은 주관적 경험은 출력에 영향을 미치지 못하는 경우이고, 오른쪽 그림은 주관적 경험이 출력에 영향을 주는 경우다.

먼저 여러분 옆에 좀비가 있다고 해보자. 이를 '좀비 B'라고 부르자. 좀비 B는 입력이 같으면 여러분과 100% 동일한 출력을 내보내는 대상이다. 컴퓨터라도 상관없다. 다만 주관적 경험을 가지고 있지 않을 뿐이다. 그렇다면 여러분은 좀비 B와 정확히 동일하게 기능하는 좀비 A와 주관적 경험의 통일체다. 그림 49의 왼쪽에서 점선으로 표시한 부분이 여러분인 것이다.

일단 여러분에게 주관적 경험이 있다고 가정하고, 여러분에게 "당신은 파란색을 보면 어떤 주관적 경험을 갖나요?"라고 질문한다고 하자. 질문에 대한 계산과 답은 좀비 A가 내린다. 주관적 경험은 단지 경험할 뿐이며, 계산 기능은 좀비 A가 갖기 때문이다. 하지만 좀비 A는 주관적 경험에 대한 답을 주지 못한다. 왜냐하면 좀비는 주관적 경험으로부터 어떤 입력도 받지 못하기 때문이다. 그림 49에서 화살표는 좀비 A에서 주관적 경험으로만 향한다. 이것이 기능이 없는 주관적 경험에 대한 모식도이며, 물론 여기에는 어떤 모순도 없다. 하지만 현실이 이렇다면, 여러분이 자신의 주관적 경험에 대해 어떤 이야기를 하더라도 그것은 주관적 경험에 대한 진짜 이야기가 아니다. 주관적 경험은 완벽히 우주의 영적 잔유물일 뿐이다. 비트겐슈타인 Ludwig Wittgenstein 은 "말할 수 없는 것들에 대해서는 침묵해야 한다"라고 했다.

이번에는 오른쪽 모식도와 같이 좀비 A와 주관적 경험이 상호작용한다고 가정해 보자. 그리고 이러한 상호작용이 출력에 영향을 준다고 해보자. 출력이 동일한 좀비 B는 존재할 수 없다. 하지만 주관적 경험이 출력에 영향을 준다면 이는 어떤 기능을 한다는 것을 의미하므로 처음 가정에 위배된다. 물론 주관적 경험에서 기능의 문제를 분리해 다시 좀비 A에 포함시킬 수 있다. 하지만 그러면 주관적 경험에는 또다시 순수한 모니터링만 남으며, "당신은 무엇을 경험하고 있습니까?"라는 질문에 제대로 답하지 못하게 된다.

주관적 경험을 믿는 이들은 주관적 경험에 대해 데카르트식으로 답한다. 즉, 자신이 경험하기 때문에 주관적 경험이 존재한다는 것이다. 이러한 믿음을 내려놓도록 설득하는 것은 대단히 어려운 일이다. 주관적 경험주의자에 대한 자세한 반론은 생략하겠지만, 『의식이라는 꿈Sweet Dreams』을 비롯해 대니얼 데닛이 여러 책에서 전개한 풍성한 논의들이 도움을 줄 것이다. 짧게 정리해 보자. 구조와 기능으로서의 의식은 자연선택에 의한 진화로 생겨났다. 정보의 통합과 조율이 생존 효율성을 높여준 덕분이다. 정보의 조율은 정보의 병렬 처리에서 순차 처리로 옮겨 가게 하고, 순차적으로 처리된 정보 또는 패턴은 뇌의 나머지 모든 부위가 참조한다. 이 모든 기능과 구조를 의식이라고 할 수 있다. 그러나 의식의 영역에는 여전히 주관적 경험이라는 하나의 유령이 배회하고 있다.

인공지능과 중국어 방

의식과 관련한 논의를 마치기 전에 마지막으로 자주 언급되는 예제 하나를 살펴보고자 한다. 사실 이 주제는 지능과 의식의 핵심을 찌르는 주제는 아니지만 논쟁적이다. 인공지능 관련 분야에서 자주 등장하는 이른바 '중국어 방Chinese room'을 둘러싼 논쟁으로서, 우리는 이제 이에 대해 판단할 수 있는 준비가 되었다. 논쟁에 참여하면서 '의미'에 대한 이해, 그리고 인공지능과 의식의 관계에 대해 더 자세히 알아볼 것이다.

중국어 방은 미국의 철학자 존 설John Searle 교수가 제안한 사고 실험으로서, 이것의 목적은 인공지능이 설사 튜링 테스트Turing test를 통과하더라도 기계가 인간의 지능을 가지고 있지는 않다는 것을 증명하는 데 있었다. 여기서 '지능'이라는 단어에 주목하자. 그의 논증에서 지능과 의식은 확실하게 구분되지 않고 모호하게 사용된다. 논쟁에 참여할 때는 지능과 의식을 구분하는 것이 중요하다. 논증은 다음과 같다.

어떤 방 안에 중국어를 전혀 모르는 사람이 있다. 밖에서는 다른 사람이 중국어로 된 질문지를 만들어 방 안으로 들여보낸다. 방 안에 있는 사람은 중국어는 전혀 모르지만, 어떤 중국어에 어떻게 대응하라는 방대한 절차를 포함한 데이터베이스를 바탕으로 기계적 절차에 따라 질문지에 답을 한다. 밖에서 보면 방 안에 있는 사람이 중국어를 매우 잘 아는 듯 보인다. 하지만 방 안의 사람은 중국어를 전혀 모르며, 단순히 주어진 절차에 따라 행동할 뿐이다. 인공지능 또한 마찬가지다. 예를 들어, 중국어로 소설을 쓰는 인공지능을 생각해 보면 이 인공지능은 중국인보다 중국어를 더 잘하는 것처럼 보일 수 있지만 이 인공지능은 중국어를 이해하지 못할 것이다. 이는 철학적 좀비와 유사하기도 하다. 차이가 있다면, 좀비는 주관적 경험을 가지지 않을 뿐이고 중국어 방은 주관적 경험에 더해 의미에 대한 이해도 없다는 것이다. 설의 논증의 문제점은 쉽게 파악할 수 있다.

다시 1+1=2를 분석해 보자. A라는 생명체가 있고, 이 생명체의 온톨로지에는 오로지 먹이인 박테리아 B만이 존재한다. 배가 고픈 A는 B를 한 마리 잡아먹고, 조금 있다가 다시 B 한 마리를 잡아먹는다. 이제 배가 부르기에 당분간 먹이 활동을 하지 않는다. 바나나와 자몽을 온톨로지로 가지는 원숭이 두 마리도 있는데, 지금은 배가 불러 먹지 않지만 저녁때 먹을 식량을 찾고 있다. 첫 번째 원숭이는 바나나를 2개 구하고, 두 번째 원숭이는 바나나 1개와 자몽 1개를 구한다. 두 원숭이 모두 충분한 저녁 거리를 구했다는 것을 안다. 여기서 생명체 A는 박테리아 한 마리로는 충분하지 않고 박테리아 한 마리를 더 먹어야 충분하다는 것은 알지만, 바나나에 대해서는 알지 못한다. 원숭이는 바나나 2개로 충분하다는 것을 알 뿐 아니라, 바나나 하나에 자몽 하나가 있으면 이것으로 충분하다는 것을 안다. 하지만 원숭이는 박테리아를 알지는 못한다. 이번에는 어떤 기계가 있다고 하자. 축전기 2개로 이루어진 기계다. 기계의 온톨로지에는 오로지 광자만 있다. 광자 하나가 감지되면 오른쪽 축전기를 충전한다. 광자 하나가 더 감지되면 오른쪽 축전기를 비우고 왼쪽 축전기를 충전한다. 이 기계는 박테리아나 바나나와 자몽을 알지 못한다. 하지만 인간은 이들을 모두 이해하고, 이를 '1+1=2'라고 표현할 줄도 안다. '1+1=2'는 추상화와 일반화를 거친 형식적 표현이다. 생명체 A와 원숭이, 기계는 1+1=2을 각자 다른 방식으로 알고 있다. 인간은 1+1=2를 표현하는 데 기계의 방식을 이용하는 것을 선호한다. 그렇다고 바나나와 자몽을 이용하지 못할 이유는 없다. 이들은 모두 동일한 형식 체계의 표현형이기 때문이다.

생명체 A와 기계를 비교해 보자. 1+1=2를 이해하는 수준에서 둘은 정확히 같은 지능을 가진다. 생명체 A는 박테리아만 알고 기계는 광자만 안다는 것을 빼면, 둘은 정확히 동일한 지능을 가진다. 원숭이는 이들보다 조금 더 높은 지능을 가진다. 원숭이는 바나나뿐 아니라 자몽도 알고, 바나나 하나와 자몽 하나가 허기를 채워준다는 면에서 동일하다는 것을 안다. 이제 원숭이를 흉내 내는 기계를 만들어 보자. 첫 번째 기계에 산소 분자 센서를 추가한다. 광자뿐 아니라 산소 분자 하나가 감지되어도 축전기를 충전하도록 재설계한다. 이제 기계는 광자와 산소 분자가 동일하다는 것을 이해하며, 1+1=2에 대한 이해의 수준에서 원숭이 수준의 지능을 갖는다. 이제 기계의 온톨로지를 확장하자. 100개, 1,000개로 계속 키우다 보면 기계는 1+1=2에 대한 이해의 수준에서, 또는 지능이라는 측면에서 인간의 수준에 도달할 수 있다. 불가능할 이유가 하나도 없다.

다시 중국어 방 문제로 돌아가 보자. 가장 먼저 떠오르는 반론은 설이 방 안의 사람에만 집중했다는 점이다. 그의 주장처럼 방 안의 사람은 중국어를 모른다. 하지만 방 안의 데이터베이스와 방 안의 사람을 포함하는 중국어 방이라는 전체 시스템은 중국어를 이해한다. 아직 의미를 이해하는 것은 아닐지라도, 언어의 형식 체계를 안다는 관점에서 중국인과 차이가 없다.

이제 그다음 비판이 제기된다. 중국어 방이라는 시스템이 형식 체계를 알지라도 의미는 모른다는 주장이다. 중국인은 중국어 '바나나'를 보면 바나나를 떠올리고 영어로 번역할 수 있다. 하지만 인공지능은 '바나나'를 중국어에서 영어로 번역할 수는 있지만, 바나나라는 물리적 대상을 알지는 못한다. 그럴듯한 주장이기는 하지만, 이러한 주장에도 한계가 있다. 중국어를 영어로 번역하는 인공지능의 온톨로지에는 '바나나'에 해당하는 중국어와 영어만 있을 뿐, 바나나에 대한 감각 자료는 없다. 하지만 바나나에 대한 감각 자료와 중국어를 모두 가지는 기계를 만드는 것은 얼마든지 가능하다. 이러한 기계는 단순히 언어의 형식 체계뿐 아니라, 이를 감각과 연결할 수도 있다.

중국어 방 시스템이 중국어의 의미를 이해하지 못한다는 주장은 단지 광자만 아는 첫 번째 기계의 지능이 산소 분자까지 아는 두 번째 기계의 지능에 미치지 못한다는 주장일 뿐이다. 온톨로지를 확장하면 더 많은 의미를 이해할 수 있으며, 인간의 수준에 도달할 수 있다. 의미를 아는 것은 형식 체계와 그 표현형을 연결하는 것, 중국어 글자와 그 글자가 지시하는 실체를 연결하는 것이며, 일상에 쓰이는 컴퓨터가 아직 수행하지는 못하지만 이러한 기계를 만들지 못할 이유도 없다. 물론 여기서 의미를 이해하는 것과 주관적 경험을 느끼는 것을 혼동하면 안 된다. 의미를 이해하는 것이란 중국어 '바나나'와 바나나에 대한 감각 자료를 대응시키는 것이며, 이는 설의 중국어 방에서는 불가능하지만 중국어 방 확장 버전에서는 얼마든지 가능하다. 정리하자면, 시스템으로서의 중국어 방은 중국어의 형식 체계를 알지만 중국어가 가지는 의미는 이해하지 못한다. 하지만 그 의미를 이해하는 확장된 중국어 방을 만들 수 있다. 이것이 결론이다.

지금부터는 컴퓨터와 인공지능의 실제 동작을 살펴보면서, 오늘날의 컴퓨터와 인공지능이 무엇을 알고 무엇을 모르는지 조금 더 깊이 들여다보자. 논의를 따라가려면, 0장에서 공부한 정보의 창발을 이해해야 한다. 트랜지스터는 의미를 모른다. 인버터를 구성하더라도 트랜지스터는 전류를 끄고 켜기를 반복할 뿐이다. 여기에 의미를 부여하는 것은 인간이다. 컴퓨터는 인간이 ON에 1을 부여했는지 ON에 0을 부여했는지 알지 못한다. 상위 계층으로 올라가더라도 마찬가지다. 더하기 기능 블록은 더하기에 해당하는 형식 체계를 알 뿐이며, 그 표현형인 더하기의 의미를 이해하지 못한다. 이제 더 높은 층위로 계속 올라가 보자. 최신 AI까지 올라가더라도, 하드웨어와 소프트웨어가 이해하는 것은 형식 체계일 뿐이다. 여기에는 어떤 의미도 없다.

간단한 예로, 1부터 100까지의 합을 구하는 소프트웨어를 다시 생각해 보자. 수 1과 100, 그리고 더하기는 컴퓨터의 ON/OFF의 집합에 인간이 의미를 부여한 것이다. 물론 우리가 아무 의미나 아무 형식에 부여할 수는 없다. 트랜지스터 하나의 동작에 1부터 100까지의 합을 대응시킬 수는 없다. 이들을 대응시키려면 형식적으로 1부터 100까지의 합에 해당하는 알고리즘보다 더 복잡하게 연결된 트랜지스터들의 집합이 필요하다. 복잡한 하드웨어로 AI가 수행하는 것은 형식적 계산일 뿐이며, 여기에 의미는 없다.

하지만 확장된 중국어 방이 그렇듯이, 이것이 한계를 의미하지는 않는다. AI도 단순 형식 체계를 뛰어넘을 수 있다. 오감에 해당하는 센서를 추가하는 것은 기술적으로 어려울 것이 없으며, 센서로부터 주어지는 데이터를 형식 체계와 연결하는 것, 즉 의미를 부여하는 것도 가능하다. 마치 어린아이에게 강아지를 보여주면서 '강아지' 하고 가르쳐 주는 것과 같다. 그러면 어린아이는 '강아지'라는 단어가 실제 강아지와 연결된다는 것을, 즉 의미를 이해하게 된다. 이는 인공지능에서도 가능하다. 다시 말해, 컴퓨터도 하위 체계에서는 순전히 형식 체계일 뿐이지만, 트랜지스터에서 인공지능으로의 양질 전환을 거치면 그 상위 체계에서는 형식 체계와 물리적 대상을 연결하는 것이 가능하고, 그럼으로써 컴퓨터는 의미를 이해할 수 있다. 물론 앞서 소개한 구글 엔지니어의 이야기는 틀린 것이다. 현재의 인공지능은 의미의 이해에 관해 아직 어린아이 수준에도 미치지 못한다. 결론은 기능과 장치로 이야기할 수 있는 것이라면 그것이 무엇이든 기계가 따라 할 수 있다는 것이다.

그러면 미래의 AI는 인간의 모든 것을 따라 하고 넘어설 수 있을까? 이에 대해서는 답변이 긍정적이지 않은데, 여기에는 '필요'와 '지향성'의 문제가 등장하기 때문이다. 여기서 지향성intentionality이란, 생존과 번식이라는 지상 과제를 해결하기 위해 생명체가 가지는 조율 방식과 행동 방향이다. 기계는 명령을 주지 않으면 아무것도 하지 않는다. 지향성이 없기 때문이다. 하지만 인간은 어떤 명령을 내리지 않아도 배고프면 먹을 것을 찾아 나선다. 이러한 차이는 다음 장에서 자세히 살펴볼 것이다. 이제 지금까지 정리한 내용을 바탕으로 의식을 다음과 같이 정의하고자 한다.

의식은 의미에 기반한 조율과 통합 기능이다.

이것이 내가 내리는 의식의 정의다. 자기 모니터링은 조율과 통합에 필요한 기능 가운데 하나일 뿐이며, AI가 아직 의식을 가지고 있지 않은 이유는 의미를 모르기 때문이다. 정의에서 우리가 나름대로 잘 정의한 단어만을 사용했음을 확인하자. 여기에 감각질 혹은 주관적 경험, 자유의지는 없으며, 의식은 제아무리 복잡해도 결정론적이다.

의식이라는 다소 어려운 주제에서 벗어나 우리의 주요 관심사로 돌아가자. 뇌는 병렬적으로 계산하는 비선형적인 신경세포들의 네트워크다. 이전까지는 이것의 하드웨어적 특징과 구조, 기능을 알아보았다면, 지금부터는 그러한 네트워크 형식에 저장된 내용을 알아볼 차례다. 저장 내용이 어떻게 사용되고 외부로 드러나는지를 먼저 이야기하고, 그 다음 왜 그런 내용이 저장되어 있는지를 살필 것이다.

계산되는 마음

마음이 정확히 무엇인지는 뒤에서 정의하도록 하고, 여기서는 심리적 내용이라는 일상적인 의미로 '마음'이라는 용어를 사용하자. 마음은 뇌라는 계산기의 연산 결과다. 아주 오랜 세월, 육체와 영혼의 분리를 주장하는 이원론이 세상을 지배했다. 그것은 종교의 탈을 쓰고 나타나기도 했고, 데카르트의 이원론과 같이 철학의 탈을 쓰고 나타나기도 했다. 하지만 이를 자세히 다루지는 않을 것이다. 나는 앞서 과학이 이를 어떻게 다루는지 설명했고, 이것으로 충분하다고 생각한다. 생명체의 네트워크적 하드웨어는 소프트웨어를 자체로서 포함하고 있고, 이러한 하드웨어 없이는 소프트웨어도 없다. 하드웨어에 외부 입력이 들어오면, 이에 대한 반응은 뇌의 슈퍼프로그램에 따라 계산된다. 마음은 저장 내용과 계산 결과의 통일체다.

사실 마음은 의식과 비교하면 훨씬 쉬운 주제다. 주관적 경험이 없는 좀비에게도 마음은 있기에, 존재 여부를 떠나 내적 경험은 여기서 논의 대상이 아니다. 좀비도 기뻐하고 슬퍼할 수 있다. 뇌는 즐거움과 슬픔을 계산으로 구분하고 외부로 표출할 수 있으며, 이는 현대 컴퓨터로도 얼마든지 구현할 수 있다. 예컨대 인간의 뇌는 뱀을 보면 계산을 통해 두려움이라는 심리적 출력과 도망이라는 행동 출력을 내놓는다. 여기서 마음과 행동은 동시에 일어나는 출력이다. 그리고 이러한 심리적 출력은 행동을 강화한다. 요컨대 저장된 정보와 입력을 바탕으로 계산된 심리적 결과물을 마음이라고 할 수 있다. 이는 단순한 계산기가 작동하는 방식과 거의 동일하다. 다만 출력된 결과물이 심리적 결과물이라는 것만 다르다. 하지만 우리가 관심 가지는 것이 모든 심리적 결과는 아니다. 어려운 수학 문제는 어떤 사람에게는 즐거움을 줄 수도 있지만 어떤 사람에게는 공포를 안겨줄 수도 있다. 물론 이것도 계산 결과의 일종이지만, 우리의 관심은 다른 데 있다.

선택되는 마음

우리가 던질 질문은 다른 동물과 인간을 구분 짓는 인간 본성은 과연 무엇이며, 이것이 어떻게 만들어지는가 하는 것이다. 우리는 개나 고양이와 다르다. 하드웨어만이 아니라 소프트웨어도 다르다. 물론 여러 번 강조한 것처럼 하드웨어와 소프트웨어는 정확히 구분되지 않는다. 그런데 이것이 인간 본성을 다룰 때도 매우 중요한 역할을 한다. 내용과 형식이 분리되지 않는다면, 자연선택은 어디에 작용할까?

유전자 전달이 목적인 기계나 개체는 하드웨어와 소프트웨어의 통일체다. 트랜지스터는 스위치일 뿐이며 트랜지스터를 어떻게 연결하는지에 따라 칩의 기능이 결정된다. 트랜지스터의 연결이 바로 소프트웨어인 것이다. 개체는 단순 하드웨어가 아니다. 인간 뇌의 경우, 뉴런이 어떻게 연결되어 있는지, 시냅스가 어떤 상태에 있는지에 따라 뇌가 무엇을 기억하고, 무엇을 실행할지가 결정된다. 자연이 선택한 유전자는 개체의 세포 구조만을 결정하는 것이 아니라, 그 연결까지도 1차적으로 결정한다. 구조뿐 아니라 본성 또한 유전자에 있고, 진화에 의해 선택된다. 이것이 0번째 근사에 해당하는 결론이다.

내용과 형식 모두 자연선택을 거쳐 진화해 왔다. 인간의 유전자를 보다 효율적으로 전달하는 인간 하드웨어가 선택되어 왔으며, 동일한 진화 과정이 그 내용에도 적용되어 왔으리라는 점은 지금까지 우리의 논의에 비추어 어렵지 않게 추정할 수 있다. 내용과 형식은 공진화의 통일체이기 때문이다. 하지만 역사를 돌아보면 이러한 결론은 결코 쉽게 도달하지 못했다. 다윈의 진화론이 나오고 나서도 한참 동안 사람들은 '진화' 하면 하드웨어만을 주로 생각했다. 두 발로 걷는 인간의 뼈와 근육 구조, 거북이의 등껍질, 치타의 작은 얼굴 등은 진화론이라는 틀로 이해하기 어렵지 않았다. 하지만 본성 혹은 마음은 조금 더 어려웠다.

뇌에 저장되는 정보는 크게 본능적인 것과 사회·문화적으로 학습된 것으로 나눌 수 있다. 인간의 본성이 고정된 것인지 학습되는 것인지에 대한 논쟁의 답은 지금 와서는 당연해 보이지만, 우리가 본능의 존재를 분명하게 파악하기까지 수많은 논쟁이 필요했고, 공통된 결론을 이끌어 내기까지도 꽤나 긴 시간이 필요했다. 누구는 미적분을 알지만 누구는 미적분을 모른다. 이 차이는 학습에서 비롯된 것이며, 미적분을 모른다고 인간이 아니라고 말할 수는 없다. 반대로 인간을 다른 동물로부터 구분 짓는 것은 인간이 가지는 본능 때문이다. 분명 파리는 뱀을 보고 인간과 동일하게 반응하지 않을 것이다. 그들의 온톨로지는 인간과 다르다. 독수리는 뱀을 보면 먹이라고 생각할 것이다. 독수리의 본성은 인간의 본성과 다르다. 그렇다면 인간이 가지는 인간 고유의 본능은 어떻게 만들어지고 어떤 내용들로 채워져 있을까?

본능주의 대 행동주의

인간의 본성이 본능에 기인한다고 주장하는 이들이든, 학습되는 것이라고 주장하는 이들이든, 인간의 기질이 모두 본능이거나 학습이라고 주장하지는 않는다. 무엇이 본질인지에 관한 논쟁이다. 20세기에는 본성이 후천적으로 학습되는 것일 뿐이라는 행동주의 심리학이 헤게모니를 쥐고 있었다. 제임스 왓슨James Watson은 1924년 만능 학습 기제를 제안했다. 예컨대 먹이를 줄 때마다 종소리를 울리면, 어느 순간 종소리만으로도 개들은 침을 흘린다. 이로부터 먹이를 보면 침을 흘리는 것이 강화된 학습의 일종이라는 주장을 내놓는다. 이 연구는 급진적 행동주의와 환경결정론이 등장하는 데 중요한 역할을 했다. 이들에 앞서 본능주의를 주장하는 흐름도 있었으나 영향력은 미미했고, 행동주의가 등장한 이후로 반세기가 넘도록 행동주의는 심리학을 지배했다.

　행동주의자는 내용과 형식을 분리한다. 개체의 형식은 빈 서판에서 시작하며,• 그것에 무엇이든 담을 수 있는 능력을 가진다고 주장한다. 하지만 이러한 주장은 여러 연구에 의해 반박되었다. 그중 대표적인 것

●　'빈 서판'은 하버드대학교 심리학 교수인 스티븐 핑커Steven Pinker가 사용해 유명해진 단어로, 그의 책 제목이기도 하다. 그는 이 책에서 빈 서판 이론, 즉 행동주의를 많은 예를 들어 비판했다.

이 해리 할로Harry Harlow의 원숭이 실험이다. 새끼 원숭이는 철사로 만든 원숭이 인형과 따뜻한 담요를 두른 원숭이 인형이 있는 공간에서 길러진다. 철사로 만든 인형만이 먹이를 주었기에, 새끼 원숭이는 배가 고프면 반드시 철사 인형에게 가야 했다. 하지만 이러한 강화 효과에도 불구하고, 새끼 원숭이는 대부분의 시간을 담요로 덮인 인형의 품속에서 지내다 배고플 때만 철사 인형에게 다가가 먹이를 먹었다. 이는 원숭이가 강화 효과를 이겨낼 만큼 강한 어떤 본능을 타고났음을 의미했다. 이러한 예들이 지속적으로 발견되면서 행동주의의 가정과 주장은 서서히 무너지기 시작했고, 헤게모니는 내용과 형식이 모두 진화적으로 결정된다는 진화심리학으로 옮겨 가기 시작했다.

진화심리학

진화심리학은 인간의 본성이 본능에 있다고 주장하며, 본능은 진화적으로 선택되어 왔음을 주장한다. 예컨대 뱀이 지각되면 우리는 마음으로부터 '징그럽다', '무섭다', '도망가야지' 하는 생각이 떠오른다. 이러한 마음이 학습된 것이 아니라 본능에 의해 주어진다는 것이다. 그렇다면 왜 이런 본능을 갖는 것일까? 이에 대한 진화심리학의 대답은 자연선택의 원리를 바탕으로 이와 같은 본능을 갖지 않은 이들이 더 적은 후손을 남겼기 때문이라고 설명한다. 내용과 형식의 진화론적 통합이다.

먼저 용어 두 가지를 정의하자. 사실 인간의 '본성'을 물을 때, 이는 내용과 형식 두 가지 모두를 의미하는 경우가 많다. 이 가운데 내용에 해당하는 최소 단위를 '심리적 기제'라고 하고, 이 심리적 기제의 묶음을 '마음'이라고 정의하자. 심리적 기제들과 마음을 진화론적으로 설명하려면, 우리의 조상이 지속적으로 직면한 생존과 번식 문제들에 그들이 어떻게 적응해 왔는지를 알아야 한다. 먼저 자연선택은 한두 세대만에 이루어지지 않고 오랜 시간을 필요로 한다는 점에서, 현대인의 마음이 과거 수렵 채집인의 마음과 별반 다르지 않다고 보는 것이 타당하다. 지금까지의 진화심리학의 주요 연구 내용들은 수렵인들이 겪은 적응 문제로 생존, 짝짓기, 부모와 자식의 관계, 집단 생활과 협력 등을 꼽으며, 이러한 적응 문제들에 기반해 인간이 가지는 수많은 심리적 기제들을 해석한다. 그러면 이제 마음은 수렵 채집 시절 반복적으로 마주한 적응적 문제들을 해결하는 과정에서 선택된 심리적 기제들의 묶음, 뇌의 계산 결과가 된다. 이러한 정의는 수많은 심리학의 가지들 중에서도 진화심리학을 심리학의 0번째 근사 이론의 지위를 갖게 한다. 진화심리학은 마음에 대한 근접 원인뿐 아니라 궁극적 원인에 대한 답을 제시해 준다. 진화심리학은 이미 훌륭한 교과서들이 널려 있을 정도로 잘 정립된 이론이다.

진화심리학이 다루는 내용은 방대하다. 포식자를 피하고 식량을 확보하는 과정에서 형성된 공포나 두려움 같은 생존 기제부터, 육체적 매력과 짝짓기 전략 등 번식과 관련된 심리 메커니즘까지 폭넓게 탐구한다. 물론 구체적인 내용은 우리가 다루고자 하는 주요 내용이 아니기에 자세히 소개하지는 않겠지만, 이미 군데군데 일부 다루었으며 이후에도 인용할 것이다. 다만 강조하고자 하는 점은 진화심리학이 모든 심리학의 기본이라는 것이다. 또한 그래야 한다. 아직 학계에서 이러한 지위를 갖지는 못하고 있지만, 곧 그렇게 되리라고 믿는다. 남아 있는 장에서는 교재들에서 잘 다루어지지 않는 마음의 상반된 특성들을 살펴볼 것이다.

마음의 모순

원래 '모순'은 수학적 용어다. 어떤 문장('x는 0이다')과 그 부정('x는 0 이 아니다')을 결론으로 가지는 문장들의 집합은 모순이다. 그런데 인간의 마음은 모순으로 점철되어 있다. 사람은 배고프면 밥을 찾지만, 배가 부른 상황에서는 밥을 먹지 않는다. 두 가지 마음이 다 있지만, 상황에 따라 다르다. 물론 이를 논리나 수학에서 사용하는 '모순'이라고 말하는 것이 정확하지는 않다. 하지만 여기서는 이를 일상적인 뜻으로 계속 사용하고자 한다. 모순에는 여러 예제가 있다. 마음의 모순을 이해하기 위해 생존 효율성을 다시 떠올려 보자.

개체는 생존에 유리하고 에너지를 덜 소모하는 방향으로 진화한다고 말했다. 하지만 단순한 예라고 하더라도, 이를 전체적으로 이해하는 것은 아주 복잡하다. 영양과 치타를 다시 생각해 보자. 영양의 달리기 속도는 대략 시속 80km이고, 치타는 시속 120km까지도 달린다. 그렇다면 영양은 왜 분명히 생존에 유리한데 120km 이상 빠르게 달리도록 진화하지 않았을까? 120km가 아니더라도, 100km의 속력만 갖더라도 분명 생존에 유리할 것이다. 유리하다면 얼마나 유리할까?

한 개체가 치타의 표적이 되는 가능성은 영양의 수와 치타의 수와 관계 있다. 영양이 수적으로 치타보다 월등히 많다면, 속도를 높이는 것이 생존에 유리하기는 하지만 유리한 정도가 매우 작을 것이며, 그에 따른 진화 압력도 매우 작을 것이다. 하지만 시도 때도 없이 표적이 된다면 진화 압력이 높을 것이다. 에너지를 더 쓰더라도 살아남는 것이 유리하기 때문이다. 하지만 생존 확률이 일정 수준에 이를 때까지만 진화하지, 속도를 무한정 올리지는 않을 것이다. 치타도 마찬가지다. 시속 200km의 속도로 달릴 수 있다면 사냥 성공률을 올릴 수는 있겠지만, 지금 속도로 달릴 수만 있어도 살아남을 수 있기에 딱 여기까지만 진화한다.

만약 영양 전체의 달리기가 빨라진다면 치타의 달리기 속도도 같이 빨라질 텐데, 이는 양쪽 모두에게 불리하다. 영양은 겨우겨우 잡히지 않을 만큼 진화하고, 치타는 겨우겨우 사냥할 만큼 진화한다. 기업 대표는 직원이 나가지 않을 만큼만 월급을 주고 직원은 해고되지 않을 만큼만 일한다는 소리가 결코 우스갯소리가 아니다. 경영학의 구루인 피터 드러커Peter Drucker는 직원은 무능해질 때까지 승진한다고 했다. 이것이 진화의 원리이고 네트워크의 평형이기 때문이다. 결국 진화는 항상 더하기와 빼기 사이의 절충이고 균형이며, 생태계라라는 네트워크의 빈틈을 메우는 딱 그만큼의 평형으로 나아간다.

인간의 마음도 예외가 아니다. 다양한 모순된 마음을 가지며, 그 사이에서 평형을 유지한다. 가장 대표적인 예로, 집단주의와 개인주의를 살펴보자. 인간은 집단주의와 개인주의 가운데 어느 것을 선호하는 마음을 가질까? 수렵 채집 시절, 인간은 가족과 혈족을 중심으로 소규모 집단을 이루고 살았다. 아프리카 초원의 사자가 소규모 집단을 이루어 살고, 시베리아 숲속의 호랑이가 단독 생활을 하듯이, 이것이 먹이 활동에 유리한 선택이었다. 당시 집단에서 쫓겨난다는 것은 사망 선고나 다를 바가 없었다. 인간은 집단 생활에 잘 적응해야 했고, 이것이 집단에서 배제된다는 것에 대한 두려움과 외로움이라는 심리적 기제를 만들었다.

하지만 이러한 집단 생활은 다른 종류의 에너지를 소모한다. 집단에는 항상 서열이 존재하기에 높은 서열에 있는 사람의 눈치를 보아야 하고, 처벌받거나 쫓겨나거나 소외되지 않기 위해 다른 사람과 네트워크를 구축해야 한다. 이때 조직 생활에 따른 에너지 소모보다 생존 이익이 높다면 집단 생활은 진화의 결과물로서 자리 잡는다. 인간은 집단 생활을 유지하는 데 유리하도록 두려움과 외로움이라는 심리적 기제를 갖게 되었지만, 집단 생활에 따른 에너지 소모를 줄이고자 하는 경향 또한 가지고 있다.

개체의 관점에서는 생존이 어려울수록 집단주의가 강하게 나타난다. 집단 생활로 인해 소모되는 에너지 정도는 가뿐히 무시할 수 있다. 경제가 발달하고 생존과 식량 확보가 쉬워지면, 구심력보다 원심력이 강하게 작용하기 시작한다. 굳이 집단 속에서 에너지를 소모할 필요가 없어진다. 집단주의와 개인주의를 쌀 농사와 밀 농사의 차이로 설명하는 이론이 있다. 물론 이것이 틀렸다고 말할 수는 없지만, 쌀 농사와 밀 농사의 차이는 생존 방식의 차이에서 오는 상대적 차이일 뿐이기에 1차 근사에 해당할 뿐이다.

다른 뜻으로 잘못 사용되는 단어로 '공동체'가 있다. 요즘 아이들은 알지도 못하고, 어른들의 향수 젖은 추억에만 존재하는 이 '공동체'라는 단어는 주로 마을 단위의 공동체를 말한다. 하지만 과학적으로는 생존을 위해 협력하는 혈족과 거주지 중심의 집단 정도의 의미를 가진다. 예전에는 경제 활동의 무대가 가족, 혈족, 마을이었지만, 오늘날에는 직장으로 옮겨 갔다. 직장만큼 확실한 공동체도 없다. 공동체를 복원하자는 운동은 직장을 넘어 거주지에서도 공동체를 만들자는 것인데, 공동체는 생존에 이득이 없으면 에너지만 소모하는 조직일 뿐이다. 그래서 서울에도 골목길을 만들고 공동체를 복원하자는 주장은 직장에서 에너지를 쓰고 집으로 돌아가 에너지를 또 쓰자는 주장이다. 직장은 생존에 필요한 이득을 제공하지만, 마을은 더 이상 우리에게 그러한 이득을 제공하지 않는다. '마을 공동체'나 '골목 공동체' 같은 말들로 어른들의 향수를 자극하는 것은 좋지만, 과학적으로는 가능하지 않은 주장이다. 인간의 마음은 마을 공동체, 골목 공동체를 더 이상 좋아하지 않는다. 이제 집과 마을은 모든 공동체에서 해방되어 에너지 소비를 최소화하는 휴식 공간이어야 한다. 우리 마음은 이러한 공간을 바란다.

어느 한쪽이 강할 수는 있지만, 우리는 집단주의와 개인주의를 모두 가지고 있다. 사람들 사이에 있는 것이 좋기도 하고 싫기도 하다. 환경에 따라 어느 한쪽이 우위에 있을 뿐이다. 먹고사는 문제가 해결되면 집단주의는 약해질 수밖에 없다. 이는 경제적으로 풍요로운 집단주의적 공산주의가 거의 가능하지 않은 근본적인 이유이기도 하다. 그것은 본능에 전적으로 맞서는 일이기 때문이다. 가장 기본적인 욕구인 식욕 면에서도 먹고 싶다는 마음과 먹기 싫다는 마음을 둘 다 가지고 있듯이 상위 수준에도 경쟁 심리와 협력, 사랑과 미움, 이타주의와 이기주의 등 다양한 이질적인 마음이 있는데, 이것들 모두 진화심리학의 틀 안에서 설명된다.

진화심리학은 과학이다. 하지만 진화심리학만큼 많은 이들에게 비판을 받는 이론도 찾아보기 힘들다. 물론 대다수 비판이 과학과 도덕을 구분하지 않는 오류를 포함하고 있지만, 종교, 철학, 사회학 모든 곳에서 진화심리학은 매번 뜨거운 감자로 취급된다. 비판은 진화심리학의 핵심 가정이나 문제의식보다는 주로 남녀 간의 차등과 차별에 집중된다. 진화심리학은 수많은 특성이 학습보다 본능에 저장되어 있다고 주장하는데, 이는 이미 그렇게 태어났다고 주장하는 것이기에 기본적으로 평등 사상과 대척점에 놓인 내용을 여럿 가지고 있다. 예컨대 남자들이 왜 여자들보다 길 찾기에 보통 더 능숙한지, 붉은 입술을 가진 여성에게 더 끌리는지 등을 진화론적으로 설명한다. 남자와 여자는 타고나는 본능이 다르기에, 결국 한 사람의 일생이라는 짧은 시간에 변화되기 어려운 것이라고 주장한다. 여기에는 옳고 그름의 판단이 없다.

인간의 몸은 지방을 잘 저장하도록 진화했다. 수렵 채집 시절, 지방은 쉽게 접할 수 없는 매우 귀중한 영양소였기에 지방을 더 잘 저장하는 유전자를 지닌 사람이 더 높은 확률로 선택되었다. 하지만 이러한 인간의 몸은 현대 사회에서는 오히려 단점으로 작용한다. 오늘날 지방은 넘쳐나고, 온갖 성인병을 만들어 낸다. 하지만 지방을 축적하지 않는 유전자가 대세로 자리 잡으려면 오랜 시간을 기다려야 한다. 지방이 문제가 된 것은 겨우 100년 남짓일 뿐이다. 현대인은 살찌는 것으로 고통받으면서도 지방이 많은 음식에 끌리는 마음을 떨치기 어렵다. 그런데 이것 역시 진화심리학의 주요한 결론이지만, 성별이나 인종에 관한 주장과 달리 이를 비판하는 이들은 거의 없다. 가끔은 과학의 탈을 쓰고 있기도 하지만, 진화심리학에 대한 비판은 주로 도덕과 윤리의 관점이며, 종종 이데올로기적이다. 심지어 히틀러 시대의 우생학이 언급되기도 한다. 다시 한번 강조하지만, 진화심리학은 과학 안에 머문다. 남성과 여성에게 차이가 있다는 주장은 둘을 같거나 다르게 대해야 한다는 도덕적, 윤리적, 이데올로기적 당위와는 관련 없다.

물론 진화심리학이 학문적으로 취약하다는 것을 인정할 수밖에 없다. 특히, 증거가 충분하지 않다는 것이 문제다. 진화심리학자들은 다시 반박하겠지만, 이는 얼마간 부정하기 어려운 문제다. 사실, 명확한 증거를 확보하는 것이 쉽지 않은 분야이기도 하다. 수십만 년 전에 이러저러한 이유로 인간이 어떤 마음을 갖게 되었다는 증거를 어떻게 확실히 보여주겠는가? 이러한 이유로 수많은 삼류 논문들을 양산하고 있는 것도 사실이다. 비판은 이러한 부분에 한정되어야 한다. 물리학도 비슷한 어려움에 처해 있다. 물리학의 최첨단 이론인 끈 이론은 실험으로 보일 수 있는 것이 아니다. 급팽창 이론 inflationary theory 또한 마찬가지다. 현대 물리학은 너무나 발전해 실험과 관측 영역 너머로 날아가 버렸다. 이 분야에서 노벨 물리학상 수상자가 더 배출되기 어려운 이유도 실험으로 증명되지 않기 때문이다. 그렇다고 현대 물리학이 과학이 아니라고 주장하는 이들은 없다.

한편 마음에는 진화론적 관점에서만 파악하기에는 너무나 복잡하고 다양한 구석이 있고, 진화심리학이 아직 잘 다루지 못하는 특성도 있다. 첫 번째 근사, 두 번째 근사 이론들이 여럿 존재할 수밖에 없다. 대표적인 예들은 인지심리학의 주제에서 확인할 수 있다. 비록 현상을 기술하는 데 그치기는 하지만, 재미있는 예들이 많다. 예컨대 인간의 직관은 10명 중 9명이 찬성한다는 말과 10명 중 1명이 반대한다는 말을 다르게 받아들인다. 첫 번째 표현은 사안에 대해 긍정적인 반응을, 두 번째는 부정적인 반응을 이끌어 낸다. '프레임 효과 framing effect'라고 하는데, 이를 진화론적 관점에서 어떻게 해석할 수 있을까? 쉽지 않은 질문이다. 반면 휴리스틱 heuristic 이라는 것은 잘 설명된다. 대표적으로, 첫인상을 바꾸기는 어렵다. 하지만 이는 개체가 에너지 소모를 최소화하고 빠른 판단을 통해 생존 가능성을 높이고자 한다는 진화론적 원리에 잘 들어맞는다. 인지심리학에서 다루는 현상들 모두 하나둘 진화심리학에 근거해 설명되리라고 믿는다.

진화심리학의 핵심을 정리하자. 내용과 형식은 공진화적 통일체이며, 자연선택은 형식만이 아니라 둘의 통일체에도 적용된다. 결국 마음도 자연선택에 의해 진화한다.

튜링 테스트

논의를 마치기 전, 인공지능에 대해 마지막으로 살펴볼 내용이 있다. 인공지능이 정말 인간과 구분할 수 없는 수준까지 발전할 수 있는가 하는 것이다. 인공지능이 튜링 테스트를 통과했다는 것은 더 이상 새로운 뉴스가 아니다. 하지만 이러한 테스트는 대부분 몇 가지 제한적인 요소를 가지고 있기에, 진정한 의미에서 튜링 테스트를 통과한 인공지능은 아직 없다고 말할 수도 있다. 기술적으로 불가능하다고 생각하지는 않지만, 나는 인공지능이 이러한 무제한적인 튜링 테스트를 통과할 수 있다는 주장에 회의적이다. 그러한 인공지능을 만들 사회적, 경제적 이유나 필요가 별로 없기 때문이다.

앞서 보았듯이, 인간의 마음은 오랜 시간 빚어진 적응적 기제들의 다발이다. 배설물이나 뱀을 혐오하거나 두려워하고, 다른 이들의 얼굴 표정과 행동으로부터 그들의 마음을 읽어내기 위해 노력한다. 인공지능이 진정한 의미의 강한 인공지능이 되려면 인간의 지향성까지도 흉내 내야 하는데, 그러려면 지향성의 원천인 인간의 마음과 본능까지 학습해야 한다. 하지만 그러한 요구가 있을지는 모르겠다. 현재 인공지능 목표는 그림 48의 3차 연합 장치를 대체하는 것이다. 이를 위해서는 인간이 학습하는 데 필요한 데이터와 동일한 데이터가 필요하다.

하지만 2차 연합 장치는 인공지능이 쉽게 흉내 낼 만한 장치가 아니다. 3차 연합 장치의 내용을 흉내 내기 위한 대량의 데이터는 어렵지 않게 수집하거나 만들 수 있다. 예컨대 고양이를 학습하기 위한 고양이 사진은 얼마든지 있고, 인류 역사를 학습하기 위한 자료도 얼마든지 구할 수 있다. 한마디로, 사람들이 학습하는 데 사용되는 모든 자료를 사용할 수 있다. 하지만 인간의 적응적 기제들을 흉내 내기 위한 학습 자료는 많지 않다. 인간은 이를 태어날 때부터 가지고 있기 때문이다. 인간의 모습을 한 기계와 인간을 대상으로 무제한적 튜링 테스트를 수행한다고 해보자. 인간을 빼닮은 인공지능이라면 뱀을 보여주면 인간처럼 움찔할 것이다. 몸집이 큰 인간이 험악한 표정을 지으면 두려운 기색을 보여야 하며, 진짜 웃음과 형식적인 미소를 구분할 줄 알아야 한다. 이러한 것들은 어떻게 학습할 수 있을까? 인간은 이러한 것들을 본능으로 알지만 인공지능은 학습해야 한다. 물론 시간과 돈이 필요할 뿐, 불가능한 일은 아니다. 인간이든 고양이든 좀비든, 마음과 본능을 연구하고 데이터화할 수 있을 것이다.

하지만 아직 이러한 인공지능이 개발되었다는 이야기는커녕 만들고 있다는 이야기조차 들어보지 못했다. 아직 때가 아닐 뿐이라고 말할지도 모르지만, 3차 연합 장치를 탑재한 인공지능이 개발되었다고 하더라도 2차 연합 장치를 흉내 내는 인공지능이 만들어질지는 미지수다. AI 산업은 이미 반도체만큼 거대 산업화되었기 때문에, 이러한 산업을 움직이려면 2차 연합 장치를 흉내 내는 인공지능의 개발이 확실한 경제적 가치를 만들어 낼 것이라는 확신이 필요한데, 이에 대한 답이 확실하지 않기 때문이다. 인간은 배고프면 공부를 미루고 밥부터 먹는다. 졸음이 쏟아지면 이성 활동을 멈추고 잠부터 잘 것이다. 이러한 생물학적 기계의 몸과 마음을 닮은 인공지능이 어떤 경제적 가치를 창출할 수 있을지 아직 모르겠다. 반면 인간보다 훨씬 강력한 3차 연합 시스템을 가진 인공지능이 가져다줄 이득은 막대할 것으로 보인다.

유전자 경계

지금까지 유전자 운반 기계인 개체의 진화를 알아보았다. 다음으로 다루어야 할 것은 당연히 개체와 개체 간 네트워크로의 양질 전환이다. 하지만 여기에는 두 단계가 있다. 예컨대 어떤 두 사람의 관계를 동역학적으로 분석한다고 하자. 하지만 이들이 부모와 자식일 때와 피붙이가 아닌 남남일 때 그 동역학은 서로 매우 다르리라는 것은 경험에 비추어 쉽게 이해할 수 있다. 유전자는 이기적이다. 어느 한쪽 부모의 유전자의 절반은 자식에게도 있다. 유전자가 이기적이라면, 부모와 자식이 똑같이 지닌 유전자는 부모와 자식을 친밀한 관계, 서로의 생존에 도움을 주는 관계로 이어줄 것이다. 유전자의 이기적 특성이 피를 나눈 이들 간의 이타성으로 바뀌는 지점이다.

　이기주의와 이타주의는 앞서 이야기한 모순되는 마음의 또 다른 대표적 예다. 이는 정치, 종교, 심리학, 문학을 망라하는 인류사 최고의 '떡밥' 중 하나다. 뜸하다 싶으면 홉스Thomas Hobbes식 성악설이 맞다는 책이 나오고, 다시 조금 지나면 루소Jean-Jacques Rousseau식 성선설이 맞다는 책이 나온다. 성악설이 맞다는 책을 읽으면 '역시!' 하는 생각이 들다가, 성선설이 맞다는 책을 읽으면 '그래, 이게 맞지!' 하는 생각이 든다. 하지만 이러한 생각이 무색하게도, 이기주의와 이타주의의 기원은 이미 과학적으로 증명되어 있다.

과학적으로 인간은 이기주의와 이타주의를 동시에 가지고 있다. 얼핏 모순적으로 보이지만, 이 또한 논리적 모순은 아니다. 이타주의는 혈연관계 안에서만 작동하며, 그 경계 너머에서는 이기주의가 작동한다. 이러한 유전자의 경계는 개체와 사회의 경계에 해당하는 회색 지대로서, 유전자를 공유하는 집단의 동역학은 일반적인 사회의 동역학과 구분되어야 한다. 마지막 여정인 사회 네트워크를 다루기에 앞서, 이 회색 지대에 대해 알아보자.

먼저, 사람 마음의 기본은 이기주의다. '이기적 유전자'라는 책 제목처럼 유전자는 이기적이다. 이기적인 유전자만이 선택되어 살아남았기 때문이다. 유전자가 살아남으려면 개체가 생존해야 하고 번식에도 성공해야 한다. 다른 무엇보다도 생존과 번식이 중요하기에, 인간의 마음에는 개체 이기주의가 가장 크게 자리 잡고 있다. 하지만 자식에게 부모는 자기 유전자의 절반을 전달한다. 그러면 부모는 자식에게 이타적일까? 그렇다. 하지만 반만 이타적이다.

부모는 자식 3명이 물에 빠졌을 때 자기 목숨을 버리더라도 자식 3명을 구하는 것이 유전자 생존에 유리하다. 하지만 자식 1명을 위해 자기 목숨을 버리는 것은 유전자 생존에 도움이 되지 않는다. 형제끼리도 유전자를 50% 공유한다. 형제 2명의 목숨과 자신의 목숨은 유전자 입장에서 비슷한 중요도를 갖는다. 요컨대 유전자 관점에서, 개체는 자신의 생존과 번식뿐 아니라 유전자를 공유하는 친족의 생존과 번식을 돕는 것이 유리하다. 이를 '포괄 적합도 이론inclusive fitness theory'이라고 한다. 진화생물학이나 진화심리학의 기초가 되는 이론 가운데 하나다.

정리하면, 개체는 유전자를 자기 자신과 100%, 자식이나 형제와 50%, 사촌과 12.5%, 6촌과는 3.1% 공유한다. 꿀벌과 개미 같은 사회적 동물은 집단을 위해 기꺼이 자신을 희생하는데, 이 역시 포괄 적합도 이론으로 쉽게 이해된다. 사회적 동물은 크게 보면 하나의 개체나 다름없다. 예컨대 수십조 개에 달하는 우리 몸속 세포들은 모두 동일한 DNA를 가진다. 그렇기에 서로 싸우지 않으며 기꺼이 자신을 희생하는 것인데, 사회적 동물들도 마찬가지다.

나는 포괄 적합도에 따라 유전자를 공유하는 범위를 '유전자 경계'라고 표현한다. 이러한 범위가 특정 기준으로 0 또는 100으로 나뉘는 것은 아니지만 혈연관계가 멀어질수록 지수적으로 작아지므로, 앞서 이야기한 것처럼 8촌 정도까지만 유의미한 영향을 끼친다. 경계 바깥의 대상에 대해 인간은 이기적이다. 이것이 바로 이기주의와 이타주의의 0번째 근사 이론으로서, 포괄 적합도 이론과 일부 다른 결과를 만들어 내는 문화적 차이, 교육의 차이, 환경의 차이에 대한 설명은 첫 번째, 두 번째 근사 이론일 뿐이다. 이기주의와 이타주의를 다루는 대부분의 책은 근사 이론들 간의 차이를 과장하거나 특정 사례만을 취사선택할 뿐이다. 과학은 유전자 경계 바깥에서 홉스의 '만인에 대한 만인의 투쟁'의 손을 들어주고, 유전자 경계 안에서는 일부 이타주의를 인정한다. 하지만 목가적인 루소의 주장과는 확실히 궤를 달리한다. 불행히도 이 주제에 대해서는 과학이 제힘을 쓰지 못해 홉스와 루소의 경쟁이 한동안 지속될 것으로 보인다.

인간의 마음을 빚어낸, 수십만 년간 지속된 수렵 채집 사회는 주로 유전자 경계, 즉 유전자를 공유하는 이들로 이루어진 집단이었다. 이 안에서는 이타주의를 바탕으로 협력을 이룰 수 있지만, 이들에게 이방인은 공포와 혐오의 대상이었다. 최근 연구 결과들은 수렵 채집 시대가 목가적인 평화가 아니라 어느 시대보다도 전쟁, 복수, 살인으로 얼룩진 시대였음을 보여준다. 한 집단의 크기는 주로 수십에서 수백 명이었는데, 가끔 이를 150명 정도인 던바의 수Dunbar's number에 빗대어 설명하는 것을 보지만, 던바의 수가 정말 존재한다면 이는 수렵 채집 시설 혈족으로 이루어진 공동체의 수가 150명 정도였기에 인간이 그 이상으로 안정적인 사회적 관계를 유지하기 어렵다는 것이 원인과 결과에 대한 올바른 설명일 것이다. 이후의 전개 과정, 즉 수백 명에서 수천 명으로 집단의 크기가 커지는 과정에서 등장한 종교의 역할이나 그에 관한 유발 하라리Yuval Harari의 뒷담화는 그다음 이야기다.

포괄 적합도 이론 덕분에 우리는 이제 개체의 오메가, 더 좁게는 뇌의 오메가가 무엇인지 답할 준비가 되었다. 유전자는 개체 바깥의 혈족에도 포함되어 있기에, 유전자는 개체가 자신의 생존과 번식뿐 아니라 혈족의 생존과 번식까지 포괄적으로 책임지게 한다. 다시 말해, 개체는 유전자로부터 유전자 경계 내 개체들의 포괄 적합도를 최대화하는 임무를 부여받는다. 즉, 개체의 오메가는 나의 출생률과 혈족의 출생률

각각에 가중치를 곱한 후 모두 더한 값이다. 인간의 오메가가 고작 이런 숫자에 지나지 않는다는 것을 받아들이기 힘들지는 몰라도, 이것이 전부다. 이것 말고는 없다. 자연이 생명체를 이렇게 선택해 왔다. 지금까지 우리는 꽤나 여러 지면을 할애해 세포에서 개체로의 양질 전환을 다루었다. 이를 간략히 정리하는 것으로 이번 장을 마친다.

(1) 개체의 오메가는 유전자 경계 내 번식률의 합이며, 개체는 이를 최대화하려는 생존 기계이자 번식 기계다. 이 오메가는 유전자 전달이라는 하위 체계의 오메가로부터 유도되는데, 이는 개체가 동일한 유전자를 소유하는 세포들의 네트워크이기 때문이다.

(2) 개체는 생존을 위한 개체 수준의 인지-반응, 대사, 면역 네트워크를 가지고 있다.

(3) 인지-반응 네트워크의 중심에는 뇌가 있다. 뇌는 뉴런과 그 연결인 시냅스로 이루어진 네트워크이며, 시냅스에는 슈퍼프로그램이 저장된다.

(4) 뇌는 1차, 2차, 3차 연합 시스템으로 이루어진다. 1차 연합 장치는 감지된 정보로부터 패턴을 만들어 내는 병렬 계산 기계이며, 2차 연합 장치는 우선순위를 결정하고, 3차 연합 장치는 순위가 부여된 사건들을 순차적으로 처리한다.

(5) 1차 연합 장치는 무의식의 시작이고, 2차 연합 장치는 의식의 시작이며, 3차 연합 장치는 지능의 시작이다. 지능은 일반화와 추상화를 포함하는 학습 능력으로서, 3차 연합 장치의 노드와 시냅스 수에 비례한다.

(6) 의식은 개체의 주인인 유전자의 존재를 알지 못하며, 개체의 일
    부만을 인식하고 제어할 뿐이다. 컨트롤 기능은 2차, 3차 연합
    장치 모두 가지고 있다.

(7) 마음을 적응 문제를 해결하기 위한 심리적 기제들의 묶음으로
    정의하면, 마음은 저장된 본능의 내용이다. 3차 연합 장치는 본
    능이 아닌 학습한 내용을 포함하지만, 본능이 대체로 학습 결과
    에 우선한다.

(8) 인간의 3차 연합 시스템은 유일하게 범용 계산이 가능한 수준
    까지 진화했다. 다시 말해, 매우 느린 튜링 기계나 다름없다.

(9) 의식의 주관적 경험과 자유의지는 모두 환상, 착각일 뿐이다.

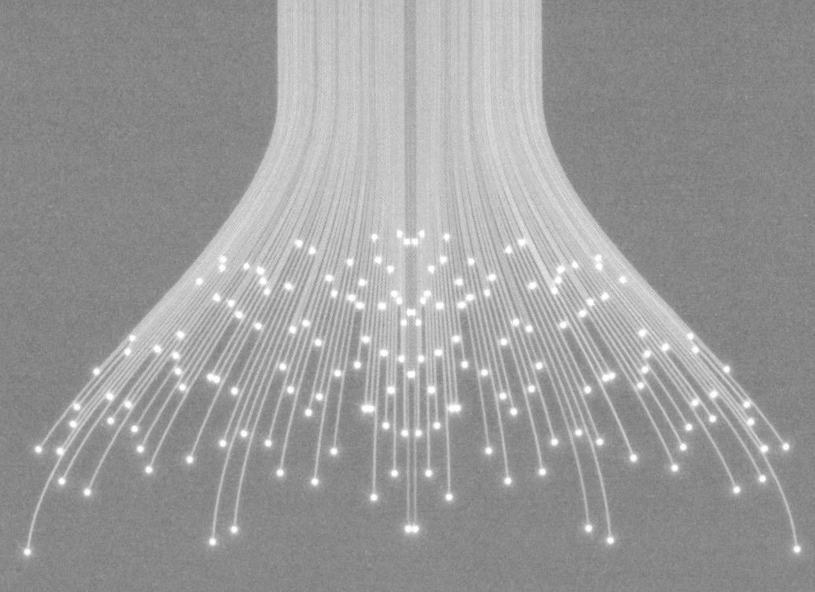

사회:
이기적 노드들의 생존 게임

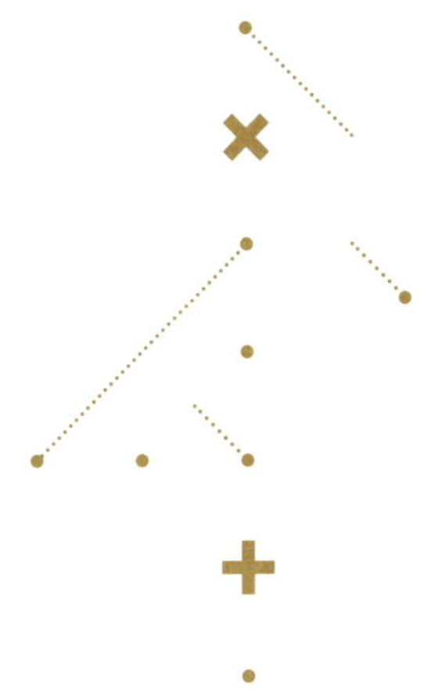

이제 마지막 양질 전환, 마음과 마음, 뇌와 뇌의 네트워크를 알아볼 차례다. 혈족을 벗어난 사회 네트워크의 작동 방식이 이번 장의 주제다. 여기서 '노드'는 단순히 하나의 개체가 아니라 유전자 경계를 단위로 정의된다. 다시 말해, 사회 네트워크는 자신의 생존과 번식을 최우선 과제로 삼는 이기적 노드들로 구성된다. 우리는 이러한 네트워크의 동역학과 2종 원리가 무엇인지 살펴볼 것이다.

인간이 아닌 동물들의 사회적 네트워크는 대체로 단순하다. 그러나 수렵 채집 사회도 유인원의 집단과 많은 면에서 비슷하다. 이러한 네트워크는 제한된 연결을 가진다. 하지만 현대 사회의 네트워크는 다양하고 복잡한 연결을 바탕으로 작동한다. 각각의 노드는 본능뿐 아니라 의식과 높은 지능을 가지고 있으며, 이를 바탕으로 문화와 문명을 축적한다. 노드의 연결은 '초연결 시대'라는 말에서 드러나듯이, 전 세계를 아우른다. 이것이 다른 모든 종의 네트워크와 현대 사회의 인간 네트워크를 구분 지으며, 해석하기에 복잡한 수많은 문제들을 만들어 낸다. 여기에는 경제, 정치, 과학, 문화와 같은 것들이 포함된다.

진화생물학이나 심리학에서 사회학으로 넘어갈 때 자주 접하는 용어로 '밈 meme'이라는 것이 있다. 리처드 도킨스나 대니얼 데닛 등이 사용하는 밈 개념에 문제 제기를 할 생각은 없으나, 이기적 네트워크의 문제를 다루는 시작점으로는 적절해 보이지 않는다. 밈은 직접적으로 동역학과 연결되며, 특히 물리학에서 다루는 전달 이론과 관련 있다. 전달 이론은 물질, 에너지, 운동량의 전달을 다루는, 열역학을 설명하는 더 근본적인 이론으로서 그 시작은 볼츠만의 전달 방정식이다. 역사적으로 열역학이 먼저 알려진 이유는 동역학이 훨씬 복잡하기 때문이다. 2종 예측 이론을 만들기 위해 반드시 동역학과의 연관성을 명확하게 파악할 필요는 없다. 사회 네트워크도 마찬가지다. 이 네트워크는 지독한 비선형성을 띠며 노드 수도 방대하다. 사회 문제보다 간단한 뇌의 신호 전달 과정조차 아직까지 동역학적으로 완전히 해명되지 않은 것을 보면, 동역학적 접근을 한다는 것은 아무래도 어려워 보인다. 이러한 접근 방식은 우리가 추구하는 근본 원리를 도출하는 시작점으로서 한계가 있다는 것이다. 이는 근본 원리를 찾고 나서 이를 풍성하게 하는 각론에서 취급해야 할 방식이다.

융합의 대가인 사회생물학자 에드워드 윌슨의 접근 방식도 크게 다르지 않다. 그는 유전자에서 문화로 이동한다. 하지만 유전자의 다음 계층이 곧바로 사회는 아니다. 그 사이에는 개체의 슈퍼프로그램을 담고 있는 뇌가 있고, 그다음 계층에 놓인 사회는 문화만으로는 설명할 수 없는 중층적인 구조를 지니고 있다. 유전자에서 문화로의 단선적인 이동은 뉴턴 역학으로 경제학을 곧바로 이해하겠다는 것과 크게 다르지 않다. 물론 이들의 접근 방식은 미시적 변수와 거시적 변수의 연관성을 이해하는 데, 즉 양질 전환의 과정을 이해하는 데 큰 도움을 준다. 하지만 이러한 접근만으로는 물질부터 사회로 이어지는 여러 계층과 이를 설명하는 큰 원리를 이해하는 데 한계가 있다.

우리는 기본부터 시작한다. 여기서 기본이란, 노드가 생존과 번식이라는 근본적인 목표를 가지며 이를 달성하기 위해 이기적으로 행동한다는 것이다. 인간 네트워크를 분석하는 이러한 방법도 지금까지 이야기한, 물질에서 뇌에 이르기까지 사용한 방법과 크게 다를 이유가 없다. 뉴턴의 동역학을 다루면서 우리는 외부의 힘 F를 모든 입자로부터 주어지는 평균적인 힘, 평균장으로 분석했다. 유전자의 동역학에서도 마찬가지였다. 우리는 무작위적인 변이와 자연선택을 평균장의 관점에서 해석했다. 그다음으로는 서로 영향을 주고받는 두 개체 간의 동역학, 즉 공진화를 다루었으며, 이것들이 모여 자기 조직화되는 세계를 이야기했다.

인간 네트워크에도 동일한 방법을 적용해 보자. 노드와 노드의 연결은 생존과 번식이라는 목표를 달성하는 데 유리할 때만 유지된다. 만약 목표 달성에 별다른 도움이 되지 않는다면, 연결은 형성되지 않는다. 시베리아호랑이와 아프리카 초원의 사자를 비교해 보자. 시베리아 숲속 호랑이는 단독 생활을 선택했다. 번식 목표를 달성하고자 할 때를 제외하면, 호랑이는 자신의 영역이 있고 사냥도 단독으로 수행한다. 반면 아프리카 사자는 생존과 번식을 집단을 통해 해결한다. 아프리카 초원에서는 단독 사냥보다 집단 사냥이 성공 확률을 높여주기 때문이다. 몇 마리는 뒤에서 사냥감을 몰고, 다른 몇 마리는 도망가는 길목에서 사냥감을 노린다. 물론 아프리카 초원에도 단독으로 사냥하는 육식 동물이 있다. 하지만 그조차 연결은 노드의 목표 달성에 유리한 경우에만 유지된다.

인간 네트워크도 마찬가지다. 혈연으로 연결된 네트워크도 그렇고, 이를 하나의 노드로 보았을 때 노드들 간의 연결도 노드의 목표 달성에 유리한 경우에만 네트워크가 형성된다. 이미 이야기했듯이, 수렵 채집 시절까지는 유전자 경계 안의 네트워크가 중심이었다. 예외가 있었지만, 이는 일반적이지 않았다. 사자의 경우에도 무리 내 연결을 벗어난, 집단 간의 연결은 거의 존재하지 않는다. 이들은 단지 경계와 경쟁의 대상일 뿐 협력 대상이 아니다. 소규모 무리를 벗어나 협력하는 것이 생존 자원을 확보하는 데 유리하지 않기 때문이다. 인간 집단도 처음에는 비슷했지만, 특이점이 발생했다. 농업혁명과 국가의 탄생이 그것이다. 이는 노드 간의 협력과 더 큰 네트워크를 형성했다. 이러한 네트워크의 형성은 뒤에서 더 자세히 다루기로 하고, 여기서는 인간 네트워크에서 노드들 간의 연결이 갖는 근본적인 특성들에 주목해 보자.

첫째, 연결은 필요할 때만 만들어진다. 호랑이가 단독 생활을 하는 이유는 협력이 필요하지 않기 때문이다. 여기서 필요란 그들의 생존 자원을 늘리는 데 도움이 되는지 아닌지에 따라 결정된다. 짤막하게 표현했지만, 사실 이것이 사회 네트워크의 핵심적인 특성으로서, 이로부터 여러 중요한 결론들이 따라 나온다. 이러한 특성은 사회 네트워크의 오메가와 그 진화, 그리고 네트워크의 진화를 결정하는 평균장이 무엇인지를 함축한다. 결론을 미리 말하자면, 사회 네트워크의 오메가는 생산력이다. 여기에 영향을 미치는 것은 '자연선택'에서 착안한, 우리가 '시장 선택market selection'이라고 부를 힘이다.

둘째, 이기적인 필요에 따라 만들어지는 사회 네트워크에는 공통의 목표가 존재하지 않는다. 이에 따라 전체 최적화 과정도 존재하지 않는다. 단지 개별 노드의 목표가 있을 뿐이다. 뉴턴 역학에서는 시스템이 작용 L의 적분 값을 최소화하는 방향으로 진화한다. 세포나 뇌는 모든 노드가 동일한 DNA를 가지고 있고, 이를 확산하고자 하는 공통의 목표, 즉 네트워크의 목표를 갖는다. 하지만 인간 네트워크에는 네트워크의 목표라는 것이 없다. 법, 도덕, 문화와 같은 것들이 공통 목표를 포함한다고 생각할 수도 있으나, 이 역시 노드의 목표 달성에 유리하기에 만들어진 연결 특성일 뿐이다. 노드의 목표 달성에 더 이상 도움이 되지 않으면 언제든지 사라질 수 있다. 예컨대 '최대 다수의 최대 행복'과 같은 것은 윤리나 도덕 원칙일 수는 있지만, 이기적 노드들의 작동 원리는 아니다. 물론 시장 선택에 따라 불완전하고 일시적으로 나타날 수 있다. 이는 경제학을 다룰 때 다시 소개할 것이다.

셋째, 인간 사회의 연결은 본능과 지능 두 가지 모두에 의해 만들어진다. 당연히 본능은 지능에 우선한다. 하지만 인간 네트워크의 연결은 본능 못지않게 지능에도 크게 좌우된다. 다른 노드와 협력할지 말지를 결정하는 데 본능이 매우 중요하게 작용하기는 하지만, 지능의 역할은 점차 커지고 있다. 특정 시장을 공략할 때 다른 회사와 협력하는 것이 유리한가? 미국이 주도하는 협력 기구에 참여하는 것이 경제 발전에 도움이 되는가? 이에 본능만으로 답하는 것은 어렵고 어리석다. 본능은 패턴을 찾고 그에 대응하는 데 유리하며, 생존에 즉각적이고 직관적인 결정을 내리는 데 유용하다. 하지만 현대 사회에서 생존은 먹이를 사냥하거나 천적으로부터 도망가는 것이 아니라, 한정된 재화와 서비스를 두고 벌이는 두뇌 게임에 가깝다. 다른 회사와 협력하는 것이 유리한지 판단하는 데는 본능이 아니라 객관적인 상황 판단이 필요하다. 손익 계산이 필요하며, 이득이라면 원수와도 협력할 수 있다. 여기에는 인간만이 지닌 고도의 의식적 사고와 지능이 관여한다.

이러한 세 가지 특성은 자세한 분석이나 방대한 데이터 없이도 대체로 동의할 수 있는 최소한의 내용일 것이다. 하지만 이렇게 특성을 분석하는 것만으로는 우리가 알고자 하는, 노드에 가해지는 평균장과 그 특성에 관한 결론을 얻을 수 없다. 더 나아가기 위해 우리는 단순한 동역학 하나를 분석해 볼 것이다. 이는 지능이 어떤 역할을 하는지 가늠하고 평균장을 이해하는 데 도움을 줄 것이다.

게임 이론

지능에 기반한 노드 간의 동역학은 꽤 잘 정립되어 있다. 바로 게임 이론이다. 게임 이론 역시 폰 노이만의 작업에서 시작되었으며, 영화 〈뷰티풀 마인드 A Beautiful Mind〉의 실제 인물로도 유명한 존 내시 John Nash의 균형 이론으로 크게 확장되었다. 균형 이론으로 내시는 1994년 노벨 경제학상을 수상했다. 게임 이론을 전체적으로 요약하지는 않겠지만, 우리의 분석에 큰 도움을 주는 아주 중요한 몇 가지 예만 살펴보자. 먼저 노드의 오메가는 번식률이다. 번식은 생존을 전제하기에, 번식률은 다시 생존 효율성과 번식 기회의 곱으로 나타낼 수 있다. 여기서는 먼저 생존을 위한 자원 확보의 극대화라는 관점에서 생각해 보자. 번식에 관한 내용은 뒤에서 따로 다룰 것이다.

나와 유전자를 공유하지 않는 같은 종의 개체가 있다고 하자. 이때 먹이 확보를 둘러싼 동역학에는 세 가지 경우가 있다. 첫째는 상대가 가지고 있는 먹이를 빼앗는 것이다. 둘째는 서로 독립적으로 먹이를 확보하는 것이다. 마지막은 둘이 협력해 먹이를 구하는 것이다. 유전자와 생물학적 본능은 오직 '먹이를 확보하라'는 것과 '내 먹이를 극대화하라'는 것뿐이다. 이에 반하는 행동은 학습과 환경에 따른 것이다.

첫 번째 경우인 같은 종의 개체들 간의 싸움이 유전자에 따르는 것은 아니다. 같은 종의 개체들 간의 싸움은 보통 이길 확률과 질 확률이 50 대 50으로서, 일반적으로 매우 위험한 행동 전략이다. 즉, 전쟁이 생물학적인 본능은 아니다. 특정 개체에 압도적으로 유리한 환경이 형성되었을 때 종종 이러한 일이 발생할 수는 있지만, 아자 가트^{Azar Gat}가 『문명과 사회^{War in Human Civilization}』에서 지적했듯이, 보이는 족족 싸우고 빼앗는 전략은 생물학적으로 내재된 본능으로부터 비롯한 행위는 아니다.

따라서 남은 선택지는 두 가지다. 협력할 것인가, 말 것인가? 둘이 힘을 합치는 것이 양쪽 모두에 혼자 먹이를 구하거나 둘이 싸우는 것보다 더 큰 이득을 가져다준다면 협력할 것이다. 하지만 주의할 점이 있다. 유전자 경계 안에서의 협력은 본능에 기반한 '이타심'에 기초할 수 있다. 하지만 노드들 간의 협력은 '이기심'에 기반한 협력이다. 외부에서 보면 이타적 행위로 보일 수도 있지만, 이는 어디까지나 노드의 이기적 동기가 빚어낸 협력일 뿐이다.

물론 협력할지 말지를 결정하는 일은 예측에 기반한다. 협력할지 말지를 결정하기에 앞서 협력이 유리한지 알기는 쉽지 않다. 수렵 채집 시기에는 유전자 경계를 벗어난 협력이 결코 일상적이지 않았음을 고려하면, 유전자 경계 바깥에서 다른 노드와 협력하는 것이 우리 본능에 각인된 것이라고 보기는 어렵다. 하지만 지능에 기반한 협력은 충분히 가능하다. 사슴을 사냥한다고 해보자. 경험적으로 혼자 사냥할 시 성공률이 30%, 둘이 사냥할 시 90%로 예상된다고 해보자. 둘이 사냥하고 둘이 나누더라도 혼자 사냥하는 것보다 훨씬 이득이라면, 본능과 관계없이 협력할 수 있다. 하지만 이기심에 기반한 협력 과정에서는 배신하는 전략도 가능하기에, 상황은 더욱 복잡해진다. 이에 관한 유명한 예가 죄수의 딜레마 prisoner's dilemma 다.

A / B		A	
		협력	배신
B	협력	1 / 1	2 / 0
	배신	0 / 2	0.5 / 0.5

표 10　죄수의 딜레마.

표 10은 죄수의 딜레마를 먹이 활동에 맞게 재해석한 것이다. 상황은 다음과 같다. A와 B 앞에 서로 협력해 잡은 먹이가 둘 있는데, 이제 이를 나누어야 할 시점이다. A와 B는 협력할 수도, 배신할 수도 있다. 여기서 배신이란 갑자기 상대를 공격해 먹이를 모두 차지하는 것을 말한다. A와 B는 서로 다른 전략을 선택할 수도 있다. 각각의 경우에 대해 A와 B가 갖는 먹이의 양을 표시했다. A가 협력하고 B도 협력하면, 한 마리씩 갖는다. A가 협력하고 B가 배신하면, B가 모두 차지한다. B가 협력하고 A가 배신하는 경우에는 A가 먹이를 모두 차지한다. 둘 다 배신하면 싸움이 일어나고 평균적으로 한 마리씩 갖겠지만, 싸우며 에너지를 소모하거나 다치는 등 그에 따른 대가가 발생한다. 그 결과, 한 마리보다 적은 이득을 보게 된다. 이 경우에는 반 마리씩 이득을 본다고 가정하자.

이제 우리가 A라고 가정하고, 협력할지 배신할지 선택해 보자. 이기적으로 생각하면 결정은 어렵지 않다. B가 협력한다고 해보자. 그래도 우리는 배신하는 것이 이득이다. 배신하면 두 마리를 모두 독차지할 수 있다. B가 배신하는 경우도 마찬가지다. 우리가 협력한다면 어떠한 먹이도 얻지 못하겠지만, 우리도 배신한다면 적어도 0.5마리는 건질 수 있다. 요컨대 B의 결정과 무관하게 우리의 이득을 극대화하려면 배신해야 한다. 하지만 이는 B의 관점에서도 마찬가지다. A와 B 모두 자신의 이익을 극대화하려는 판단을 내린다면 둘 다 배신 전략을 선택할 것이고, 결국 0.5마리씩 가져갈 것이다.

죄수의 딜레마의 특성을 조금 더 살펴보자. 여기서 상호 간의 배신은 협력을 통해 1마리씩 가져가는 것보다 분명 손해다. 하지만 결코 둘 모두 협력한다는 결론에 이를 수는 없다. 이기적으로 행동한다면, 반드시 어느 한쪽은 배신하기 마련이다. 자신의 생존 자원을 극대화한다는 관점에서 배신이 가장 합리적 선택이기 때문이다. 한편, 둘 다 배신하는 경우는 안정적인 평형 상태다. 배신에서 전략을 바꾸면 무조건 손해이기에, 전략을 바꾸지 않는 균형에 이르는 것이다.

죄수의 딜레마와 같은 문제는 단순히 먹이 활동에서만 발생하는 것이 아니다. 게임 이론을 처음 배울 때 빈번하게 접하는 사례 가운데 하나는 냉전 시절 미국과 소련의 군비 경쟁이다. 두 나라 모두 핵무기가 100개씩 있다고 하자. 문제는 이렇다. 두 나라는 막대한 예산을 들여 추가 핵무기를 만들어야 할까? 둘 다 핵무기를 100개씩 보유한 경우에는 어느 쪽도 핵무기를 사용하지 못한다. 하지만 어느 한쪽이 100개를 추가로 만들면, 즉 다른 쪽을 배신하면 추가 제작하지 않는 나라는 모든 것을 잃을 수 있다. 반면 둘 모두 200개씩 추가 제작한다면 결국 사용하지 못할 핵무기에 엄청난 국력을 허비하게 된다. 하지만 죄수의 딜레마에서 보았듯이, 다른 조건을 고려하지 않는다면, 두 나라는 결국 엄청난 돈을 들여 추가 핵무기를 만들 수밖에 없다. 이것이 군비 경쟁의 본질이다. 손해가 클수록 공포는 자가 증식하는 경향이 있다. 손해인 줄 알면서도 끊임없는 사다리 오르기 게임에 참가하는 것이다. 이를 극복하려면 협상에 성공해야 한다. 하지만 군비 축소에 서로 합의한다고 하더라도, 배신 가능성은 늘 그림자를 드리운다.

기업 간의 경쟁에서도 비슷한 사례가 많다. 예를 들어, 어떤 시장에서 두 회사가 경쟁한다고 하자. 시장의 크기와 두 회사가 만드는 상품의 시장 가격은 어느 정도 정해져 있다. 이때 두 회사가 제품 성능을 두고 경쟁할 경우, 성능을 높이기 위해 개발비를 투입할수록 수익이 줄어들 수밖에 없다. 하지만 성능을 높이지 않을 방법이 없다. 협력은 반독점법에 의해 금지되어 있을 수 있다. 이들은 성능 향상에 끊임없이 달려들 수밖에 없고, 마진은 계속 줄어든다. 물론 높은 성능이 새로운 시장을 만들어 낼 수도 있지만, 여기서 논의 대상은 아니다.

또한 죄수의 딜레마에서 이득을 계산해 보면, 둘 다 배신하는 안정적인 상태가 전체 이득이 가장 적다. 협력하거나 어느 한쪽이 배신하는 경우 전체 이득은 2이지만, 둘 모두 배신하는 경우에는 전체 이득은 1이다. 다시 말해, 개인의 '합리적' 결정이 사회의 이득을 극대화하는 것으로 귀결되지 않는다. 앞서 사회 네트워크가 최적화되지 않는다고 말한 한 가지 이유다. 죄수의 딜레마 같은 상황은 끊임없이 만들어진다. 혼자서는 한 마리도 사냥하지 못하는 경우가 허다하기 때문이다. 혼자 사냥하고 한 마리를 획득할 수 있다면, 협력과 배신의 게임은 형성되지 않는다. 배신이 집단의 이익을 극대화하지 못하게 하지만, 아무것도 사냥하지 못하는 것보다는 개인적으로도, 사회적으로도 이득이다. 이것이 지능에 기반한 이기적인 협력의 발생과 그 결과다.

반복적 죄수의 딜레마

죄수의 딜레마를 더 확대해 보자. 단발적 죄수의 딜레마는 여러 제한적인 조건하에서만 성립하기 때문이다. 먼저 A와 B 모두 서로의 상황과 전략을 100% 완벽하게 이해한다는 가정이 깔려 있다. 즉, 내가 아는 것을 상대방도 알고, 상대방이 아는 것을 나도 안다는 가정이다. 두 번째는 게임이 딱 한 번 이루어진다는 가정이다. 한번 게임의 조건을 일대

일이 아닌 여러 노드들 간의 경쟁으로 바꾸어 보자. 그리고 게임이 끊임없이 반복된다고 가정하자. 이러한 상황에서도 자신의 이익을 극대화하는 전략은 끊임없는 배신일까? 이에 대한 답은 복잡하다. 수학적으로도 확실한 답이 주어져 있지는 않다. 하지만 유망한 전략은 발견되었다. 미시간대학교 로버트 액설로드 Robert Axelrod는 반복적 죄수의 딜레마 대회를 개최했는데, 여기서 우승한 최고의 전략이 있었다. 바로 틧포탯 Tit-for-Tat, 즉 눈에는 눈 전략이다. 대회에는 여러 학자들이 제출한 소프트웨어가 선수로 참여한다. 게임이 몇 차례 진행될지 모르는 상황에서 선수들은 게임을 벌여 최종적으로 가장 높은 점수를 얻는 전략이 승리한다.

틧포탯 전략은 매우 단순하다. 처음에는 협력을 위해 상대에게 손을 내민다. 그리고 상대방이 협력하면 계속 협력하고, 상대방이 배신하면 바로 다음 경기에서 배신한다. 그러다가 상대방이 다시 협력하면 용서하고 협력한다. 틧포탯 전략보다 조금 더 관대한 전략도 있었다. 상대방이 두 번 배신하면 그제야 배신하는 것이다. 상대방을 착취하려는 사기꾼 같은 전략들도 있다. 즉, 상대방의 행동을 보고 배신할지 말지 판단하는 것이다. 온갖 전략들이 경쟁한 결과, 틧포탯이 최고의 전략임이 드러났다. 다음 해 다시 열린 대회에서도 틧포탯이 우승했다. 틧포탯은 매우 간단하면서도 상당히 균형 잡힌 전략이다. 상대방이 협력하면 같이 협력해 많은 점수를 획득한다. 상대방이 배신하면 즉각적으로 보복해 더 이상 자신을 착취할 수 없게 한다. 틧포탯을 염두에 두고 여러 변형들이 개발되었지만, 언제나 틧포탯이 승리했다.

우리는 게임에서 몇 가지 통찰을 얻을 수 있다. 첫째는 동역학의 방향, 즉 2종 법칙이 존재한다는 것이다. 노드는 노드가 처한 상황에서 (생존과 번식만으로 한정되지 않는) 최고의 이익을 얻기 위한 전략을 취한다. 그 결과로 특정 노드가 최대의 이익을 얻을 수도 있지만, 죄수의 딜레마와 같은 상황에서는 전체 이익이 극대화되지 않는 경우가 발생한다. 이러한 상황에서 노드의 의식과 의지는 무력하다. 냉전 시절 미국과 소련의 전략가들이 죄수의 딜레마를 모를 리 없었겠지만, 의지만으로 게임의 동역학을 막을 방법은 없었다. 코로나19 시기 반도체 공급 부족을 둘러싼 상황에서도 마찬가지였다. 인간의 의식은 무력해지며, 의식과 상관없는 자연법칙이 지배한다. 네트워크의 진화와 역사는 인간의 의식과 지능만으로 제어할 수 없는 동역학적 특성을 가진다. 그렇게 우리는 이를 분석함으로써 2종 예측을 만들어 볼 수도 있다.

둘째는 이기적인 노드들 간에도 협력이 가능하다는 점이다. 반복적 죄수의 딜레마 게임에서 승자는 팃포탯이다. 협력하는 파트너에게는 끝없이 관대하나, 배신자에게는 가차 없는, 균형 잡힌 전략이 최고의 결과를 얻는다. 이기적인 협력, 이것이 현대 사회의 직장, 지역, 국가의 구심력이다. 다만 앞서 언급했듯이 이러한 협력이 생물학적으로 내재된 본능은 아니다. 혈족 중심의 수렵 채집 시대에 외부 집단은 두려움과 혐오를 일으키는 경쟁 집단일 뿐이었다. 기껏해야 서로의 영역을 인정하는 수준이었고, 짐작했겠지만 이 역시 매우 불안정했다. 잦은 접촉은 후기 구석기시대에서야 가능했고, 사회적 협력은 마을이나 지역 단위 공동체가 형성되고 나서야 가능했다. 그 뒤로 팃포탯 유전자가 만들어지기에는 시간이 충분하지 않았던 것으로 보인다. 물론 이에 대한 연구는 더 필요하다.

우리에게 팃포탯 유전자가 없다면, 팃포탯 문화가 도움을 줄 것이다. 공자조차 악은 악으로, 덕은 덕으로 갚아야 한다고 말했다. 사회 구성원들의 학습 내용은 이후 문화로 자리 잡아, 사회 네트워크에 슈퍼프로그램의 형태로 저장될 수 있다. 팃포탯 문화가 사회 네트워크에 담긴다면, 협력 가능성을 높일 것이다. 하지만 유전자 없이 팃포탯 전략을 유지하는 것은 쉽지 않다. 지속적인 교육과 학습만으로도 충분하지 않을 수 있다. 게임 참가자들은 끊임없이 배신의 유혹을 느낀다. 배신 한 번으로 큰 이익을 가져갈 수 있다면, 어떤 노드는 미래를 생각하지 않고 당장의 이익에 따라 행동할 것이다. 사실 이것이 인간 사회의 네트워크를 복잡다단하고 비선형적으로 만드는 중요한 원인 가운데 하나다.

반복적 죄수의 딜레마는 협력이 자연적으로 발생할 수 있음을 시사한다. 하지만 우리가 처하는 모든 상황이 죄수의 딜레마와 동일하지는 않다. 호시탐탐 배신의 기회를 노리는 노드의 출현을 막을 방법도 사실상 없다. 하지만 반복적 죄수의 딜레마는 팃포탯 유전자 없이도 인간이 높은 지능으로 무엇이 자신에게 이득인지 계산할 수 있으며, 이러한 이기적인 계산이 협력으로 이어질 수 있음을 보여준다. 어쩌면 최고의 전략은 투명하면서도 저항할 수 없는 전략인지도 모르겠다. 예컨대 우리의 전략이 팃포탯이라는 것을 만천하에 드러내는 것이다. 우리의 전략을 상대방이 안다면, 우리의 다음 행동을 예측할 수 있을 것이다. 그러면 그들은 협력하는 길을 선택할 것이다. 반면 관대하게 두 번 배신당했을 때 한 번 되갚는다고 천명하면, 우리는 여러 참가자에게 한 번씩 착취당해 몰락할 수 있다. 투명한 전략, 상대방도 따를 수밖에 없는 전략이 최고의 전략이다.

정보의 비대칭성

이제 두 번째 가정, 내가 아는 것을 상대방도 알고 상대방이 아는 것을 나도 안다는 가정을 짚어보자. 사실 이러한 가정이 성립하지 않는 경우가 더 많다. 내가 아는 것을 상대방이 모르거나, 상대방이 아는 것을 내가 모르는 경우가 더 많다. 이는 단순히 '정보의 비대칭성'이라고 한다.[*] 이와 관련해 잘 알려진 것이 '역선택adverse selection'이다. 이는 속임수 없이 단지 정보의 불균형만으로도 시장이 왜곡되는 상황을 말한다.

대표적인 예가 중고차 시장이다. 판매자는 차의 상태를 잘 알지만, 구매자는 사진이나 단편적인 관찰만으로 충분한 정보를 얻을 수 없다. 그래서 보통 구매자는 질 나쁜 자동차를 거르기 위해 너무 싸지도, 너무 비싸지도 않은 평균 가격의 자동차를 선호하게 되고, 이는 시장 가격의 기준이 된다. 반면 판매자 입장에서는 상태가 좋은 차를 평균 가격에 팔면 손해이기에 시장에 내놓지 않는다. 오히려 평균보다 질 나쁜 자동차를 내놓고 평균 가격에 파는 것이 이득이다. 결국 중고차 시장은 질 나쁜 자동차로 넘쳐나게 되며, 구매자는 실제 상품 가격보다 높은 가격을 지불하게 된다. 이것이 역선택이다. 이러한 역선택은 중고차 시장뿐 아니라 구인·구직, 보험 시장 등에서도 자주 발생한다.

지금까지 소개한 게임 이론의 결론들을 정리해 보자. 첫째, 각 노드의 자원 확보 극대화가 게임의 목표라는 관점에서 보면, 협력은 협력하지 않은 경우보다 이득일 때만 발생한다. 설령 배신당하더라도, 역선택

● 정보의 비대칭성에 관한 연구는 정보경제학information economics을 탄생시켰는데, 이에 기여한 조지 애커로프George Akerlof, 마이클 스펜스Michael Spence, 조지프 스티글리츠Joseph Stiglitz는 2001년 노벨 경제학상을 수상했다.

이 일어나더라도, 혼자 참여하는 것보다 이득일 때 발생한다. 즉, 연결과 그 동역학은 연결이 없는 경우보다 더 많은 생존 자원을 확보할 수 있을 때 비로소 발생한다. 뒤에서 다시 살펴보겠지만, 연결 없는 노드들의 총생산력보다 네트워크의 총생산력이 높기에 네트워크는 자연적으로 발생한다. 둘째, 연결로 이루어진 네트워크는 죄수의 딜레마 게임과 같이 네트워크가 가질 수 있는 최대 생산력으로 이어지지 않을 수 있다. 하지만 연결 없는 노드들의 생산력보다 높기만 하면, 네트워크는 출현한다. 셋째, 목표는 본능에 의해 주어지지만 목표 달성은 자주 지능에 의존한다. 본능의 목표인 생존 효율성 증대와 자원 확보 극대화를 달성하려는 노드의 작동 방식은 본능을 넘어서 지능과 지능 간의 게임으로 확장된다. 이는 현대 사회에서 점차 중요해지고 있다. 하지만 지능은 본능에서 완전히 벗어날 수 없다. 사회 네트워크를 지배하는 2종 법칙 또한 본능의 목표에 지배받는다. 지능은 수단에 불과하며, 본능이 우리에게 각인한 목표를 바꾸지는 못한다.

지능에 기반한 네트워크는 유전과 본능에 의해 만들어진 네트워크보다 훨씬 느슨하고 연약하다. 작동 방식도 쉽고 빠르게 바뀔 수 있다. 세포의 네트워크인 개체는 매우 강력한 목표를 가지며, 인간의 경우 그 작동 방식은 호모 사피엔스가 출현한 이후로 적어도 수십만 년간 안정적으로 유지되었다. 하지만 사회 네트워크의 동작은 끊임없이 변하는 지능에 의존하기에, 이 네트워크 역시 매우 높은 가소성을 보인다. 이로부터 본능 기반 네트워크의 동작과 지능 기반 네트워크의 동작을 구분하는 것이 중요하다는 것을 알 수 있다. 안정적인 본능 기반 네트워크의 동작이 우리가 알아내고자 하는 사회 네트워크의 오메가와 2종 예측을 가능하게 해준다. 여기서 지능은 1차, 2차 근사 이론의 원인으로 나타날 것이다. 물론 지능의 역할이 크게 중요해졌기에, 사회 네트워크의 동역학을 계몽 이론만으로 설명하고자 하는 것은 그 시작부터 큰 한계를 안고 있을 수 있다.

슈퍼슈퍼슈퍼프로그램

게임 이론은 사실 수학적 게임이고 내용보다는 형식에 가깝다. 다시 말해, '참가자', '협력'과 '배신', '이익'과 '손해'가 무엇을 뜻하는지 그 해석이 열려 있다는 말이다. 그래서 조금 중복되더라도, 우리는 여기서 게임 이론의 결론들을 슈퍼슈퍼슈퍼프로그램의 관점에서 다시 한번 살펴보고자 한다.

유전자는 하나하나가 독립적인 응용 프로그램이며, 유전자를 켜고 끄는 슈퍼프로그램은 세포가 가지고 있다. 유전자의 진화 원리는 무작위적 돌연변이와 자연선택이며, 세포 수준의 슈퍼프로그램의 진화는 대부분 유전자의 진화에 의존하지만, 라마르크적이고 아날로그적인 후성유전학에도 영향을 받는다. 뇌의 관점에서 보면 세포가 기본 단위다. 슈퍼슈퍼프로그램은 뇌세포들의 연결에 있으며, 의식, 지능, 마음은 이러한 슈퍼슈퍼프로그램에 있다. 우리 뇌세포는 우리 마음에 관한 어떠한 것도 알지 못하는데, 슈퍼슈퍼프로그램은 뇌세포가 아니라 뇌세포의 연결에 존재하기 때문이다.

<hr>

● 역사적으로, 대규모 협력이 발생한 배경에는 거의 종교가 등장한다. 이러한 이유로 농업혁명의 원인을 종교에서 찾고자 하는 이들이 있는데, 뒤에서 다시 보겠지만 이는 유전자와 본능이 부여한 목표보다 사회 네트워크의 작동인 종교가 더 강력하다는 뒤집힌 관점이다.

이 슈퍼슈퍼프로그램은 유전자나 세포의 슈퍼프로그램보다 쉽게 바뀐다. 앞서 말했듯이, 뇌세포의 연결은 신생아에서 6세까지 급격히 증가하며, 이후 가지치기를 한다. 이것이 슈퍼슈퍼프로그램이 초기 세팅되는 과정인데, 이를 거치고 나면 어느 정도 안정적인 상태를 띠기는 하지만 끊임없이 변한다. 물론 슈퍼슈퍼프로그램도 유전자로부터 영향을 받는다. 적어도 연결 방식과 강도, 작동 원리에 관한 중요한 것들은 이미 유전자에 저장되어 있다. 하지만 언제, 어떤 뉴런이 어떤 뉴런과 연결될 것인지는 유전자가 결정하지 않는다. 이는 신생아 시기부터 죽을 때까지 인간이 겪는, 다른 인간과 자연과의 상호작용에 의해 결정된다. 마음의 진화 원리는 기본적으로 유전자에 기반하지만, 학습에 따른 2차 효과도 무시할 수 없다. 유전은 수백만 년간 만들어진 것에 반해, 2차 원인인 학습은 생애 주기 내내 이루어진다.

유전자 경계 바깥의 노드와 노드 간의 연결에는 어떤 슈퍼슈퍼슈퍼프로그램이 저장되며, 그것의 진화 원리는 무엇일까? 이러한 연결은 이전까지의 연결과는 근본적으로 다르다. 슈퍼프로그램, 슈퍼슈퍼프로그램, 그리고 혈족 네트워크도 모두 1차적으로 유전자 보존이 목적이었으며, 개체의 생존과 번식에 기여하는 방향으로 작동했다. 하지만 그 위에 저장되는 슈퍼슈퍼슈퍼프로그램은 서로 다른 유전자들 간의 경쟁이다. 이 연결은 전체 유전자 보존과 같은 공리주의적 목표를 가지고 있지 않다. 그것은 각 유전자의 이기적인 목적 달성을 위한 연결일 뿐이기에, 경우에 따라 상호 이익을 가져다줄 수도, 파국을 맞이할 수도 있다. 개체 내 세포들의 연결은 오로지 한 가지, 생존과 번식이라는 목표를 중심으로 똘똘 뭉쳐 있다. 세포 하나는 얼마든지 자신을 희생할 수 있다. 세포는 끊임없이 새로운 세포에 자리를 내준다. 하지만 사회적 연결은 그렇지 않다. 노드의 이기주의가 연결의 핵심이며, 이것이 게임의 기본 원리다.

다음으로, 네트워크에 저장되는 슈퍼프로그램도 끊임없이 진화한다. 사회 네트워크의 노드 수는 방대하며 그 연결 수도 어마어마하다. 여기에 저장되는 슈퍼프로그램은 한편으로 안정적이지만, DNA보다는 훨씬 쉽게 변한다. DNA는 돌연변이 과정을 통해 변하며, 전파 과정에서 자연선택을 받는다. 이러한 진화 방식에는 돌연변이가 발생하고 전파되어 유전자 풀에서 다수를 차지하는 과정이 필요하며, 이는 수천에서 수만 년이 걸린다. 반면 하나의 밈이 생겨나고 전파되는 과정은 이와 비교할 수 없을 정도로 빠르다. 이는 인간의 연결이 급속도로 강화되고 있기 때문이다.

불과 100년 전만 하더라도, 인간은 기껏해야 동네 사람들과 연결되어 있었으며, 가끔 마을 바깥의 소식을 전하는 이들로부터 새로운 소식을 접했을 뿐이다. 연결 수는 매우 적었고, 변화는 매우 느렸다. 하지만 지금은 한 사람이 다른 이들과 연결되는 수만 하더라도 어마어마하며, 인터넷을 통해 전파되는 속도는 즉각적이라 할 수 있을 만큼 빠르다. 미국에서 일어난 일을 싱가포르에서도 거의 동시에 접한다. 싱가포르에서 보낸 메시지를 한국에서 즉각적으로 확인한다. 밈이 발생하는 시간을 정확하게 측정하기는 어렵고, 그것의 전파 속도는 사회의 연결 정도와 밈의 특성에 따라 다르겠지만, 많은 경우 1년도 채 걸리지 않는다. 사회 네트워크의 관점에서 보자면, '초연결 사회'라는 말은 온갖 새로운 밈이 빠르게 전파되며 예측하기 어려운 사회를 뜻한다.

자연스럽게 한 가지 궁금증이 떠오른다. 가장 중요한 질문으로서, 밈의 전파에서 자연선택에 대응하는 것은 무엇인가 하는 것이다. 이는 핵심적인 질문이지만, 가장 까다로운 질문이기도 하다. 이를 더 깊이 고민하면, 결국 노드에 가해지는 평균장이 무엇인가 하는 물음으로 이어진다. 이 문제로 곧장 들어가 보자.

사회 진화

사회 네트워크는 노드의 생존과 번식을 위한 이기심에 기반한다. 노드의 목표는 노드의 본능에 의해 주어지며, 이를 달성하는 데 본능뿐 아니라 지능도 중요한 역할을 한다. 그 결과는 협력으로 이어질 수도, 투쟁으로 이어질 수도 있다. 다양한 연결들 가운데 본능에 의해 형성된 연결은 다른 종류의 연결에 우선한다. 예컨대 등산 동호회는 산을 좋아하는 이들끼리 취미를 공유하기 위한 연결이다. 이러한 연결은 먹고살기 위한 연결보다 우선시되지 않는다. 취미는 바뀔 수 있고 없어질 수 있지만, 생존을 위한 노동은 멈출 수 없다.

뻔한 이야기로 들릴 수 있지만, 이것이 핵심이다. 노드와 노드 간의 연결이 급속하게 증가한 첫 번째 시기, 즉 마을이나 국가를 단위로 네트워크가 형성된 단계를 떠올려 보자. 이러한 연결이 이루어진 이유는 먹이를 늘리고 나누거나, 빼앗기지 않기 위한 것이었다. 마을이나 국가의 연결 방식이 어떻게 결정되었는지 하는 것은 국가마다 다르고, 시기마다 다를 수 있다. 하지만 그 목적은 자원 확보에서 벗어나지 않는다.

자원을 확보하는 방식은 아주 다양할 수 있고, 여러 방식이 겹겹이 쌓일 수도 있다. 이때 도덕과 법, 종교가 생기고 정치가 등장한다. 하지만 이것들은 단지 2차적 부산물일 뿐이며, 자원 확보에 도움이 되지 않는다면 그러한 연결이 발생하지도 않았을 것이며, 행여나 발생한다고 하더라도 오래가지 못해 소멸했을 것이다. 연결은 연결되지 않을 때보다 이득일 때만 발생하며 유지된다.

이러한 관점은 마르크스의 사회 구성체 이론을 떠올리게 한다. 그는 사회를 하부구조인 경제적 토대와 그 위에 세워진 정치, 법률, 문화 등 상부구조로 구분했으며, 경제적 토대가 상부구조를 결정한다고 보았다. 마르크스가 다윈의 생존과 번식이라는 개념을 얼마나 직접적으로 의식했는지는 분명하지 않다. 그러나 사회 네트워크를 사회 구성체로 본다면, 그 작동 원리가 자원 확보를 위한 연결이 다른 모든 것에 우선한다는 점에서 마르크스와 다윈의 관점은 상통한다. 이러한 시각에서 사회 네트워크에 저장된 슈퍼프로그램을 메인 프로그램과 나머지 프로그램으로 나누어 볼 수 있다. 물론 실제로 인공적인 소프트웨어처럼 확실히 둘로 나뉘지는 않겠지만 말이다. 나는 여기서 생존 자원 확보와 관련된 메인 프로그램을 '경제 시스템'이라고 부르고자 한다. 그러면 우리는 사회 네트워크에서의 자연선택이 무엇인가 하는 질문을 다음과 같이 바꾸어 물을 수 있다. '경제 시스템 진화의 원인은 무엇인가?'

사회 네트워크의 오메가, 생산력

여기에 대해서도 마르크스는 답을 제시한다. 잠시 그의 역사적 유물론을 따라가 보자. 마르크스는 인간 역사, 좁게는 경제 시스템 진화의 원동력을 생산력의 증가에서 찾는다. 그에게 생산력은 모든 변화의 시작점이며 근원이다. 생산력 증가는 인간의 의식과 무관하게 역사 속에서 작동하는 자연 질서, 사회 원리의 가장 기초적이며 영속적인 힘으로 간주된다. 생산은 인간의 노동과 생산 수단(이는 다시 노동 대상과 노동 수단으로 나뉜다)이 결합되어 작동하는 과정이며, 그 결과로 얻어지는 물적 자원의 총합이 생산력이다.

생산력 발전이 모든 변화의 시작이라면, 그것이 1차적으로 규정하는 것은 무엇일까? 마르크스는 '생산관계'라고 불리는 것을 지적했다. 즉, 노동력은 누가 제공하며, 생산 수단을 누가 소유하는가 하는 문제다. 예컨대 수렵 채집 시대를 떠올려 보자. 그들이 과일을 따고, 물고기를 잡고, 사냥을 할 때, 노동력 제공자와 생산 수단(막대기, 돌망치, 화살 등)의 소유자는 동일했다. 이러한 사회는 기본적으로 복잡한 연결을 필요로 하지 않는다. 기껏해야 혈족이나 씨족 단위의 공동 사냥과 안보를 위한 연결 정도가 필요했을 뿐이다. 그러나 이러한 사회의 생산력은 성장의 한계를 맞는다. 생산관계의 변화 없이 생산력 증대가 더 이상 가능하지 않는 단계를 맞는다. 이때 등장한 것이 농업혁명이다. 물론 기술 발전으로 시작되었지만, 농업혁명은 새로운 생산관계를 불러왔다.

새로운 생산관계는 생산력 증가를 촉발한다. 하지만 이 또한 시간이 지나면 다시 생산력 증가의 제약 요인으로 작용하고, 또 다른 생산관계를 유발한다. 그림 50은 이러한 관계를 개략적으로 보여준다. 이는 비단 생산력과 생산관계만을 나타내는 그래프가 아니다. 반도체 진화를 설명할 때 등장한 CPR에도 그대로 적용된다. CPR은 시장 원리에 따라 지속적으로 증가하지만, 어느 시점이 지나면 새로운 설계 공정 아

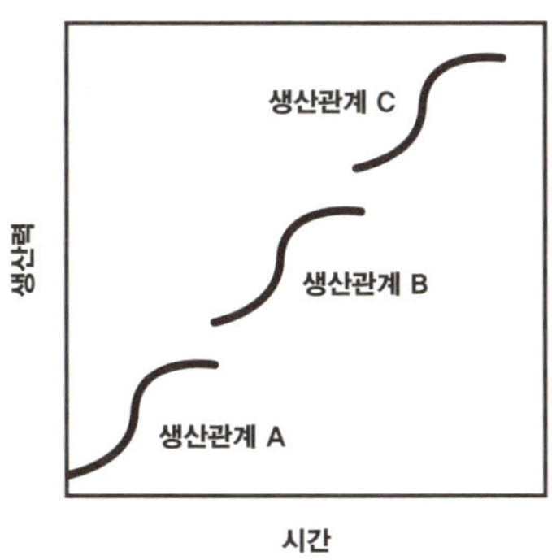

그림 50　마르크스의 생산력과 생산관계의 변화.

키텍처가 등장해야 한다. 평면 소자에서 핀펫FINFET으로, 다시 GAAGate-All-Around로 전환된 것이나, 단일 CPU에서 BIG, MIDDLE, LITTLE CPU로 쪼개지고, 여기에 다시 GPU가 들어오거나 NPU가 들어온 것이 대표적인 예다. 이러한 불연속적 아키텍처의 변화는 초기에 CPR을 크게 끌어올리지만, 곧 한계에 봉착하고 다시금 혁신을 요구한다. 이것이 바로 변증법적 변화의 법칙이며, 이러한 법칙은 사회와 기술 어디서나 확인할 수 있다.

나는 농업혁명을 예로 들었지만, 마르크스 시대에는 이에 관한 연구가 거의 없었다. 마르크스는 역사를 원시 공산주의, 노예제, 봉건주의, 자본주의로 구분했다. 그는 생산력이 1차적으로 생산관계를 규정하며, 이 둘을 합쳐 '생산 양식', 즉 경제적 토대라고 부른다. 이 경제 시스템을 제외한 나머지를 상부구조라고 하며, 경제적 토대가 상부구조를 1차적으로 규정한다. 이것이 사적 유물론의 핵심이다.

나는 역사적 유물론의 내용 가운데 사회 네트워크의 오메가가 생산력이라는 주장에 동의한다. 사회 네트워크에는 전체 목표가 존재하지 않는다. 각 노드가 추구하는 것은 생존 자원의 확보로서, 이를 '노드별 생산력'이라고 정의할 수 있다. 즉, 각 노드는 노드별 생산력 증대를 목표로 하고, 연결은 연결되지 않았을 때보다 노드별 생산력이 증가할 때만 발생한다. 결국 연결이 존재할 경우 노드별 생산력뿐 아니라 그 총합인 생산력도 연결이 없는 경우보다 증가한다. 물론 항상 최적화된 값을 갖지는 않는다. 노드의 오메가가 번식률이고 번식률은 자원 확보 능력에 비례하므로, 노드별 생산력이 곧 노드의 오메가에 해당한다. 전체 네트워크의 오메가는 '총생산력', 줄여서 그냥 '생산력'이라고 할 수 있다. 생산력을 인구수로 나눈 값이 1인당 생산력이며, 1인당 생산력은 노드별 생산력의 평균값이 된다. 연결은 노드별 생산력에 도움이 되는 경우 선택되고, 그렇지 않으면 제거된다. 이것을 나는 '시장 선택'이라고 부르는 것이다.

하지만 한 가지 의문이 남는다. 총생산력 증대가 경제 시스템 진화의 원동력이 아니라 단순히 진화의 결과인 것은 아닐까? CPU 산업을 예로 들어보자. 네트워크의 노드에 해당하는 기업은 자신의 이익 극대화를 목표로 한다. 이익을 극대화하려면 CPR이 높은 제품을 끊임없이 시장에 내놓아야 한다. 이때 기업은 다른 기업과 협력하는 것이 유리하면 협력, 경쟁하는 것이 유리하면 경쟁한다. 어떤 방식이든 개별 기업의 CPR 극대화가 집단 전체의 CPR 증가로 이어진다. 낮은 CPR의 제품은 버려지고, 높은 CPR은 선택된다. 시장은 자연스럽게 선택 기준을 형성한다.

예를 들어, 기업 A가 성능 100의 반도체를 100원에 판매한다고 해

보자. 그러면 기업 A의 CPR은 1이다. 기업 B는 성능 80의 반도체를 100원에 출시했지만 시장의 선택을 받지 못한다. 하지만 기업 B의 대표가 고민 끝에 가격을 80원으로 낮추어 기업 B도 CPR을 1에 맞추면, 시장의 선택을 받을 수 있다. 기업 B의 입장에서는 나름의 수익을 낼 수 있는 방법이다.

한편 반도체 산업 전체의 관점에서 보면, 반도체 시장의 핵심 지표 또한 CPR이고, 그 값은 1이다. 여기서 CPR은 개별 기업의 CPR과는 다른 상위 네트워크의 오메가이며, 시장 선택의 기준이 된다. 예컨대 어떤 반도체 기업가에게 지금 무엇을 준비하고 있는지 묻는다면, 시장에서 요구하는 CPR이 곧 1.1로 높아질 것이기에 그에 맞추어 기술 개발과 원가 절감을 고민하고 있다고 대답할 것이다. 그리고 이 값은 해가 바뀌면 더 높아질 것이며, 산업 구조는 상위 레벨의 CPR 요구를 맞추기 위해 개별 기업의 CPR을 개선하거나, 이것이 불가능하다면 합병되거나 퇴출되는 것과 같은 진화를 겪을 것이다. 이것이 CPR이 하위 네트워크의 결과이면서 동시에 상위 네트워크의 원인이 되는 과정이다.

생산력을 바라보는 관점도 이와 동일하다. 개별 노드의 생산력 증가는 노드의 본능에서 비롯한 가장 근본적인 목표이며, 총생산력은 개별 노드 활동의 결과이면서 동시에 상위 네트워크의 원인이자 원동력이 된다. 따라서 총생산력 증가는 사회 네트워크의 2종 예측이라고 할 수 있으며, 생산력 증가를 위한 경제 시스템의 변화와 시장 선택은 사회 진화 이론의 계몽 이론이라는 주장으로 이어진다.

농업혁명의 과정을 알아보며 조금 더 구체적인 면들을 살펴보자. 수렵 채집 시절, 땅은 제곱킬로미터당 단 몇 명만을 위한 식량을 제공할 수 있었다. 인구는 기하급수적으로 늘어날 잠재력을 갖고 있지만, 실제로는 땅이 제공하는 식량이 허용되는 안에서만 가능하다. 이러한 조건은 인간뿐 아니라 다른 동물들에게도 적용된다. 하지만 인간은 다른 동물과 다르게 농업혁명이라는 변곡점을 만들어 냈다. 농경으로 제곱킬로미터당 수백 명의 식량을 제공할 수 있었다. 인류가 농업과 가축 사육으로 경제 시스템을 전환하지 않았다면, 인구는 여전히 제곱킬로미터당 몇 명에 불과했을 것이다. 그 이상으로 늘어날 방법이 없으며, 생존 가능한 최소한의 아이만이 출생한다. 초기 수렵 채집 사회에는 인구 밀도가 낮아 유랑 생활이 가능했다. 하지만 후기 구석기시대만 하더라도 이미 집단마다 정해진 구역이 있었다. 이를 벗어나 다른 구역으로 이동하는 것이 침략으로 여겨졌을 만큼, 거주 가능한 비옥한 지역 대부분은 이미 포화 상태였다.

농업은 개체가 느끼는 고달픔과 별개로, 더 많은 먹이를 제공함으로써 출생률을 비약적으로 높이며 인구 밀도를 증대시켰다. 풍족하지는 않더라도 굶지 않고 번식할 만한 환경이 마련된 것이다. 물론 이러한 시스템 안에는 상대적으로 풍요롭게 지내는 집단이 있었고, 극한의 노동을 감수해야 하는 집단도 있었겠지만, 중요한 것은 그러한 차이가 아니라 땅이 제공하는 총 식량의 양과 그것으로 몇 명의 생존을 보장할 수 있는가 하는 것이다. 결국 풍요로운 수렵 채집 사회는 농업사회에 잠식될 수 밖에 없었다. 제곱킬로미터당 수백 명이 모여 있는 집단과 전쟁해 수렵인들이 승리할 방법은 없었으며, 전쟁이 아니더라도 농업 집단의 점진적 확장과 이주를 막을 방법은 없었다. 농업과 가축 사육에 기반한 경제 시스템은 인간의 고유한 연결 방식으로서 막대한 생산력 증대를 가져다주었다.

여기서 짚고 넘어가야 하는 중요한 지점들이 있다. 먼저 원인과 결과의 위계를 살펴보자. 수렵 채집 사회에서 어느 누군가가 농업이라는 아이디어를 떠올렸을 것이다. 그리고 이러한 아이디어를 구현하려는 작은 규모의 실험이 있었을 것이다. 그러한 실험에 착수한 이유가 분명하지는 않지만, 더 많은 식량을 확보하기 위한 것이었을 수도 있고, 풍요로운 땅을 더 이상 확보할 수 없었던 집단이 궁지에 내몰려 그 대안으로 떠올린 것이었을 수도 있다. 어떤 상황이었든, 그 목표는 더 많은 식량 확보였을 것이다. 그러자 좋은 결과를 얻었을 것이고, 이러한 방법이 집단 안팎으로 퍼져 나갔을 것이다. 이로써 농경이 서서히 하나의 경제 시스템으로 자리 잡았을 것이다. 자원 확보라는 목표가 농업혁명을 달성했고, 이것이 개인 차원을 넘어서는 생산력 증대, 그리고 그에 맞는 경제 시스템을 창출한 것이다.

또한, 생산력 증가는 인구수를 늘린다. 토머스 맬서스^{Thomas Malthus}는 인구가 기하급수적으로, 식량은 산술급수적으로 늘어난다고 했지만, 실제로는 식량 공급량이 인구 증가를 규정한다. 농업혁명의 사례에서 분명하게 보이듯이, 인구와 식량은 서로 독립적인 변수가 아니라 밀접하게 연결되어 있다. 굳이 따지자면, 식량 혹은 자원의 양이 인구수를 결정하는 주요 원인이다. 인구는 기하급수적으로 늘지 않는다. 기하급수적으로 늘어날 잠재력이 있을 뿐이다. 굶어 죽지 않을 만큼 식량이 확보되어 있을 때만 늘어난다. 그리고 이는 놀랍게도 1인당 생산력이 거의 늘지 않는다는 뜻이기도 하다.

그림 51에 세계 총생산^{Gross World Product, GWP}을 인구수로 나눈 값을

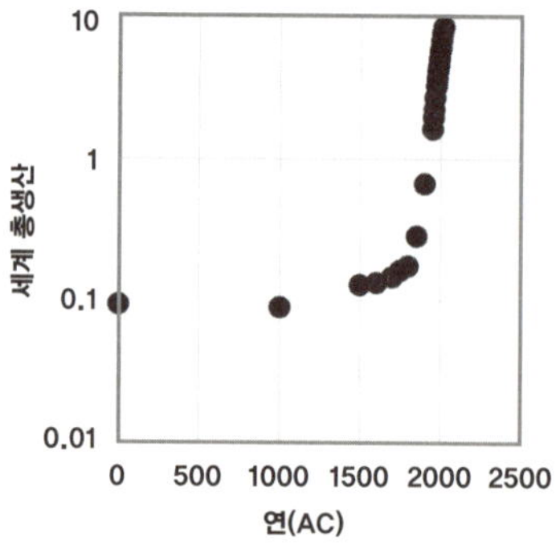

그림 51　세계 총생산을 인구수로 나눈 그래프. 각각 10억 달러, 100만 명 단위이며, 1900년 미국 달러로 환산했다.

연도별로 표시했다. 수렵 채집 시기의 생산력을 정확히 추정하기는 어렵지만, 적어도 서기 1년부터 1700년까지 1인당 생산력이 거의 증가하지 않았음을 보여준다. 큰 변화는 산업혁명을 기점으로 발생했다.

농업혁명 초기, 아직 농업 기술이 보편화되지 않았을 때는 이를 먼저 확보한 집단이 단기적으로 더 많은 식량을 확보했을 것이다. 하지만 농업이라는 시스템이 확산되고 안정화되면서 인구도 덩달아 늘어났고, 그에 따라 1인당 생산력은 이전과 별다른 차이를 보이지 않게 된다.* 진화란 최대한으로 성장하는 것이 아니라 살아남는 것이다. 앞서 살핀 것처럼, 치타는 굳이 시속 200km로 달리도록 진화하지 않았다. 핵심은 생태계에서 영역을 차지하고, 종 전체의 진화 과정에서 생존과 번식이라는 오메가를 달성하는 것이다. 사회 진화에서도 이는 동일하

---

* 이는 슘페터Joseph Schumpeter의 기술 혁신 이론의 결론과 동일하다. 혁신적 기업이나 기업가가 등장해 초기 기술 발전을 주도하고 그 성과를 독차지하지만, 곧 모방 기업들이 나타나 경쟁이 심화되고 이윤율이 떨어진다. 이러한 과정이 계속 반복된다.

게 적용된다.

농업혁명을 통해 유전자는 자신의 목표를 달성한다. 더 많은 유전자의 전달은 더 많은 인구수를 통해 달성된다. 하지만 개체의 목표인 개체의 생존 효율과 번식은 단기간에만 늘어날 뿐, 다시 평형을 찾는다. 농업혁명으로 인류가 잃어버린 것이 많다는 점은 이미 상식이 되었다. 농업에 종사한 인류는 수렵과 채집에 종사한 인류와 비교해 훨씬 강도 높은 노동을 해야 했고, 영양 상태는 부실했으며, 바이러스와 박테리아에 더 자주 시달려야 했다. 하지만 역사는 이런 방향으로 진화한다. 생산력이 높으면 그것으로 충분할 뿐, 역사 발전의 기본 원리에는 불행하게도 자유, 인권, 평등 같은 것은 없다. 이는 기껏해야 과거 몇백 년 전부터 나타난 특별한 흐름일 뿐이다. 이러한 새로운 시대의 특성은 일반적이고 돌이킬 수 없는 것이라고 주장하는 이론들이 있으나, 그것은 과도한 일반화다. 물론 이러한 흐름은 여전히 현재 진행형이다. 하지만 이러한 새로운 시대 흐름마저도 생산력 향상을 위한 사회·경제 체제의 변화에 따른 결과라는 것을 기억해야 한다. 이를 다음과 같이 정리할 수 있다.

$$총생산력 = 1인당\ 생산력 \times 인구수$$

인간에게는 1인당(사실은 노드별) 생산력을 높이고자 하는 본능이 있다. 하지만 전체 네트워크와 긴 시간을 놓고 보면, 단기간에 증가한 1인당 생산력은 결국 다시 줄어들고 인구수가 늘어나는 결과를 가져온다. 이것으로 총생산력은 증가한다. 즉, 사회 네트워크의 오메가인 생산력은 지속적으로 증가하지만, 이는 앞의 식에서 1인당 생산력이 아닌 인구가 증가하기 때문이며, 인구 증가의 근본적인 원인은 끊임없이 1인당 생산력을 증가시키고자 하는 본능 때문이다. 이 끝나지 않는 순환이야말로 무심한 사회적, 역사적 원리다.

그렇다면 1700년대 이후에는 어떻게 1인당 생산력이 높아질 수 있었을까?[*] 생산력을 높이는 중요한 요소가 두 가지 있다. 수렵 채집 시대를 가정하고, 식량을 제공할 수 있는 땅이 충분하다고 해보자. 이때 인구수는 곧 생산력의 원인이다. 새로 태어난 사람들은 자신의 식량을 자신이 자급자족할 수 있다. 인구가 늘어나면 그만큼 생산력도 늘어난다. 유전자의 자기 복제 임무는 늘어난 인구로 달성된다. 물론 1인당 생산력은 그대로다. 한편 제공 가능한 식량과 인구수가 균형을 이루고 있다고 해보자. 이때는 자연이 제공하는 식량의 양이 인구와 생산력을 결정한다. 새로운 땅을 계속 개척하거나, 농업혁명과 같이 기술 혁신을 통해 같은 면적에서 식량을 더 생산하는 방식으로 나아간다.

예컨대 한 마을에 농부가 100명 살고 있다고 해보자. 이때 땅이 제공하는 식량의 양이 농부 수를 제한한다. 100명의 농부는 하루에 8시간 노동해 땅이 제공하는 식량을 모두 생산할 수 있다. 그런데 갑자기 땅의 면적이 2배로 늘었다고 해보자. 무슨 일이 일어날까? 땅의 절반을 놀려둘까? 당연히 농부들은 하루에 12시간, 심지어 16시간 일해서라도 생산력을 높일 것이다. 점점 노동 환경은 열악해지고, 더 고생스

● 유발 하라리는 그의 유명한 『사피엔스Sapiens』에서 자본주의와 제국주의, 그리고 과학혁명의 조합으로 생산력 폭발을 설명한다. 하지만 우리의 관심사는 생산력 폭발이 아니라 1인당 생산량 폭발이다. 이것에는 다른 설명이 필요하다.

럽겠지만 경제적 풍요를 위해 노동 시간을 늘릴 것이다. 그리고 축적된 식량으로 더 많은 자식들이 살아남아 인구가 늘어날 것이다.

그런데 인구가 2배로 늘어나기 전에 다시 땅이 더 늘어난다면? 그리고 또 2배로 늘어난다면? 이들은 포기하고 어느 선에서 적당히 타협을 볼까? 이들은 땅이 부족한 다른 마을 사람들을 데려올 것이다. 그래도 땅이 남아돈다면 자신들의 자식이나, 옆 마을 농부의 자식들까지 동원해 생산력을 높일 것이다. 이제는 노동력이 귀해진다. 결국 총생산력뿐 아니라 1인당 임금도 높아진다. 이런 일이 산업혁명 시기에 서유럽에서 일어났다. 땅이 넘쳐나 노동력이 생산력을 좌우하는 시대였고, 땅의 증가 속도가 인구 증가 속도를 훨씬 앞지르기 시작했다. 여기서 물론 '땅'은 물리적 땅이 아니라, 노동력을 투입하기만 하면 생산력을 높일 수 있는 환경을 말한다.

자본이 집적되던 자본주의 초기를 이야기할 때 암울하고 열악한 노동자들의 삶에 주목하고는 하지만, 그 시절 영국 노동자들의 월급은 다른 어느 나라 노동자들의 월급보다 높았다. 이것이 빠른 인구 증가와 도시로의 노동 인구 유입을 초래한 것이다. 이러한 경향은 산업혁명이 과학기술의 혁명으로 이어진 지금까지도 지속되고 있으며, 이는 자본주의 경제 체제를 뒷받침하는 강력한 물적 토대다. 비료와 농약 기술, 유전공학이 발전하면서, 더 이상 식량 부족은 크게 중요하지 않다. 여전히 기아에 허덕이는 이들이 있지만, 다른 한쪽에서는 남아도는 식량을 폐기 처분하고 있다. 1900년대 이후로는 여기에 사회·정치적 변화(민주주의, 개인주의, 자유와 평등 사상 등), 손쉬운 피임법의 개발이 더해져, 다시 한번 1인당 생산력의 폭발을 가져오고 있다.**

지금까지 우리는 네트워크의 생산력이 연결되지 않은 개별 노드의 생산력 합보다 크다는 첫 번째 결론을 살펴보았다. 다음으로는 네트워크의 생산력이 시간에 따라 계속 증가하는 이유를 살펴보아야 한다. 모든 네트워크의 생산력이 증가하는 것은 아니다. 사자나 침팬지로 이루어진 네트워크의 생산력은 예나 지금이나 별다른 차이가 없다. 그렇다면 인간 사회만이 지속적인 S 커브형 생산력 성장을 보이는 이유는 무엇일까? 그 이유를 알려면, 인간 노드와 노드 간의 연결이 다른 동물의 연결과 무엇이 다른지를 이해해야 한다. 다시 말해, 인간 고유의 연결 방식을 가능하게 하는 특성을 찾아야 한다.

가장 먼저 떠오르는 답은 인간의 지능이다. 그리고 언어, 문자, 기술과 같은 것들이 떠오른다. 물론 지능과 언어 가운데 어느 것이 원인이었는지는 당장 우리의 관심사가 아니다. 이들은 서로 얽히고설키며 나타난 것들이며, 서로가 원인이자 결과다. 먼저 인간의 언어는 생물학적 차이에서 시작한다. 인간만이 수많은 의미를 가진 언어를 사용하며, 다양한 소리를 내는 신체 구조를 지니고 있다. 노엄 촘스키Noam Chomsky가 밝혔듯이, 하나를 알려주면 열을 구사하는 언어 습득 장치를 인간만이 생물학적으로 지니고 있다. 언어가 생산력 발전에 영향을 주는 중요한 이유는 최초의 누적적 진화, 비마르코비언적 역사 진화의 시작을 가능하게 했기 때문이다.

유전자 진화는 마르코비언적이다. 인간을 제외한 동물의 사회적 진

●● 쉽게 접근 가능한 피임 방법의 개발은 과학기술이 인간 사회에 미친 영향 중 단연코 일등이다. 인간은 이를 통해 생산력 증가와 인구수 증가의 연결 고리를 끊어버렸다. 이에 대해 뒤에서 자세히 살필 것이다.

화도 마르코비언적이다. 내일은 오늘에 의해 결정되고, 다음 세대는 현 세대에 의해 결정된다. 하지만 인류 사회 네트워크의 진화는 비마르코비언적이다. 인간은 언어를 통해 과거의 이야기를 후대에 전수한다. 어느 지역을 가면 위험한지, 무엇을 먹을 수 없는지, 모르는 사람을 대하면 어떻게 해야 하는지를 언어로 알려준다. 물론 언어를 통한 누적적 문화는 매우 제한적이고 정확한 전달이 불가능하다. 그렇기에 본격적인 비마르코비언적 진화는 문자의 발명에서 시작되었다고 볼 수 있다. 우리는 지금으로부터 약 1900년 전에 쓰인 『명상록Meditations』을 읽고 생활의 지혜와 삶의 자세를 배운다. 물리학의 최신 이론이라고 할 수 있는 끈 이론string theory은 200년 전 오일러가 개발한 베타 함수 이론을 재발견하면서 본격화되었다.

물론 지능과 언어라는 두 가지 조건은 필요조건일 뿐 충분조건은 아니다. 호주의 원주민들이나 에스키모인들, 일부 인디언들은 신대륙을 발견할 때까지도 여전히 수렵 채집을 이어가고 있었다. 왜 농업혁명이 비옥한 초승달 지역이나 중국에서 시작했고, 다른 지역은 훨씬 늦어질 수밖에 없었는지에 관해서는 재러드 다이아몬드Jared Diamond의 『총 균 쇠Guns, Germs, and Steel』에서 자세히 다루었는데, 주변에 곡식으로 쓸 만한 식물이 있었는지, 가축으로 기르기에 적당한 동물이 있었는지 등, 우연적인 지리적 요소들이 중요하게 작용했다는 점이 요점이다. 하지만 어떠한 환경에서도 인간을 제외한 다른 동물들은 이러한 혁명을 달성하지 못했다.

농업혁명의 본질은 인간 노동의 활동이 먹이와 에너지를 '탐색'하는 것에서 '생산'하는 것으로 바뀌었다는 데 있다. 이는 지능과 언어가 결합해 만들어 낸 혁명의 결과였다. 진화에는 언제나 여러 가지 요인들이 복합적으로 작용하지만, 진화의 전환점이 자기 복제가 가능한 물질의 생성이었듯이, 지능을 갖춘 뇌와 언어를 가진 생명체의 출현은 또 하나의 결정적인 전환점이며, 생명 진화의 새로운 국면을 열었다.

이제 인간 사회의 네트워크는 다른 동물의 사회 네트워크와 구조적으로 구별되어야 한다. 동물 사회는 동물과 그들의 연결로 구성되지만, 인간 사회는 인간과 인간의 연결에 누적적인 기록을 가능하게 하는 정보 저장 장치가 포함된다. 인간은 다른 인간과 연결되어 있을 뿐 아니라, 저장 장치들과도 연결되어 있다는 말이다. 저장 장치는 책일 수도, 컴퓨터 서버일 수도, 핸드폰일 수도 있다. 현대 사회는 이미 인간의 개입 없이 이러한 저장 장치들끼리 상호 연결되는 초연결 사회로 진입했다. 여기에 더해, 저장된 정보들이 스스로 진화하는 네트워크적 AI 시대도 곧 도래할 것이다. 이렇게 복잡해진 초연결 네트워크는 형식이다. 이 형식 위에 내용이 저장된다. 저장 장치에 기록되는 내용들 가운데 가장 중요한 것은 다름 아닌 과학기술이다. 과학기술은 다른 내용과는 다른 특별한 지위를 갖는다. 그것은 객관적인 자연 원리이며, 생산력 증가를 담보하는 원인이다.

자연에 대한 누적적 이해와 도구의 발전은 비료, 농약, 종자 개량 등을 통해 단위 면적당 생산량을 비약적으로 향상시켰다. 산업혁명 이후로는 농기계의 보급으로 인간의 대다수가 더 이상 식량을 직접 생산하지 않는다. 이는 또 다른 전환점이다. 현재 선진국에서 1차 산업에 종사하는 이들은 5%도 채 되지 않는다. 이들이 95%를 먹여 살린다. 그 밖의 상당수는 생산력을 더 증가시키는 방법을 찾는 일에 종사한다. 이러한 순환 구조가 생산력을 폭발시키는 것이다.

기하급수적인 증가의 무서움을 이야기할 때 다음과 같은 예를 자주 든다. 100ml 컵에 원자 수준으로 아주 작은 어떤 물질 하나가 들어 있다. 이 물질은 하루에 10배씩 증가한다. 정확히 30일이 지나 컵이 이 물질로 가득 찼다면, 이 물질이 우리 눈으로 보이기 시작한 것은 언제부터일까? 거꾸로 계산해 보면, 29일이 지나 10ml가 있었다는 것이고, 28일이 지나 1ml가 있었다는 것이다. 컵은 27일간 비어 있는 것처럼 보일 것이다. 28일이 지나 아주 작은 양이 눈에 보이더니, 고작 이틀 만에 컵을 가득 채운 것이다. 이로부터 보름이 더 지나면 어떨까? 그 부피는 지구와 비슷해진다. 먹이를 확보하는 것이 아니라 먹이를 어떻게 하면 더 잘 확보할지를 연구하는 이들이 늘어날수록 생산력 증가는 기하급수적으로 늘어난다. 처음에는 체감할 수 없을 만큼 천천히 진행되는 것으로 보이지만, 어느 순간 그 폭발을 경험하게 된다. 인간의 생산력은 그렇게 산업혁명을 기점으로 폭발하기 시작했다. 수백, 수십만 년의 역사에서 겨우 200년 전 이야기다. 요컨대 누적적 문화는 언어와 문자, 그리고 여기에 저장된 과학기술에 의해 가능하며, 이것이 인간 네트워크의 생산력을 지속적으로 증가시키는 원인이다.

그러나 한 가지 더 들여다보아야 할 것이 있다. 인간 역시 다른 동물과 마찬가지로 생존과 번식을 위한 이기적 유전자의 산물이라는 점이다. 예컨대 겨울잠을 앞둔 곰을 생각해 보자. 곰은 열심히 먹이 활동을 하고 살을 찌운다. 하지만 배가 불러 터지기 전에는 그만 먹는다. 인간의 몸도 배가 너무 차면 더 이상 먹지 않도록 생체 신호를 내보낸다. 그런데 먹이를 먹지 않고 외부에 저장할 수 있다면 어떤 일이 벌어질까?

먹이를 어느 정도 저장하고 나면 저장하기를 멈출까, 아니면 계속 저장할까? 먹이를 저장하도록 진화한 몇몇 동물을 살펴보면 알 수 있다. 예컨대 다람쥐는 도토리를 저장한다. 가끔 어마어마한 양의 도토리가 한곳에서 발견되었다는 영상을 볼 수 있다. 인간도 마찬가지일 것이다. 인류가 평생 먹을 만큼 식량을 확보했다면 더 이상 경제 활동을 하지 않을까? 그렇지 않을 것이다. 만약 멈춘다면, 저장할 공간이 없기 때문일 것이다. 하지만 저장 공간에는 한계가 없다. 생존에 필요한 모든 것은 화폐로 바뀌었고, 화폐의 저장은 실물의 저장이 아니라 정보의 저장으로 바뀌었다. 사람들은 자신의 핸드폰으로 자신이 어디에 돈을 얼마나 저장해 두고 있는지를 확인한다. 실물은 중요하지 않고, 그 정보가 어느 서버에 저장되어 있는지도 알 필요가 없다.

인간의 탐욕에는 끝이 없다고 하는데, 이는 불행히도 맞는 말이다. 진화적으로 그렇게 생겨먹은 것이다. 먹이를 먹어 저장하는 방법에는 배가 불러 터지지 않도록 하는 기제가 필요하다. 하지만 수렵 채집 시절, 인간은 진화하는 내내 한 번도 먹이를 넘쳐나도록 저장해 본 적이 없으며, 먹이를 더 이상 저장하지 않도록 강제하는 진화압을 받아본 적도 없다. 사실 그러한 진화압이 필요하지도 않았을 것이다. 생존에 문제가 없을 만큼 재화가 있더라도 그 이상의 가치를 확보하려는 인간의 끊임없는 탐욕, 잉여 가치가 넘쳐나도, 5%가 모두를 먹여 살릴 수 있어도 더 많이 생산하려는 인간의 끝없는 질주는 멈추지 않을 것이며, 이것이 끝없이 이어지는 생산력 증가의 또 다른 원천이다.

이로써 인간 네트워크의 생산력이 지속적으로 증가한 이유를 살펴보았다. 동물 사회와 비교해 보면, 생산력 증가가 인간 사회 진화의 고유한 특성임이 분명해 보인다. 정리하자면, 생존과 번식을 위한 유전자의 이기적인 활동과 끝없는 탐욕, 그리고 누적적 문화를 가능하게 한 호모 사피엔스의 지능과 언어가 생산력 증대를 가져온다. 그리고 이것이 한 단계 위에 놓인 사회 네트워크의 오메가이자 원인으로 작용한다. 하지만 1인당 생산력 증가라는 노드의 요구가 항상 거시적인 생산력 증가로 이어지는 것은 아니다. 인간은 때로는 협력적이지 않고, 불필요한 경쟁이나 전쟁을 벌여 오히려 생산력을 감소시키기도 한다.

기업들 간의 경쟁을 생각해 보자. 기업 A의 매출이 100, 기업 B의 매출은 50일 때, 두 기업은 협력해 총 200의 매출을 만들어 낼 수도 있지만, 기업 A가 기업 B를 퇴출시키고 120의 매출을 확보할 수도 있다. 국가들 간의 관계도 마찬가지다. 단기적인 생산력 손실을 감수하고 미래의 이익을 위해 전쟁을 벌일 수 있으며, 때로는 이익이 아니라 단순한 감정이나 명예의 문제로 전쟁이 발생하기도 한다. 또한 상대에게 손해를 끼치지 않고는 자신의 이익을 더 이상 높일 수 없는 상태, 즉 국지적 최적화가 달성된 상태도 존재한다. 경제학 용어로 '파레토 최적화Pareto optimization'라고 하는데, 이러한 상태가 있다는 것 자체가 전체 생산력 증가에 위협으로 작용할 수 있다. 보통은 새로운 기술 혁신, 새로운 시장 발견, 인위적인 자원 투입 등으로 파레토 최적화는 해결되지만, 그렇지 못할 경우에는 일시적 정체나 재난적인 국면으로 빠져들 수 있다. 전자를 강조하면 존 메이너드 케인스John Maynard Keynes나 조지프 슘페터의 관점이 되고, 후자를 강조하면 마르크스의 관점이 된다.

하지만 이러한 사례들이 인간 네트워크의 오메가가 생산력이 아니라는 방증은 아니다. 생산력과 엔트로피를 비교해 설명해 보자. 앞서 살펴보았듯이, 엔트로피 증가 법칙은 모든 곳에서 엔트로피가 반드시 증가한다는 것을 뜻하지 않는다. 국지적으로 엔트로피는 감소할 수 있으며, 그래서 생명체도 탄생할 수 있다. 국지적 엔트로피 감소는 국지적 엔트로피 증가를 수반하며, 전체적으로 엔트로피는 반드시 증가한다. 하지만 생산력은 조금 다르다. 국지적 생산력 감소가 국지적 생산력 증가를 담보하지는 않는다. 이는 인간 네트워크가 안정적이지 않음을 의미한다. 생산력이 안정적으로 증가하는 것이 아니라 여기에 수많은 변곡점이 존재한다는 것이다. 1, 2차 세계대전과 같은 재난을 초래하기도 한다. 하지만 노드의 요구와 누적적 특성은 역사를 통해 생산력이 증가한다는 것을 보여왔다. 이것이 연결이 점점 강화되었기에 가능했다는 점은 부인할 수 없다. 요컨대 전체 엔트로피는 감소 없이 점진적으로 증가하지만, 생산력은 요동치며 증가한다. 이 모든 것의 시작은 1인당 생산력을 높이고자 하는 개별 노드의 본능이다. 생산력 증가는 그 결과다. 하지만 인간 네트워크의 관점에서 생산력은 단순한 결과가 아니라 다시 원인 혹은 원동력으로 작용한다. CPU 기업이 시장에서 예측하는 내년도 CPR을 상회하기 위해 노력하듯이 말이다.

여기서 주의할 점이 하나 있다. 나는 지금까지 애써 인류 역사의 '발전' 혹은 '진보'와 같은 단어를 사용하지 않고자 했다. 그 대신 인간 역사의 '진화'를 주로 사용했다. '발전'이나 '진보'는 과학 용어나 가치 중립적 용어가 아니다. 농업혁명을 거치며 그 이전에 비해 생산력이 높아지기는 했지만, 그것이 진보나 발전과는 오히려 거리가 멀었음을 기억하자. 더욱 고단해진 인류의 삶에 진보나 발전이라는 개념을 들먹일 수는 없다. 진보라는 흐름은 백번 양보해도 생산력 증가의 단기적, 국지적 결과이며, 지극히 최근의 흐름일 뿐이다.

지금까지 우리는 사회 네트워크의 가장 기본적인 특성이 생존과 번식을 위한 노드의 요구에서 비롯한 생산력 증가임을 살펴보았다. 그리고 이러한 생산력은 사회 네트워크의 경제적 연결, 즉 경제 시스템을 좌우한다. 그리고 경제 시스템은 다시 나머지 모든 시스템을 좌우한다.

생산관계의 진화

생산력의 증가는 그에 걸맞은 경제 시스템을 필요로 하지만, 바로 그 경제 시스템으로 인해 한계를 맞이한다. 수렵 채집 시대의 연결 구조는 생산력 증가에 근본적인 제약을 가진다. 생산력을 그보다 증가시키려면 경제 시스템이 바뀌어야 한다. 이는 농업혁명과 그에 어울리는 경제 시스템을 통해 달성되었다. 이러한 네트워크의 변화가 초기에는 생산력 증가에 큰 기여를 했지만, 이러한 구조 역시 시간이 지날수록 생산력 증가에 방해되기 시작하며, 경제 시스템은 생산력 증가를 뒷받침하기 위해 또다시 큰 변화를 필요로 한다.

마르크스는 생산력과 짝을 이루는 경제 네트워크를 한 번 더 파헤쳐, 네트워크를 해체하고 경제 네트워크의 특성 가운데 하나인 생산관계라는 단일 요소를 생산력과 짝지었다. 그리고 이러한 과도한 환원주의로 인해 마르크스의 역사철학과 경제학은 이데올로기로 자리 잡았다. 마르크스가 말하는 생산관계는 한마디로 생산 수단의 소유 관계다. 생산이 이루어지려면 생산 수단과 노동력이 결합해야 한다. 이 둘의 소유 관계가 생산관계다. 봉건제 사회에서 이는 토지를 소유한 지주와 농민의 관계였고, 자본주의 사회에서는 생산 수단을 소유한 자본가와 노동력을 소유한 노동자의 관계다. 그는 생산력을 제한하는 경제 시스템의 핵심 요소를 생산관계로 규정하고, 인간 네트워크의 진화 과정이 생산력과 생산관계 간의 모순이 끊임없이 해결되어 가는 과정이라고 말했다. 이러한 규정은 자연스럽게 자본주의의 생산관계를 치환하는 다음 생산관계가 무엇일지에 관한 질문으로 이어질 수밖에 없다. 그러나 이 지점에서 우리는 지금까지 분석한 우리의 관점을 바탕으로 마르크스의 사상과 작별을 고한다. 생산관계가 경제 시스템의 주요 요소인 것은 분명하나, 생산력을 담아내는 경제 시스템의 구조를 이것만으로 설명하고자 하는 것은 문제를 지나치게 단순화하는 것이다.

반도체 산업을 예로 들어보자. 이 산업에서 생산력은 CPR이고, 경제 시스템은 하드웨어 아키텍처에 해당한다. 아키텍처에서 가장 중요한 하나를 뽑아낸다는 것은 거의 불가능하다. 물론 생산관계를 이야기하듯이 아키텍처에서 CPU와 GPU의 관계가 제일 중요하다고 주장할 수도 있다. 틀린 말은 아니지만, 그것만이 CPR을 결정하는 것은 아니다. 만약 그러한 관점에서만 CPR을 바라본다면 그 기업은 시장에서 살아남지 못할 것이다. 하물며 비할 바 없이 복잡한 경제 시스템의 구조를 마르크스는 생산관계 하나로 치환하고자 하기에 지나친 환원주의라는 비판에서 결코 자유로울 수 없다.

자본주의 경제 시스템이 담아낼 수 있는 생산력의 크기를 결정짓는 요소는 각론에서 자세히 다루어야 할 부분이지만, 불행히도 그것은 한두 가지가 아니다. 자본주의는 강한 연결 관계를 가진 아주 복잡한 네트워크다. 네트워크로서의 특성이 강해진다는 것은 환원이 더 어려워진다는 것을 의미한다. 이러한 이유로 환원주의에 의지하는 마르크스의 이론은 오류가 클 수밖에 없고, 결국 현실과 동떨어진 결론을 내놓을 수밖에 없다. 이론은 어디까지나 설명하기 위한 것이며 예측은 불가능하다는 케인스의 통찰이 들어맞는 지점이기도 하다. 한편 생산관계에 대한 마르크스의 진단은 자본주의 사회에서 자본가와 노동자의 대립을 부추기는 이데올로기로 작용했다. 그 반대편에 놓인 신고전주의 학파의 이론 또한 기본 가정에 이데올로기적인 요소를 지니고 있었다는 점에서 큰 차이는 없다. 하지만 이러한 문제에도 신고전주의 경제학은 과학으로서 주류 경제학으로 남게 되었는데, 그 이유는 뒤에서 살펴볼 것이다.

정리하자면, 인간 사회 네트워크의 오메가는 생산력이다. 생산력 증가는 2종 예측이다. 생산력 증가는 그에 걸맞은 경제 시스템의 진화를 요구한다. 결국 평균장 혹은 시장 선택의 원리는 생산력 증가이며, 이러한 결론들은 모두 인간 본성으로부터 유도된다.

경제 시스템

경제 시스템, 즉 사회 구성체의 토대를 전문적으로 연구하는 분야가 있다. 바로 경제학이다. 물론 경제학 전반을 다루는 것은 우리의 목표가 아니다. 우리는 단지 경제학이 매우 복잡하고 강한 연결로 이루어진 경제 시스템을 어떻게 다루어 왔는지, 그리고 앞으로 어떻게 진행될지에 집중할 것이다. 먼저 경제학은 분명 과학의 한 분야다. 가끔 도덕적, 철학적 주장이 얽혀 있어 주의를 요하지만 기본적으로는 과학, 네트워크 과학이다. 경제학의 시작은 대항해시대, 절대 왕정으로부터 시작된 중상주의까지도 거슬러 올라가지만, 물리학이 보통 뉴턴을 소개하는 것으로 시작하듯이, 경제학은 애덤 스미스 Adam Smith 의 『국부론 The Wealth of Nations 』에서 시작한다.

시장 선택의 원리

경제 시스템을 네트워크 관점에서 분석하려면 먼저 노드가 무엇인지, 링크 혹은 연결이 무엇인지를 정의해야 한다. 단순히 한 사람 한 사람을 노드라고 정의하는 것은 분석하는 데 도움이 되지 않는다. 정의하기에는 쉽겠지만 그로부터 한 발자국도 더 나아가지 못하게 된다. 생태계를 분석할 때 종을 하나의 노드로 보듯이, 자본주의 경제 주체를 몇 가지로 묶어 지주, 자본가, 노동자로 구분해 각각의 노드로 정의하고 이들이 서로 어떤 연결 관계를 갖는지 처음 주목한 것이 바로 애덤 스미스다. 고전 경제학이라 부르는 이러한 초기 경제학의 대상은 자본주의 경제에 한정되어 있었다. 자본주의라는 경제 네트워크가 주로 어떻게 작동하는지를 분석할 뿐 진화적 관점은 결여되어 있었는데, 경제학에 이를 도입한 것이 마르크스다.

앞서 설명한 바와 같이, 경제 시스템은 생산력과 밀접하다. 그렇기에 경제 시스템에 대한 설명에서 생산 과정에 대한 설명이 가장 중요하다. 자본주의 경제 시스템에서 지주는 땅을, 자본가는 생산 수단을 대고, 노동자는 노동력을 공급한다. 이 세 가지가 생산 요소다. 그 결과로 얻어진 이익은 지주에게는 지대로, 자본가에게 이윤으로, 노동자에게 임금으로 돌아간다. 물론 여기에 소비자와 은행, 외국이 추가되지만,

고전 경제학의 관점에서 소비와 화폐 그리고 무역은 분석에서 부차적 요소였을 뿐이고 주된 관심은 생산이었다.[*]

이 모든 것들이 결정되는 원리로 시장 혹은 시장 선택, '보이지 않는 손'과 같은 개념이 등장한다. 이는 다윈의 자연선택과 구조적으로 동일한 개념으로서, 경제 시스템이 작동하는 방식을 평균장으로 설명한다. 당연하게도 이러한 근사는 이후 신고전학파의 균형 이론에 의해 더욱 정교한 근사 이론으로 발전한다. 균형 이론은 생물학의 자기 조직화 이론과 유사하게, 시장이라는 평균장을 미시적인 요소로 분해해 어떻게 시장의 균형이 형성되는지를 보여준다. 이러한 시장에 더해 고전 경제학은 경제학에 필요한 각종 용어들을 추가적으로 정의하고, 그 특성을 규명하고자 노력했다. 예를 들어, 사용 가치, 교환 가치가 무엇인지, 그리고 가치가 만들어지는 원천은 무엇인지,[**] 복잡해 보이는 경제 네트워크에서도 보존되는 것은 무엇인지를 찾고자 노력했다. 이제 동역학을 풀기만 하면 된다. 그런데 이것이 간단하지 않았다. 고전 경제학의 모델만 하더라도 그 동역학을 풀기가 매우 어려웠다.

예를 들어, 그림 52의 네트워크는 A가 증가하면 B가 증가하는 연결 관계를 갖지만, C를 통해 A가 증가할 때 B가 감소하는 결과를 보일 수

[*] 프랑스 경제학자 장바티스트 세Jean-Baptiste Say의 이름을 딴 세의 법칙이라는 것이 있다. 세의 법칙은 공급이 스스로 수요를 만든다는 것이다. 쉽게 말해, 만들면 팔리기 마련이라는 이야기다. 앞서 산업혁명 시기를 설명하면서 땅이 계속 증가한다는 비유를 들었는데, 이는 자본과 노동력을 투입하기만 하면 생산력을 끌어올릴 수 있으며 생산된 모든 재화와 서비스는 소비된다는 것을 뜻한다. 세의 법칙은 이러한 산업 혁명 시기의 경제 상황을 반영한 이론이며, 고전 경제학이 생산 이론에 집중한 근거였다.

[**] 모든 가치는 인간의 노동으로부터 주어진다는 애덤 스미스의 노동가치설이 고전 경제학에서 지배적이었고, 이를 마르크스가 이어받았다. 이는 생산관계 이론과 더불어 마르크스 이데올로기의 또 다른 중추로 자리 잡는다.

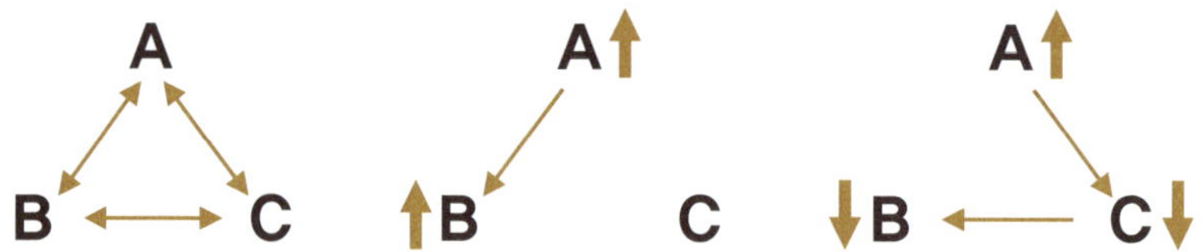

그림 52　　A, B, C가 서로 다른 특성을 갖는 노드이며, 그들의 연결 특성도 다르다. 이러한 구조를 '3각-3모드 네트워크'라고 부른다. 가운데 그림은 A가 증가하면 B가 증가하는 관계를 갖는다는 것을 나타내며, 맨 오른쪽 그림은 A가 증가하면 C가 감소하고 C가 감소하면 B가 감소하는 연결 관계를 갖고 있음을 나타낸다.

도 있다. 그러면 결국 A가 증가하면 B가 증가할지 감소할지 알 수 없게 되고, 강조하는 것이 무엇인지에 따라 다른 결론을 주장하는 이론들이 동시에 나타날 수 있다. 실제로도 그랬다.•

　이제 필요한 것은 네트워크의 동역학을 푸는 방법이었다. 그 고전적인 방법은 주로 데이비드 리카도 David Ricardo에 의해 주어졌다. 하지만 그 방법론이라는 것이 대단한 것은 아니었다. 네트워크를 통째로 푸는 방법이 없다면, 풀 수 있을 때까지 구조 혹은 모델을 간단하게 만드는 기법이었다. "나머지가 동일하다면"이라는 조건 아래 어떤 요소를 무시하는 접근들이었다. 예컨대 그림 52에서 C가 크게 움직이지 않는다는 가정을 추가하면 경제 모델은 그림 52의 가운데 그림과 같이 간단해지고, 이를 통해 A가 증가하면 B가 증가한다는 이론을 만들 수 있

● 현대 정부는 복잡한 경제 네트워크에 통화량과 이자, 정부 재정 정도만을 이용해 개입한다. 보통 이자가 증가하면 생산 요소에 대한 투자비가 증가해 상품의 가격이 오른다. 반면 이자가 증가하면 소비가 감소하고, 소비가 감소하면 상품 가격은 떨어진다. 결국 결과는 그때그때 다르다. 물론 이자의 증감이 매우 작을 경우 어느 정도 선형성을 확보할 수 있고, 평상시는 이 수준에서 정부의 정책이 결정된다. 하지만 경기의 변곡점에서는 이러한 조절이 예측할 수 없는 결과를 낳을 수도 있다.

다. 이 정도가 그 당시 경제학자들이 할 수 있는 전부였다. 하지만 이때는 C를 이용해 정반대의 주장을 하는 이론도 얼마든지 생겨날 수 있다. 하나의 경제 정책을 놓고 정반대의 주장을 하는 것은 그 당시에도 그랬고, 심지어 지금도 크게 다르지 않다.

사실 경제학의 역사는 당면한 현실을 해석하는 것이 우선이었다. 항상 현실이 먼저 움직였고, 경제학은 뒤따라가기에 급급했다. 어떤 가정 아래 현실을 설명하는 것이 경제학의 역할이었다. 그렇기에 문제를 해결하기 위한 정책을 논한다는 것은 고전 경제학자들, 심지어 지금의 경제학자들에게도 어렵기는 마찬가지다. 그에 반하는 이론이 나타나 또다시 주장을 펼치기 일쑤다. 곡물법에 반대한 리카도나 전후 경제 문제를 해결하고자 한 케인스의 일반 이론 또한 여기에서 벗어나지 않는다. 고전 경제학은 리카도에 의해 정립되었지만, 여기에는 시스템 진화라는 개념이 거의 들어 있지 않다. 그에 반해 처음부터 진화 과정에 관심이 많았던 마르크스는 다른 방향의 해석을 주장했지만, 앞서 이야기한 것처럼 마르크스 이론은 네트워크 분석에 더 이상 도움이 되지 않기에 이 책에서는 자세히 다루지 않기로 한다.

한계 이론

이제 고전학파들이 물러나고 신고전학파가 등장한다. 생물학에 신다윈주의가 계몽 이론으로 인정되듯이, 경제학에서는 신고전학파의 경제학이 그 자리를 차지한다. 그들의 이론을 줄여서 '한계 이론marginalism'이라고 일컫기도 한다. 경제학과 학부 과정에서 배우는 미시경제학이 바로 그에 관한 것이다. 신고전학파는 고전학파 이론이 지닌 문제들,

그림 53   공중에서 땅으로 떨어지는 물체.

즉 형이상학적 개념에 가까운 가치 개념과 노동가치설을 현실적인 가격 개념으로 바꾸어 버렸다. 하지만 지금부터 시간을 들여 한계 이론을 조금 더 알아보고자 하는 이유는 그것의 내용보다는 네트워크 문제를 푸는 혁명적인 방법론 때문이다.

신고전학파는 네트워크 문제를 풀기 위해 '충분한 시간이 지나 평형에 도달한다면'이라는 조건을 가정했다. 이것이 결정적이다. 한편으로 이는 열역학을 떠올리게 한다. 열역학에 등장하는 변수들은 엔트로피를 포함해 모두 평형 상태에서의 값이다. 이렇게 동역학적 결과를 무시하는 가정을 바탕으로, 오히려 고전학파들이 필요로 한 가정들의 수를 줄일 수 있었다. 한번 땅으로 떨어지는 물체에 관한 문제를 살펴보면서, 신고전학파의 문제 풀이 방법을 이해해 보자.

그림 53을 보자. 공중에서 물체를 떨어뜨리면, 물체는 두 가지 힘을 받는다. 하나는 중력(mg)이고 하나는 속도에 비례하는 마찰력(γmv)이다. 여기서 γ는 마찰 계수이고, v는 물체의 속도다. 물체의 동역학 해를

구하기가 너무 어렵다고 해보자. 그럼에도 다음과 같은 추론을 통해 알아낼 수 있는 것이 있다. 즉, 물체의 속도는 처음에는 0부터 시작하고 중력으로 인해 점점 빨라진다. 물체의 속도가 빨라질수록 속도에 비례하는 마찰력으로 인해 가속도가 점점 줄어든다. 속도가 빨라지다 보면 중력과 마찰력이 같아지는 지점에 이르게 되는데, 이때는 힘이 균형을 이루며 그 총합은 0이다. 힘이 0이 되면 물체는 빨라지지 않고 관성의 법칙에 따라 특정 속도를 유지하게 되는데, 이러한 속도를 종단 속도라고 한다. 결국 종단 속도는 방정식 $mg=\gamma mv$를 통해 구할 수 있다. 그 값은 $v=g/\gamma$다.

즉, 동역학의 해를 구할 수 없기에 시간에 따른 정확한 속도 변화를 알지는 못하지만, 적어도 충분한 시간(충분한 시간이 어느 정도인지도 모른다)이 흐르면 속도가 종단 속도라고 불리는 일정한 값에 도달하리라는 것을 앞의 추론 과정을 통해 알아낼 수 있다. 그리고 이것이 바로 신고전학파의 추론 과정이기도 하다.

사실 앞의 문제는 그리 어렵지 않기에, 뉴턴 방정식으로 동역학의 해를 구할 수 있다. 뉴턴 방정식은 다음과 같다.

$$F=ma=mg-\gamma mv$$

이 식에서 가속도 a는 속도 v의 1차 미분이므로, 방정식을 풀려면 1차 미분방정식을 풀어야 한다. 그 결과는 다음과 같다. 그래프로는 그림 54와 같이 나타낼 수 있다.

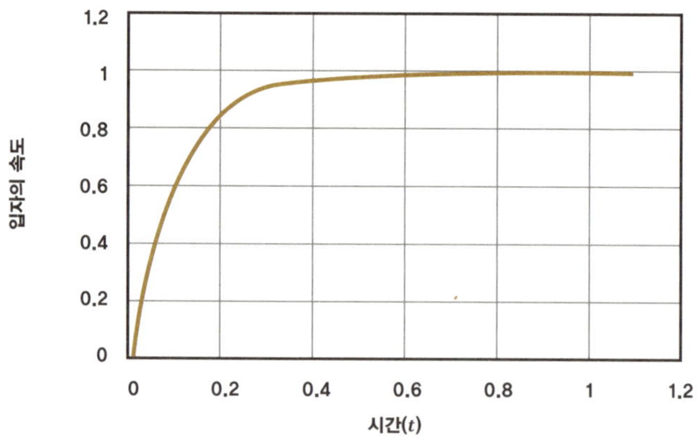

그림 54   지상으로 떨어지는 물체의 속도. $g=\gamma=1$이라고 가정.

$$v = g * (1 - e^{-\gamma t}))/\gamma$$

그림 54의 그래프에서 보이듯이, 속도는 0에서 시작해 가파르게 증가한다. 하지만 속도가 빨라질수록 마찰력도 커지기에 가속도는 점차 감소하며, 속도는 서서히 1에 수렴한다. 수렴하는 값은 앞의 수식에서 시간 t를 무한대로 보내면 되는데, 그러면 g/γ이 된다는 것을 어렵지 않게 알 수 있다. 물론 이 값은 동역학을 풀지 않고도 알아낼 수 있는 종단 속도와 같다. 신고전학파는 경제 네트워크의 문제를 이러한 방식으로 접근했다. 시간이 얼마나 걸릴지는 모르지만 결국 어떤 값으로 수렴한다는 것이 그들의 기본 가정이다.

신고전학파의 시작을 알린 대표적 이론이 한계 효용 체감의 법칙^{law} ^{of diminishing marginal utility}이다. 먼저 용어를 한번 짚고 넘어가자면, 신고전학파 이론에서 여기저기 출몰하는 '한계'라는 말은 어떤 일의 제한 범위라는 뜻의 한계가 아니라, 미분에서 나타나는 매우 작은 단위의 변화를 나타낸다. '체감'은 체증과 반대 개념으로, 미분 값(기울기)이 음의 값을 가지며 점점 감소한다는 것을 뜻한다. 여기서 한계 효용 체감의 법칙이란 우리에게 사과가 없을 때 사과 하나를 얻음으로써 얻는 효용이 가장 크고, 사과를 하나씩 더 가질수록 사과를 얻음으로써 얻는 효용은 떨어진다는 것이다. 즉, 효용이 이미 가지고 있는 사과 개수에 반비례해 줄어든다는 것이 한계 효용 체감의 법칙이다.

효용 극대화의 원리 principle of utility maximization 도 유명하다. 예컨대 사과와 배가 각각 100원이고 어떤 소비자가 1,000원으로 과일을 산다고 해보자. 그런데 소비자는 이미 배를 5개쯤 가지고 있다. 그렇다면 소비자는 처음 100원을 배가 아니라 아마 사과를 사는 데 쓸 것이다. 두 번째도 사과를 살 것이다. 이렇게 점점 사과의 개수가 많아지면 추가되는 사과의 효용이 떨어지기에, 어느 순간 배의 효용이 증가할 것이다. 그때는 배를 살 것이다. 다시 사과의 효용이 증가하면 사과를 살 것이다. 이 과정을 반복해 결국 마지막 100원을 사용해 사과와 배의 효용이 동일해지도록 하면, 이 소비자는 1,000원을 가지고 자신의 효용을 극대화할 수 있다.[•]

이 두 가지 원리로 소비자의 구매 행태를 설명할 수 있다. 생산자의 행태도 설명할 수 있다. 상품 한 단위를 추가로 만드는 데 드는 비용을

● 열역학 제2법칙은 두 가지를 말한다. 하나는 엔트로피가 증가한다는 것이고, 다른 하나는 엔트로피가 최대인 지점에서 평형에 도달한다는 것이다. 이는 한계 이론의 구조와 일치한다. 사과와 배의 효용이 동일해질 때 효용이 극대화된다는 것은 열역학에서 두 시스템의 온도가 같아진다는 것에 해당한다.

'한계 비용'이라고 하고, 한 단위의 상품을 추가로 판매함으로써 얻는 수입을 '한계 수입'이라고 정의하면, 생산자는 한계 비용과 한계 수입이 일치하는 지점까지 생산량을 늘릴 때 가장 많은 이윤을 얻는다. 그리고 마지막으로 효용을 극대화하고자 하는 소비자와 이윤을 극대화하고자 하는 생산자가 만나면, 양쪽을 모두 최적화하는 가격과 수량이 결정된다. 이러한 최적화 과정에 대한 설명을 위해 고전학파가 '보이지 않는 손'이라는 추상적인 평균장 개념을 사용했다면, 신고전학파는 각자 이익을 최대화하고자 하는 합리적 결정이라는 가정만으로 이 모든 것을 미시적 수준에서 설명할 수 있었다. 여기서 한계라는 개념은 미분을 의미하므로, 신고전학파 경제학의 방정식들은 대부분 미분방정식의 형태를 띤다. 이는 분명 경제 시스템이라는 네트워크 문제를 푸는 데 혁명적인 결과를 가져왔다. 하지만 한계 이론의 약점 또한 명확한데, 그것은 다름 아닌 한계 이론의 가정에 있다.

한계 이론은 수많은 노드들과 그 연결로 이루어진 네트워크에서 하나의 노드와 그 연결에 우선 집중한다. 이러한 미시적인 접근이 거시적인 네트워크를 설명하리라는 보장은 없다. 노드들과 그 연결이 충분한 시간이 지나 평형에 도달하리라는 점도 보장할 수 없기는 마찬가지다. 이러한 가정이 의미가 있으려면, 평형에 도달해야 할 뿐 아니라 평형에 도달하는 시간이 우리가 체감하는 경제 변화의 시간보다 훨씬 빨라야 한다. 이자를 올리면 경제 시스템은 과연 얼마나 빠르게 반응할까? 반응은 즉각적이지 않다. 심지어 경제 공황과 같이 평형에 도달하지 못하고 발산하는 경우도 자주 나타났다. 한 가지 가정이 더 있는데, 평형이 최적화를 동반한다는 것이다. 이는 인간이 효용을 극대화하는 합리적 존재라는 암묵적인 가정에 기반하는데, 우리는 그런 식으로 행동하지 않는 경우도 여럿 알고 있다. 그리고 그러한 합리적이지 않은 선택의 결과를 설명하는 여러 근사 이론들이 있다.

그럼에도 한계 이론은 크나큰 의미를 지닌다. 0번째 근사 이론인 고전 경제학의 시장 개념, 즉 '보이지 않는 손'을 해부해 미시 이론으로 설명해 냈다는 점에서 그렇다. 이는 뉴턴 역학에서 평균적인 외부의 힘이 상호작용하는 힘으로, 생물학에서 자연선택을 자기 조직화 과정으로 대체한 것과 동일한 업적이다. 이를 통해 자연이나 시장이라는 추상적이고 거시적인 개념을 미시적 실체에 대한 개념으로 바꿀 수 있었다. 하지만 철학이나 이데올로기의 관점에서 여러 비판을 받기도 했는데, 앞서 이야기한 가정들 때문이었다. 신고전학파의 사상은 한마디로 자율 경쟁에 맡기면 알아서 균형을 찾고, 심지어 최적화가 이루어진다는 것이다. 이는 이데올로기의 관점에서 지극히 자본주의와 자본가를 위한 것이다.

이는 모든 것을 전체적으로, 동적인 관점에서 보아야 한다는 마르크스주의와는 정반대의 입장이다. 처음부터 변증법적 유물론에 근거한 전체론적 경제학은 과학으로서의 경제학이 따라가기에는 시대를 너무 앞서간 것이었다. 이러한 관점을 밀어붙이는 데 필요한 네트워크 개념이 충분히 성숙하지 못했으며, 마르크스 자신 역시 전체를 생산력과 생산관계로 환원해 이해하고자 하는 오류를 범했다. 이는 아인슈타인의 통일장 이론을 떠올리게 한다. 아인슈타인이 제시한 방향이 맞다고 하더라도, 그의 이론은 시대를 지나치게 앞선 것이었다. 결국 빛을 보지도 못했다. 과학에는 나름의 경로와 순서가 있다. 뉴턴 역학 없이 상대성이론이 나올 수 있었을까? 현실적으로 불가능했을 것이다. 마르크스의 이론이 과학의 발전 경로 바깥에 있었다면, 신고전학파 이론은 그러한 경로 위에 서 있었을 뿐이다. 이것이 신고전학파의 경제학을 '정통 경제학'이라고 말하는 이유다. 이제 경제학에 주어진 숙제는 신고전학파의 약점인 가정을 하나씩 완화해 2차, 3차 근사 이론들을 만드는 것이다. 이 작업은 지금도 진행 중이다.

거시경제학

신고전학파 경제학의 다음번 큰 도약은 존 메이너드 케인스에 의해 이루어졌다. 그는 신고전학파의 중심 인물인 앨프리드 마셜^{Alfred Marshall}의 제자로서, 신고전학파의 울타리에서 공부했지만 그 울타리를 벗어나 거시경제학을 창시했다. 이는 케인스 자신의 자랑이기도 했다. 하지만 그의 바람과 다르게 그의 이론은 그의 사상적 제자들, 흔히 '케인스주의자'로 불리는 이들에 의해 신고전학파 이론, 즉 미시경제학의 확장에 기여하는 방식으로 전개되었다.

먼저 여기에도 양질 전환이 있다. 경제 시스템의 미시적 접근과 거시적 접근은 반드시 양질 전환을 겪는다. 오메가가 달라지며, 두 가지 오메가를 연결해 주는 메커니즘이 존재한다. 거시경제학은 총공급, 총수요, 총소득, 총저축과 같은 것들로 이루어져 있다. 한편 케인스는 신고전학파가 주장한 바와 다르게 거시적인 관점에서 시간이 지나도 안정을 찾지 못할 가능성을 발견했다. 그리고 이를 분석하기 위해 신고전학파의 수렴 혹은 균형이 존재한다는 가정을 완화했다. 그를 유명하게 만든 것이 「고용, 이자, 화폐에 관한 일반 이론^{The General Theory of}

$$
\begin{array}{r}
1+x+x^2+ \\[2pt]
1-x \overline{\smash{\big)}\, 1 } \\[2pt]
\underline{1-x} \\[2pt]
x \\[2pt]
\underline{x-x^2} \\[2pt]
x^2 \\[2pt]
\underline{x^2-x^3} \\[2pt]
x^3
\end{array}
$$

그림 55   1/(1−x)의 나눗셈.

Employment, Interest and Money」이라는 논문인데, 여기에 그가 '일반 이론'이라는 이름을 붙인 이유는 아주 특수한 가정 위에 세워진 신고전학파 이론과 달리 자신의 이론은 훨씬 폭넓은 영역에 두루 적용 가능함을 이야기하기 위해서였다.[•]

신고전학파 이론에서는 거의 노드마다 '한계'라는 이름을 붙인 방정식을 만들 수 있다. 이러한 방정식은 모두 균형을 가정하는데, 거시적으로 모든 노드가 동시에 균형을 보일 리는 없기에 미시에서 거시로 도약하기가 쉽지 않다. 신고전학파의 이론은 이러한 어려움에도 불구하고 네트워크 전체의 균형을 가정하며, 이로부터 그들의 정리를 이끌어 낸

● 경제학 지식을 가진 독자라면 혼동을 느낄 만한 내용이다. 케인스는 신고전학파 이론의 공리들이 지닌 한계를 지적했다. 하지만 우리는 그가 전개한 내용보다는 방법론에 초점을 두고 있다는 점을 다시 강조한다.

것이다. 케인스는 이러한 가정 몇 가지를 부정한다.[*] 그리고 이것이 동역학적 해석과 거시적 해석을 촉발했다. 평형에서 벗어나는 간단한 수학적 예인 그림 55의 연산을 보자.

여기서 $x=0$이면 좌변, 우변 모두 1로 등식이 성립하고, $x=0.5$라고 하더라도 좌변과 우변 모두 2가 된다. 하지만 x가 2이면 좌변은 -1이지만 우변은 무한대다. $1/(1-x)=1+x+x^2+x^3+\cdots$이라고 말하려면, 좌변과 우변 모두 유한한 값을 갖는다는 가정이 성립해야 한다. 정확히 말해, '충분한' 단계가 지나 나머지가 0이 되는 경우에 사용할 수 있는 수식이다. 그림 55에서 나머지는 x^3인데, 동일한 연산을 반복하면 나머지는 x^n이 된다. 이 값이 0이 되려면 $-1<x<1$이 되어야 한다. 즉, 이 식은 $-1<x<1$이라는 가정하에서만 성립하고 그렇지 않으면 우변이 발산한다.

이러한 수렴 가정이 신고전학파의 이론에서는 선험적으로 주어진다. 가정과 결론이 뒤바뀌어 해석될 위험성도 상존한다. 균형이 존재한다는 가정하에 균형이 존재한다는 결론은 동어반복이다. 그렇다고 이 가정을 깨면 신고전학파 경제학은 즉각 그 힘을 잃는다. 그런데 평형에 도달하는 시간에 앞서 얼마든지 다른 일들이 발생할 수 있다. 전쟁과 같은 외부 충격도 한 가지 예다. 종단 속도에 도달하기에 앞서 이렇게 다른 사건이 발생하면, 신고전학파의 접근, 즉 $F=0$을 이용한 문제 해법은 실패한다. 케인스가 한 일은 앞의 수식에서 나머지 x^n이 0이 아닌 경우를 다루는 것이었고, 경제 공황과 같은 일로 이것이 때때로 발산할 수도 있음을 보인 것이다.

미시경제학과 거시경제학은 여러 가정과 모델에 기반해 만들어졌지만, 어느 정도 자본주의 경제 시스템을 성공적으로 설명해 왔다. 학문의 발전 방향성을 고려했을 때 이제 경제학은 크게 두 가지 방향으로 갈라진다. 첫째는 가정을 여러 개 두고 네트워크를 해체해 문제를 단순화하는 방법이 아니라, 처음부터 네트워크적인 관점에서 접근하는 것이다. 이는 경제학 이론의 일반성을 높이는 방향이다. 둘째는 경제학적 대상의 범위를 넓히는 것이다. 첫 번째 접근은 비선형 복잡계 네트워크를 다루는 완벽한 수학적 도구를 아직 개발하지 못했기에 매우 어렵고 전문적이다. 우리는 마지막 장에서 이를 조금 다루어 볼 것이다. 이러한 접근이 성공을 거두지 못하는 한, 앞으로도 오랜 시간 경제학은 네트워크를 해석할 뿐 예측하지 못할 가능성이 높다. 두 번째 접근은 경제학의 영역을 사회, 과학, 환경의 영역으로 더 넓히는 것이다. 앞서 경제 시스템이 상부구조를 결정한다고 말했다. 이는 경제 네트워크에 상부구조를 포함하는 더 큰 네트워크를 생각할 수 있다는 뜻이다. 여기서도 학문의 발전 방향이 보인다. 경제 시스템만 하더라도 이미 복잡하기에, 상부구조를 한꺼번에 경제 이론 안으로 포함시키기는 어렵다. 실제로 경제 이론 안으로 상부구조가 하나씩 포섭되었는데, 그 하나하나마다 노벨상이 주어졌다.

경제 시스템과 그 상부구조를 이해할 때 주의할 점은 경제 시스템과 독립된 상부구조가 있다는 식으로 바라보면 안 된다는 것이다. 기본적으로 상부구조는 경제 시스템에 종속적이다. 이는 목표를 결정하는 본능이 방법과 관련된 이성이나 지능보다 우선 순위가 높다는 것으로부터 알 수 있다. 비록 그 연결 강도가 약할 수도 있지만, 상부구조는 결코 독립적인 네트워크가 아니다. 때때로 상부구조가 독립적으로 보이는 이유는 그것이 마르코비언 특성을 갖고 있어 경제 시스템의 변화에 즉각적으로 반응하지 못하기 때문이다. 그렇기에 상부구조를 이해하고 나서 그것과 경제 시스템의 연결을 분석하는 접근은 적절하지 않다. 처음부터 상부구조가 어떻게 경제 시스템으로부터 영향을 받는지 분석하고, 그다음으로 상대적인 독립성과 다양성을 연구해야 한다. 사실 이러한 접근 방식은 이미 마르크스로부터 시작되었고 그의 후계자들이 꾸준히 발전시켜 왔으나,* 별다른 성과를 보여주지는 못했다. 오히려 신고전주의 이론이 다른 모든 이론을 그 안에 포섭하는 과정에서 자연스럽게 발전해 왔다.

사회 네트워크에는 방대한 대상들이 포함된다. 이 가운데 자본, 노동, 상품, 서비스, 화폐에 한정되는 네트워크를 연구하는 분야가 경제

---

* 1990년대 한국 사회에도 큰 영향을 미친 알튀세르Louis Althusser와 그람시Antonio Gramsci가 대표적이다. 프랑스 구조주의자로 분류되기도 하는 알튀세르의 중층 결정이론과 이탈리아 혁명가였던 그람시의 헤게모니 이론은 마르크스주의에 기초한 상부구조 이론들이다. 하지만 우리는 이들의 이론을 철학이라고 하지, 과학이라고 하지는 않는다.

학이다. 애덤 스미스, 데이비드 리카도, 카를 마르크스에 이어 신고전학파 경제학자들이 이에 관한 계몽 이론을 만들었다. 하지만 사회 네트워크 안에는 닫힌계가 존재하지 않는다. 다시 말해, 그 안의 네트워크는 다른 네트워크와 끊임없이 상호작용한다. 초기 경제학은 그 밖의 다른 네트워크와 상호작용하지 않는다고 단순화시키고도 중요한 여러 결과를 이끌어 냈지만 한계가 있었다. 뉴턴의 물리학이 제아무리 대단하다고 하더라도 빛의 속도에 가까운 물체를 설명할 때는 큰 오차가 생길 수밖에 없는 것과 같다. 경제학자들은 경제학의 대상을 넓혀가기 시작했다. 경제는 닫힌 시스템이 아니기에, 그동안 단순히 외부의 힘(이를 경제학에서는 '외생적 요인'이라고 한다)이라고 가정했던 것들을 경제학의 대상에 포함하기 위해 노력했다. 어떤 이는 사회적 요인, 예컨대 출산이나 범죄를 경제학의 대상으로 도입했고, 어떤 이는 환경을 포함시켰다. 어떤 이는 정치적 요소를, 또 어떤 이는 과학을 포함시키고자 노력했다.

과학기술

이 가운데 과학을 포함시키는 것이 그 무엇보다 중요했다. 아니, 오히려 과학이 그 어떤 연결 내용보다 중요한, 처음부터 경제학의 대상에 포함되어야 비로소 계몽 이론으로 적절히 작동할 수 있음이 드러났다. 생산력 증가 말고도, 마르크스의 대표적인 2종 예측으로 자본주의 체제에서는 평균 이윤율이 점점 낮아진다는 것이 있다. 그의 이론에 따르면, 이윤율이란 잉여 가치를 투자 자본으로 나눈 값이다. 투자 자본은 고정 자본과 가변 자본의 합이다. 자본주의의 극심한 경쟁으로 자본가들은 자본 투자를 계속 늘릴 수밖에 없는데, 노동력에 투자되는 가변 자본보다는 고정 자본에 투자되는 비율이 점점 높아진다. 하지만 그의 노동가치설, 즉 모든 가치는 노동에서 나온다는 정리에 따르면 가치는 가변 자본에 비례하므로 결국 이윤율은 계속 줄어드는 경향이 있다는 예측에 다다른다. 이러한 경향은 자본주의를 불안정하게, 공황에 빠져들 수밖에 없게 만든다. 이러한 마르크스의 예측은 공황이 발생할 수 있음을 처음으로 훌륭히 예측하기는 했지만 평균 이윤율이 지속적으로 떨어질 것이라는 2종 예측은 현실과 많이 달랐다. 과학기술의 발전은 고정 자본의 투자를 늘리기는 했으나, 이로부터 나오는 이익도 빠르게 증가시켰기 때문이다.

과학은 단순한 상부구조가 아니라 처음부터 경제 시스템의 가장 중요한 요소였다. 하지만 대부분의 경제학은 과학을 외생적 요인으로 치부하거나 애써 그 효과를 인정하지 않으려 했다. 이에 맞서 과학기술을 경제의 핵심 요소로 처음 끌어들인 이가 조지프 슘페터였다. 슘페터는 기본적으로 마르크스주의자였지만 그의 이론은 주류 경제학 관점에서나 마르크스 경제학의 관점에서나 모두 이단적이었고, 그러한 이유로 양쪽 모두에게 별다른 영향을 미치지 못했다. 그는 '기업', '기업인', '혁신'이라는 용어들을 정의하고, 경제 성장의 원동력이 혁신 기업인들의 창의적인 활동, 창조적 파괴라고 설명했다. 과학기술의 발전 방식이 양질 전환의 한 종류, 즉 소멸과 대체를 밟아가는 과정으로 기술하며 이것이 경제 성장의 원동력이라고 본 것이다. 그의 이론은 주류에서 밀려나 있다가 1980~1990년대 여러 국가들이 과학기술 혁신 전략을 수립하는 것을 계기로 그의 지적 계승자들에 의해 되살아났다. 어쨌든 기존의 경제학이 과학기술을 가격 경쟁에 도움이 되는 부차적 요소로 취급했다면, 슘페터는 과학기술이 경제 성장의 주요 동력이라는 혁신적 경제학을 제시했다. 하지만 그의 이론은 여전히 경제학에서는 비주류다.

고전주의든 신고전주의든 케인스주의든, 그들의 경제 성장 모델에는 과학기술이 중심에 있지 않았다. 하지만 앞서 설명한 바와 같이 신고전주의의 확장은 과학기술에까지 발을 넓혔고, 그에 따른 영예도 가져갔다. 그 시작에는 신고전학파의 성장 모형으로 유명한 경제학자 로버트 솔로Robert Solow가 있었다. 그는 신고전학파 경제학자였지만 당시의 신고전학파 주장에 정면으로 도전하는 이론을 제시했다. 그는 경제 성장 혹은 생산력 발전에 영향을 주는 요인을 분석해 그것이 자본도, 노동도 아니라 기술 발전임을 보여주었다. 1909년부터 1949년까지 40년간의 데이터를 분석한 결과, 미국 GNP 상승에 기여한 요인 중 자본 축적과 노동 강도의 변화가 차지하는 비율이 12.5%뿐이며, 기술 발전이 차지하는 비율이 87.5%임을 발표한 것이다. 이는 오늘날의 경제 상황을 보면 당연해 보이지만, 자본 축적이 여전히 무섭게 진행되던 그 시절에는 쉽게 와닿지 않는 결론이었다.

그는 경제학에서 과학기술이 자본과 노동보다 중요한 요소임을 객관적인 데이터로 보여준 첫 번째 경제학자였다. 하지만 그의 연구는 여기서 막을 내린다. 그는 진리를 탐구하고 새로운 것을 만들어 내는 창의성, 그리고 이와 관련된 과학기술의 발전 법칙이 경제 시스템 자체의 발전과 어떻게 연결되는지 밝혀내지는 못했다. 그 작업은 폴 로머Paul Michael Romer에게 주어졌고, 그는 내생적 성장 이론을 만드는 데 성공함으로써 2018년 노벨 경제학상을 받았다. 그의 이론은 앞서 설명한 대로 과학기술을 경제학 안으로 끌고 들어왔다. 과학기술 또한 경제학의 대상이며, 경제적 요인이 어떻게 지식과 과학기술의 발전, 혁신을 이끌어 내며, 이것이 다시 경제 성장 동력이 되는지를 보여주었다.

사회 현상의 경제학

시카고대학교의 경제학자 게리 베커 Gary Becker는 인간의 행위 중 비용과 편익을 계산할 수 있는 거의 모든 사회적 영역을 경제학의 대상으로 다룰 수 있음을 보여 1992년 노벨 경제학상을 수상했다. 그는 경제학에 결혼, 출산, 범죄와 같은 사회 현상을 도입했고, 이러한 것들이 단순한 도덕적 선택이 아닌 경제적 선택임을 보였다. 예컨대 범죄에 관한 그의 논리에 따르면, 법을 어김으로써 얻는 이익이 법을 어겼을 때 치르는 비용보다 크다면 법을 어기는 것이 합리적이며, 이로 인해 범죄가 발생한다. 그럴듯해 보이기는 하지만, 출산에 관해서는 논란이 있다. 출산에 대한 그의 주장 또한 범죄를 분석하는 논리와 같은 구조를 띤다. 그에 따르면, 사람들은 자녀를 가짐으로써 얻는 행복이나 기쁨의 효용이 육아에 필요한 모든 자본 비용을 초과할 때만이 자녀를 갖는다. 대다수 선진국에서는 출산율 문제를 겪는데, 그중에서도 한국은 압도적으로 심각한 상황에 처해 있다. 이는 다른 어떤 문제보다도 심각하다. 나는 게리 베커의 결론에는 동의하지만, 결론에 도달하는 과정은 다르다. 한번 살펴보자.

호모 사피엔스는 수십만 년간 나의 주인이 오직 나뿐이라고 생각하며 살아왔다. 하지만 최근 우리는 우리 몸속에 유전자라는 또 다른 주인이 산다는 것을 발견했다. 4장에서 소개한 생명 게임을 기억해 보자.

생명 게임은 고작 4개의 규칙만으로 얼마나 다양한 패턴이 만들어질 수 있는지를 보여준다. 세포와 유전자는 조건부 반응을 하는 기계일 뿐이지만, 이 기계들이 모여 보여주는 패턴은 거의 무한에 가깝다. 이 기계는 자기 복제라는 목표를 달성하기 위해 개체를 설계하고, 그중 일부는 자연에 의해 선택된다. 개체는 자신의 주인은 자기 자신이라는 착각 속에서 살아가지만 이 또한 유전자가 설계한 것에 불과하며, 개체는 유전자 복제에 필요한 생존과 번식을 지상 과제로 삼으며 살아간다. 이미 설명한 대로, 농업혁명이 이러한 관계를 적나라하게 드러낸다. 생존과 번식을 위해 인간은 농업을 개발했지만, 개체의 이익으로 돌아간 것은 잠시뿐이었다. 개체 수가 증가함에 따라 이익을 보는 것은 유전자이지 개체가 아니다. 하지만 이러한 유전자조차 자신이 설계한 의식과 지능이 수십만 년이 지나 어떻게 자기 자신을 파괴할지는 예측해 내지 못했다.

처치-튜링 논제를 기억해 보자. 쓰고 읽고 더하기가 가능하고 작업 순서를 바꿀 수 있다면 모든 계산을 수행할 수 있다는 것이 처치-튜링 논제다. 유전자는 인간에게 뇌라는 기억 장치를 심어주고, 수와 더하기를 정의하고 활용하는 능력을 선사했다. 처치-튜링 논제에 따라 사실상 인간에게 모든 계산을 수행할 수 있는 능력을 준 것이다. 유전자는 이 능력에 자기 파괴적인 씨앗이 숨어 있음을 알 수 없었을 테고, 다만 당시 환경에서 유전자 복제에 도움이 되기에 선택되었을 것이다. 유전자는 자신의 정체를 숨기고 개체의 주인이 개체라는 생각마저 심어주었는데, 이는 양질 전환을 거치면 오메가가 바뀐다는 방증이기도 하다. 개체 네트워크는 자신의 오메가로 굴러갈 뿐이지만, 유전자의 자기 복제 임무는 개체의 생존과 번식을 통해 어려움 없이 성공적으로 달성되어 왔다. 유전자의 자기 복제와 개체의 생존과 번식은 서로 다른 위계에 놓인 다른 임무이지만, 이때 상위 오메가는 하위 오메가의 임무를 거스를 수 없다. 개체가 유전자에 반기를 들기까지는 오랜 세월이 걸렸지만, 유전자의 몇 가지 착각으로 인해 개체와 유전자는 돌이킬 수 없는 싸움에 돌입했다. 이를 자세히 살펴보자.

한 여성이 낳을 것으로 예상되는 자녀 수를 나타내는 합계 출산율이 2024년 기준 0.75이라는 것은 우리 운명이 끝나가고 있음을 뜻한다. 이는 비단 한국만의 문제가 아니라 호모 사피엔스 종의 문제다. 출산율이 2보다 큰 국가는 인도와 서남아시아, 아프리카 국가들 정도이고, OECD 국가들 중에서는 이스라엘이 유일하다. 우리나라에서도 왜 이런 문제가 발생하는지 여러 분석과 처방이 오랜 시간 제시되었지만, 어떠한 것도 효과적이지 않았다. 높은 사교육비, 아이 돌봄 시스템의 부재, 여성들의 경력 단절과 같은 것들이 종종 언급되며 그에 해당하는 대책들이 실행되었지만 하나같이 실패했다. 아마도 오늘 신문에도 비슷한 내용의 기사가 여럿 쓰였을 것이다. 하지만 이는 밑 빠진 독에 자원을 쏟아붓는 꼴이다. 언론에서 지목하는 원인들은 전형적인 2차, 3차 원인들뿐이다. 한국이 왜 다른 나라보다 출산율이 더 낮은지에 대한 답은 될 수 있지만, 근본적인 원인과는 거리가 멀다. 선진국들도 거의 예외 없이 출산율이 2보다 낮다. 한국이 조금 더 빨리 소멸할 뿐, 이러한 추세가 지속되면 호모 사피엔스의 멸종은 시간문제일 뿐이다. 한국이 아니라 호모 사피엔스 전체가 왜 멸종의 길로 들어서고 있는지를 물어야 하며, 그에 관한 근본적인 원인부터 규명해야 한다.

멸종을 막으려면 평균 출산율이 2 이상으로 지속되어야 한다. 그렇다면 우리는 질문을 바꾸어 보자. 대다수 종의 출산율은 어떻게 2 이상을 유지할 수 있는 것일까? 당연히 유전자 혹은 본능에 새끼를 낳도록 하는 무언가가 있기 때문이다. 번식 욕구 말이다. 하지만 다른 것들과 마찬가지로, 번식 욕구는 아이를 낳고 싶다는 직접적인 욕구의 형태로 새겨져 있을 수도 있지만, 다른 형태로 저장되어 있을 수도 있다. 새끼 오리는 어미의 보호를 받지 못하면 살아남을 수 없다. 새끼 오리에게 필요한 것은 어미를 따라다니는 것이지만, 실제로는 처음 보는 생명체를 따라다니게 프로그래밍되어 있다. 새끼 오리가 처음 보는 것이 보통 어미 오리이기에 설령 사람을 어미로 착각하고 따라다닐 수는 있지만, 이는 아주 예외적인 경우로 크게 문제되지는 않는다.

인간의 출산율도 마찬가지다. 우리 본능에는 아이를 가지고 싶다는 직접적인 욕구가 포함되어 있지 않다. 이는 간접적으로 프로그래밍되어 있을 뿐이다. 다른 여러 동물들과 마찬가지로 성욕을 가지고 있을 뿐이다. 일정한 나이에 이르면 성 호르몬이 폭발하며, 사람들은 성욕을 해결하기 위해 성관계를 갖는다. 그 부산물로 자녀가 태어난다. 왜 이러한 방향으로 진화되었는지는 중요하지 않다. 이렇게 진화한 것으로도 종 개체 수를 유지하는 데 충분했을 뿐이다. 인간뿐 아니라 거의 모든 생명체가 개체 수를 이와 같은 방식으로 유지한다. 과거의 모든 멸종은 외부 환경 변화에 따른 것이었지, 내재적인 원인 때문은 아니었다. 하지만 인간은 다른 이유로 멸종의 길로 들어서고 있다. 성욕과 출산을 분리함으로써 멸종의 길로 들어선 것이다. 그런 분리를 가능하게 한 것은 다름 아닌 피임법이다. 편리한 피임법의 개발은 아이를 낳지 않고도 성욕을 해결할 수 있는, 사실상 한 종의 운명을 결정지을 만한 거대한 전환이다. 이는 처치-튜링 논제가 지닌 위험을 유전자가 사전에 알 수 없었기 때문이다.

생명체는 유전자로부터 생존과 번식이라는 두 가지 임무를 받는다. 생존은 경제나 안보 시스템과 관련되지만, 번식은 단순한 본능의 문제다. 이러한 관점에서 게리 베커의 논증에서 다른 것을 모두 인정한다고 하더라도, 출산을 경제학으로 분석하겠다는 것은 시작부터 잘못되었다. 적어도 피임법이 개발되기 전까지는 말이다. 하지만 접근하기 쉬운 피임법이 출산을 본능의 문제에서 분리했고, 이제 게리 베커의 논리대로 출산은 비용과 편익의 문제가 되어버렸다. 아이 하나를 낳아 기르는 데 필요한 비용보다 큰 보상이 주어진다면, 그리고 그럴 때만 비로소 출산율 문제가 해소될 것이다. 아이 낳을 때마다 몇백만 원, 몇천만 원 수준의 지원만으로는 효과를 볼 수 없다. 한국에서는 적어도 몇 억이 되어야 효과를 보이기 시작할 것이다. 물론 어떤 이는 육아 과정에서 얻는 행복도 효용의 일부라고 주장하지만, 아이를 낳아본 적 없는 젊은 신혼부부에게 그러한 감정이 효용일 수는 없다. 적어도 아이를 낳을 것인지 말 것인지를 결정하는 그 시점에는 그렇다.

불행하게도, 인구를 늘리려고 몇 억씩 투자할 수 있는 정부는 없다. 가장 쉬운 방법은 피임 도구의 생산과 판매를 금지하는 것이다. 유전자로부터 주어지는 성욕을 제어할 방법이 마땅히 없기에 출산율 문제는 걱정할 필요가 없어질 것이다. 그런데 이러한 금지 조치가 당장 가능할 리가 없다. 인구수가 너무 줄어들어 인류 종말을 걱정하는 단계에서는 모르겠지만, 최소한 지금은 불가능하다. 개인의 자유가 종의 생존보다 중요한 것이 지금이다. 그렇다면 근본 원인을 제거할 방법은 없고, 사회·문화적인 대안을 찾고 그에 호소해야 한다. 지금 여러 나라에서 공들여 진행하는 것들이다. 하지만 분명한 것은 이러한 방법들이 근본적인 문제를 해결하는 것이 아니라는 점이다. 속도를 조금 늦출 수 있을지는 몰라도, 인구 감소라는 추세를 막기에는 역부족일 것이다.

물론 인류가 출산율 감소로 멸종하리라고 예측하는 것도 섣부른 판단이다. 복잡계에서 어떤 집단적 패턴이 나타날지 알 수 없기 때문이다. 지금은 불가능하지만 정말 인구수가 극단적으로 줄어든다면, 어떤 독재자가 나타나 총으로 피임을 금지시키거나 피임 금지가 사회적 동의를 얻을 수도 있다. 이런 일을 예측하기는 불가능하다. 지금 이야기할 수 있는 것은 앞으로도 상당 기간 인구가 꾸준히 줄어들 것이라는 점이며, 사회·문화적 대안들은 그다지 성공적이지 않으리라는 것이다. 매우 우울한 2종 예측이다. 이는 개체가 유전자의 명령을 거부하는 대표적인 사례다. 유전자를 등짐으로써 호모 사피엔스는 스스로 멸종의 길에 발을 들였다.

환경의 경제화

기후 위기를 막는 일도 매우 어려운 문제다. 하지만 이번에는 번식을 둘러싼 상황과는 정반대다. 유전자를 이기지 않으면 멸종의 길로 들어설 것이다. 환경에 대한 경제학적 접근은 공유지의 비극^{tragedy of the commons}에서 시작한다. 고전 경제학은 합리적인 개인들이 각자 자신의 이익만을 추구하더라도 사회 전체의 이익이 늘어난다는 희망적인 예측을 내놓는다. 이는 유전자가 이기적이지만 사회적 생산력은 증가한다는 것과 일맥상통한다. 하지만 이러한 결론이 전혀 통하지 않는 경우가 있다. 대표적인 것이 공유지인데, 사람들에게 무제한적으로 지원하면 공유지는 곧 황폐화된다.

예를 들어, 소 100마리를 먹일 수 있는 공유지가 있다고 해보자. 그 주변에는 각자 두 마리의 소를 키우는 10개의 가구가 있다. 공유지는 소 20마리를 먹이기에 충분하다. 하지만 사람들이 '합리적'이라면, 두 마리보다 세 마리를 키우는 것이 더 이익이라는 것을 깨달을 것이다. 그러면 소를 모두 세 마리로 늘릴 것이며, 머지않아 세 마리에서 네 마리로, 다섯 마리로 계속 늘릴 것이다. 이는 목초지가 남아나지 않을 때까지 계속된다. 이는 개인의 합리적인 이익 추구가 사회 전체의 이익이 아닌 붕괴를 초래하는 대표적인 사례다. 이는 목초지뿐 아니라 거의 모든 공공재, 예컨대 물, 숲, 물고기, 천연자원에도 적용된다. 이를 해결하기 위한 몇 가지 제안이 있는데, 예컨대 공유지의 소유권을 누군가에게 주는 것이다. 이것이 환경 문제를 경제학으로 푸는 방법이다.

현재 전 인류를 위협하는 거대한 공유지의 비극이 있으니, 바로 기후 위기다. 지구의 대기는 모두에게 공짜로 무차별적으로 제공되기에, 그동안 대기는 비용을 지불하고 사용하는 경제학의 대상이 아니었다. 인간은 산업혁명을 기점으로 막대한 이산화탄소를 발생시켜 왔다. 생존 방식을 바꾸지 않는 한 이는 지속될 것이다. 한 개체가 본인의 출산을 결정할 때 전 호모 사피엔스의 출산율을 걱정하지 않듯이, 경제 네트워크에서 각 노드의 의사 결정에 지구 온난화는 들어 있지 않다. 그들의 결정에 이산화탄소 배출은 영향을 주지 않는다.

다만, 출산율보다는 해결이 용이할 수는 있다. 출산율 문제에는 피임 도구의 생산 금지나 육아에 필요한 모든 비용을 웃도는 지원금이 필요하지만, 기후 위기 문제에서는 경제 활동 주체들에게서 이산화탄소를 배출한 만큼 비용을 징수하면 되기 때문이다. 실제로 이렇게 탄생한 것이 탄소세로서, 대기라는 공공재를 비용과 이익에 관한 경제 문제로 바꾸어 놓았다. 예일대학교 노드하우스 William Nordhaus 교수는 자연과 기후를 경제학 안으로 끌어오는 데 성공한 공로로 2018년 노벨 경제학상을 받았다. 하지만 문제가 있다. 탄소세를 모든 국가에 강제할 방법이 없다는 것이다. 파리기후협정은 강제성이 없다. 무임승차는 필연적으로 나타날 수밖에 없으며, 가장 막대한 책임이 있는 미국과 중국 또한 예외가 아니다. 한국도 기후 깡패에 가깝다. 그 이유는 이 게임도 죄수의 딜레마와 유사하기 때문이다. 모두가 협력하면 좋겠지만, 누구라도 배신하는 자가 더 큰 이익을 가져갈 수 있다.

각 국가나 기업에 탄소세를 강제하는 것과 피임 도구의 생산과 판매를 금지하는 것 가운데 어느 것이 더 어려울까? 당장은 둘 다 불가능해 보인다. 심지어 기후 위기는 이미 임계점을 지났을지도 모른다. 네트워크 작동 원리가 있기에, 한두 사람의 의지는 무력하다. 죄수의 딜레마에 갇히면 뻔히 좋은 길이 있다는 것을 알면서도 차선을 선택할 수밖에 없다. 환경 문제를 경제학의 대상으로 가져오고 해결하는 방법이 한 가지만 있는 것은 아니지만, 현실적으로 강제할 만한 방법은 아직 마땅히 없다. 다만 이 문제가 피임 문제보다 쉬울지 모른다는 생각은 과학기술 때문이다. 과학기술은 번식 위기의 원인 제공자이지만, 동시에 생존 위기의 해결사 역할을 할 수도 있다.

이와 아주 유사한 문제가 과거에도 있었다. 그때는 이산화탄소가 아니라 납이 문제였다. 납은 아주 작은 양으로도 치명적인 영향을 줄 수 있는 독성 금속이다. 요즘은 거의 모든 제품에서, 특히 아이들이 사용하는 제품에 대해서는 그 함량을 엄격하게 규제한다. 클레어 패터슨 Clair Patterson 은 암석의 우라늄과 납의 성분을 분석하고 지구 나이를 측정해 유명해진 인물이다. 그는 깊은 바다와 바다 표면의 납 농도가 다르다는 점을 발견하고, 이것의 원인이 유연 휘발유라고 주장했다. 지구의 전 바다가 오염되어 있었고, 남극의 얼음 또한 오염되어 있었다. 인간의 혈중 납 농도가 증가했다는 증거도 있었다. 그는 자본과 권력을 가진 이들, 특히 정유 회사들과 싸워야 했고 승리를 거두기까지 무려 20년이 걸렸다. 우리나라는 1986년에 규제를 시작해, 1994년에 유연 휘발유를 완전히 제거했다. 유연 휘발유를 제거하자, 겨우 몇 년 만에 사람들의 혈중 납 농도가 75% 감소했다. 일부 저개발 국가에는 여전히 유연 휘발유가 남아 있기는 하지만 결국 인류는 성공했다. 무심한 경제 원리가 작동해도 성공할 수 있었던 이유는 무연 휘발유라는 대안을 만들어 내는 데 성공했기 때문이다.

하지만 이산화탄소는 납보다 더 다루기 까다롭다. 거의 모든 경제 영역이 관여되어 있기 때문이다. 이것이 과학기술이 아니면 해결이 불가능해 보이는 이유이기도 하다. 피임은 이미 만들어진 과학기술을 사용하지 못하도록 막아야 하는 문제이지만, 기후 문제는 새로운 기술을 만들면 해결이 가능하기에 오히려 아주 어려운 문제는 아닐 수 있다. 다만 우리에게 시간이 얼마 남지 않았다는 것이 문제일 뿐이다. 하루라도 더 빨리 적은 비용으로 기후 문제를 해결하는 기술의 탄생을 기다려 본다.

지금까지 경제학적 분석을 확장해 상부구조를 해석하는 몇 가지 경우를 살펴보았다. 그 방법은 상부구조의 네트워크 가운데 효용과 비용의 문제로 분석할 만한 것들을 경제학의 대상으로 들여오는 것이었다. 상부구조는 독립된 네트워크가 아니라 1차적으로 경제 시스템에 의해 결정되기에, 경제학의 확장은 꽤 그럴듯한 근사로 작동한다. 하지만 상부구조의 모든 특성이 효용과 비용의 문제로 환원되지는 않는다. 특히 전통, 문화, 종교, 정치 시스템은 한번 만들어지면 설령 그것이 경제 시스템과 더 이상 조화를 이루지 못하더라도 상당히 오랜 시간 경제에 걸림돌로 작용한다. 인간이 여전히 꼬리뼈와 같은 흔적 기관을 가지고 있는 것처럼 말이다. 경제 시스템과 상부구조의 관계에 대해서는 지금까지 살펴본 것으로 마무리한다. 아직 과학의 영역에서 밝혀진 것이 많지 않고, 이 거대한 네트워크를 다루기에 우리가 가지고 있는 방법론도 아직 충분하지 않다.

최적화 과정

인간 네트워크의 오메가는 생산력이다. 생산력은 경제 시스템에 대응한다. 생산력은 증가하며, 경제 시스템과 이를 포함하는 사회 구성체 또한 그에 맞게 진화한다. 생명체는 오메가인 번식률 증가를 생명체의 네트워크 구조의 변경을 통해 달성한다. 인간 사회는 생산력 증가를 사회 네트워크 구조의 변경을 통해 달성한다. 여기서 등장하는 자연선택이나 시장 선택은 0번째 근사 이론에 필요한 평균장을 기술하는 개념일 뿐이다.

사회 구성체는 농업혁명을 포함한 몇 차례의 격변을 거쳤으며, 현재는 과학기술까지 삼켜버린 시장 기반의 자본주의가 생산력을 지탱하고 있다. 이것이 진화 과정의 큰 그림이다. 미래는 어떻게 될까? 이미 밝혔듯이, 미래 예측은 매우 어렵다. 그럼에도 우리가 어디까지 답할 수 있는지 생각해 보고자 한다. 생산력 증가를 지속적으로 담보하기 위해 자본주의는 어떤 원리에 근거해 어떤 변화를 보일까? 과연 시장을 넘어서는 대안은 있을까?

과학기술은 비록 자본주의 아래 시장에 흡수되었지만, 과학기술에는 나름의 고유한 발전 방식이 있다. 아무리 과학기술의 선택권이 시장에 있다고 하더라도 핵융합과 양자컴퓨터가 하루아침에 나올 수는 없는 법이다. 우리는 앞 장에서 과학기술의 한계가 다가오고 있음을 확인했다. 무어의 법칙은 끝났고, 배터리 용량은 예나 지금이나 큰 차이가 없으며, 전투기 속도도 50년 전이나 지금이나 거기서 거기다. 단정적으로 이야기하기는 어렵겠지만, 몇 가지 경향은 분명히 존재한다. 첫 번째는 과학기술의 발전, 특히 대규모 투자를 필요로 하는 거대 과학기술, 전 세계적으로 산업화된 과학기술의 발전은 이제 정말 그 한계에 다다르고 있다. 머리카락 굵기의 반도체 크기를 반으로 줄이는 데 이전까지 1만큼의 투자가 필요했다면, 이제는 머리카락 10분의 1크기인 반도체를 다시 반으로 줄이는 데 10만큼의 투자가 필요하다. 반도체를 반으로 줄여 얻는 상대적 이익은 동일한데, 투자금이 10배로 늘어날 것이다.

주요 과학기술의 발전이 이렇게 한계를 맞고 더 이상의 기술 혁명이 없다면, 그다음 진행되는 것은 기술의 다양화다. 과거 반도체 산업은 반도체 크기를 줄이는 경쟁에 몰두했다. 크기를 줄이기만 하면 작은 반도체가 가져다주는 이득이 다른 모든 것을 보상할 만큼 컸다. 이제 반도체 크기를 더 이상 줄이기 어려워지자, 반도체 성능보다는 다른 것들을 최적화하는 방향으로 나아가고 있다. 설계의 관점에서도 예전에는 CPU 클럭 속도를 높이고자 하는 기술 개발이 절대적이었다. 매년 나오는 인텔 CPU 속도가 초미의 관심 사항이었다. 하지만 CPU가 한계를 맞자, 빈 공간을 파고드는 기술이 트렌드가 되었다. GPU, NPU와 같이 틈새시장을 채우던 기술들이 이제는 CPU 기술과 어깨를 나란히 하는 수준으로 올랐으며, 사람들은 반도체 기술을 응용하거나 적용할 만한 새로운 분야를 찾고 있다. 2000년대 초반 디지털 카메라 분야에서 화소 수 경쟁이 벌어지며 50만 화소, 100만 화소, 200만 화소로 매년 기록이 경신되었지만, 화소 수가 1억, 2억을 넘어서고 나서는 화소 수 경쟁은 시들해졌다. 요즘에는 AI를 얼마나 잘 사용하는지, 다양한 환경에서 얼마나 질 좋은 결과물을 내놓는지 등으로 경쟁 양상이 바뀌었다. 물론 대규모 투자가 필요한 몇몇 산업에서 앞으로도 소수의 플레이어들이 산업을 주도하겠지만, 모든 산업은 일정 수준이 지나 틈새시장을 공략하는 과정을 밟는다. 이는 생태계가 만들어지는 과정과 닮아 있다.

다양화는 집중할 곳이 사라졌을 때 나타나는 현상이다. 선캄브리아기의 생명 폭발 현상도 대표적이다. 다양화라는 말이 시장뿐 아니라, 과학기술을 포함한 거의 모든 분야에서 등장한다. 이러한 경향이 자본주의의 미래를 조금이나마 내다보게 해주는 단서이기도 하다. 모바일 기술의 보편화로 인한 초연결은 이러한 경향을 가속하고 있다. 모든 변화는 생산력 증가라는 하나의 목표를 향해 움직인다. 하지만 모든 틈새가 채워지고 나면, 생산력 증가는 무엇으로 담보할 수 있을까? 자본주의 체제보다 생산력 발전에 더 기여할 수 있는 경제 체제가 존재하기는 할까?

지난 장에서 이야기한 분산과 연결은 인간 마음의 다른 표현이기도 하다. 과거에는 구심력이라는 연결이 훨씬 강하게 작용했고, 생존이 안정된 다음에는 분산이 강하게 작용했다. 하지만 외로움이라는 심리적 기제는 분산을 제한한다. 하지만 과거의 연결과 현재의 연결은 그 내용이 다르다. 시장, 기업 또한 마찬가지다. 예전보다 시장은 훨씬 세분화되었고, 수직 계열화가 대세였던 기업 구조 역시 시장에 맞추어 점점 쪼개졌다. 하지만 모두가 그 경계에서 시장과 시장을 연결해 기회를 찾고자 노력하고 있다. 학문도 마찬가지다. 융합과 복합이 대세로 자리 잡았는데, 이는 각 분야들에서 새로이 연구할 만한 큰 덩치가 사라지고 있다는 것을 의미한다. 너무나 잘게 쪼개진 분야를 다시 연결하는 것에서 새로운 기회를 찾는 것이다. 이 책 역시 여러 학문을 종합하고자 한다는 면에서 같은 맥락에 있다. 만약 앞으로의 변화가 혁명적 도약 혹은 구조의 발산이 아니라 구조의 최적화 과정이라면, 우리는 이를 '자기 조직화에 따른 최적화'라고 부를 수도 있을 것이다.

국소적 최적화와 전역적 최적화

현대 사회는 이전보다 훨씬 더 많은 노드와 연결을 포함하는 거대한 네트워크이며, 비선형성이나 상호 연결의 정도 역시 이전과 비교할 수 없을 만큼 크고 강하다. 거대한 네트워크의 생산력 극대화를 향한 움직임의 첫 번째 원동력은 국소적 최적화와 여기서 벗어나고자 하는 전역적 최적화의 모순과 갈등이다. 두 번째는 전체 네트워크의 일부인 부분 최적화와 네트워크 전체 최적화의 모순과 갈등이다.

이를 이해하기 위해 사회 구성체를 하나의 탐색 공간으로 생각해
보자. 그러면 이는 생물학의 유전자 탐색 공간과 유사한 성질을 갖는
다. 탐색 공간은 사실상 무한하며, 수많은 국소적 최적점을 갖는다. 이
러한 시스템에 마르코비언 과정을 적용하면, 빠르게 어느 국소적 최적
점으로 수렴하고 여기서 쉽사리 벗어나지 못한다. 여기서 벗어나고자
하는 방법이 있으니, 담금질 기법^{simulated annealing, SA}이다. 이는 실제 자연
에서 벌어지는 열역학적 현상을 그대로 모사한다.

벌겋게 달구어진 쇠가 식어가는 과정을 생각해 보자. 쇠는 엔트로
피 증가 법칙에 따라 주변 온도와 동일해질 때까지 에너지를 잃는다.
하지만 통계역학에 따라 그 과정은 직선적으로 이루어지지 않는다. 다
음 상태의 에너지가 현재 상태보다 낮다면 높은 확률로 이동하고, 설
령 다음 상태의 에너지가 현재 상태의 에너지보다 높더라도 낮은 확률
로나마 이동할 가능성이 있다. 산 오르기에 비유하자면, 현재 위치에서
어떤 방향으로든 움직여 보고 그 위치의 고도가 이전보다 높으면 유지
하고 높지 않으면 원래의 위치로 이동하는 방식으로는 정상에 도달할
가능성이 매우 낮다. 담금질 기법은 아무 방향으로나 움직여 보고, 그
위치가 이전보다 높으면 높은 확률로 그 위치를 유지하고, 반대로 낮
으면 낮은 확률로 그 위치를 유지하는 것이다. 이러한 방법은 단기간으
로는 오히려 산을 오르지 못하고 내려갈 수도 있다. 하지만 국소적 최
적점을 벗어날 가능성이 있기에, 결과적으로는 더 높은 정상에 오를 수
있다. 이때 사용하는 확률은 통계역학에 나오는 $exp\{-(E_b-E_a)/T\}$에
비례한다. 여기서 E_a는 현재 상태의 에너지이고, E_b는 다음 상태의 에
너지이며, T는 온도다. E_b가 E_a보다 작을수록 확률은 커진다. 온도는 E_a

가 작으면 같이 작아지는 어떤 함수다. 온도가 클수록 E_b가 E_a보다 크더라도 확률은 높아진다. 시뮬레이션 초기에는 여러 방향으로 탐색할 수 있는 자유도가 크지만, 에너지가 작아질수록 그 기회는 적어진다.

이러한 방법은 조직의 경직성을 경고하면서 동시에 도전의 필요성을 일깨워 준다. 전체를 조망하는 지도 없이 산을 오를 때, 다음번 내딛는 걸음이 이전보다 높다고 무조건 그 방향만 따라가는 등산가보다, 정상에서 멀어지는 것으로 보이더라도 새로운 걸음을 내딛어 보이는 등산가가 종국에는 더 높은 봉우리에 이른다는 것이다. 조직이 커지면 보통 전자의 주장이 힘을 받는다. 단기 평가를 기반으로 하는 다수결은 당장의 이익을 쫓는다. 구성원이 똑똑할수록 이러한 현상은 더욱 심해지는데, 이를 거스르는 유일한 방법이 최고 결정권자의 결단인 경우가 대부분이다. 슘페터가 지적했듯이, 혁신에 성공한 기업조차 점점 관료화되어 망하게 된 수많은 사례가 있다. 기업 안에서 어떤 걸음을 내딛을지를 두고 갈등이 생기듯이, 전체 사회에서도 마찬가지다. 생산력에 대응하는 사회 구성체는 지도 없이 최적화 과정을 밟아가고 있다. 국소적 최적점으로 옮겨 감으로써 단기간 생산력을 높이려는 힘이 있는 반면, 당장은 생산력이 낮아지더라도 더 큰 생산력을 모색하는 시도도 있다. '파괴적 혁신'이라고 불린 기술 변화는 모두 이러한 과정을 밟았고, S 커브를 만들어 내는 데 성공했다. 이러한 혁신은 유전자 탐색 공간에 대응하는 사회 진화의 공간 특성을 크게 바꾸며, 국소적 최적화는 이렇게 바뀐 공간에서 다시 시작된다. 이는 앞서 소개한 스티븐 제이 굴드의 단속 평형 이론의 사회 네트워크 버전이라고 할 만하다. 이러한 사고는 사회 네트워크 전체를 하나의 최적화 대상으로 다룬다.

앞서 우리가 이야기한 '국소적', '전역적'은 물리적인 구분이 아니라, 수학적 최적화의 규모에 따라 구분한 것이다. 한편 다른 관점의 최적화 과정도 존재하는데, 이는 네트워크라는 하나의 대상을 물리적으로 쪼개고, 쪼개진 대상들이 공진화하도록 두는 방법이다. 생물학적 생태계의 진화 과정에서 고립된 종의 진화를 이야기한 적이 있는데, 이와 비슷하게 사회 네트워크도 너무나 거대하기에 외부 노드들과 연결이 약한 경우에는 부분 최적화가 이루어지기도 한다. 하지만 이는 부작용이 아니라, 오히려 적극적으로 활용할 수 있는 전략이다.

부분 최적화와 전체 최적화

부분 최적화의 한 가지 이론적 근거는 스튜어트 카우프만에 의해 주어졌는데, 이는 '계획'과 '시장' 중 어느 것이 효율적인지에 대한 답변으로 이어진다. 이 방법은 앞서 설명한 것과 동일하게 무한에 가까운 탐색 공간에서 수많은 국소적 최적점이 존재하는 경우에 어떻게 조금이라도 국소적 최적점에서 벗어날 수 있는지를 다룬다.

한 국가의 생산력 문제를 다룬다고 해보자. 국가의 생산력을 나타내려면 수많은 파라미터가 필요하다. 이제 파라미터들을 바꾸어 가면서 국가의 생산력이 어떻게 바뀌는지 실험해 본다. 생산력이 증가하면 파라미터를 변경하고, 그 파라미터를 기준으로 다시 몇 가지 파라미터를 움직여 본다. 이 작업을 반복하면 어떤 파라미터를 바꾸어도 더 이상 생산력이 증가하지 않는 최적점에 다다르는데, 이는 국소적 최적점일 것이다. 하지만 이 방법으로는 국소적 최적점에서 벗어날 수 없다.

이제 국가를 몇 가지 조각으로 나누어 보자. 지역을 기준으로 나눌 수도 있고, 산업을 기준으로 나눌 수도 있다. 각 조각은 자신들의 생산력을 극대화하기 위해 그 안에서 파라미터를 움직이도록 한다. 예컨대 반도체 산업과 자동차 산업으로 구성된 네트워크를 생각해 보자. 물론 두 산업은 연결되어 있다. 하지만 양쪽에 영향을 주는 변수들을 경계로 겹치지 않게 나눌 수 있다. 즉, 반도체 산업에 영향을 주는 변수와 반도체 산업과 자동차 산업 모두에 영향을 주는 변수들로 반도체 산업 영역을 정의할 수 있다. 자동차 산업도 마찬가지다.

먼저 자동차 산업의 생산력을 극대화하는 방식으로 변수들을 움직인다. 이렇게 1차 최적화가 끝났다고 하자. 이렇게 찾은 상태는 아마도 국소적 최적점일 것이다. 이때 반도체 산업에도 영향을 주는 변수들 역시 자동차 산업에 대해서만 최적화되어 있다. 그다음 반도체 산업의 변수들을 움직여 반도체 생산력을 최대화한다. 이때 반도체 산업을 최적화하는 과정에서 양쪽에 영향을 주는 변수들도 일부 움직이게 된다. 이렇게 반도체 생산력을 최대화한 다음 다시 자동차 산업을 보면 최적점에서 멀어져 있다. 자동차 산업에 영향을 주는 변수 일부가 바뀌었기 때문이다. 이제 다시 자동차 산업의 생산력을 극대화한다. 그리고 다시 반도체 산업으로 옮겨 간다. 이렇게 최적화 단계를 반복적으로 거친 반도체 산업과 자동차 산업의 생산력의 합은 조각내지 않고 최적화한 상태의 생산력 합보다 크다는 것이 카우프만 이론의 핵심이다.

물론 복잡하지 않은 작은 계에서는 처음부터 전체를 고려하는 것이 빠를 수 있다. 하지만 초연결이 그 특징인 현대 사회의 네트워크는 대표적인 복잡계이며, 수많은 국소적 최적점을 가진다. 무한에 가까운 탐색 공간에서 우리는 극히 일부 영역만을 탐색할 수 있을 뿐이고, 금세 국소적 최적점에 다다르게 된다. 이때는 전체를 고려하는 대신 조각으로 나누어 탐색 공간을 줄이고, 각자의 최적화 과정을 반복적으로 진행함으로써 공진화시키는 것이 효율적이라는 것이 카우프만의 주장이다. 물론 조각을 어떻게 나눌 것인지가 중요하다. 이는 결과에도 큰 영향을 준다. 하지만 메시지는 단순하다. 전체를 나누고, 나뉜 조각들에 각자의 최적화 목표를 주라는 것이다. 그러면 조각들의 경계에서는 끊임없는 변화가 생기며, 이러한 변화가 국소적 최적점에서 벗어날 가능성을 열어준다. 이러한 최적화 과정은 반도체를 이야기할 때 등장한 '분산'과 '연결'과 일맥상통한다. 나누고 다시 연결하는 과정에서 이전보다 전역적 최적점에 훨씬 가까워진다. 이러한 방식의 최적화가 암시하는 몇 가지 결론이 있다.

첫째, 이러한 최적화 방식은 자연 진화의 원리와 동일하며, 시장 원리에 대한 신뢰를 의미한다. 자동차 산업과 반도체 산업 각각의 생산력뿐 아니라 전체 생산력을 높이려면 둘을 동시에 컨트롤하려고 하지 말고 각자의 시장 원리에 맡기라는 것이다. 회사의 조직 운영 방식에도 동일하게 적용할 수 있다. 조직이 커질수록 권한의 집중보다 분권화가 필요함을 암시한다. 둘째, 이러한 방식은 결국 해체로 이어진다. 네트워크가 복잡하지 않고 한두 개로 쪼개는 것으로 충분한 경우에는 원심력보다 구심력이 좋은 결과를 보여줄 수 있다. 하지만 연결과 비선형성이 갈수록 증가하는 현대 사회의 경우에는 계속되는 분산과 연결을 피할 수 없다. 그것이 생산력을 높이는 방법이라는 것을 모두가 알고 있다. 분산과 연결의 가속화, 그로 인한 엔트로피의 증가를 막을 방법은 없다. 이러한 경제적 다양성 추구와 해체 과정은 현대 경제의 분명한 거시적 방향이다. 셋째, 하지만 아무리 유용하더라도 이 방식은 재조직화일 뿐이며, 여기에는 혁신이 들어 있지 않다. 혁신은 담금질 기법에 확률적으로 반영되어 있다. 발전이라는 용어는 과학기술에만 적용되며, 나머지는 적응적 재조직화일 뿐이다. 다만 사회 네트워크의 재조직화 과정은 흔히 혁신과 동시에 일어나기에, 두 가지 최적화 과정을 구분하기는 쉽지 않다. 또한 재조직화 과정에는 상대적으로 오랜 시간이 걸리기에, 재조직화가 완료되기 전에 또 다른 재조직화가 시작되는, 끊임없는 동역학적 과정을 밟을 수 있다.

우리는 지금까지 사회 네트워크의 주요한 최적화 과정을 살펴보았다. 생산력 증가의 큰 원동력이 과학기술의 발전을 포함하는 혁신 시도에 있다는 것, 몇 가지 조건 아래에서는 중앙 권력보다 시장이 더욱 효율적이라는 것, 분산과 연결이 지속되리라는 것이 핵심 결론이었다. 물론 이러한 과정에서 네트워크의 폭발, 발산, 공황이 나타날 수 있다. 하지만 길게 보면 이는 궁극적으로 생산력 증가에 도움이 되는 네트워크의 운동 방식일 뿐이다. 물론 발산하지 않도록 네트워크에 끊임없이 인위적인 입력을 가할 수도 있다. 이자와 통화량, 재정 정책 등이 그것이다. 발산하지 않도록 조절하는 것이다.

비선형 사회 네트워크

지금까지 사회 네트워크의 특징을 길게 알아보았지만, 사실 네트워크 자체의 특성, 특히 비선형성이 더해진 네트워크 자체를 깊이 고찰한 적은 없다. 여기서 말로는 네트워크라고 했지만, 네트워크를 해체하지 않고 그대로 분석하지는 않았다. 이유가 있다. 그에 관해 아는 것이 별로 없기 때문이다. 사회 네트워크는 매우 복잡하지만, 공통의 목표를 지닌 세포들의 네트워크와 비교해 그 연결 강도는 약하다. 이러한 두 가지 특성이 사회 네트워크를 분석하기 어렵게 만든다.

물론 네트워크 경제학이라는 분야가 있기는 하다. 이 분야가 경제를 분석하는 방법론은 기존 경제학과 크게 다르지 않다. 주로 네트워크를 간단히 모델링하고, 이것의 특성을 연구하는 것이다. 예컨대 네트워크 효과라는 것이 있다. 플랫폼 경제를 이야기할 때 자주 등장하는 효과로서, 신고전주의 경제학에서 이야기하는 것과 다르게 이용자가 늘어날수록 한계 이득이 점점 커지는 현상을 일컫는다. 특정 메신저의 가입자가 많을수록 기존 가입자가 누리는 이득도 점점 커지며, 이러한 네트워크 효과로 인해 독점적 지위를 누리는 회사가 나타난다. 분명 이러한 효과는 기존의 경제학에서 말하는 결론과는 상당히 다르다. 여기에 비선형성까지 더하면, 그 복잡성은 더욱 커진다. 비선형 네트워크 경제학은 이러한 이유로 경제 전체를 다루기보다는 기존 경제학이 예측하지 못하는 새로운 현상을 발굴하는 데 집중한다. 기존 경제학의 가정에 하나씩 변형을 가하는 식이다. 우리 용어로 표현하자면 0차 근사 이론인 기존 경제학 이론의 1차, 2차 근사 이론의 자리를 차지하는 것이다. 몇 가지는 앞서 논했지만, 기존 경제학의 가정에 담긴 몇 가지 약점을 다시 한번 짚어보면 다음과 같다.

첫째는 내가 아는 것을 남도 알고, 남이 아는 것을 나도 알고, 이를 바탕으로 합리적인 결정을 내린다는 가정으로서, 경제학 이론뿐 아니라 게임 이론의 기본 가정이기도 하다. 하지만 현실은 그렇지 않다.[*] 지식의 양이 기하급수적으로 늘어나는 데 반해, 한 사람이 가질 수 있는 지식의 양은 제한되기 때문이다. 모든 정보에 접근이 가능하다고 하더라도, 이를 수용하기에는 우리 뇌 용량은 초라할 뿐이다. 컴퓨터와 AI가 이 부분에서 큰 도움을 주기 시작했다. 정보의 비대칭성이 어떤 결과를 초래하는지 앞서 예를 들었지만, 그 밖에도 '모방'이라는 현상이 나타난다. 한 사람이 모든 지식과 정보를 가지지 못하기에, 비슷한 상황에 처한 다른 이들의 결론을 따르는 것이다. 전문가, 친구, 다수의 결론을 무비판적으로 수용하는 현상이다. 우리가 식당을 찾을 때, 인터넷에 '맛집'을 검색하는 것도 이에 해당한다. 줄이 길게 늘어선 맛집에 오랜 시간 기다려 겨우 식사를 했는데 기대한 맛에 미치지 못한 경험은 누구나 해보았 것이다. 이러한 모방은 기존 경제학에서 설명하지 못하는 패턴을 만들어 낸다. 부동산에 투자할지, 주식에 투자할지, 금에 투자할지를 판단할 때 모든 사람이 동일한 지식을 가지고 동일한 판단을 내리지 않는다. 사회가 복잡해질수록 지식과 정보의 양은 늘어나고 모방에 의한 패턴 출현은 더욱 심화될 것이다. 이와 관련해 '정보 캐스케이드 information cascade'라는 현상이 있는데, 유행과 모방을 이론화하는 데

<hr>

유용하다.

예를 들어보자. 어떤 주머니에 빨간 공 2개, 파란 공 1개가 들어 있거나, 빨간 공 1개, 파란 공 2개가 들어 있다는 것을 알려준다. 이제 여러 실험 참가자에게 하나의 공만 꺼내 보고 빨간 공이 많이 들어 있는지 파란 공이 많이 들어 있는지 예측해 보라고 한다. 다음 사람은 앞의 실험 참가자가 어떤 공을 꺼냈는지 알 수 없지만, 어떤 예측을 했는지는 들을 수 있다. 첫 번째 사람은 아주 쉽다. 예를 들어, 하나의 공을 꺼냈는데 빨강이었다면 당연히 빨간 공이 더 많으리라고 예측하는 것이 확률적으로 타당할 것이다. 첫 번째 실험자가 빨간 공을 꺼내고 주머니 안에 빨간 공이 많다고 예측했다고 하자. 두 번째 사람도 어렵지 않다. 자신도 빨간 공을 꺼냈다면 당연히 빨간 공이 많으리라고 예측하는 것이 타당하며, 파란 공을 꺼냈다면 앞 사람이 예측한 공의 색과 다르지만 자신이 두 눈으로 본 파란색은 확실한 사실이므로 파란색이 다수일 것이라고 예측할 것이다.

하지만 세 번째 사람부터는 문제가 발생한다. 만약 첫 번째 사람과 두 번째 사람이 모두 빨간 공이 다수일 것이라고 추측했다면, 세 번째 사람은 설령 자신이 파란 공을 꺼냈다고 하더라도 빨간 공이라고 이야기하는 것이 확률적으로 더 그럴듯해진다. 이제 그다음 사람들은 추론할 필요도 없게 된다. 만약 처음에 빨간 공 1개, 파란 공 2개가 들어 있었다고 해보자. 첫 번째 사람과 두 번째 사람 모두 빨간 공을 뽑을 확률은 1/9이다. 1/9의 확률로 모든 사람이 잘못된 판단을 내리게 된다. 잘못된 모방, 친구 따라 강남 갔다가 망하고 맛집에 갔다가 돈만 버릴 가능성에 대한 이론적 배경이다. 이러한 결론은 정통 경제학 밖에 있다.

두 번째는 판단에서 결론, 그리고 행동까지 이어지는 것이 순식간이기에 평형에 도달하는 시간을 무시할 수 있다는 가정이다. 하지만 이것 역시 실제와 거리가 멀다. 경제 주체들이 자신의 행위에 따른 결과를 얻기까지 걸리는 시간은 매우 다양하다. 대표적으로 소비와 공급의 지연 시간 차이는 자주 거대한 패턴을 만들어 내고는 한다. 소비의 지연 시간은 짧고, 점점 짧아지는 경향이 있다. 앞서 이야기한 모방, 유행은 쉽게 패턴을 만들어 내고, 짧은 시간에 큰 수요 증가를 가져올 수 있다. 하지만 공급 지연 시간은 상대적으로 훨씬 길다. 공장을 하루아침에 건설할 수는 없다. 이러한 지연 시간의 차이는 또 다른 패턴을 만들어 낸다. 여러 번 이야기한 팬데믹 시절의 공급망 문제가 대표적인 예다. MZ 세대의 유행도 자주 언급되는데, 골프가 갑자기 뜨다가 하루아침에 시들해지고, 다시 테니스로, 달리기로 옮겨 간다. 공급은 이를 따라가지 못한다. 정역학적 평형이 아니라 동역학적 불안정성을 설명하는 비선형 네트워크 이론만이 이러한 현상을 설명할 수 있다.

이러한 기존 경제학의 기본 가정들을 완화하고, 특별한 네트워크에 한정된 근사 이론을 제시하는 것이 오늘날 비선형 네트워크 경제학이 취하는 방법론이다. 이에 관한 예는 매우 많다. 하지만 이들을 하나하나 살펴보는 것은 책의 범위를 벗어나며 추구하고자 하는 바도 아니다. 그보다는 사회 네트워크의 큰 그림을 그리고, 진화론적으로 미래를 예측하는 데 집중해 보자. 우리는 주로 생산력 발전을 담보하는 사회 구조의 변화 방향에 관심을 두고 있다. 네트워크 이론이 이와 관련한 2종, 3종 예측에 어떤 도움을 줄 수 있는지, 기존 예측에 어떤 변형을 주는지 알아보는 것에 집중하고 있다. 이번 장에서는 생산력 증가가 과학기술의 혁신과 사회·경제 구조의 끊임없는 적응적 자기 조직화 과정에 의해 달성된다는 것을 살펴보았다. 그리고 이러한 과정이 국소적 최적화와 전역적 최적화, 그리고 부분 최적화와 전체 최적화의 갈등과 긴장 속에서 이루어진다는 것도 알아보았다. 여기에 네트워크 경제학이 어떤 결론을 추가할 수 있을까?

이 질문의 시작과 끝은 다시 연결에서 찾아야 한다. 이것이 네트워크의 주요 특성이기도 하지만, 연결이 점점 강화되고 있기 때문이기도 하다. 생산력 발전을 위한 사회 구조의 자기 조직화 과정은 연결을 강화한다는 2종 예측을 가능하게 한다. 사회 네트워크는 세포 네트워크보다 훨씬 느슨하게 연결되어 있었으나 그 연결이 점점 강해지고 있는데, 이 또한 생산력 증가를 위한 적응의 결과일 뿐이다. 한 개체가, 한 가족이, 한 마을이 자신만의 지식과 정보로 만들어 내는 생산력과 여러 국가가 서로 연결되어 만들어 내는 생산력 사이에는 어마어마한 차이가 있다. 전 세계는 강하게 연결되고, 연결 형식은 내용을 해체할 것이다. 이는 엔트로피가 증가한다는 예측과 비슷하다. 하지만 한 걸음 더 들어가면, 엔트로피가 증가하는 방식이 단선적이지 않듯이 이러한 과정도 쉽게 예측 가능할 수는 없다. 연결이 강화되는 방식도 매우 역동적이고 예측 불가능하며, 심지어 파괴적일 수 있다.

합리적 기대 가설

비선형성이 보이는 고유한 특성을 알아보기에 앞서 네트워크의 자가 조정 기능을 알아보고자 한다. 물이 반쯤 들어 있는 풍선을 생각해 보자. 우리는 경험적으로 풍선에 힘을 가해도 잘 움직이지 않는다는 것을 안다. 차라리 돌덩어리라면 가해지는 힘만큼 어떤 반응이 있겠지만, 같은 무게의 유연한 액체는 오히려 더 움직이지 않는다. 외력을 상쇄하는 내부의 움직임 때문이다. 중국에는 "정책이 있으면 대책이 있다"라는 말이 있다. 중앙 정부가 어떤 정책을 마련하더라도 장사하는 이들은 결국 이를 피해 갈 방법을 찾는다는 이야기다. 공진화와 게임 이론에 나오는 상호작용을 네트워크 관점에서 표현한 훌륭한 정리라고 할 수 있다. 이는 우리나라 부동산 정책과 그에 반응하는 사람들의 움직임에도 아주 잘 나타난다.

네트워크의 어떤 특성을 바꾸려는 목적으로 외부에서 힘을 가한다고 해보자. 바꾸고자 하는 변수가 X라면 X에 영향을 주는 1차적 인자들인 Y와 Z를 강제로 바꿀 수 있을 것이다. 하지만 보통 이러한 정책은 대부분 실패한다. Y와 Z가 X에 영향을 주는 인자라고 이를 바꾸면 X도 바뀔 것이라는 생각은 네트워크 과학에서는 거의 유아적인 발상이다. 원인과 결과가 복잡하게 얽혀 있고 네트워크가 유연하다면, 오히려 역효과를 낼 수도 있다. 부동산 값을 잡겠다는 단일한 목표로 단기 정책을 세우면 대부분 그 반작용, 즉 대책에 의해 실패하게 된다. 강한 의지가 담긴 외력일수록 강한 반작용을 보이는 것이 네트워크다. 액체가 담긴 풍선을 움직이려면 살살 밀어야 한다. 한국의 부동산 정책과 미국의 관세 정책이 목표하는 바는 단기적인 의지로 관철시킬 수 있는 문제가 아니다. 그 의지가 특정 임계점를 넘어서면 예측할 수 없는 또 다른 문제를 야기할 수도 있다. 풍선이 찢어지는 경우다.

이러한 네트워크의 반응성을 존 무스^{John Muth}와 로버트 루카스^{Robert Lucas}의 '합리적 기대 가설'로 설명하기도 한다. 이론의 핵심은 사람들이 과거의 누적된 데이터뿐 아니라 미래에 대한 합리적 예측까지 판단과 실행의 근거로 삼는다는 것이다. 요컨대 정책이 가져올 미래를 예측해 미리 그들의 행동을 조정한다는 것인데, 이는 외생적 효과를 상쇄하는 네트워크 내부의 힘, 즉 안정성과 항상성을 설명하는 이론적 기초로 쓰일 수 있다. 네트워크는 이러한 자가 조정 기능으로 상대적인 안정성을 보이지만, 여기에 비선형성이 더해지면 더욱 독특한 패턴을 보일 수 있다. 이제 이러한 비선형성을 살펴보자.

이기적 게임

비선형성이 보이는 특별한 패턴을 알아보고, 여기에 연결이 추가되면 어떤 일이 발생하는지 검토해 보자. 우리는 앞서 복잡성과 비선형성이 만들어 내는 몇 가지 창발 현상의 예를 보았다. 고속도로에서 나타나는 사인, 코사인 파형을 살펴보았고, 생명 게임에서 보이는 창발도 알아보았다. 여기서는 이러한 창발 현상의 한 가지 예를 더 살펴보려고 한다. 사회 네트워크는 생존과 번식이라는 이기적 목표를 가진 개체들이 제한된 자원를 놓고 벌이는 적응 게임이다. 이를 시뮬레이션한 결과는 우리에게 매우 독특하면서도 유용한 통찰을 준다.

지금부터 살펴볼 모델에서는 '군중-반군중'이라는 특별한 패턴이 나타난다.[*] 이에 기반한 예측은 네트워크의 근본 원인으로부터 추정하는 2종 예측과는 결이 다르다. 오로지 복잡성과 비선형성을 포함하는 모델을 통해서만 계산할 수 있는 1차, 2차 근사들이라고 할 수 있다.

몇 년 전, 나는 매주 토요일 늦은 오후 차를 몰고 중부 고속도로를 달려야 했다. 서울에서 충주로 가는 길목에 들어설 때마다 나는 늘 선택에 직면했다. 1번 고속도로를 탈 것인지, 아니면 2번 고속도로를 탈 것인지 하는 문제였다. 토요일 늦은 오후는 중부고속도로가 완전히 막히지도, 그렇다고 뚫리지도 않는 애매한 시간대였다. 선택에 따라 시간과 비용이 크게 달라질 수 있는 상황이었다. 이때 좋은 전략이 있을까? 선택에 영향을 미치는 정보 하나가 고속도로 입구 전광판에 실린다고 하자. 이 정보는 과거를 이야기한다. 예컨대 '1112'라고 표시되면, 첫 번째 숫자 '1'은 지난주에는 1번 도로가 덜 막혔다는 것을 의미하고, 네 번째 숫자 '2'는 4주 전에 2번 도로가 덜 막혔다는 의미다. 이 정보는 모든 운전자에게 동일하게 주어지는 공공의 정보이며, 원한다면 누구나 쉽게 찾을 수 있는 정보다. 다른 한편으로, 모든 운전자는 각자 자신만의 정보도 가지고 있다. 그 정보는 자신이 과거에 어떤 선택을 내려 실패했는지, 성공했는지에 대한 기록을 포함한다.

우리도 한번 도로를 달려보자. 우리는 전광판에서 '1112'를 본다. 다른 이들도 동일한 정보를 얻겠지만, 선택은 각자의 몫이다. 어떤 운전자는 무조건 과거의 기록을 믿고 그대로 선택한다. 예컨대 과거의 기록을 조사해 '1112'라는 패턴을 찾은 후, 그 다음번 숫자를 그대로 믿고 따르는 것이다. 어떤 운전자는 무조건 반대로 선택할 수도 있다. 다른 이들이 첫 번째 운전자처럼 과거 기록에 의존한다면, 오히려 반대를 선택하는 것이 덜 막힌 도로를 탈 확률을 높이기 때문이다. 중도적인 전략을 선택하는 운전자도 생겨날 수 있다. 예컨대 주사위를 던져 1이 나오면 과거 기록을 따르고, 나머지 숫자가 나오면 반대를 선택하는 식이다. 이러한 상황을 확률로 정리해 보자. 운전자는 자신이 가지고 있는 확률이 $p=0$이면 무조건 과거 기록대로, $p=1$이면 무조건 그 반대로 선택하며, $p=1/6$이라면 주사위를 던져 1이 나오는 경우 과거 기록을 따른다. 이것이 개인이 가진 정보다. 자신이 어떤 전략을 취했고, 과거 얼마나 성공했는지에 대한 정보인 셈이다. 운전자는 더 막힌 도로를 달리면, 즉 실패하면 p를 바꾸어 나간다. p를 바꾸는 원칙도 세울 수 있지만, 게임 결과에 별다른 영향을 주지는 않는다.

이제 질문해 보자. 많은 이들이 매주 토요일 고속도로를 달린다면, 어떤 p를 갖는 전략을 취할까? 언뜻 $p=0.5$라는 전략을 취하지 않을까 하는 생각이 든다. 1번 고속도로와 2번 고속도로로 반반씩 흩어져야 가장 많은 운전자가 성공하기에, 기존 경제학에서는 사람들이 $p=0.5$ 중심으로 정규 분포를 띨 것이라고 예측한다. 하지만 여기서 놀라운 패턴이 나타난다. 대부분의 운전자는 두 가지 중 하나, 즉 $p=0$에 가깝거나 $p=1$에 가까운 전략을 취하게 된다. 이를 군중-반군중 패턴이라고 한다. 0에 가까운 이들은 과거 기록을 따르고, 1에 가까운 이들은 무조건 기록과 반대로 선택한다. 많은 이들이 성공하기 위해서는 $p=0.5$가 아니라 평균이 0.5이기만 하면 되는데, 이때 0.5를 중심으로 정규 분포를 형성하는 것이 아니라 군중과 반군중처럼 극단의 값을 취하는 방식으로 평균 0.5를 달성한다.

고속도로를 선택하는 것을 예로 들었지만, 제한된 자원을 놓고 벌이는 이기적 개체들 간의 게임은 두루 나타난다. 예를 들어, 어떤 뷔페 레스토랑은 저녁으로 항상 100인분을 준비한다. 이제 201명의 사람들이 선택에 직면한다. 뷔페 레스토랑에 갈 것인지 말 것인지를 결정하는 것이다. 뷔페를 가겠다고 결정하는 이는 1번 고속도로를 타겠다는 운전자이고, 가지 않겠다고 결정하는 이는 2번 고속도로를 타겠다는 운전자다. 100인분의 저녁이 있는데 110명이 뷔페로 몰리면 110명은 배부른 식사를 할 수가 없다. 고로 실패한 것이다. 붐비는 고속도로로 들어선 것이다. 반대로 가지 않은 이들은 배불리 먹지도 못할 뷔페에 돈을 쓰지 않았으니 성공한 것으로 간주한다. 이렇게 제한된 자원을 놓고 자신의 이익만을 위해 적응적 전략을 선택하도록 두면, 201명의 사람들은 과거를 따르거나 따르지 않는 극단으로 저절로 나뉜다.

이러한 게임은 세포들 사이에도 벌어진다. 컴퓨터 자원을 두고 경쟁하는 소프트웨어들 간에도 벌어지며, 이익 집단인 기업들 사이에서도 나타난다. 이들의 작동 방식에는 오로지 한 가지 동력, 이기성이라는 것만이 존재한다. 중앙 제어 장치나 보이지 않는 손은 존재하지 않는다. 그럼에도 약속하기라도 한 것처럼 특별한 적응적 패턴, 자기 조직화가 나타난다. 사실 여기서 직접적인 연결은 존재하지 않는다. 다만 제한된 자원 아래에서의 성공 확률이라는 숫자로 간접적으로 연결되어 있을 뿐이다.

초연결 사회의 비극

이제 이 게임에 직접적인 연결을 추가한 경우를 살펴보자.[*] 이는 사회 네트워크의 생산력과 분배 문제와 직접적인 관련이 있다. 앞서 다룬 것

[*] S. Grouley et al., "Effects of local connectivity in a competitive population with limited resources," *Europhys. Lett.*, 67, pp. 867–873 (2004).

이 공유된 정보와 개인의 정보를 가지고 벌인 적응 게임이었다면, 여기서는 개인의 정보를 몇 명과 공유한다. 이때 정보를 여러 사람과 공유하는 것이 자원의 획득에 어떤 영향을 줄 것인지 물을 수 있다.

예를 들어, A와 B가 연결되어 있다면, A와 B는 각자 자신이 가지고 있는 정보를 서로 공유한다. 공유한 정보는 자신의 전략을 바꾸는 데 참고한다. 201명이 평균적으로 몇 명과 연결되어 있는지를 N이라고 하자. N을 201로 나누면 %로 나타낼 수 있다. 예컨대 0%라면 연결이 없는 상황이고, 50%라면 게임 참가자들의 50%와 데이터를 공유하는 것이다. 이러한 모형은 초연결 사회의 미래를 내다보는 데 도움을 준다. 초연결 사회는 정보의 평등 사회라고 할 수 있다. 물론 정보가 평등하게 공유되는 것과 그 정보를 받아들이고 사용하는 것은 전혀 다른 일이기는 하지만, 먼저 이러한 단순한 모형으로 얻을 수 있는 통찰이 무엇인지 알아보자.

먼저 자원이 적은 경우로 한정해 살펴보자. 다시 말해, 전체 참가자의 50% 이하만이 성공한다고 가정하자. 레스토랑 사례에서도 준비된 식사의 양이 게임 참가자 수의 50%보다 적었다. 연결 정도는 대체로 작을 것이다. 실제로 100명이 게임을 벌이는데 10명이 넘는 사람들로부터 정보를 받아 처리하는 일은 쉽지 않다. 우리의 게임 무대가 주식 시장이거나 경매장이라고 하더라도 실제 연결 정도는 매우 작다. 한 번의 게임에서 우리가 관심 가지는 숫자는 두 가지다. 하나는 평균적으로 몇 명이나 성공하는지, 즉 평균 성공 확률이다. 두 번째는 게임 참가자들의 성공 확률이 얼마나 차이 나는지, 즉 성공 확률의 산포다. 첫 번째 지표는 한 집단이 자원을 얼마나 획득할 수 있는지, 즉 집단의 생산력과 관련 있고, 두 번째 지표는 얼마나 평등하게 나누어 가질 것인지, 즉 분배 문제와 관련 있다.

연결이 0일 때는 평균 성공 확률이 50%가 안 된다. 자원의 양이 50%보다 작다고 가정했기 때문이다. 산포는 여러 조건에 따라 바뀌지만, 대략 ±20%라고 가정해 보자. 이제 연결이 1%, 2% 올라가면, 평균 성공 확률은 급격하게 낮아진다. 산포 또한 증가한다. 경제학적으로 이야기하면, 집단은 더 가난해지고 불평등해진다. 하지만 연결이 더 증가하면 성공 확률은 계속 낮아지지만 산포는 급격히 줄어든다. 만약 연결이 거의 100%에 달한다면, 대다수 참가자들의 성공 확률이 가장 낮은 확률로 수렴한다. 가난한 평등 사회다. 자원이 부족하면, 각자도생이 성공 확률을 높이는 것이다. 만인에 대한 만인의 투쟁이 벌어지는 사회다. 약간의 연결, 약간의 정보 공유는 부익부 빈익빈을 심화할 뿐이다.

하지만 자원이 충분하다고 해보자. 게임 참가자들의 75%를 만족시킬 수 있는 양의 자원이다. 연결이 0이라면, 많은 이들이 성공한다. 이제 1%, 2%로 약간의 연결을 더해보자. 이때는 다른 양상이 나타난다. 자원이 부족할 때는 어떤 연결이든 연결이 평균 성공 확률을 떨어뜨리지만, 자원이 충분한 경우에는 적은 연결이 평균 성공 확률을 높인다. 물론 연결이 두 자릿수로 늘어나면 성공 확률은 다시 떨어지고 산포 또한 줄어든다. 정리하자면, 연결은 자원이 충분할 때를 제외하면 언제나 평균 성공 확률을 떨어뜨린다. 산포는 연결이 약간 증가하면 늘어나고, 연결이 그보다 늘어나면 다시 감소한다. 결국 최고의 성공 확률은 충분한 자원과 약간의 연결이 주어질 때 도달할 수 있다.

물론 이 모형이 현실을 잘 모사하지 못할지 모른다. 모형은 '공유'와

'지식'을 동일시하지만 여기에는 실로 엄청난 차이가 있다. 우리는 공개된 정보라고 하더라도 그 대부분을 알지 못한다. 또한 연결을 정보 공유라고 정의했는데, 이러한 가정도 현실을 제대로 반영하지 못한다. 현실에서는 연결로 얻은 정보에 숱한 거짓 정보들이 섞여 있다. 같은 정보의 일부만 공유되는 것도 가능하며, 전략적으로 가짜 정보를 공유하는 개체도 나타날 수 있다.

일반적으로는 연결을 긍정적으로 이야기한다. 하지만 실제로는 연결이 집단적 몰락을 가져오기 십상이다. 모두가 연결된 세상, 모든 정보가 공유되는 세상, 모두가 공유된 정보를 가진 세상에서는 모두가 평등하지만 모두가 가난하다. 그럼에도 모두가 연결을 추구하는데, 개인의 이득만을 생각했을 때 다른 이들과 연결되면 그 개인은 이득을 취할 수 있기 때문이다. 연결이 없을 때보다 모두가 동등한 연결을 가질 때 더 가난해진다는 것이고, 설령 연결이 있다고 하더라도 특정 개인이 더 연결되어 있다면 그 개인이 다른 이들보다 더 큰 이득을 가진다는 것이다. 연결은 개별 노드의 적응적 행동일 뿐, 모두에게 최선의 결과를 보장하지 않는다. 죄수의 딜레마의 집단적 표현인 것이다. 혁신도 마찬가지다. 정통 경제학에서 혁신은 어차피 금방 균형에 다다르지만, 실제 혁신은 잠시 동안이나마 당사자에게 큰 부를 가져다준다. 스마트폰이 애플에 가져다준 부를 생각해 보라. 시간이 충분히 지나면 그러한 혁신의 수혜 또한 결국 사라지지만, 자원의 일시적인 쏠림만으로도 세계 최고의 부자 기업이 되기도 한다.

민주주의를 이야기할 때 약방의 감초처럼 늘 따라다니는 말이 '시민사회'라는 것이다. 같이 자주 언급되는 것이 '집단 지성'이다. 불행히도 연결은 이러한 것들을 쉽게 파괴한다. 시민사회와 집단 지성이 작동하기 위해 필요한 것은 독립적이고도 다양한 여러 노드들이다. 수학적으로는 정규 분포를 보이는 노드의 존재를 의미한다. 이는 고전 경제학에서 이야기하는 경제 주체들의 특성과 다르지 않다. 집단 지성의 시작을 알린 것으로 여겨지는 1907년 《네이처 Nature》의 한 논문은 다음과 같은 이야기를 한다. 소 한 마리를 대중에게 보여주고 무게를 각자 예측하게 했더니, 다양하게 예측된 무게의 평균값이 실제 소의 무게와 같더라는 것이다. '시민사회'에는 보통 '건전한'이라는 수식어가 붙는다. 이것의 과학적 의미가 독립적이고, 다양하고, 많다는 것이다. 이러한 정규 분포에 비선형성과 연결이 추가되어 나타나는 패턴은 그 필요조건인 정규성과 다양성을 깨뜨린다.

여기에 앞서 이야기한 모방, 그리고 인간 네트워크에서 나타나는 선호도에 따른 연결이 추가되면 네트워크는 멱함수 분포,[*] 양극화, 발산에 취약함을 드러낸다. 여기서 선호도에 따른 연결이란 다름 아니라 우리 주변에서 흔히 보이는 인종, 성별, 연령, 종교, 학교, 직업, 지역, 취미 등으로 엮인 수많은 하위 네트워크다. 이러한 네트워크 안에서는 모방도 쉽사리 자리 잡는다. 이러한 모방은 집단 지성이 아니라 집단 사고로 이어지고,[**] 건전한 시민사회가 아니라 정치적으로 편향된 집단

[*] 비선형 네트워크에서 흔히 나타나는 분포 함수는 정규 분포가 아니라 x^s라는 멱함수 분포다. 멱함수는 생명체뿐 아니라 현대 도시 사회에서 나타나는 수많은 사건들까지 잘 설명하는 일반적인 분포다. 멱함수 분포는 x가 커질 때 정규 분포보다 훨씬 느린 속도로 0으로 수렴한다. 즉, 안정된 정규 분포보다 훨씬 극단적 상황이 쉽게 발생할 수 있음을 이야기한다. 다음 책은 이러한 멱함수 분포가 우리 사회에서 얼마나 다양하게 나타나는지를 잘 소개하고 있다. 제프리 웨스트, 『스케일 Scale』, 김영사, 2018.

을 낳는다. 연결은 다양성을 파괴한다. 지금까지 사회 네트워크의 특성을 살펴보았다. 다소 산만하게 전개된 논의를 몇 가지 문장으로 정리하면 다음과 같다.

(1) 사회 네트워크의 오메가는 생산력이며, 이는 인간 본성에 기인한다.

(2) 생산력에 대응하는 사회 네트워크 구조는 경제 시스템과 그 상부구조라는 두 가지 네트워크로 구성되며, 경제 시스템이 1차적으로 상부구조를 결정한다.

(3) 신고전 경제학이 경제 시스템에 대한 0차 근사 이론이며, 이는 과학기술의 혁신을 포함해 상부구조를 점진적으로 내재화하고 있다.

(4) 자본주의 경제 시스템의 진화는 생산관계와 같은 한 가지 원인으로 환원되지 않는다. 경제 시스템은 국소적·전역적 최적화, 부분·전체 최적화를 통해 진화하며, 경제 시스템의 수많은 구조적 요소가 생산력을 결정한다. 그리고 이러한 두 가지 최적화에는 나름의 진화 경로를 갖는 과학기술 혁신도 포함된다.

(5) 자본주의 체제의 최적화는 한창 진행 중이며, 아직까지 시장보다 우수한 대안은 없다. 적어도 낭만적 공산주의 공동체는 생산

●● 집단 사고의 대표적 예로 일본의 진주만 침공에 대한 미군의 대응과 챌린저호의 폭발 사건 등을 들 수 있다. 특히 기업은 독립성과 다양성을 확보하기 어려운 조직이기에, 집단 지성보다는 집단 사고가 훨씬 자주 나타난다. 다음을 참고하라. 군터 뒤크, 『왜 우리는 집단에서 바보가 되었는가 Schwarmdumm』, 책세상, 2016. 노나카 이쿠지로 외, 『왜 일본 제국은 실패하였는가?』, 주영사, 2009.

력 증가로 이어지지 못한다.

(6) 복잡계 네트워크 경제학이 1차, 2차 근사 이론이다. 이는 평형과 균형이 아니라 사회 네트워크의 불안정성과 동적 패턴, 발산을 설명한다. 특히 연결은 양극화의 원인이며, 다양성을 파괴할 가능성이 크다.

나가며

나는 행복한 사람이다. 지구에 태어난 것에 감사하고, 인간으로 태어난 것에 감사하다. 한국에 태어난 것에, 현 시대에 태어난 것에 감사하다. 이토록 평화롭고 풍요로운 시대가 있었는가? 지금까지 존재한 모든 호모 사피엔스 중에서 나는 분명 가장 행복한 그룹에 속할 것이다. 나는 전쟁과 폭력으로 굶어 죽을까 걱정한 적이 거의 없다. 고된 육체 노동을 하지도, 공동체로부터 추방당하지도, 고통스러운 질병으로 고생하고 있지도 않다. 이 모든 것이 나를 행복하게 한다. 하지만 나를 행복하지 않게 하는 것이 하나 있는데, 바로 태어났다는 사실 자체다.

지금 나를 구성하는 원자들은 내가 태어나기 전에도 우주의 일부였다. 어쩌다 모래알 하나에 자리 잡아 지금의 나를 구성하고, 우주와 생명의 원리에 따라 우연과 필연의 경계로 내던져졌다. 지금이야 도파민이나 세로토닌과 같은 물질로 인해 행복감을 느끼지만, 내가 태어나지 않았다면 나를 구성하는 원자들은 무심한 우주의 원리에 따라 운동하는 우주의 일부였을 것이다. 그렇다면 생화학적인 행복이 무심함보다 나은 것일까?

우주의 원리에는 당위가 없다. 당위는 과학의 분석 대상이지만 과학 자체에는 당위가 들어 있지 않다. 미국 독립선언서의 앞부분에는 이러한 말이 나온다. "우리는 다음을 자명한 진리로 믿는다. 모든 인간은 평등하게 태어났고, 창조주로부터 몇 가지 양도할 수 없는 권리를 부여받았다. 그중에는 생명, 자유, 그리고 행복 추구의 권리가 있다." 여기에는 눈 씻고 찾아보아도 과학적 내용은 한 글자도 없다. 하지만 독립선언서에 왜 이와 같은 내용이 담겼는지 역사적으로, 과학적으로 분석할 수는 있다.

그럼에도 우리는 태어났다. 먹기 위해 사는 것인지, 살기 위해 먹는 것인지 묻고는 하지만, 그냥 우스갯소리로 하는 말이다. 우리는 살기 위해 먹는다. 유전자의 명령 때문이다. 우리가 태어난 것에 이유 같은 것은 없다. 그냥 태어났을 뿐이다. 문제는 우리가 인간으로 태어났다는 것이다. 우주의 원리를 이해하고, 태어난 이유 따위는 없음을 아는, 인과율의 최외각에서 허우적거리는 인간으로 태어났다는 것이다. 도대체 삶의 목적이라는 주제는 어떻게 다루어야 할까?

나는 집필 과정에서 처음에 계획한 한 가지 주제를 포기했다. 바로 생태계다. 여기서 생태계란 인간을 배제한 자연이 아니라, 인간을 포함한 자연 전체의 네트워크다. 대상의 특성을 놓고 보건대, 생태계를 마지막 장에서 다루는 것이 당연한 순서였다. 하지만 나는 이 자리에서 다룰 수 없었다. 과학의 범주 안에서 이를 다루기에는 알려진 것이 그다지 많지 않고, 다루고자 하는 내용이 오롯이 과학 안에 머무른다는 자신도 없었기 때문이다. 인간과 자연의 네트워크는 생물학적, 철학적, 사회학적, 심지어 이데올로기적 측면에서 연구되고 있는 주제이며, 이에 관한 내용들로 마지막 장을 채워가다가 결국 모두 삭제했다.

30년 전만 하더라도, 인간 중심, 사람 중심, 인본주의와 같은 것들이 당당히 철학의 한 자리를 차지했지만, 요즘에는 기업 광고를 제외하면 이 같은 말을 찾기도 쉽지 않다. 그 자리는 이제 생태계가 메우고 있다. 인간에게 일방적으로 착취당하는 대상으로서의 자연, 자본 축적에 저렴한 생산 요소를 제공하는 외부 환경으로서의 자연을 이야기하던 것이 기존의 시각이었다. 기후 위기 때문인지 이제는 인간을 중심에 두는 철학은 쇠퇴하고, 인간과 사회를 자연의 일부로 바라보는 철학이 힘을 발휘하고 있다. 그래서 생태계에 관한 과학적 내용이 책의 마지막에서 다루어지는 것이 당연했다. 하지만 불행하게도 과학이 아직 철학을 따라가지 못하고 있다. 아니면 나의 공부가 부족한 탓일지도 모른다.

이 책을 쓰면서 과학의 범위에서 벗어나지 않기 위해 꽤나 많은 노력을 기울여야 했다. 신경 쓰지 않으면 미처 인식하지 못한 채로 그 경계가 모호한 내용들이 포함되고는 했다. 특히 사회를 다루는 맨 마지막 장이 그러했다. 도덕, 법, 종교, 이데올로기는 과학이 아니다. 하지만 우리는 '이러저러하다'와 '이러저러해야 한다'가 마구 뒤섞이는 담론이나 과학을 향한 이데올로기적 공격을 자주 마주한다. 예를 들어, 진화심리학에 대한 이데올로기적 비판은 흔하다 못해 넘쳐난다. 자연주의 오류

naturalistic fallacy와 관련된 이러한 비판은 현대판 종교 혹은 마녀사냥과 다를 바가 없다. 나 자신도 비슷한 오류를 범할 수 있다. 이러한 오류를 저지를 바에는 차라리 딸깍발이 정신을 지키자는 쪽으로 결정을 내리고, 공부가 부족한 생태계 관련 내용은 모두 걷어 냈다.

과학의 땅에 서서 도덕과 철학, 종교를 다루는 방법에는 두 가지가 있다. 하나는 모든 초월적이고 선험적인 가정을 유물론의 기초에 서서 비판하고 제거하는 것이고, 두 번째는 도덕과 철학, 종교를 역사적, 진화적 과정으로 분석하는 것이다. 그 분석 방향은 인간 본성과 그로부터 나오는 규칙들이 도덕과 철학에 어떤 영향을 미치는지, 시대적 특수성을 고려해 분석하는 것이다. 세상의 모든 학문과 이론도 시간에 따라 진화한다. 특히나 도덕과 철학, 종교는 쉽고 빠르게 변하는 슈퍼슈퍼슈퍼프로그램의 일부다. 하지만 역설적이게도 여기에 영원불멸의 정당성은 너무나 쉽게 부여된다. 성스러움으로 포장된 이러한 거짓말들은 거꾸로 인간 본성의 도움을 받아 쉽사리 확대되고 재생산된다. 이 모든 것을 3인칭 작가 시점으로 분석하는 것이 과학자의 몫이다. 그럼에도 과학은 도덕이 어떠해야 하는지에 대한 답을 줄 수는 없다. 혹자는 내가 구닥다리 흄의 주장에 갇혀 있다고 말할지도 모르지만, 당위는 과학의 분석 대상일지언정 과학의 언명일 수는 없다. 물론 이것이 도덕이 중요하지 않다는 뜻은 결코 아니다. 하지만 과학과 전혀 관련 없는 도덕이란 신기루일 뿐이다.

나의 요가 선생은 종종 자신의 몸을 구석구석 관찰하고 그대로 내버려두라고 가르쳤다. 말처럼 쉬운 일이 아니었다. 나의 의식은 집중하지 못하고 끊임없이 잡념들을 끄집어낸다. 그러면 선생은 내가 잡념들을 생각하고 있다는 것을 인정하고 다시금 나를 관찰하도록 독려한다. 발끝에는 어떤 느낌이 있고, 몸은 어떤 상태에 있는지, 호흡은 어떻게 하고 있는지 집중하다가 또다시 집중이 흐트러지면 그조차 그대로 내버려두라고 한다. 이는 스스로를 관찰하는 3인칭 시점을 유지하도록 한다. 끊임없는 요동과 파도가 밀려오더라도, 행복을 느끼거나 분노에 휩싸이더라도 그러한 상태에 놓인 나를 발견하고 그것을 지켜보라는 것, 그럼으로써 도파민과 노르아드레날린을 모두 관찰 대상으로 만드는 경지에 이르라는 것이다. 이는 과학적 시각이 무엇인지를 어렴풋하게 우리에게 알려준다. 과학의 땅에 서 있을 것, 그리고 과학을 지켜볼 것, 그럼으로써 자유는 필연을 인식할 때만이 얻을 수 있음을 깨달을 것, 이것이 과학 밖에 있는 것들과 과학이 함께 가기 위한 선결 조건이며, 21세기형 실존주의라고 믿는다. 이를 받아들일지는 그저 여러분의 몫이다.

네트워크,
세상을 움직이는 5가지 연결

초판 1쇄 펴낸날	2026년 1월 9일
초판 2쇄 펴낸날	2026년 2월 6일
지은이	김일룡
펴낸이	한성봉
편집	최창문·이종석·오시경·김선형
콘텐츠제작	안상준
디자인	최세정
마케팅	오주형·박민지·이예지·정효인
경영지원	국지연·송인경
펴낸곳	도서출판 동아시아
등록	1998년 3월 5일 제1998-000243호
주소	서울시 중구 필동로8길 73 [예장동 1-42] 동아시아빌딩
페이스북	www.facebook.com/dongasiabooks
전자우편	dongasiabook@naver.com
블로그	blog.naver.com/dongasiabook
인스타그램	www.instargram.com/dongasiabook
전화	02) 757-9724, 5
팩스	02) 757-9726

ISBN   978-89-6262-684-1   03400

만든 사람들
책임편집	이종석
디자인	pado
크로스교열	안상준